AF360907

ENCYCLOPÉDIE AGRICOLE

AGRICULTURE GÉNÉRALE

Par P. DIFFLOTH
Ingénieur agronome.

3e édition entièrement refondue (7e mille)

Chaque volume se vend séparément :

Broché.................... 5 fr. | Cartonné................. 6 fr.

Couronné (Médaille d'or) par la Soc. nat. d'agr.,
Adopté par le Ministère de la Guerre pour les Bibliothèques de régiments.

I. — LE SOL ET LES LABOURS

1910, 1 volume in-18 de 540 pages, avec 205 figures.......... **5 fr.**

Le volume sur le *Sol* et les *Labours* expose toutes les questions intéressant le sol : origine, constitution, analyse, préparation et travail. Le *sol a été* considéré, tout d'abord, dans sa formation et dans son triple rôle de support, de réserve alimentaire et de milieu. L'*examen du rôle exercé par le sous-sol sur la production des terres* précède l'*étude des propriétés physiques et chimiques des sols.* Les procédés permettant de se rendre compte de la *productivité des terres et de leur valeur foncière* font l'objet des chapitres suivants : *Analyse physique, mécanique, géologique, chimique.* L'étude des *Rapports de la plante avec le sol* comprend la discussion des causes déterminantes de la fertilité, de la stérilité des terres et l'énumération de sols convenant aux principales plantes.

Ayant déterminé la valeur foncière des terres et les principales cultures qui pouvaient s'y établir, M. Diffloth décrit les procédés susceptibles de développer leur productivité. Les *défrichements, l'amélioration des sols* précèdent l'examen des *procédés de travail et d'ameublissement des terres, quasi-labours, hersages, roulages,* etc., et les méthodes d'*épandage du fumier de ferme, des engrais chimiques et des amendements.*

II. — LES SEMAILLES ET LES RÉCOLTES

1910, 1 volume in-18 de 540 pages, avec 200 figures........ **5 fr.**

Les premiers chapitres de ce volume étudient la *germination* et les données nécessaires à la connaissance exacte de la *constitution des semences,* composition, impuretés, germination, commerce général et fraudes.

La pratique des *semailles* constitue le deuxième chapitre, et successivement sont examinées les diverses préparations que subissent les graines.

Vient ensuite l'étude des travaux aratoires, *binage, hersage, roulage, scarifiage, buttage, élagage, démariage, destruction des plantes nuisibles,* etc.

L'examen de l'époque favorable, de la technique opératoire, la comparaison des divers procédés de moisson constituent les principaux chapitres de la *Récolte des produits du sol.* Les *fourrages,* les *céréales,* les *racines,* les *tubercules,* sont étudiés à ces divers points de vue, et le côté pratique, technique, économique de chaque méthode est tour à tour envisagé.

Le chapitre de la *conservation des récoltes* expose comment les foins seront bottelés, mis en meules ; les céréales disposées au grenier, pelletées, criblées, triées ; les racines et tubercules, placés en silos, en celliers, en caves. L'étude des *assolements* termine le volume.

ENVOI FRANCO CONTRE UN MANDAT POSTAL

Librairie J.-B. BAILLIÈRE et FILS, 19, rue Hautefeuille, Paris

Encyclopédie agricole

Publiée sous la direction de G. WERY

75 volumes in-18 de chacun 400 à 500 pages, illustrés de nombreuses figures
Chaque volume se vend séparément : broché, **5 fr.** ; cartonné, **6 fr.**

I. — SCIENCES APPLIQUÉES A L'AGRICULTURE

Précis d'Agriculture	M. Seltensperger, prof. sp. d'agriculture.
Botanique agricole	MM. Schribaux et Nanot, prof. à l'Inst. agron.
Chimie agricole........ (2 vol.).	M. André, professeur à l'Institut agronomique.
Géologie agricole	M. Cord, ingénieur agronome.
Hydrologie agricole	M. Dienert, ingénieur agronome.
Microbiologie agricole.........	M. Kayser, maître de conf. à l'Institut agronomique.
Zoologie agricole.............	M. G. Guénaux, chef de travaux à l'Institut agron.
Entomologie et Parasitologie agr.	

II. — PRODUCTION ET CULTURE DES PLANTES

Agriculture générale ....(2 vol.)	M. P. Diffloth, professeur d'agriculture.
Engrais	M. Garola, prof. départ. d'agricult. d'Eure-et-Loir.
Céréales.....................	
Prairies et plantes fourragères	
Plantes industrielles...........	M. Hitier, maître de conférences à l'Institut agron.
Culture potagère..............	M. Bussard, prof. à l'École d'horticult. de Versailles.
Arboriculture fruitière	MM. L. Bussard et G. Duval.
Sylviculture..................	M. Fron, inspecteur des eaux et forêts.
Viticulture...................	M. Pacottet, chef de lab. à l'Institut agron.
Cultures de serres............	
Cultures du Midi..............	MM. Rivière et Lecq, insp. de l'agric., à Alger.
Mal. des plantes cultivées (2 vol.)	I. Delacroix. — II. Delacroix et Maublanc.

III. — PRODUCTION ET ÉLEVAGE DES ANIMAUX

Zootechnie générale............	
Zootechnie spéciale...........	
Races bovines................	M. P. Diffloth, professeur d'agriculture.
Races chevalines..............	
Moutons, chèvres, porcs	
Lapins, chiens, chats..........	
Aviculture....................	M. Voitellier, maître de conf. à l'Inst. agr.
Apiculture....................	M. Hommell, professeur d'apiculture.
Pisciculture..................	M. G. Guénaux, chef de travaux à l'Institut agron.
Sériciculture	M. Vieil, insp. de la sériciculture de l'Indo-Chine.
Alimentation des animaux......	M. R. Gouin, ingénieur agronome.
Hygiène et maladies du bétail...	MM. Cagny, méd. vétér., et R. Gouin.
Hygiène de la ferme...........	M. P. Regnard, directeur de l'Institut agronomique. M. Portier, répétiteur à l'Institut agronomique
Elevage et dressage du cheval	M. Bonnefont, officier des haras.
Chasse. Elevage, Piégeage	M. A. de Lesse, ingénieur agronome.

Librairie J.-B. BAILLIÈRE et FILS, 19, rue Hautefeuille, Paris

Encyclopédie agricole

Publiée sous la direction de G. WERY

75 volumes in-18 de chacun 400 à 500 pages illustrés de nombreuses figures
Chaque volume se vend séparément : broché, **5** fr. ; cartonné, **6** fr.

IV. — GÉNIE RURAL

Pratique du Génie rural .... MM. ROLLEY et PROVOST, ing. des amél. agric.
Machines agricoles ...... (2 vol.)
Moteurs agricoles .... M. COUPAN, chef de travaux à l'Institut agron.
Matériel viticole .... M. BRUNET. Introduction par M. VIALA.
Matériel vinicole ....
Constructions rurales .... M. DANGUY, dir. des études de l'École de Grignon.
Arpentage et Nivellement ...... M. MURET, professeur à l'Institut agronomique.
Drainage et Irrigations .... M. RISLER, dir. hon. de l'Inst. agronomique.
M. WERY, s.-directeur de l'Inst. agronomique.
Électricité agricole .... M. PETIT, ingénieur agronome.
Météorologie agricole .... M. KLEIN, ingén. agronome, docteur ès sciences.

V. — TECHNOLOGIE AGRICOLE

Sucrerie ....
Technologie agricole .... M. SAILLARD, prof. à l'Éc. des ind. agr. de Douai.
Brasserie ....
Distillerie .... M. BOULLANGER, chef de Laboratoire à l'Institut Pasteur de Lille.
Pomologie et Cidrerie .... M. WARCOLLIER, direct. de la stat. pomol. de Caen.
Vinification ....
Eaux-de-vie et Vinaigres ...... M. PACOTTET, chef de lab. à l'Inst. agron.
Laiterie .... M. Ch. MARTIN, anc. dir. de l'École d'ind. lait.
Conserves de Fruits ....
Conserves de Légumes .... M. ROLET, professeur d'Agriculture à Antibes.
Analyses agricoles ..... (2 vol.). M. GUILLIN, dir. du lab. de la Soc. des agr. de Fr.
Indust. et Com. des Engrais ... M. PLUVINAGE, ingénieur agronome.

VI. — ÉCONOMIE ET LÉGISLATION RURALES

Économie rurale ....
Législation rurale .... M. JOUZIER, prof. à l'École d'agriculture de Rennes.
Comptabilité agricole .... M. CONVERT, professeur à l'Institut agronomique.
Commerce des Produits agric. M. POHER, insp. commercial à la Cie d'Orléans.
Comment exploiter un dom. agr. M. VUIGNER, ingénieur agronome.
Le livre de la fermière .... Mme O. BUSSARD.
Lectures agricoles ....
Dictionnaire d'Agricult. (2 vol.) M. SELTENSPERGER, professeur d'agriculture.

LIBRAIRIE J.-B. BAILLIÈRE ET FILS

AGENDA
AIDE-MÉMOIRE
AGRICOLE

Par G. WERY
SOUS-DIRECTEUR DE L'INSTITUT NATIONAL AGRONOMIQUE

1 vol. in-18 de 468 pages, en portefeuille maroquin bleu. **3 fr.**
Broché. **2 fr.**

Que ce soit un homme de science sorti de l'Institut national agronomique, un praticien émérite instruit dans les Écoles nationales d'Agriculture, ou un cultivateur avisé vivant de tradition, l'agriculteur moderne a sans cesse besoin de renseignements qui se traduisent par des chiffres dont les colonnes longues et ardues ne peuvent s'enregistrer dans son cerveau. Aussi lui faut-il un aide-mémoire qui lui puisse apporter instantanément ce qu'il réclame.

Ce Manuel doit lui être présenté sous une forme particulière, celle de l'Agenda *de poche*. C'est peut-être sur son champ même que le cultivateur aura subitement besoin de voir la quantité de grains qu'il doit faire semer, d'engrais qu'il doit faire épandre, de journées d'ouvriers qu'il doit inscrire. C'est ce qu'a bien compris M. G. WERY. Son *Agenda Aide-mémoire* est une œuvre de fine précision scientifique et de solide pratique culturale qu'apprécieront à la fois les cultivateurs et les agronomes.

On trouvera, notamment, dans l'*Aide-mémoire* de M. WERY, des tableaux pour la composition des produits agricoles et des engrais, pour les semailles et rendements des plantes cultivées, la création des prairies, la détermination de l'âge des animaux, de très importantes tables dressées par M. MALLÈVRE pour le rationnement des animaux domestiques, l'hygiène et le traitement des maladies du bétail, la laiterie et la basse-cour, la législation rurale, les constructions agricoles, enfin une étude très pratique des tarifs de transport applicables aux produits agricoles. A la suite de l'*Aide-mémoire*, viennent des *tableaux de comptabilité* pour les assolements, les engrais, les ensemencements, les récoltes, l'état du bétail, le contrôle des produits, les achats, les ventes et les salaires.

AGENDA
AIDE-MÉMOIRE
VITICOLE
ET VINICOLE
Par G. WERY

1 vol. in-18 de 468 pages, en portefeuille maroquin rouge. **3 fr.**
Broché. **2 fr.**

Appliqués aux **céréales,** *les sels de potasse de Stassfurt* les protègent contre les gelées de l'hiver, augmentent la raideur des pailles et hâtent la maturité du grain en mettant la plante en état de mieux résister à la verse, à la rouille et à l'échaudage et de produire à la récolte, du grain lourd et bien mûr.

Dans les **prairies,** *la potasse de la Kaïnite,* qui convient surtout en pareil cas, fait pousser les bonnes espèces fourragères graminées et légumineuses, accroît le rendement et permet à l'éleveur d'entretenir en meilleur état sur la même surface un bétail plus nombreux.

Au **Verger** comme au **Vignoble,** les **fumures potassiques** et particulièrement le **Sulfate de potasse** protègent arbres et ceps contre les gelées en assurant l'aoûtement parfait du bois et donnent des fruits bien mûrs, plus sucrés et plus parfumés, d'une vente certaine et des vins de qualité supérieure.

On trouvera tous les renseignements utiles sur le mode d'emploi des sels de potasse, dans les brochures illustrées distribuées gratuitement par les

Bureaux d'Etudes sur les Engrais potassiques
à PARIS (8º). Rue Clapeyron, 18
à TOULOUSE (Haute-Garonne), Allées Lafayette, 47
à LYON, Rue de la République, 61
à ALGER, Rue d'Isly, 57

*

CONSTRUCTION GÉNÉRALE D'APPAREILS

BROYEURS

....

DALBOUZE, BRACHET ET CIE

Société en Commandite par Actions au Capital de 1.500.000 Francs

11, Rue du Château, à PUTEAUX (Seine)

PHOSPHATES D'ALGÉRIE

— DE LA —

Compagnie des Phosphates de Constantine

EXPLOITATIONS DES

GISEMENTS du DJEBEL=KOUIF (près TÉBESSA)

dosant de 63 à 70 °/° de Phosphate tribasique de Chaux

avec moins de 1 °/° de Fer et Alumine réunis

| Médaille d'Or à l'Exposition | Deux Diplômes d'Honneur | Hors Concours |
| Universelle de 1900 | Exposition de Liège de 1905 | Exposition de Marseille 1906 |

EMBARQUEMENT A BONE

Siège Social à PARIS, 86, Rue Saint-Lazare

Agents généraux : MM. DAVÈNE & BAIGNÈRES

PARIS   24, Rue de Mogador, 24 — PARIS

Agents de MM. DAVÈNE et BAIGNÈRES / pour les pays / **MM. DAVID & CARL SIMON**
et de la Cie des Phosphates de Constantine \ Allemands / à Mannheim

SCORIES
DE

DÉPHOSPHORATION

Solubilité dans le réactif Wagner atteignant 95° 0, avec un minimum garanti de 75° 0

FUMURES

d'Automne et de Printemps
De toutes CULTURES, en tous TERRAINS

SOCIÉTÉS RÉUNIES DES

PHOSPHATES THOMAS

5, Rue de Vienne, PARIS

Service spécial de Renseignements Agricoles

CIANAMIDE

AZOTE DE L'AIR

15 à 20 % d'Azote = 60 % de Chaux

Engrais azoté le plus avantageux

Vente et Renseignements

SOCIÉTÉ COMMERCIALE DE CARBURE ET DE PRODUITS CHIMIQUES

80, Rue Saint-Lazare, PARIS

SOCIÉTÉ ANONYME
« NITRUM », SCERNO GISMONDI & Cie

Capital social, 5.000.000 francs : 3.600.000 francs émis et versés.

SIÈGE : GÊNES

Importation directe de Nitrate de Soude. Vente sulfate de Guivre et toutes matières pour l'Agriculture

---

SOCIÉTÉ DES ÉTABLISSEMENTS P. LINET

SOCIÉTÉ ANONYME AU CAPITAL DE 1 500.000 FRANCS

Siège social : 7, Boulevard de Magenta, à PARIS (10e)

Adresse télégraphique : **Engrais Paris** : Téléphone : 441-72 et 441-73

Phosphates — Superphosphates séchés et tamisés

ENGRAIS COMPOSÉS

Sulfate d'ammoniaque et toutes Matières premières

Usines à AUBERVILLIERS et à GRAND-QUEVILLY

LIVRAISONS ANNUELLES : **DEUX CENTS MILLIONS DE KILOS**

Ancienne Maison
DESMAZURES & LAMBERT   # LAMBERT, RIVIÈRE & CIE

Bureaux : PARIS, 82, Rue Saint-Lazare

Succursales : BORDEAUX, LILLE, LYON, NANTES, St-OUEN-sur-SEINE

AGENTS EXCLUSIFS DE VENTE :

Superphosphates minéraux et d'os : Etabl^ts Kuhlmann, à Lille. Lambert et Cie. à Chauny.

Nitrate de Soude : Schintz et Cie, Liverpool.

Nitrate de Chaux : Société Norvégienne de l'Azote.

Sulfate d'Ammoniaque : Comptoirs Allemand et Belge de Sulfate d'Ammoniaque.

Sulfate de Cuivre : Etablissements Kuhlmann. United Alkali.

Sels potassiques : Syndicat de Stassfurt.

Sugarine (Aliment mélassé) : Barice et Cie.

TOURTEAUX LIN, SÉSAME, COTON, ARACHIDES, etc.

SOUFRE, SULFATE DE FER, CIANAMIDE

PHOSPHATE FOSSILE DU CAMBRESIS

Marque RICHEMONT et P J déposée

LE MEILLEUR. LE PLUS ASSIMILABLE ET LE MOINS CHER DES ENGRAIS PHOSPHATÉS

Engrais de Montay complets et divers, phospho-potassiques

Chantiers d'extraction, Usines et Bureaux :

Vve LEFEBVRE-WALLERAND, à Montay, par Le Cateau (Nord) Tél. N° 26

ENCYCLOPÉDIE AGRICOLE

Publiée sous la direction de G. WERY

Couronnée par l'Académie des Sciences morales et politiques
et par la Société nationale d'agriculture

Ch. PLUVINAGE.

INDUSTRIE ET COMMERCE

DES ENGRAIS

ET DES

ANTICRYPTOGAMIQUES ET INSECTICIDES

Encyclopédie Agricole

60 volumes in-18 de chacun 400 à 500 pages, illustrés de nombreuses figures.
Chaque volume : broché, **5 fr.**; cartonné, **6 fr.**

I. — SCIENCES APPLIQUÉES A L'AGRICULTURE.

Botanique agricole .... MM. Schribaux et Nanot, prof. à l'Inst. agron.
Chimie agricole, 2 vol. .... M. André, prof. à l'Inst. agron.
Géologie agricole .... M. Cord, professeur d'agriculture.
Hydrologie agricole .... M. Diénert, ingénieur agronome.
Microbiologie agricole .... M. Kayser, maître de conf. à l'Inst. agron.
Zoologie agricole .... ⎫
Entomologie et Parasitologie agric. ⎬ M. G. Guénaux, répétiteur à l'Inst. agronomique.
Analyses agricoles, 2 vol. .... M. Guillin, dir. du lab. de la S. des agr. de France

II. — PRODUCTION ET CULTURE DES PLANTES.

Agriculture générale, 2 vol. .... M. P. Diffloth, professeur d'agriculture.
Engrais .... ⎫
Céréales .... ⎬ M. Garola, prof. d'agricult. d'Eure et Loir.
Prairies et plantes fourragères .... ⎭
Plantes industrielles .... M. Hitier, maître de conf. à l'Inst. agron.
Cultures potagères .... M. L. Bussard, prof. à l'Éc. d'hort. de Versailles
Arboriculture fruitière .... MM. L. Bussard et G. Duval.
Sylviculture .... M. Fron, inspecteur des eaux et forêts.
Viticulture .... ⎫ M. Pacottet, chef de lab. à l'Instit. agron.
Cultures de serres .... ⎭
Cultures méridionales .... MM. Rivière et Lecq, insp. de l'agric., à Alger.
Maladies des plantes cultivées, 2 vol. I. Delacroix. — II. Delacroix et Maublanc.

III. — PRODUCTION ET ÉLEVAGE DES ANIMAUX.

Zootechnie générale .... ⎫
— spéciale .... ⎪
— Races bovines .... ⎪
— Races chevalines .... ⎬ M. P. Diffloth, professeur d'agriculture
— Moutons, Chèvres, Porcs . ⎪
— Lapins, Chiens, Chats .... ⎭
Aviculture .... M. Voitellier, maître de conf. à l'Inst. agron.
Apiculture .... M. Hommell, professeur d'apiculture.
Pisciculture .... M. G. Guénaux, répétiteur à l'Inst. agronomique.
Sériciculture .... M. Vieil, insp. de la séricic. de l'Indo-Chine.
Alimentation des animaux .... M. R. Gouin, ing. agronome.
Hygiène et maladies du bétail .... MM. Cagny, méd. vétér., et R. Gouin.
Hygiène de la ferme .... MM. Regnard et Portier.
Élevage et Dressage du Cheval .... M. G. Bonnefont, officier des haras.
Chasse, Elevage du gibier, Piégeage. M. A. de Lesse, ing. agronome.

IV. — GÉNIE RURAL.

Machines agricoles, 2 vol. .... ⎫ M. Coupan, chef de travaux à l'Inst. agronomique.
Moteurs agricoles .... ⎭
Matériel viticole .... M. Brunet, Introduction par M. Viala.
Constructions rurales .... M. Danguy, dir. des études de l'École de Grignon.
Arpentage et Nivellement .... M. Muret, professeur à l'Institut agronomique.
Drainage et Irrigations .... MM. Risler et Wéry.
Électricité agricole .... M. Petit, ingénieur agronome.

V. — TECHNOLOGIE AGRICOLE.

Sucrerie, Meunerie, Boulangerie ... M. Saillard, prof. à l'École des ind. agr. de Douai.
Industries agric. de fermentation . ⎫
Brasserie .... ⎬ M. Boullanger, chef de lab. à l'Inst. Past. de Lille.
Distillerie .... ⎭
Pomologie et Cidrerie .... M. Warcollier, dir. de la stat. pomolog. de Caen.
Vinification .... M. Pacottet, chef de lab. à l'Inst. agron.
Laiterie .... M. Ch. Martin, anc. dir. de l'École d'ind. lait.

VI. — ÉCONOMIE ET LÉGISLATION RURALES.

Économie rurale .... ⎫ M. Jouzier, prof. à l'École d'agric. de Rennes.
Législation rurale .... ⎭
Comptabilité agricole .... M. Convert, professeur à l'Institut agronomique
Le Livre de la Fermière .... Mᵐᵉ O. Bussard.
Le Livre agricole des Instituteurs .. ⎫
Lectures agricoles .... ⎬ M. Seltensperger, professeur d'agriculture.
Dictionnaire d'agriculture et de viticulture, 2 vol. .... ⎭

ENCYCLOPÉDIE AGRICOLE
Publiée par une réunion d'Ingénieurs agronomes
SOUS LA DIRECTION DE G. WÉRY

INDUSTRIE ET COMMERCE

DES

ENGRAIS

ET DES

ANTICRYPTOGAMIQUES ET INSECTICIDES

PAR

Ch. PLUVINAGE

CHARGÉ DE CONFÉRENCES D'ÉCONOMIE COMMERCIALE A L'ÉCOLE NATIONALE
DES INDUSTRIES AGRICOLES DE DOUAI, INGÉNIEUR DE SOCIÉTÉS INDUSTRIELLES A PARIS.

Introduction par le Dr P. REGNARD
DIRECTEUR DE L'INSTITUT NATIONAL AGRONOMIQUE

Préface de L. LINDET
PROFESSEUR A L'INSTITUT NATIONAL AGRONOMIQUE

PARIS

LIBRAIRIE J.-B. BAILLIÈRE ET FILS
19, rue Hautefeuille, près du Boulevard Saint-Germain

1942
Tous droits réservés.

L'Institut national agronomique.

INTRODUCTION

Si les choses se passaient en toute justice, ce n'est pas moi qui devrais signer cette préface.

L'honneur en reviendrait plus naturellement à l'un de mes deux éminents prédécesseurs :

A Eugène TISSERAND, que nous devons considérer comme le véritable créateur en France de l'enseignement supérieur de l'agriculture : n'est-ce pas lui qui, pendant de longues années, a pesé de toute sa valeur scientifique sur nos gouvernements et obtenu qu'il fût créé à Paris un Institut agronomique comparable à ceux dont nos voisins se montraient fiers depuis déjà longtemps?

Eugène RISLER, lui aussi, aurait dû, plutôt que moi,

présenter au public agricole ses anciens élèves devenus des maîtres. Près de douze cents ingénieurs agronomes, répandus sur le territoire français, ont été façonnés par lui : il est aujourd'hui notre vénéré doyen, et je me souviens toujours avec une douce reconnaissance du jour où j'ai débuté sous ses ordres et de celui, proche encore, où il m'a désigné pour être son successeur(1).

Mais, puisque les éditeurs de cette collection ont voulu que ce fût le directeur en exercice de l'Institut agronomique qui présentât aux lecteurs la nouvelle *Encyclopédie*, je vais tâcher de dire brièvement dans quel esprit elle a été conçue.

Des ingénieurs agronomes, presque tous professeurs d'agriculture, tous anciens élèves de l'Institut national agronomique, se sont donné la mission de résumer, dans une série de volumes, les connaissances pratiques absolument nécessaires aujourd'hui pour la culture rationnelle du sol. Ils ont choisi pour distribuer, régler et diriger la besogne de chacun, Georges WÉRY, que j'ai le plaisir et la chance d'avoir pour collaborateur et pour ami.

L'idée directrice de l'œuvre commune a été celle-ci : extraire de notre enseignement supérieur la partie immédiatement utilisable par l'exploitant du domaine rural et faire connaître du même coup à celui-ci les données scientifiques définitivement acquises sur lesquelles la pratique actuelle est basée.

Ce ne sont pas de simples Manuels, des Formulaires irraisonnés que nous offrons aux cultivateurs; ce sont de brefs Traités, dans lesquels les résultats incontestables sont mis en évidence, à côté des bases scientifiques qui ont permis de les assurer.

Je voudrais qu'on puisse dire qu'ils représentent le véri-

(1) Depuis que ces lignes ont été écrites, nous avons eu la douleur de perdre notre éminent maître, M. Risler, décédé, le 6 août 1905, à Salèves (Suisse). Nous tenons à exprimer ici les regrets profonds que nous cause cette perte. M. Eugène Risler laisse dans la science agronomique une œuvre impérissable.

table esprit de notre Institut, avec cette restriction qu'ils ne doivent ni ne peuvent contenir les discussions, les erreurs de route, les rectifications qui ont fini par établir la vérité telle qu'elle est, toutes choses que l'on développe longuement dans notre enseignement, puisque nous ne devons pas seulement faire des praticiens, mais former aussi des intelligences élevées, capables de faire avancer la science au laboratoire et sur le domaine.

Je conseille donc la lecture de ces petits volumes à nos anciens élèves, qui y retrouveront la trace de leur première éducation agricole.

Je la conseille aussi à leurs jeunes camarades actuels, qui trouveront là, condensées en un court espace, bien des notions qui pourront leur servir dans leurs études.

J'imagine que les élèves de nos Écoles nationales d'agriculture pourront y trouver quelque profit et que ceux des Écoles pratiques devront aussi les consulter utilement.

Enfin c'est au grand public agricole, aux cultivateurs, que je les offre avec confiance. Ils nous diront, après les avoir parcourus, si, comme on l'a quelquefois prétendu, l'enseignement supérieur agronomique est exclusif de tout esprit pratique. Cette critique, usée, disparaîtra définitivement, je l'espère. Elle n'a d'ailleurs jamais été accueillie par nos rivaux d'Allemagne et d'Angleterre, qui ont si magnifiquement développé chez eux l'enseignement supérieur de l'agriculture.

Successivement, nous mettons sous les yeux du lecteur des volumes qui traitent du sol et des façons qu'il doit subir, de sa nature chimique, de la manière de la corriger ou de la compléter, des plantes comestibles ou industrielles qu'on peut lui faire produire, des animaux qu'il peut nourrir, de ceux qui lui nuisent.

Nous étudions les manipulations et les transformations que subissent, par notre industrie, les produits de la terre :

la vinification, la distillerie, la panification, la fabrication des sucres, des beurres, des fromages.

Nous terminons en nous occupant des lois sociales qui régissent la possession et l'exploitation de la propriété rurale.

Nous avons le ferme espoir que les agriculteurs feront un bon accueil à l'œuvre que nous leur offrons.

Dr PAUL REGNARD,

Membre de la Société nationale
d'agriculture de France,
Directeur de l'Institut national
agronomique.

Cours de M. Regnard à l'Institut national agronomique.

PRÉFACE

La restitution au sol des éléments enlevés par les récoltes a été, pendant de longs siècles, assurée, partiellement du moins, au moyen des fumiers fournis par les animaux et même des déjections humaines ; ces fumiers étaient d'ailleurs et sont encore bien souvent le dépotoir où s'accumulent tous les déchets de la vie agricole, sang et viscères des animaux que l'on tue à la ferme, plumes et poils dont on les dépouille, épluchures de légumes, débris de l'alimentation, etc...

La question n'est plus la même aujourd'hui ; sans changer de face, elle s'est singulièrement élargie, au bénéfice de l'industrie, de l'agriculture et même de la santé publique.

Tout d'abord, le contingent annuel des matières fertilisantes, mises à la disposition de l'agriculture, s'est considérablement accru par la découverte ou par l'exploitation, faites dans la deuxième moitié du XIXe siècle, de richesses naturelles, jusque-là insoupçonnées, telles que les nitrates du Chili, les phosphates des Ardennes et de la Meuse, puis les phosphates de Norfolk et de Suffolk, de la Lahn, de la Caroline du Sud, puis les phosphates de Ciply, de la Somme, de l'Aisne, puis ceux de la Tunisie et de l'Algérie, ceux de la Floride, de la Tennessee, de l'Australie, etc., les phosphates d'os fossiles, les sels de potasse des marais salants et des mines de Stassfurt. La nature semble donc avoir mis en réserve des trésors considérables, faits d'azote, d'acide phosphorique et de potasse, pour les faire entrer en jeu le jour où l'humanité, sans cesse plus nombreuse, ne trouverait plus dans le sol même les éléments nécessaires à son développement.

D'autres réserves nous ont été assurées encore : l'azote contenu dans les combustibles minéraux, l'azote mélangé à l'air que nous respirons : mais ces réserves sont moins facilement accessibles que celles dont nous venons de parler, et leur captation répond à un nouveau progrès humain, à une étape nouvelle que la science devait parcourir. L'azote de la houille, recueillie dans les usines à gaz, les fours à coke, les hauts-fourneaux, l'azote même de la tourbe, fournissent sous forme de sulfate d'ammoniaque ou de crude ammoniac, un apport à l'engraissement des terres, d'autant plus grand que la vie industrielle devient plus intense. L'utilisation de l'azote de l'air est plus moderne ; un avenir prospère s'ouvre devant elle ; car cet azote, déjà capté à l'état de cianamide, à l'état d'acide nitrique et d'acide nitreux, à l'état d'azoture d'aluminium, sera bientôt transformé en ammoniaque synthétique.

Quelle que soit l'importance de ces réserves, l'humanité en verra peut-être un jour l'épuisement ; mais il est un autre contingent, sans cesse renouvelé, qui relève de la composition même du corps des animaux ; celui-ci puise ses éléments nutritifs dans les plantes qui, elles-mêmes, les puisent dans ces réserves minérales dont j'ai parlé, dans le sol, dans l'air et dans l'énergie solaire ; suivant la belle expression d'Ostwald, les animaux sont des transformateurs d'énergie ; ils sont les parasites des plantes. Si l'usage, fort respectable d'ailleurs, d'ensevelir ou de brûler les cadavres humains, ne faisait pas disparaître à jamais les éléments fertilisants, arrachés à la terre et à l'air, on pourrait dire que l'assimilation de ces éléments et leur restitution au sol forment un cycle parfait.

Je ne prétends pas que la restitution de ces éléments, pris au corps des animaux, soit chose nouvelle et que la science moderne ait eu, la première, l'idée de les utiliser ; j'ai dit déjà que ces déchets de l'alimentation allaient d'ordinaire enrichir les fumiers. Mais la science moderne a joué, dans leur utilisation, un rôle capital, tant au point de vue de l'hygiène qu'au point de vue de leur assimilabilité. En outre, elle a permis à l'Industrie des produits manufacturés, à la tannerie, à la tabletterie d'os et de cornes, à la fabrication des colles et gélatines de peaux et d'os, à la boyauderie, etc..., de prélever la dîme sur ces déchets ; mais cette dîme est temporaire, et, un jour ou l'autre, les produits manufacturés, sous forme de déchets encore, retourneront à la fabrication des engrais. Celle-ci se trouve donc en présence, soit de ces résidus de la vie de chaque jour, soit des déchets de déchets laissés par nos manufactures qui traitent des matières animales, soit des matières de vidange, soit enfin des produits d'abatage, cadavres de chevaux, nivets de boucherie et d'abattoirs, sang, etc..., qui ne peuvent être utilisés directement par l'industrie.

Il me semble inutile de faire ressortir l'intérêt que présente, au point de vue de l'hygiène, le traitement immédiat, par l'industrie, de ces débris animaux, éminemment putrescibles, et l'on conçoit les graves inconvénients qu'il y aurait pour la santé publique à ne pas faire disparaître, de nos grandes agglomérations urbaines, ces foyers de putréfaction.

Mais je voudrais montrer, d'autre part, que tous les traitements appliqués industriellement aux déchets animaux pour les transformer en engrais, non seulement leur permettent d'être facilement ensachés, manipulés et répandus sur les terres, mais encore rendent leur assimilation plus rapide et plus certaine par les agents souterrains. Au bout de combien d'années des déchets de cuir, des déchets de laine, de soie, des déchets de poils, des déchets de cornes, etc... seraient-ils décomposés dans le sol ? La torréfaction, en présence ou non de l'acide, la dissolution dans l'acide sulfurique, à l'état d'acide noir, propre à faire des phosphoguanos artificiels, en assurent l'utilisation immédiate ; c'est que la matière albuminoïde, dont ils sont constitués, de compacte qu'elle était, est devenue friable ou perméable, d'insoluble qu'elle était a été dissociée à l'état d'acides amidés, d'urée et de sels ammoniacaux solubles que le sol va bientôt nitrifier.

Les mêmes considérations doivent être envisagées vis-à-vis des phosphates, aussi bien les phosphates d'os que les phosphates minéraux. L'industrie de la gélatine nous donne des os dégélatinés, qui ont, il est vrai, perdu une partie de leur azote, mais qui ont perdu aussi leur compacité. Puis voici la grande industrie des superphosphates, qui substitue un phosphate monocalcique ou bicalcique, soluble dans l'eau ou dans les réactifs faibles, à un phosphate tribasique que les agents du sol auraient mis plusieurs années à attaquer.

Telle est la raison d'être de cette industrie des engrais que M. Pluvinage, ingénieur agronome, nous expose dans un livre très documenté, très clair, et dont l'ordonnance générale nous permet aisément de retrouver les renseignements dont chacun de nous peut avoir besoin.

Je ne doute pas que ce livre reçoive du public l'accueil qu'il mérite, parce qu'il comble une lacune dans notre bibliographie scientifique, et qu'il présente un exposé complet d'une question, dont la solution intéresse les industriels, les agronomes et les municipalités.

L. LINDET,

Docteur ès Sciences,

Professeur à l'Institut national agronomique,

Président Français aux Congrès internationaux de Chimie appliquée, Membre du Conseil d'Hygiène et de Salubrité de la Seine.

INDUSTRIE ET COMMERCE

DES

ENGRAIS

LES ENGRAIS AZOTÉS

LE NITRATE DE SOUDE

Le minerai de nitrate de soude, désigné sous le nom de caliche, forme d'importants gisements dans l'Amérique du Sud, notamment au Chili. Le nitrate est mélangé de chlorure de sodium, de sulfate de soude, de sulfate de chaux, d'iodate de soude, de potasse, de chlorure de magnésium, etc., de matières organiques et de matières terreuses. Nous examinerons plus loin l'industrie chilienne qui reste à ce jour la seule source importante de nitrate de soude.

Aux États-Unis, dans les provinces de Wioming, Utha, Idaho, Nevada, existent quelques formations nitratières locales, provenant vraisemblablement de décompositions de matières organiques, mais sans valeur industrielle.

En 1902, quelques gisements de nitrate furent signalés en Californie : Bailey indiqua l'existence du minerai dans la Death Valley et sur les versants de l'Armagosa River. Le caliche y serait mélangé d'argiles éocènes ou formé en strates d'épaisseur variable : sa composition serait analogue à celui qu'on trouve au Chili. Mais son épaisseur et le pourcentage de nitrate pur ne semblent pas, d'après les recherches faites à ce jour, en rendre l'exploitation économique.

Davidson a signalé dans les provinces transcaspiennes des dépôts de nitrate sans valeur industrielle d'ailleurs.

Blankenhorn a indiqué des dépôts en Égypte, et des explorateurs firent mention de gisements en Afrique.

LE NITRATE DE SOUDE PUR. SES PROPRIÉTES CHIMIQUES

Le nitrate de soude a pour formule : $AzO^3Na = 85,09$, ce qui correspond à :

$$Az = 16,50$$
$$O = 56,41$$
$$Na = 27,09$$

Il se présente en cristaux rhomboédriques et a pour densité moyenne 2,24.

Le nitrate de soude est très hygrométrique et conserve cette propriété, même quand il est mélangé à des quantités considérables d'autres sels. Sa solubilité dans l'eau est très élevée et sa dissolution se fait toujours avec absorption de chaleur. Pour dissoudre 1 kilogramme de nitrate, il faut les quantités d'eau suivantes :

À — 6°	1,58 d'eau.		36°	1,00 d'eau.
0°	1,49 —		51°	0,88 —
4°	1,40 —		68°	0,80 —
10°	1,31 —		90°	0,65 —
15°	1,24 —		100°	0,59 —
21°	1,16 —		119°	0,46 —
29°	1,08 —		120°	0,44 —

Mais la présence de sels étrangers diminue le pouvoir dissolvant, quand ces sels contiennent du sodium. Gerlach a donné les relations entre les quantités de nitrate de soude dissoutes et les densités à 20°.

Au point de vue chimique, le nitrate de soude en solution donne une double décomposition avec un grand nombre de sels : chlorure, carbonate, et sulfate de potasse, sel ammoniac, etc.

Chauffé, il se décompose en nitrite et oxygène, puis en azote, peroxyde d'azote, oxyde de sodium et oxygène. Par voie sèche, il réagit à la façon des oxydants.

Les applications du nitrate de soude, en dehors de son usage

Fig. 1. — L'Amérique du Sud et les principaux ports chiliens.

comme engrais, sont la préparation de l'acide nitrique et celle
du nitrate de potassium.

L'INDUSTRIE DU NITRATE DE SOUDE AU CHILI

GÉOGRAPHIE GÉNÉRALE DU CHILI

La république du Chili occupe toute la côte méridionale de l'Amérique du Sud sur le Pacifique. C'est une bande de terre inclinée entre les Andes et la mer, de plus de 4.000 kilomètres

Fig. 2. — Dans la Pampa nitratière au Chili.

de longueur, de 150 à 200 kilomètres de largeur, et d'une superficie de 760.000 kilomètres carrés.

Les gisements de nitrate sont situés dans la région Nord, du 15e au 26e degré de latitude Sud, région d'ailleurs désertique, pauvre en pluie, à cours d'eau très rares, et comprenant la province de Tacna, la province de Tarapaca avec les départements de Pisagua et Iquique, la province d'Antofagasta avec les départements de Tocopilla et Taltal, et la province d'Atacama avec les départements de Chañaral et Huasco.

Relief. — Le Chili, et en particulier la région nitratière, se divise en trois bandes parallèles alignées du Nord au Sud : la

Fig. 3. — L'Usine Rosario de Huara au milieu des champs de nitrate.

Cordillère des Andes, la Cordillère côtière et une dépression intermédiaire.

La Cordillère des Andes est formée de roches modernes souvent recouvertes de laves et de roches volcaniques.

La partie nord, divisée en chaînes parallèles, renferme de nombreux volcans. Au sud du 27e degré de latitude, elle forme une chaîne d'abord très élevée — de nombreux sommets atteignent 6 et 7.000 mètres, — mais qui va s'abaissant ensuite vers la Terre de Feu. La traversée des Andes offre de grandes difficultés.

La Cordillère côtière, formée de roches anciennes s'élevant en talus de 800 à 1.500 mètres, est parfois séparée de la mer par une étroite bande côtière, et entaillée d'étroites vallées. Les pentes, inclinées à l'est, renferment des gisements de nitrate ; ceux-ci sont plus rares dans les vallées de l'intérieur de la chaîne.

La vallée intermédiaire est formée de grès, d'argile et d'éboulis. Elle forme dans les diverses provinces des pampas, dont les plus connues sont celles de Tamarugal, de Paciencia, le Salar de Aguas Blancas, etc.

Le Chili est un des centres volcaniques actifs du globe. La plupart des sommets qui s'y trouvent sont ou ont été des volcans en éruption. Les tremblements de terre sont fréquents et, avec la sécheresse, sont la cause des divisions en réseaux ou tablas du sol nitratier, d'après certains ingénieurs.

Hydrologie et Géologie. — Les cours d'eau du Chili sont assez nombreux, surtout vers le sud, mais manquent en général de régularité et d'ampleur.

La Cordillère côtière et la zone nitratière ont comme base des roches mésosoïques et des roches éruptives porphyriques. Des sédiments calcaires jurassiques les recouvrent fréquemment. Les roches tertiaires éruptives dominent dans la grande Cordillère et les roches quaternaires sont surtout dans le territoire nitratier.

Climat. — S'étendant du 18e au 56e degré de latitude Sud, le Chili a plusieurs zones de climat. Les vents dominants soufflent dans le sens des méridiens et dans le sens perpendiculaire. Le vent du sud se réchauffe en se rapprochant de l'Équateur et devient de plus en plus sec. Le vent du nord devient de plus en plus humide au fur et à mesure qu'il s'avance vers le Sud. Trois zones de climat existent donc au Chili : au sud, une zone humide et froide ; au centre, une zone tempérée et moyennement humide ; au nord, dans la région nitratière, une zone chaude et sèche, à climat continental, avec journées brûlantes et nuits glacées.

Les vents d'est sont dépouillés de toute humidité par la chaîne des Andes. Les vents d'ouest causent souvent dans le territoire nitratier des nuages brumeux, qui se forment vers le soir pour disparaître le matin au lever du soleil.

Fig. 4. — L'exploitation des couches nitratières.

Les pluies torrentielles causent, quand elles se produisent, des dégâts considérables, déchaussent le sol, et accumulent dans certaines régions des matériaux et éboulis de toute sorte.

Les bourrasques soulèvent dans quelques pampas des nuages de poussière et, notamment en Tamarugal, l'érosion des rochers et la formation de dunes sont caractéristiques.

ÉTUDE GÉNÉRALE DES GISEMENTS DE NITRATE DE SOUDE DU CHILI

La nature et la forme des gisements en général. — Le minerai de nitrate de soude porte le nom de caliche. Cette matière première est composée de nitrate de soude, de sulfates, de chlorures et de matières terreuses de composition très variable.

Semper et Michels divisent les gisements en quatre groupes d'après leur origine et leur formation.

1° *Formation en couches.* — Les couches de caliche reposent sur des roches quaternaires et sont recouvertes d'une épaisseur de conglomérats ou de terre de $0^m,20$ à 8 mètres. Une coupe dans un gisement de Tarapaca montre :

Une couche poreuse, de $0^m,20$ à $0^m,40$ d'épaisseur, la chuca ;

Une couche de 1 à 2 mètres, formée de feldspaths, d'argile, de sable, mélangée de sulfate de magnésie, de soude, de potasse, etc., la costra ;

Une couche de quelques centimètres à 2 mètres d'épaisseur, le caliche ;

Une couche salée d'une vingtaine de centimètres, le congelo :

Une couche de base de composition variable, la coba.

L'une ou l'autre de ces couches peuvent manquer suivant les gisements.

La Chuca. — Cette couche poreuse provient de la désagrégation des roches éruptives. Sa couleur varie du gris au brun noir. Des quartzites à la surface dénotent souvent la présence de caliche exploitable. Elle est formée, dans la plupart des cas, d'acide silicique, d'oxyde de fer, d'alumine, d'oxyde de manganèse, de chaux, de magnésie, de potasse et de soude combinées au chlore et aux acides sulfurique, nitrique, phosphorique, et iodique.

La Costra. — La costra est un mélange de sel et de roches de la chuca, de couleur brune, grise ou rougeâtre. Elle porte le nom de banco ou costra seca, quand elle contient peu de sels. En Taltal, elle est formée d'éboulis et est séparée de la chuca par une couche de gypse appelée panqueque. Le plus souvent dure et cassante, elle est séparée en tablas par des crevasses en réseaux, par suite des tremblements de terre et des changements de température. Quand elle renferme 10, 15 et 20 p. 100 de salpêtre, elle est exploitable et porte le nom de costra calichosa.

Le Caliche. — Le caliche est un mélange de roches éruptives, d'éboulis, de graviers, de sables ou limons et de sels. La teneur en nitrate et l'épaisseur sont très variables pour une même couche : l'épaisseur varie de quelques centimètres à

Fig. 3. — Transport du caliche dans la Pampa. Le retour à l'usine.

quelques mètres ; elle atteint en moyenne 0^m,30 à 1 mètre.
Il existe des caliches de couleur claire et des caliches bruns

1.

ou gris. Le caliche blanco est incolore ou blanc. Le caliche rosado doit sa couleur au fer et au manganèse. Le caliche negro est gris ou noir. Le caliche azufrado, par sa couleur jaune ou orange, est un signe de pureté en Tarapaca, et peut, au contraire, déceler en Aguas Blancas des mélanges de sulfate, pauvres en nitrate. Le caliche macizo est dense, sacchareux, formé de sels marins et de sulfates, à teneur très variable en nitrate. Le caliche poroso est peu cohérent, à teneur élevée en nitrate, facilement lavable, et par cela même estimé. La dureté des caliches est très variable, depuis le caliche tizoso, très tendre, jusqu'aux variétés dures, exploitables à la dynamite.

La composition du caliche est très variable (Semper et Michels) :

	P. 100	P. 100	P. 100
Nitrate de soude	34,2	34,4	43,3
— de potasse	1,6	»	»
Sulfate de soude	8,1	1,6	25,3
— de chaux	6,3	1,6	30,9
— de magnésie	2,0	5,4	»
Chlorure de sodium	32,0	4,0	traces
Iodate de soude	0,2	»	»
Insoluble	14,0	49,69	0,4
Eau	1,1	»	»

Le caliche peut renfermer de 15 à 65 p. 100 de nitrate de soude. Le caliche ordinairement exploité renferme de 15 à 35 p. 100 de nitrate. Le nitrate de potasse est en minime quantité. Le nitrate de chaux et le nitrate de magnésie sont rares.

Le chlorure de magnésium existe toujours dans le caliche. En Taltal, la proportion est faible. Dans l'oficina Lautaro, elle atteint 2 à 4 p. 100. Elle varie de 20 à 30 p. 100 en Tarapaca. Il n'est pas rare, d'ailleurs, de trouver des couches de sel pur dans le caliche, en Aguas Blancas notamment.

Les sulfates sont fréquents en Aguas Blancas. Le plus répandu est le sulfate de soude. Les sulfates de magnésie et de chaux sont moins abondants. Les sulfates alliés au sel marin et au gypse constituent un inconvénient pour la fabrication.

Le chlorure de magnésium rend quelques caliches hygroscopiques. Le perchlorate de potasse, qui est un poison pour la végétation, est très rare heureusement.

Fig. 6. — Vue générale du port de Tocopilla.

L'acide chromique et l'iode colorent les caliches. La teneur normale en iode est de 0,06 à 0,10.

La sylvine existe dans presque tous les caliches, alors que les carbonates de chaux et de soude sont assez rares.

Enfin, quelques caliches peuvent renfermer des aluns, des borates, du brome, des sels de cuivre, de molydbène, d'uranine, de lithium, etc.

Le Congelo. — Le congelo est formé de sel marin, de plâtre, de sulfates de magnésie et de soude, etc.

La Coba. — La coba est une terre tendre, pierreuse, fréquemment durcie par des imprégnations de sels et à épaisseur très variable.

2° *Porphyre imprégné.* — Dans les districts de Moreno et Callejas de Taltal, on trouve du nitrate à la surface désagrégée des roches volcaniques, sur une profondeur de $0^m,50$, sous une faible couche de sable mêlé de kaolin. Des formations analogues se trouvent vers Cerro del Toro, et au sud de Cerro de a Peineta en Taltal.

3° *Sécrétions salpêtrières.* — Les salars des pampas à nitrate ne contiennent guère que des traces de sels. Au contraire, les salars isolés, avancés vers la mer, sont plus intéressants. On extrait du salar del Carmen, situé en Antogasfata, un salpêtre assez pur : le nitrate se reforme régulièrement dans ce salar, et l'exploitation peut être recommencée sous les cinq ans à la même place, prétendent certains.

4° *Cavités du calcaire jurassique.* — Au nord de Tarapaca, des cavités de calcaire jurassique sont remplies de nitrate, mélangé de sel, de sulfates, de calcaires, etc. Certaines poches atteignent 10 et 12 mètres de profondeur. Dans les pampas Aurora, Aurelia, Aragon, Sacramento, Jazpampa, etc., des travaux d'extraction ont été conduits dans le calcaire jurassique.

Description sommaire des gisements de nitrate. — Les gisements de nitrate sont situés entre la quebrada de Camarones au nord et la quebrada de Carrizal au sud. Quelques gisements se trouvent au nord et au sud de ces limites, mais ils n'ont qu'une minime importance, et cette zone de 800 kilomètres de longueur peut être divisée en cinq parties :

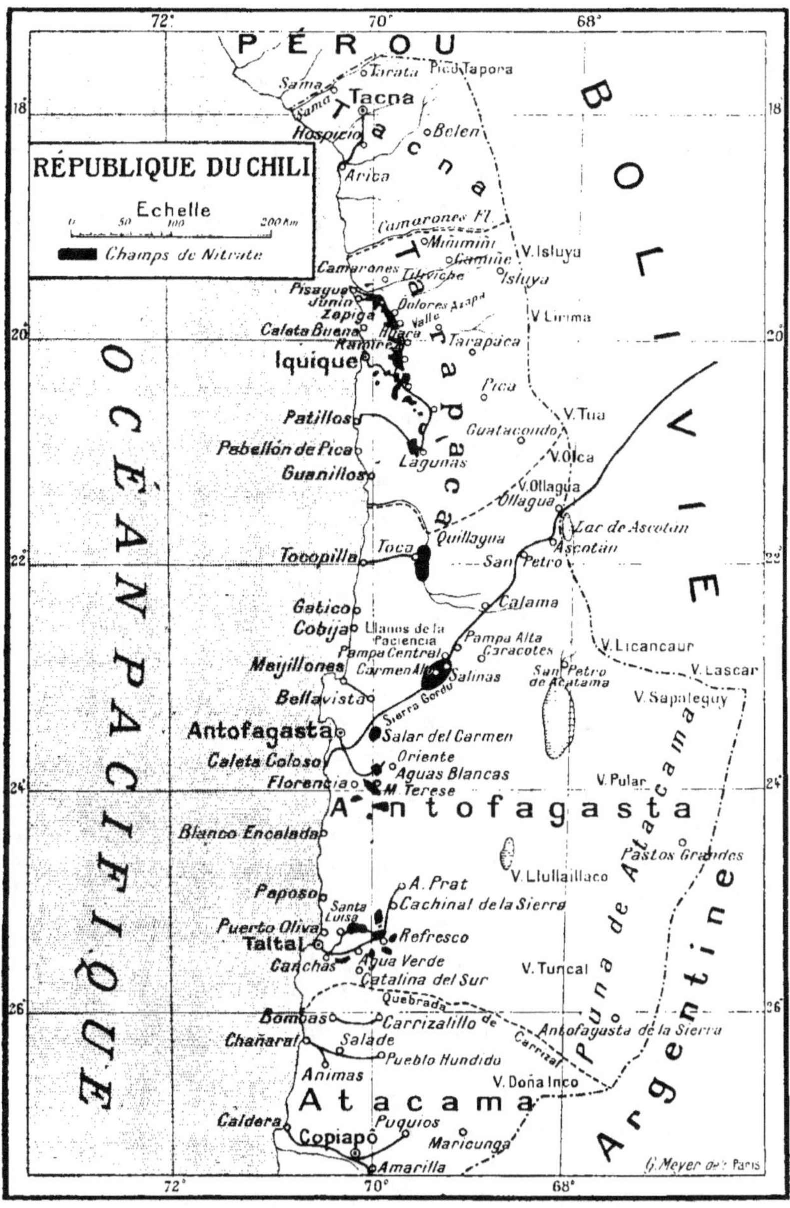

Fig. 7. — Le Nord du Chili, ses provinces et ses champs
de nitrate.

1º *Pampa de Tarapaca*. — 15º 30 à 21º latitude ; limitée au nord par la quebrada de Tiliviche, au sud par la pampa Lagunas. Ports de Iquique, Caleta Buena, Junin et Pisagua.

2º *Pampa de Toco*. — 21º à 22º latitude ; limitée par la pampa Lagunas au nord et le rio Loa au sud. Ports de Tocopilla.

3º *Pampa de Antofagasta*. — 22º à 23º latitude ; limitée par le rio Loa et la ligne Antofagasta-Oruro. Ports des Antofagasta et de Mejillones.

4º *Pampa de Aguas Blancas*. — 23º à 24º latitude. Port de Caleta Coloso.

5º *Pampa de Taltal*. — 24º à 26º latitude. Port de Taltal.

1º *Tarapaca*. — Les nitrières de Tarapaca sont situées sur la pente est de la Cordillère côtière, à l'ouest de laquelle se trouve la désertique pampa de Tamarugal. Au nord, la largeur de la zone nitratière atteint 3 à 6 kilomètres. Le caliche se trouve à mi-hauteur des versants : il commence à 50 ou 100 mètres au-dessus de la pampa, sous forme de couche épaisse à richesse peu élevée ; au fur et à mesure que l'on s'élève, la richesse augmente et l'épaisseur diminue, tandis que la couche de couverture augmente de hauteur.

Au nord, les champs de salpêtre s'appuient sur les bords de la vallée de Zapiga. Au sud de Zapiga, le salar de Obispo entouré de champs de salpêtre, les pampas Blanca, Negreiros, Valparaiso se détachent vers l'ouest. Le caliche s'interrompt près de San Antonio, vers l'oficina San Esteban, et reprend au passage de Gallinazos, unissant la pampa de Tamarugal avec la Soledad et la Noria. Le long de la voie Gallinazos-Pintados, le caliche est inexploitable. Plus au sud, se trouvent les pampas Alianza et Granja qui renferment du bon caliche.

Il faut encore citer les gisements des vallées de la Cordillère côtière : Noria, Pampa Ajentina, Soledad, Santa Ana et Santa Clara, Salar del Carmen, champs de Providencia, Union, etc.

Vers l'est, dans la Haute-Cordillère, on trouve encore du caliche en Pampa Norte, mais le minerai est pauvre.

Au sud, bien isolée, se trouve la riche exploitation de Lagunas ; plus au sud encore, la région n'est guère connue.

2º *Toco*. — Les nitrières forment une bande allongée nord-sud, sur le bord est de la Pampa Negra, à l'ouest du Rio Loa.

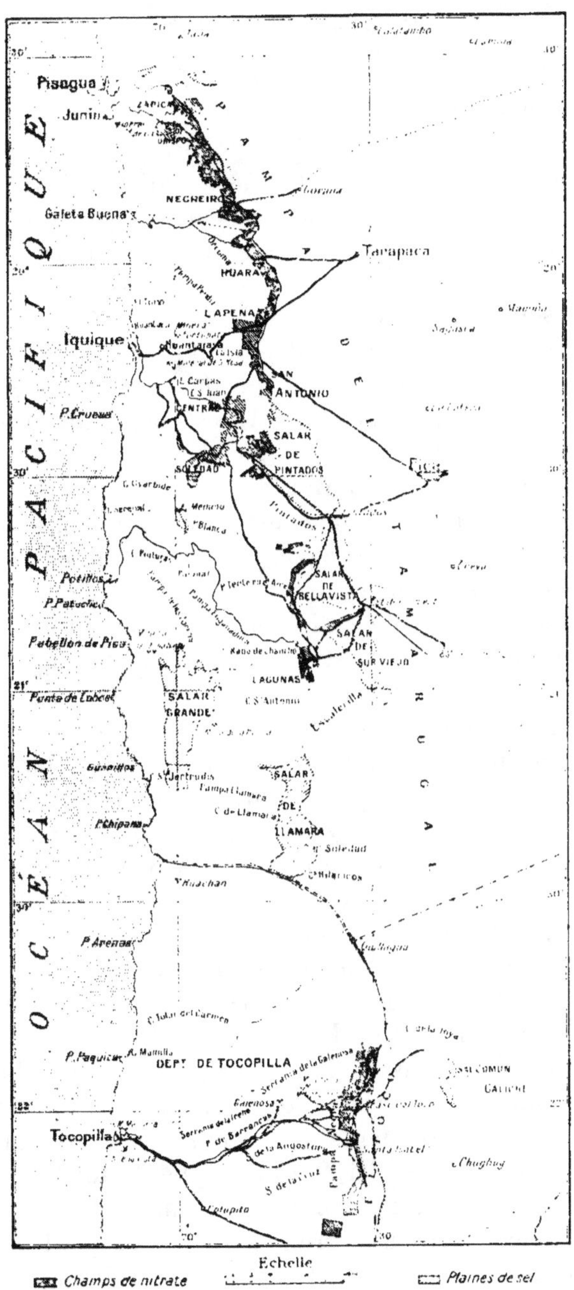

Fig. 8. — Les gisements chiliens de Tamarugal, Tocopilla et Toco.

Les formations se présentent sous une forme très analogue à celles de Tarapaca.

La région n'est guère exploitée vers le sud.

3° *Antofagasta.* — Les gisements de nitrate d'Antofagasta sont importants. Ils se trouvent sur les côtés du chemin de fer de la Sierra Gorda, à 80 kilomètres de la côte. On cite les pampas Alta, Central, Carmen Alta, etc. Vers Mejillones, les gisements sont assez peu connus.

4° *Aguas Blancas.* — Les nitrières de Aguas Blancas sont à 1.200 mètres au-dessus du niveau de la mer : au centre, se trouve la pampa Esmeralda; au nord-est, la pampa Oriente; au sud, Encarnacion, Florencia, Pique Barasarte, Corbata, Barillas, Santiago et Pique Gordo.

La région de Aguas Blancas est assez humide, et les eaux ont formé des ravins et des cavernes. Le caliche entraîné a dû former des masses considérables. Dans toute la région, le nitrate se trouve encore sur le bord des versants, souvent accompagné de gisements sulfatés. La costra dure peut abriter des gisements inexploitables, alors que des caliches riches se trouvent souvent sous des éboulis, ripios et cascajos.

L'exploitation des Aguas Blancas est facilitée par la ligne Caleta Coloso; mais il reste néanmoins beaucoup de régions inexplorées, notamment vers le sud.

5° *Taltal.* — En Taltal, de nombreuses vallées séparées par des sommets volcaniques renferment les gisements de nitrate, généralement sur leurs versants.

Au nord, à l'ouest de l'ancienne oficina de San Pedro, des sondages ont abouti à des demandes de concessions, non loin de la Sierra Amarilla et de Los Dorados. La pampa José Antonio Moreno semble assez riche. La pampa Chile, Atacama, la pampa Callejas renferment des gisements intéressants.

Au sud-est des gisements précédents, on trouve Guillermo Matta, Pique 8 ; vers l'ouest, Santa Luisa et Pique 4.

La seconde zone de gisements est formée par la vallée ramifiée de Chaco. Dans une première série, on peut classer la pampa Germania (Lautaro), les pampas de Juanas et d'Andrade (Esperanza), la pampa Flor de Chile (Gibbs). Dans une deuxième série, on peut placer la pampa Catalina, la pampa

Fig. 9. — L'exploitation du nitrate dans la Pampa. L'explosion d'une mine.

Ossa y Ossa, Alianza, Porvenir, Rosario, Faustino, Chileno-Española. A l'ouest, il faut citer les gisements de Refresco, Pampa Minerva, Bellavista, Lautaro, Mirador et Blanca Union. Plus à l'ouest, les champs de Sara, Adela, Tricolor paraissent stériles. Au sud-ouest, le salar de Cachiyugal avec San Jacinto, Esmeralda, est exploité.

Il faut encore citer les gisements de la quebrada de la Carina, Carrizella, Sierra Overa, Cerro del Guanaco, etc.

Origine des gisements de nitrate. — La formation du nitrate a suscité bien des hypothèses; aucune n'a donné une solution suffisante du problème.

Les meilleures exploitations de nitrate sont sur la Cordillère côtière, sur les pentes doucement inclinées, et à mi-hauteur de celles-ci. A la base, sous une faible couche de couverture, on trouve le caliche mélangé de sels et de sulfates. Au fur et à mesure qu'on s'élève, le caliche devient plus pur, mais son épaisseur diminue et la couche de couverture augmente en hauteur.

Théorie guanique d'Ochsenius. — D'après Ochsenius, à une époque reculée, des lagunes littorales furent soumises à une graduelle élévation orogénique. Les lacs ainsi formés se conservèrent (lacs salés des Andes, Titicaca, etc.) ou se desséchèrent, ou déversèrent leur contenu dans la plaine, quand les rives se rompirent. Le guano des îles de la côte fut transporté par le vent d'est et déposé dans les eaux stagnantes. Le vulcanisme en pleine activité avait transformé le chlorure de sodium en carbonate de soude, qui réagit sur le guano pour donner du salpêtre. Le guano transporté était formé des parties les plus légères azotées; les parties lourdes, phosphatées, restèrent dans les îles.

Stellners combattit cette théorie, en faisant remarquer que le carbonate de soude est rare et que le transport de quantités considérables de guano est discutable.

Théorie des varechs de Nœllners. — Nœllners et plus tard Sieveking ont émis l'hypothèse que les golfes côtiers renfermant des varechs se sont desséchés, et que, par décomposition et par réaction avec le sel marin et le carbonate de chaux, il se forma du nitrate de soude.

Mais quelques faits contredisent cette théorie : les varechs renferment du brome et du phosphore, et le caliche n'en renferme pas. Il n'y a pas non plus de restes d'animaux marins dans les gisements, mais seulement des coquilles et des ammonites jurassiques.

Théorie microbienne de Müntz et Plagemann. — Les matières organiques azotées, tant végétales qu'animales, se transformèrent par nitrification en nitrate de chaux qui, par réaction avec les sels contenus dans la mer, donna du nitrate de soude accompagné d'iode, etc.

Fig. 10. — L'exploitation du caliche.
Une explosion vient d'avoir lieu dans la tranchée.

Mais cette théorie n'explique pas pourquoi le nitrate fut localisé dans la région chilienne, alors que d'autres territoires furent soumis aux mêmes influences atmosphériques et portèrent une végétation aussi luxuriante que celle de l'Amérique, ni pourquoi le nitrate se trouve sur la Cordillère côtière au lieu d'être dans les Andes par exemple.

Théorie électrique. — L'azote de l'air peut former par des décharges électriques du nitrate d'ammoniaque, qui, par réaction sur le chlorure de sodium, peut donner du nitrate de soude.

Les décharges électriques sont d'ailleurs fréquentes dans les nuages ou camanchacas qui recouvrent souvent le territoire nitratier. Peut être le guano a-t-il donné, d'un autre côté, une partie de l'ammoniaque et de l'acide nitrique nécessaires à la formation du nitrate.

LA FABRICATION DU SALPÊTRE AU CHILI

L'extraction du caliche. — 1° *Prospection des terrains nitratiers*. — Les gisements de salpêtre sont irréguliers, en

Fig. 11. — Caliche prêt à être chargé dans les charrettes.

forme, en étendue et en épaisseur. La recherche de ces données, ainsi que celles de la richesse du caliche, présente par suite la plus grande importance.

Dans les plaines ne présentant pas de solution de continuité, on établit des trous de sonde espacés de 100 à 300 mètres en quinconce. Si, de deux trous voisins, l'un donne le caliche, l'autre au contraire montre l'absence de ce dernier, on continue les recherches par des sondages intermédiaires entre les deux trous en conduisant le travail méthodiquement. On limite

la surface reconnue par des courbes aussi exactes que possible.
Il est alors facile de mesurer l'épaisseur et, après analyse, de
déduire le caliche exploitable.

Dans les plaines lavées par les eaux, ou bouleversées par les
tremblements de terre, les trous de sonde sont établis dans les
parties où l'on soupçonne le caliche : ils sont faits à des distances de plus en plus réduites, de manière à limiter les gisements aussi exactement que possible.

Les trous de sonde ont 30 à 40 centimètres de diamètre et

Fig. 12. — Les amas de caliche au voisinage d'une usine.

une profondeur variable. Ils sont établis au moyen de sondes
quadrangulaires en acier, ou, lorsque la roche est dure, au
moyen de la dynamite. La terre désagrégée est enlevée par des
cuillers. Ce sondage primitif est nécessité par les conditions
d'exploitation. Le sondage mécanique n'est guère pratique
dans le désert.

Le sondage doit atteindre la coba pour ne pas laisser de parties inexplorées. Le travail est payé de 0,40 à 1,20 peso par
pied de profondeur.

L'échantillon moyen du trou est pris au moyen d'une pique

de loro, qui, légèrement recourbée à son extrémité, permet de prendre un échantillon de la paroi des trous. Les salitreros ou nitratiers reconnaissent la richesse du caliche par la couleur, et par l'humidité déposée sur le sol dans les trous de sonde, ou au moyen d'une mèche produisant sur un échantillon des jets et détonations plus ou moins vifs, suivant la proportion de nitrate pur.

L'analyse rapide des échantillons prélevés se fait en dissolvant un poids connu de caliche dans l'eau ; on y ajoute de l'acide sulfurique et on fait couler d'une burette une dissolution de sulfate de fer jusqu'à ce qu'il ne se produise plus de coloration. Une comparaison avec une dissolution de nitrate pur indique la teneur en nitrate. Cette réaction, basée sur la formation d'oxyde d'azote en présence d'un sel de fer et d'acide sulfurique, est assez rapide pour permettre 60 à 70 analyses par jour. Quand on veut obtenir la teneur précise d'un échantillon, on a recours, soit à la méthode Schlœsing, dans laquelle on mesure l'oxyde d'azote dans une éprouvette, soit à la méthode de Ulsch dans laquelle on transforme l'azote en ammoniaque que l'on mesure dans une liqueur titrée.

2° *L'extraction du caliche*. — Le champ d'exploitation, ou calichera, est divisé en zones, dans lesquelles le caliche est attaqué par une tranchée disposée suivant les indications données par les trous de sonde. Le caliche est séparé de la roche, qui est rejetée sur le bord de la tranchée. L'extraction se fait en creusant des trous à une certaine distance de la tranchée : ces trous sont garnis de poudre, et leur explosion détache le caliche compris entre eux et le bord de la tranchée. Celui-ci, grossièrement trié, est chargé dans des charrettes et transporté à l'usine. Dans l'explosion, les pertes de caliche sont inévitables, et on estime que l'extraction donne 80 p. 100 de la matière première du gisement, et ceci dans les meilleures conditions.

Les ouvriers sont payés au nombre de brouettes ou carretadas amenées aux charrettes ; quand le travail est pénible, ou quand une discussion survient, le chantier est abandonné ; souvent l'exploitation n'est pas reprise aux mêmes endroits et l'extraction se fait sans méthode.

L'extraction se fait en établissant les tranchées à l'endroit

Fig. 13. — Transports du caliche dans la pampa. Les attelages des charrettes, à midi, avant le départ au travail.

le plus éloigné de l'usine : les charrois se font ainsi sur terre non remuée.

Autrefois, l'exploitation fut faite d'une façon absolument barbare dans beaucoup d'exploitations : on prenait au travers des champs le caliche le plus riche, laissant de côté les minerais de teneur moyenne, que l'on recouvrait même de déblais. Aujourd'hui, l'épuisement des parties riches force les industriels à reprendre les parties moyennes et pauvres, et l'extraction en est rendue plus coûteuse en maintes circonstances. Quelques usines même travaillent les costras riches et les déblais laissés par des exploitations antérieures.

L'exploitation à ciel ouvert, que nous venons de voir, est générale, et on ne compte que quelques exploitations par carrières, dans le calcaire jurassique.

Le transport du caliche à l'usine se fait au moyen de charrettes à mulets contenant 45 quintaux de 46 kilos, ou au moyen de chemin de fer dont les wagons ont une capacité de 100 quintaux environ. Fréquemment les deux systèmes sont combinés : on transporte le caliche de la tranchée à emplacement très variable au chemin de fer à emplacement fixe, au moyen de charrettes.

La surveillance de l'extraction demande beaucoup d'aptitude et d'énergie ; elle est confiée à un homme de confiance, bien connu des ouvriers et pouvant au besoin aplanir les conflits.

Le traitement du caliche à l'usine. — Le principe du traitement du caliche à l'usine est l'épuration par dissolution et cristallisation successives : la solubilité du nitrate de soude dans l'eau chaude est très grande ; mais elle est gênée par les sels de soude, et notamment par le sel marin.

Autrefois, le fabricant était nomade, et son matériel consistait en une ou plusieurs chaudières ou paradas placées sur un foyer tout primitif. Le caliche était jeté dans ces chaudières, mélangé d'eau, dissous, puis décanté à chaud. Le liquide était versé dans des cristallisoirs en bois, abandonnés au rayonnement diurne et nocturne. Le sel recueilli était vendu sans autre préparation. Les résidus des chaudières n'étaient pas soumis à un autre épuisement, et de ce fait une notable proportion de nitrate était perdu. Ces résidus de chaudières constituent une matière première estimée aujourd'hui.

En 1853, on employa les paradas à vapeur : on obtint ainsi un nitrate plus pur et une économie de combustible. Enfin, Humberstone introduisit le traitement méthodique du caliche basé sur le même principe que le traitement de la soude.

Le caliche, amené par wagonnets ou charrettes, est vidé dans

Fig. 14. — Usine de Rosario de Huara. Les pompes.

un magasin suffisant pour contenir un approvisionnement de caliche pendant vingt-quatre heures au moins. Il est concassé, puis jeté dans des chaudières de dissolution ou cachuchos, rectangulaires, munies d'un faux fond perforé. Ces chaudières, réunies en séries de 8, sont montées sur colonnes pour permettre l'élimination des déchets par wagonnets. Elles sont chauffées par 6 ou 8 serpentins à vapeur, portant chacun une soupape régulatrice ; elles sont réunies entre elles par un système de tuyauterie, permettant en même temps d'amener l'eau fraîche, ou agua del tiempo, l'eau mère, ou agua vieja, et l'eau de lavage ou relave.

La marche du procédé, pour 6 chaudières par exemple, est le suivant : La caisse 6 étant épuisée, le déchet ou ripio est poussé par 2 ouvriers dans les wagonnets. La caisse 5 se remplit de caliche. La caisse 4 reçoit l'eau mère des caisses précédentes que l'on porte à la plus haute température possible, de manière à obtenir une solution très concentrée et très pure. Dès que la masse atteint la concentration demandée, le robinet de sortie est ouvert, et la solution s'écoule dans un bac d'attente.

On ouvre le robinet à eau fraîche sur la caisse 1 ; cette relave est dirigée sur un bac d'attente. La caisse 5, remplie de caliche, devient la dernière caisse, et la caisse 4, l'avant-dernière.

La dissolution étant faite à température croissante, les sels autres que le nitrate se dissolvent en proportion relativement minime. Chaque caisse renferme la dissolution vingt-deux heures environ. Le dernier lessivage à l'eau froide dure trois heures. Le vidange demande une heure et demie et le remplissage, une heure. Chaque caisse est, en somme, vingt-sept heures en travail.

Le ripio, jeté aux abords de l'usine, contient encore 5 p. 100 de nitrate.

La solution de nitrate dépose dans les bacs d'attente un limon renfermant une notable quantité de sel marin. Ce limon est ramené dans le travail ou jeté au dehors.

La solution de nitrate purifiée dans les chulladores passe dans les chaudières à cristalliser, ou bateas, rectangulaires, à fond incliné, en fer forgé, munies d'ouvertures appropriées. La solution reste à refroidir cinq jours dans les cristallisoirs : l'eau est évacuée et le nitrate mis à égoutter sur des tôles perforées placées à l'extrémité surélevée des caisses. Le salpêtre égoutté est chargé dans des wagonnets qui circulent entre deux rangées de cristallisoirs, et qui le déversent dans un magasin ou cancha où le séchage s'achève avant l'ensachage.

Le nitrate obtenu a ordinairement une pureté de 95 p. 100.

Fig. 15. — Vue d'une usine de nitrate au Chili.

Le nitrate à 96 est employé dans l'industrie chimique.

Voici deux compositions de nitrate, d'après Semper et Michels :

	P. 100	P. 100
Nitrate de soude	94,164	94,245
— de potasse	1,763	1,249
Chlorure de sodium	0,933	1,180
Iodure de sodium	0,010	0,017
Perchlorate de potasse	0,282	0,239
Sulfate de magnésie	0,219	0,303
Chlorure de magnésium	0,289	0,342
Sulfate de chaux	0,102	0,041
Insoluble	0,128	0,174
Humidité	2,100	2,210

Fig. 16. — Un puits au milieu de la Pampa.

Sur le séchoir, le nitrate est ensaché dans des toiles de jute qui peuvent contenir jusque 140 kilogrammes . Ces sacs sont cousus et chargés dans des wagons de chemin de fer. Mais l'usage des toiles de 140 kilogrammes disparaît avec l'emploi des sacs de 100 kilogrammes qui ont été d'ailleurs indiqués par le gouvernement.

Le travail du salpêtre à l'usine est payé à la tâche, les ouvriers étant groupés en cuadrillas. Le travail dure toute l'an-

Fig. 15. — Dans l'usine de nitrate. Le déchargement des wagonnets de caliche.

née, sauf toutefois le 18 septembre, jour de la Fête Nationale, où il est arrêté plusieurs jours.

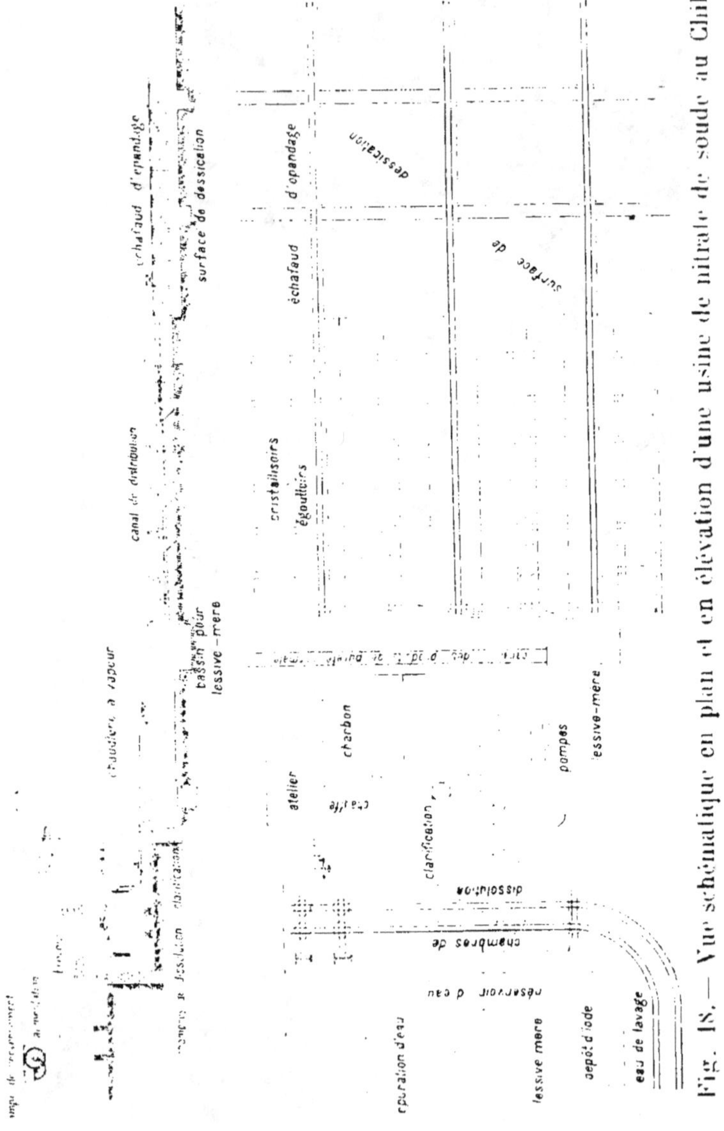

Fig. 18. — Vue schématique en plan et en élévation d'une usine de nitrate de soude au Chili.

La perte de nitrate en excellente fabrique atteint 8 p. 100. Avec un caliche à 40 p. 100, le rendement est donc de 32.

Fig. 19. — Usine de Rosario de Huara. L'atelier de la préparation du nitrate de soude. Vue côté élévateurs du caliche. Les concasseurs sont à la partie inférieure.

On emploie une partie de charbon pour 10 parties de nitrate obtenu dans les cas les plus favorables, et une partie de charbon, pour 5 parties de nitrate en moyenne.

Procédés divers de traitement du caliche à l'usine. — La dissolution du caliche peut se faire dans des cuves munies d'agitateurs, mais la solution obtenue est trouble, et il convient de laisser déposer le limon, ou de filtrer la solution. Les serpentins de vapeur sont un obstacle pour la vidange. On a essayé de les séparer par des tôles, sans obtenir de solution satisfaisante.

Il convient, non seulement de réduire les pertes de nitrate au minimum, mais encore de prendre toutes dispositions utiles pour obtenir le maximum d'effet utile de l'eau et du charbon, ces matières étant relativement coûteuses. La production économique de vapeur par l'emploi de calorifuges, etc., sera donc adoptée.

Le lessivage à froid du caliche dans les ports et non dans les oficinas a été proposé, mais la solution obtenue à froid est faible et la quantité d'eau à évaporer est considérable. Ce procédé permet toutefois de récupérer le sel marin qui n'est pas sans valeur.

La manutention et le traitement du caliche se font encore dans certains cas de manière primitive. Les moyens mécaniques modernes sont à conseiller.

Nous devons enfin mentionner le procédé Nordenflicht, proposé par son auteur pour réduire les dépenses de charbon, et qui consiste à se servir de chaudières à ébullition par le vide réunies en multiple effet.

Les sous-produits de la fabrication du salpêtre. — L'iode, le sel marin et le perchlorate de potasse sont les trois sous-produits principaux de l'industrie du nitrate.

L'*iode* se trouve dans les eaux-mères (1 à 4 grammes par litre), sous forme d'iodates et d'iodures de soude. L'extraction se fait par le bisulfite de soude. Le raffinage de l'iode brut a lieu sur place : l'emballage se fait dans des tonneaux de 100 à 120 livres.

L'*industrie du perchlorate de potasse* a une certaine importance dans le département de Toco. Il y a une quinzaine d'an-

nées, quelques chargements de nitrate arrivés en Europe causèrent des accidents en culture. On détermina bientôt que

Fig. 20. — Le concassage des blocs de caliche sur le plan incliné des concasseurs.

la cause de ceux-ci n'était autre qu'une teneur en perchlorate
élevée, et Wagner indiqua qu'une dose de 0,8 p. 100 de per-

chlorate peut être considérée comme la limite maxima d'un nitrate employable en culture.

Le perchlorate peut être assez facilement retiré des eaux

Fig. 21. — La fabrication du nitrate. Vue intérieure d'une cuve de dissolution.

mères par cristallisation : mais son emploi dans l'industrie est assez limité.

Le *sel marin*, renfermé dans les eaux mères, est retiré dans quelques oficinas, celles d'Antofagasta, par exemple, qui le livrent comme sel industriel.

Le sulfate de soude pourrait également être produit dans nombre d'usines; mais l'industrie chilienne n'est pas suffisamment développée pour en faire une consommation importante.

Fig. 22. — La fabrication du nitrate. Vue extérieure d'une cuve de dissolution.

L'installation d'une usine de nitrate de soude. — L'usine de nitrate de soude doit être placée autant que possible au milieu du champ d'extraction et sur le versant de la vallée, de manière que les charrettes doivent monter pour aller de l'usine aux points d'extraction, et descendre, quand elles sont chargées, des points d'extraction vers l'usine.

L'oficina, établie sur une pente, a, en outre, l'avantage de permettre l'établissement des appareils en cascade de telle manière que l'eau et le caliche amené à l'étage supérieur passent dans les appareils des étages inférieurs par différence de niveau. Les dépôts de charbon, les réservoirs d'eau, les magasins à caliche, se trouveront donc à l'étage supérieur. Les appareils s'échelonnent ensuite dans l'ordre que nous avons décrit, et les ateliers d'ensachage avec les canchas se trouvent au dernier niveau. Il n'est pas toujours possible de faire l'installation de cette manière, et on rencontre nombre d'usines sur terrains plats : il y a dans ces cas évidemment plus de manipulations.

Les matériaux de construction sont, en général, très chers dans la Pampa : les pierres et les briques sont employées avec parcimonie pour les fondations des bâtiments les plus importants, et le bois et la tôle sont d'un emploi général pour toutes les constructions, usines et habitations.

Les usines s'étendent généralement sur un grand espace, car on ne construit pas d'étages, par crainte des tremblements de terre, et pour diminuer le prix d'installation.

Les machines à vapeur, pompes, dynamos, concasseurs, sont d'origine anglaise ou américaine, et les mesures de capacité, de poids et de force, sont des mesures anglaises. Les installations électriques sont rares. Les installations de transport de matières, monte-charges, chaînes à godets, ascenseurs, wagonnets, sont souvent usagées et défectueuses.

Les produits accessoires à la fabrication du nitrate. — *L'eau.* — L'alimentation des usines en eau nécessaire tant à la fabrication du salpêtre qu'à la nourriture des hommes et des animaux est une question difficile à résoudre dans les pampas où ne tombe aucune pluie.

En Tarapaca, les courants d'eau souterrains peuvent être captés à une faible profondeur. L'épuration est souvent nécessaire : la chaux caustique est l'épurant le plus fréquemment employé.

En Aguas Blancas, l'eau se trouve encore à une assez faible profondeur, mais en Taltal la nappe aquifère est profonde, et les usines sont parfois obligées de creuser des puits à de grandes distances et de pomper l'eau à grands frais.

Le charbon. — Presque tout le charbon utilisé au Chili vient d'Angleterre ou d'Australie. Mais, en raison du trafic entre les ports anglais et les ports chiliens, les frais sont plus réduits pour les charbons anglais, qui sont plus employés.

Fig. 23. — Les cuves de dissolution du caliche. La vidange.

Il est introduit un peu de charbon américain.

Le prix du charbon varie, pour la tonne anglaise, de 1.016 kilogrammes de 21 à 35 sh. dans les ports de Iquique, Tocopilla, Pisagua et Taltal.

Le soufre. — Le soufre, employé à la fabrication de la poudre de mine et à celle du bisulfite, venait autrefois presque exclusivement de Sicile. On en tire maintenant une grande quantité des gisements chiliens situés dans la Haute-Cordillère.

La poudre est préparée dans des enclos séparés de l'usine, par les procédés ordinaires de fabrication.

La dynamite est importée.

Fig. 24. — La préparation du nitrate. Vue de la partie supérieure des cuves de dissolution.

Les sacs. — Les toiles qui servent à l'emballage du nitrate sont en jute indien. On les importe neufs ou peu usagés.

Il faudrait encore citer comme produits accessoires nécessaires à l'industrie, les aliments des hommes et des animaux, les produits manufacturés, etc. En général, les usines fournissent à leur personnel les divers produits dont ils ont besoin pour vivre.

La conduite des usines et la question ouvrière. — Beaucoup de sociétés nitratières ont un représentant dans un port chilien. Ce mandataire a sous ses ordres le directeur de l'usine, qui reste à l'oficina. Le directeur a sous ses ordres le corrector chargé de l'extraction, le maître évaporeur chargé de la fabrication et le comptable qui tient les livres : ce dernier est un homme de confiance, connaissant parfaitement l'usine et à même de remplacer le directeur en cas d'absence.

L'industrie du nitrate occupe une quarantaine de milliers d'ou-

Fig. 25. — Usine à nitrate. Le transport du charbon des magasins aux chaudières.

vriers, dont 30.000 Chiliens environ, 4 ou 5.000 Péruviens et 4 ou 5.000 Boliviens. Les quelques milliers d'Européens employés dans les usines sont des monteurs, mécaniciens, etc.

Le travail à la tâche est général, et seuls les travaux spéciaux sont faits à la journée. Le salaire journalier varie de 2,50 à 4 pesos ; les ouvriers à la tâche peuvent gagner 4 à 5 pesos par jour.

Le paiement des salaires se fait généralement en jetons, qui peuvent être échangées contre la monnaie courante, mais qui sont acceptés dans les magasins dépendant de l'usine.

Les ouvriers sont logés près de l'usine dans des baraquements en bois, en tôle, en toile de sacs, rarement en pierres, toujours de construction rudimentaire.

La question ouvrière est devenue, depuis quelques années,

Fig. 26. — La cristallisation du nitrate et le ramassage du sel dans une cuve.

une préoccupation pour les sociétés : des organisations socialistes ont pris naissance, et les ouvriers ont réclamé des améliorations de salaire par des grèves. D'un autre côté, il semble qu'il se fait une raréfaction de la main-d'œuvre qui était encore suffisante au siècle dernier.

Le transport du nitrate des usines à la mer et les chemins de fer chiliens. — La plupart des usines de nitrate envoient par chemin de fer le salpêtre dans les ports. La Compagnie d'Antofagasta transporte seule le caliche depuis le point d'extraction jusqu'au port où se fait la fabrication.

Les autres oficinas, réunies au chemin de fer par des embran-
chements particuliers, transportent le nitrate ensaché.

Le premier chemin de fer Iquique-la Noria fut construit
en 1868 par la Nitrate Railway Company. En 1889, la Com-

Fig. 27. — La vidange des déchets de la dissolution du caliche,
autour de l'usine.

pagnie de Agua Santa construisit la ligne Caleta Buena-Agua
Santa, puis la ligne de Junin.

La Nitrate Railway Company possède les lignes : Iquique,
Estacion Central, Pozo Almonte, Huara, Zapiga, Pisagua et

Estacion Central, la Noria, San Antonio, Gallinazos, Lagunas, en Tarapaca. Ces lignes sont à voie normale.

La ligne Caleta Buena, Junin est à voie étroite.

En Toco, la Anglo-Chilian Nitrate and Railway Company exploite les lignes réunissant les oficinas à Tocopilla.

En Aguas Blancas, la ligne Caleta Coloso-Pepita est exploitée par Granja et Cie.

En Aaltal, la Taltal Railway Company exploite les lignes de Santa Luisa, Lautaro et Julia.

L'embarquement du nitrate. — Les sacs de nitrate sont pesés et échantillonnés dans le port, en présence de la douane et des représentants des acheteurs et des vendeurs. L'embarquement est fait, soit directement par les ouvriers des usines, soit par des agents de transport.

Les ports chiliens ont une inégale importance pour l'exportation du nitrate. En 1910, on relève les exportations suivantes :

Pisagua................	2 482 419	quintaux espagnols.
Junin................	1 783 560	—
Caleta Buena...........	5 837 571	—
Iquique............	18 285 852	—
Tocopilla	6 409 950	—
Mejillones........	5 589 114	—
Antofagasta.	6 163 228	—
Caleta Coloso	3 266 416	—
Taltal	5 953 221	—

ORIGINE DES CONCESSIONS ET LÉGISLATION NITRATIÈRE

Les recettes chiliennes, provenant de la taxe prélevée sur l'exportation du nitrate et de l'iode dépassent la moitié des recettes totales de l'État, comme nous le verrons plus loin, et le commerce chilien est basé sur l'exportation des deux produits précédents et l'importation des matières diverses nécessaires à leur élaboration. Si, de plus, on tient compte de l'adjudication des terrains salpêtriers, on peut dire que la fortune du Chili repose essentiellement sur l'industrie du salpêtre.

Les salpêtrières qui sont actuellement sur le territoire chiliens firent partie, avant la guerre chilo-péru-bolivienne de 1879-1883, des territoires boliviens et péruviens et, au point de de vue législatif, on peut distinguer :

L'ancienne province péruvienne de Tarapaca ;

L'ancienne région bolivienne de Toco et d'Antofagasta ;

Les anciens districts chiliens de Aguas Blancas et Taltal.

Des usages, des lois et des décrets très divers réglaient la propriété et les rapports des salpêtriers dans ces trois régions.

Fig. 28. — Le déchargement et l'emmagasinement du nitrate commercial.

Actuellement on peut distinguer les droits des particuliers et les droits de l'État.

a. *Droits des particuliers.* — Dans la province de Tarapaca, il existe des terrains concédés conformément à la législation péruvienne et qui sont toujours restés aux mains des particuliers. Il existe aussi des terrains qui autrefois furent acquis par le gouvernement péruvien contre titres et qui, après la guerre, devinrent propriété du gouvernement chilien ; ce dernier, par échange ou par vente aux enchères publiques, les laissa aux mains des particuliers.

Dans la province de Toco et d'Antofagasta, on peut distinguer : les concessions faites aux particuliers conformément à la législation bolivienne ; les concessions que Juan Meiggs acquit en 1876 pour le Pérou, pour éviter la concurrence bolivienne, et qui passèrent après la guerre au pouvoir du Chili, pour revenir après procès en 1883 aux héritiers de Meiggs ; et enfin les concessions isolées du littoral bolivien qui furent données par décrets spéciaux.

Fig. 29. — Usine à nitrate. Les magasins de charbon.

Dans les Aguas Blancas et en Toco, les concessions de 1877 comprennent les terrains mesurés et pourvus d'un titre de propriété, les terrains non mesurés mais dont la Cour Suprême a édicté l'évaluation, les terrains dont on demande la mesuration, et enfin les concessions dont on n'a pas encore demandé les évaluations.

b. *Droits du fisc.* — Ces droits portent sur les terrains munis de titres d'origine fiscale, et sur les terrains munis de titre d'origine particulière.

Les premiers comprennent les terrains ayant appartenu au

Pérou et à la Bolivie et qui, ne portant pas de propriétés particulières furent incorporés aux biens de l'État Chilien, et tous

Fig. 30. — L'ensachage du nitrate dans les magasins de réserve.

les terrains classées dans le Code Minier de 1888 dans les propriétés communales ou nationales.

3.

Les seconds sont très divers : les terrains de Taracapa acquis moyennant le rachat des titres péruviens, les terrains revenant au domaine public par jugement, etc.

Les concessions nitratières donnent droit au salpêtre, et non au sol, ainsi que semble l'avoir décidé fréquemment la jurisprudence. Mais ceci a un intérêt purement théorique, le sol

Fig. 31. — La forge au milieu de la Pampa.

n'ayant aucune valeur. La mesure des concessions est faite par la Délégation fiscale nitratière qui a un représentant à Iquique.

Les lois et règlements édictés en matière nitratière se trouvent dans le Code Minier, les Ordonnances Minières et le Code Civil. L'inscription du titre se fait à la fois à l'Administration des Mines et à l'Administration des Immeubles. Toute une réglementation existe pour les hypothèques, ventes aux enchères, prescriptions, etc., et pour le régime des sources et des cours d'eau qui ont une importance toute particulière.

APERÇU HISTORIQUE DU DÉVELOPPEMENT DE L'INDUSTRIE NITRATIÈRE

a. *De l'origine à la guerre chilo-péruvienne de 1879.* — Vers 1810, après la découverte par Haencke du procédé d'extraction du nitrate de potasse, apparurent les premières oficinas, qui, munies d'appareils rudimentaires (paradas), réussirent néanmoins à produire 20 à 25.000 quintaux espagnols de salpêtre. Au fur et à mesure qu'en Europe la valeur agricole du nitrate fut reconnue, des oficinas se créèrent, la production augmenta et atteint en 1878, en Tarapaca, 18 millions de quintaux. Le Pérou, par des lois d'expropriation, avait essayé, vers 1875,

Fig. 32. — Dans une usine à nitrate. Les ateliers du bois.

de monopoliser l'industrie nitratière ; mais cette tentative ne réussit pas, et elle fut d'ailleurs brusquement interrompue par la guerre.

Les districts du Sud, Toco, Antofagasta, Aguas Blancas, Taltal n'ont joué jusqu'à la guerre qu'un rôle secondaire. Le manque de communications retardait, d'ailleurs, l'exploitation de ces terrains plus pauvres que ceux de Tarapaca. Une contestation survenue au sujet de Société chilienne d'Antofagasta fut la cause de guerre bolivienne de 1879. Immédiatement après celle-ci, les oficinas du Sud prirent un grand développement et, en 1880, elles produisaient 2.300.000 quintaux.

b. *De 1880 à 1884.* — Après la guerre, la région nitratière du Sud diminua peu à peu en importance, par suite de la pauvreté des gisements et des difficultés de communication.

Les provinces du Nord, au contraire, se développèrent rapidement. En Tarapaca, le gouvernement chilien abandonna l'idée de continuer le monopole créé par le Pérou, mais créa un impôt d'exportation. D'ailleurs, pendant la guerre et immédia-

Fig. 33. — Usine de Rosario de Huara. Les bâtiments de l'usine de préparation de l'iode. Au premier plan, les réservoirs d'eau.

tement après, il se produisit de nombreuses spéculations sur les titres, dont une grande partie passèrent aux mains des étrangers, des Anglais en particulier.

c. *De 1884 à 1890. — La première combinaison.* — L'accroissement de la production du salpêtre après la guerre ne concorda pas avec l'accroissement de la consommation, et les prix tombèrent rapidement. Les producteurs s'unirent, en 1884, en un syndicat ou combinaison nitratière, qui régla entre les oficinas l'exportation proportionnellement à leur puisance de production.

En 1884, l'exportation s'éleva à 12152000 quintaux.
En 1885 — — 9478000 —
En 1886 — — 9790000 —

Le prix de nitrate, qui était de 6 sh., monta, après l'accord, et atteignit son maximum en 1885, avec 8 sh. 8, pour baisser

Fig. 34. — Dans une usine à nitrate. Les cornues à soufre.

ensuite à 5 sh. en 1886, les existences en Europe étant si considérables que la limitation de la production ne suffisait pas à enrayer la baisse. La combinaison se termina en décembre 1886. Le Comité Permanent du Nitrate fut créé pour faire la propagande. Ce Comité organisa des Délégations dans les divers pays sous la surveillance du « Nitrate Permanent Committee » de Londres. Cette propagande fit doubler la consommation de 1886 à 1890. Mais la production fit de son côté des progrès plus rapides encore, et les prix baissèrent, pour atteindre, en 1890, 4 sh. 10, avec une exportation de 21.200.000 quintaux.

d. *De 1890 à 1896. — La deuxième combinaison.* — Une nouvelle combinaison, nécessitée par le mauvais état du marché, entra en vigeur en janvier 1891 et dura jusqu'en mars 1894. A ce moment, la libre concurrence réapparut ; mais les producteurs donnèrent une solide organisation à l'Association de Propagande, approuvée par le gouvernement. Cette association eut son siège à Iquique, fut subventionnée par les producteurs, à raison de 1/8 d. par quintal exporté, et administrée par les nitratiers des diverses provinces. Représentée en Europe par le Nitrate Permanent Committee, avec ses diverses délégations, elle a rendu et rend encore aujourd'hui, par sa propagande, ses statistiques, ses informations industrielles et agricoles, les plus grands services à l'industrie du nitrate.

e. *De 1896 à 1900. — La troisième combinaison.* — L'excès de production entraînant un avilissement des prix, une troisième combinaison limita la production annuelle d'après la production des trois premiers mois. La consommation fit de grands progrès, les usines améliorèrent leur outillage, et l'exportation augmenta jusqu'en 1899. On a à signaler dans cette période la crise de 1897-1898, due à la fois à la concurrence du sulfate d'ammoniaque, à la crise sucrière, à la spéculation, à quelques chargements riches en perchlorate, qui causèrent une certaine panique en agriculture. En 1899, des maisons anglaises essayèrent de faire un syndicat de vente avec la maison Gibbs et Cie, mais la tentative échoua.

f. *De 1900 à 1906. — La quatrième combinaison.* — Après bien des difficultés, une quatrième combinaison fut créée en avril 1901. Le directeur de l'Association Nitratière de Propagande fixait la quantité de nitrate à exporter et la répartissait entre les adhérents, en tenant compte des décisions d'une assemblée annuelle de producteurs. Les prix et la consommation augmentèrent dans une notable proportion, et de

Fig. 35. — Usine de préparation de l'iode. Les fours à soufre.

nombreuses oficinas réalisèrent des bénéfices qu'elles n'avaient pas vus depuis longtemps.

g. *De 1906 à 1910. — La cinquième combinaison. — La li-*

mitation de la production, due à une cinquième combinaison,

Fig. 36. — Dans un village de la Pampa. Le marché.

Fig. 37. — Un coin de rue de village dans la Pampa. Habitations
construites en tôle.

amena une augmentation sensible des prix qui atteignaient, en 1906, 9 sh. 10 par quintal. La combinaison, dénoncée en 1908, ne fut pas renouvelée.

LA PRODUCTION. STATISTIQUE ET SOCIÉTÉS

Production mensuelle. — La production du salpêtre est loin d'être régulière. Elle se ralentit durant les mois de février et de mars, après avoir été assez élevée dans le courant de janvier. Elle reprend une importance moyenne en mai et juin pour atteindre son maximum en décembre. Le tableau suivant, que nous empruntons à une statistique de la Délégation nitratière, indique cette production mensuelle de 1905 à 1910 :

	1906	1907	1908	1909	1910
Janvier	3 313 704	3 507 433	3 604 952	3 098 281	4 408 287
Février	2 747 046	2 827 710	3 457 259	2 122 693	3 630 758
Mars	2 715 517	2 970 822	3 291 576	2 016 091	4 473 543
Avril	2 782 904	3 106 734	3 274 293	3 465 317	4 532 863
Mai	3 356 261	3 229 086	3 634 671	4 234 795	4 710 639
Juin	3 336 979	3 359 761	3 851 764	4 283 833	4 630 726
Juillet	3 421 311	3 409 474	3 736 483	4 338 951	4 583 137
Août	3 573 253	3 541 138	3 789 544	4 581 692	4 615 632
Septembre	3 315 902	3 078 063	3 176 023	3 912 739	3 837 428
Octobre	3 749 688	3 971 825	3 722 414	4 583 518	4 640 985
Novembre	3 610 927	3 797 951	3 704 368	4 487 745	4 681 558
Décembre	3 688 332	3 331 215	3 603 920	4 768 793	4 850 427
	39 611 824	40 131 212	42 847 267	45 890 448	53 595 983

Les Sociétés. — L'importance des Sociétés qui se livrent à l'exploitation du salpêtre est très inégale. L'énumération de ces sociétés avec le nombre de leurs usines, le montant de leur production et celui de leur exportation pour l'année 1910, permettra de se rendre compte exactement de leur importance :

PROPRIÉTAIRES.	USINES.	EXISTENCES 30 juin 1910.	PRODUCTION effective du 1er juillet 1910 au 30 juin 1911.	TOTAL.	CARGAISONS 1er juillet 1910 au 30 juin 1911.	EXISTENCES 30 juin 1911.
Cia de Salitres J.F.C. de Agua Santa.	1. Abra, Agua Santa, Elena Primitiva y Valparaiso.....	435076	1528184	1963260	1484289	478971
Cia Salitrera Progreso de Antofagasta.	2. Aconcagua, Ausonia y Filomena (Antofagasta).......	378536	1926993	2305529	1854243	451286
Cia Com. y Salitrera « La Aguada ».	3. Aguada.....	82844	345035	427879	352772	75107
	4. Agua Santa (Véase abra)..					
Cia de Salitres de Antofagasta.	5. Agustin Edwards, Francisco Puelma y José Santos Ossa (Antofagasta).....	480692	2851402	3332094	2776341	555753
Cia Salitrera Alemana Suc. Folsch y Martin.	6. Alemania, Atacama, Chile Moreno y Salinitas (Taltal).	803000	3204943	4007943	3099135	908808
The Alianza Co. Ltd.	7. Alianza y Slavonia.......	572737	1583544	2156281	1616670	539611
Soc. Salitrera Alianza de Taltal.	8. Alianza (Taltal).....					
The Amelia Nitrate Co. Ltd.	9. Amelia, Cecilia (Antofagasta) y Josefina.....	464524	1359837	1824361	1362434	461927
Cia Salitrera « El Loa ».	10. Angamos Curico y Maria (Antofagasta).....	453270	2278645	2731885	2155299	576586
The Angela Nitrate Co. Ltd.	11. Angela.....	73475	339119	412594	261450	151144
Cia Salitrera Pampa Alta.	12. Anita (Antofagasta).....	185336	051467	836803	649327	187476
Granja y Cia en liquidacion.	13. Aragon, Bonasort (Ag. Blancas) Cataluña, Cola (Ag. Blancas) Democracia, Pepita (Ag. Blancas) y San Fran-					

	cisco	137 207	848 232	985 439	817 139	168 300
The Rosario Nitrate Co. Ltd.	14. Argentina, Puntilla de Huara y Rosario de Huara..	435 552	1 140 870	1 576 022	1 135 520	440 902
	15. Acatama (Taltal) (Véase Alemania)...					
The Pacific Nitrate Co. Ltd.	16. Aurélia y Celia (Antofagasta)...					
Cia Salitrera Aurrera.	17. Aurrera...	45 234	214 570	259 804	200 686	59 118
	18. Ausonia (Antofagasta) (Véase Aconcagua)...					
Soc. Salitrera Avanzada.	19. Avanzada (Aguas Blancas).	117 307	694 035	811 342	627 281	184 061
The Lautaro Nitrate Co. Ltd.	20. Bellena, Lautaro, Sta. Catalina y Santa Luisa (Taltal).	204 216	1 770 458	1 974 374	1 724 624	249 750
Pirretas y Vallebona.	21. Barcelona..	23 396	110 896	134 292	99 000	35 292
	22. Bonasort (Aguas Blancas Véase Aragon)...					
The Britannia Nitrate Co. Ltd.	23. Britannia y Tricolor (Taltal)...					
The Colorado Nitrate Co. Ltd.	24. Buen Retiro, Carmen Bajo y Peruana...	289 737	731 835	1 021 572	733 640	287 932
Cia Salitrera H.B. Sloman y Cia.	25. Buena Esperanza, Empresa, Grutas, Prosperidad y Rica aventura (Toco)...	893 565	5 061 929	5 955 494	4 852 039	1 103 455
The owners of Buenaventura per G.A. Lockett et J.W. Budd.	26. Buenaventura...	1 483		1 483	1 483	
Pablo S. Mimbela.	27. Cala-Cala...	125 177	634 676	759 853	577 314	182 539
Pedro Perfetti.	28. California, Flor de Chile (Taltal), Maroussia y Tres Marias...	283 743	1 225 195	1 508 938	1 152 500	356 438
Ezequiel Ossio.	29. Camina...	159 902	337 498	497 100	308 000	189 100
Cia Salitrera Candelaria.	30. Candelaria (Antofagasta)..	123 642	384 312	508 954	417 580	91 374
The Fortuna Nitrate Co. Ltd.	31. Carmela (Antofagasta)...	48 232	375 272	423 504	309 840	113 664

PROPRIÉTAIRES.	USINES.	EXISTENCES 30 juin 1910.	PRODUCTION effective du 1er juillet 1910 au 30 juin 1911.	TOTAL.	CARGAISONS 1er juillet 1910 au 30 juin 1911.	EXISTENCES 30 juin 1911.
	32. Cia Salitrera Carmen (Antofagasta)	311		311	311	
	33. Carmen Bajo (Véase Buen Retiro)					
Cia Salitrera Castilla de Antofagasta.	34. Castilla (Aguas Blancas)	8517		8517	8517	
	35. Cataluña (Véase Aragon)					
	36. Cecilia (Antofagasta) (Véase Amélia)					
	37. Celia (Antofagasta) (Véase Aurélia)					
Cia de Salitres y F.C. de Junin.	38. Compañia, Recuerdo, San Antonio y Victoria	140775	560192	700967	561300	139667
The Barrenechea Nitrate Co. Ltd.	39. Condor					
Suc. J. Devescovi.	40. Constancia	162119	627312	789431	671000	118431
	41. Cota (Aguas Blancas) (Véase Aragon)					
	42. Chile (Taltal) (Véase Alémania)					
The Tarapacá et Tocopilla Nitrate Co. Ltd.	43. Cholita y Yungay Bajo, Paposo y Limeñita, Santa Ana, Santa Fé (Toco) y Virginia	303471	1203774	1507245	1037086	470159
	44. Curicó (Antofagasta) (Véa-					

	se Angamos).					
E.I. Du Pont-Nemours Powder Co.	45. Delaware (ex-Carolina) (Taltal).					
	46. Democracia -(Véase Aragon).					
A. Trugeda y Cia.	47. Diana,	1808	254461	255969	182080	73889
Cia Salitrera « El Boquete ».	48. Domeyko y Pissis (Antofagasta).	424900	2887500	3312400	2854759	457641
	49. Elena (ex-Rosario de Negreiros (Véase Abra).					
	50. Empresa (Toco) (Véase Buena Esperanza).					
The Zapiga Nitrate Co. Ltd.	51. Enriqueta.					
Andrés E. Bustos.	52. Esmeralda y Santa Elena.	65795	265108	330903	275000	55903
The Esperanza Nitrate Co. Ltd.	53. Esperanza (Taltal).	12075		12075	12075	
The Aguas Blancas Nitrate Co. Ltd.	54. Eugénia (Aguas Blancas).	233053	949580	1182633	892770	289863
	55. Filomena (Antofagasta) (Véase Aconcagua).					
	56. Flor de Chile (Taltal) (Véase California).					
The Florencia Nitrate Co. Ltd.	57. Florencia (Antofagasta).					
	58. Francisco Puelma (Véase Augustin Edwards).					
The Ghyzela Nitrate Co. Ltd.	59. Ghyzela (Taltal).	91017	345473	436490	330000	106490
Moro y Lukinovic.	60. Gloria, Hervatska y Sloga	104934	527366	632300	425681	206619
	61. Grutas (Toco) (Véase Buena Esperanza).					
	62. Hervatska (Véase Gloria).					
	63. Huascar (Véase Reducto).					
Cia Salitrera Iberia.	64. Iberia (Toco).	107157	388946	496103	382398	113705

PROPRIÉTAIRES.	USINES.	EXISTENCES 30 juin 1910.	PRODUCTION effective du 1er juillet 1910 au 30 juin 1911.	TOTAL.	CARGAISONS 1er juillet 1910 au 30 juin 1911.	EXISTENCES 30 juin 1911.
Bokenham y Cia.	65. Iquique.	41901	161085	202986	167260	35726
New Paccha et Jazpampa Nitrate Co.	66. Jazpampa y Paccha.	121830	406881	528711	390683	138028
	67. Josefina (Véase Amélia).					
	68. José Santos Ossa (Antofagasta) (Véase Augustin Edwards).					
Cia Salitrera Keryma.	69. Keryma.	44406	184444	228850	197520	31330
Cia de Salitres La Americana.	70. La Americana y San Gregorio (Aguas Blancas).	232		232		232
Granja y Astoreca.	71. La Granja.	168332	626580	794912	569949	224963
Salpeterwerke Gildemeister A.G.	72. La Hansa, Peña Chica, San José, San Pedro y Santa Clara.	220333	878143	1098476	915075	183401
The New Tamarugal Nitrate Co. Ltd.	73. La Palma y La Patria.	259526	660248	919774	700500	219274
	74. La Patria (Véase La Palma).					
Soc Salitrera La Perla.	75. La Perla.					
The Lagunas Nitrate Co. Ltd.	76. Lagunas y Trinidad.	143956	545052	689008	542953	146055
Cia Salitrera Lastenia.	77. Lastenia (Antofagasta).	230101	882644	1112745	819939	292806
	78. Lautaro (Taltal) (Véase Ballena).					
The Leonor Nitrate Co. Ltd.	79. Léonora (Antofagasta).					
The Lilita Nitrate Co. Ltd.	80. Lilita (Taltal).	38700	287712	326412	273132	33280

Cia Salitrera Luisis.	81. Los Pirinéos (Véase Providencia)					
	82. Luisis (Antofagasta)	493 225	802 734	995 956	819 967	175 989
The Santiago Nitrate Co. Ltd.	83. Mapocho y Santiago	457 762	450 297	708 059	396 058	212 001
	84. Maria (Antofagasta) (V. Angamos)					
Cia Salitrera Maria Teresa de Aguas Blancas.	85. Maria Teresa y Pétrolina (Aguas Blancas)					
	86. Maroussia (Véase California)					
Soc. Salitrera Miraflores de Taltal.	87. Miraflores (Taltal)	55 300	205 278	260 578	226 300	24 278
	88. Moreno (Taltal) (Véase Alemania)					
The Lagunas Syndicate Ltd.	89. North Lagunas y South Lagunas	441 352	1 239 355	1 680 707	1 208 350	472 357
Juan Pellerano.	90. Nueva Palmira y Palmira	3 100	85 461	88 261	53 565	34 696
Cia Salitrera Oriente.	91. Oriente (Aguas Blancas)	90 983	157 554	248 537	187 000	61 537
	92. Paccha (Véase Jazpampa)					
	93. Palmira (Véase Nueva Palmira)					
Cia Salitrera Pampa Rica de Antofagasta.	94. Pampa Rica (Aguas Blancas)	34 109	377 017	411 426	342 459	68 667
The Pan de Azucar Nitrate Co. Ltd.	95. Pan de Azucar	93 273	294 398	387 671	254 832	132 839
	96. Paposo y Limeñita (Véase Cholita y Yunguay Bajo)					
	97. Pena Chica (Véase La Hansa)					
	98. Pepita (Aguas Blancas) (Véase Aragon)					
The Anglo-Chilian Nitrate et Railway Co.	99. Peregrina y Santa Isabel (Toco)	391 833	1 024 424	1 416 256	991 310	424 947

PROPRIÉTAIRES.	USINES.	EXISTENCES 30 juin 1910.	PRODUCTION effective du 1er juillet 1910 au 30 juin 1911.	TOTAL.	CARGAISONS 1er juillet 1910 au 30 juin 1911.	EXISTENCES 30 juin 1911.
	100. Peruana (Véase Buen Retiro)......					
	101. Petronila (Aguas Blancas (Véase Maria Teresa)......					
	102. Pissis (Antofagasta) (Véase Domeyko)......					
	103. Porvenir (Véase Union)..					
	104. Primitiva (Véase Abra)...					
E. Quiroga y Huo.	105. Progreso...............	62940	273885	336825	279400	57425
	106. Prosperidad (Toco) (Véase Buena Esperanza)......					
Gil Galté.	107. Providencia y Los Piri-néos	43014	297572	340586	305505	35081
	108. Puntilla de Huara (Véase Argentina).............					
The London Nitrate Co. Ltd.	109. Puntunchara y Transito.	268673	912484	1181157	927300	253857
The Liverpool Nitrate Co. Ltd.	110. Ramirez y San Donato...	263847	895036	1158883	983230	175653
	111. Recuerdo (Véase Compa-nia).................					
Cia Salitrera Reducto.	112. Reducto y Huascar......	61030	360258	451288	347300	73988
Sociedad Salitrera Restaura-cion.	113. Restauracion.........	9701	57280	66981	37956	29025
	114. Rica Aventura (Toco) (Véase Buena Esperanza)...					
Cia Salitrera Riviera.	115. Riviera (Antofagasta)....					

The San Sebastian Nitrate Co. Ltd.	116. Rosario de Huara (Véase Argentina)					
	117. Sacramento	64700	366318	431018	328940	102078
	118. Salinitas (Taltal) (Véase Alemania)					
	119. San Antonio (Véase Compañia)					
	120. San Donato (Véase Ramirez)					
Sue de Lorenzo Ceballos.	121. San Enrique					
	122. San Francisco (V. Aragon)					
	123. San Gregorio (Aguas Blancas) (Véase La Americana)					
The San Jorge Nitrate Co. Ltd.	124. San Jorge					
	125. San José (Véase La Hansa)					
The San Lorenzo Nitrate Co. Ltd.	126. San Lorenzo	149190	308937	428127	353804	74323
Astoreca y Cia.	127. San Manuel		81398	81398	55000	26398
George Jeffery.	128. San Pablo y Tarapaca	64634	448601	480235	367445	112790
The San Patricio Nitrate Co Ltd.	129. San Patricio	84587	234198	318785	236000	82785
	130. San Pedro (Véase La Hansa)					
	131. Santa Ana (Véase Cholita y Yungay Bajo)					
The Santa Catalina Nitrate Co. Ltd.	132. Santa Catalina	111069	371119	482188	341500	140688
	133. Santa Catalina (Taltal) (Véase Ballena)					

PROPRIÉTAIRES.	USINES.	EXISTENCES 30 juin 1910.	PRODUCTION effective du 1er juillet 1910 au 30 juin 1911.	TOTAL.	CARGAISONS 1er juillet 1910 au 30 juin 1911.	EXISTENCES 30 juin 1911.
	134. Santa Clara (Véase La Hansa).					
	135. Santa Elena (Véase Esmeralda).					
	136. Santa Fé (Toco) (Véase Cholita y Yungay Bajo).					
	137. Santa Isabel (Toco) (Véase Peregrina).					
The Salar del carmen Nitrate Synd. Ltd.	138. Santa Lucia.	102 793	466 028	568 821	431 169	137 652
	139. Santa Luisa (Taltal) (Véase Ballena).					
The Santa Rita Nitrate Co. Ltd.	140. Santa Rita y Carolina.	129 442	400 899	530 341	405 256	125 085
The Santa Rosa Nitrate Co. Co. Ltd.	141. Santa Rosa de Huara.	34 258	167 642	201 900	143 000	58 900
	142. Santiago (Véase Mapocho).					
Manuel Montes.	143. Sara.					
Hidalgo y Cia.	144. Sebastopol.	1 653	115 339	116 992	84 038	32 954
Inglis, Lomax y Cia.	145. Serena.					
	146. Slavonia (Véase Alianza).					
	147. Sloga (Véase Gloria).					
	148. South Lagunas (Véase North Lagunas).					

	149. Tarapaca (Véase San Pablo)............					
	150. Transito (Véase Puntunchara)..........					
	151. Tres Marias (Véase California)....					
	152. Tricolor (Taltal) (Véase Britannia)...........					
	153. Trinidad (Véase Lagunas).					
Cia Nacional de Salitres La Union.	154. Union y Porvenir........	164063	484262	648325	347660	300665
	155. Valparaiso (Véase Abra).					
Cia Salitrera Valparaiso.	156. Valparaiso (Aguas Blancas)...........					
	157. Victoria (Véase Compania).............					
	158. Virginia (Véase Cholita y Yungay Bajo)...........					
Pablo y Luis Mitrovich.	159. Vis............					
		12787663	53087689	65875352	51242938	14632414

Nota. — Le total des existences du nitrate de soude au 30 juin 1910 est de...... ......quintaux 12796056
État diminué des quantités indiquées ci-après : « Buenaventura », 7160 quintaux. — « Carmen » (Antofagasta), 77 quintaux. — « Castilla » (Aguas Blancas), 145 quintaux. — « Espéranza » (Taltal), 155 quintaux. — « San Gregorio » (Aguas Blancas), 482 quintaux, y « San Enrique » 500 quintaux, y aumentado à « La Americana » (Aguas Blancas) 45 quintaux, y Palmira 111 quintaux.......... 8393

Quintaux.................. 12787663

L'EXPORTATION. L'IMPORTATION. LES PORTS.

L'exportation du nitrate de soude du Chili n'a commencé à être appréciable qu'à partir de 1830. De 1830 à 1834, le Chili n'exporte que 361.386 quintaux, soit moins du dixième de

Fig. 38. — Le chemin de fer à Taltal.

l'exportation actuelle. A partir de 1870, l'exportation augmenta rapidement, comme le montre le tableau suivant :

	Quintaux espagnols.			Quintaux espagnols.
De 1830 à 1834...	361 386		En 1878	7 023 000
— 1835 à 1839...	761 349		— 1879	3 461 000
— 1840 à 1844...	1 392 306		— 1880	4 869 000
— 1845 à 1849 ..	2 060 592		— 1881	7 739 000
— 1850 à 1854,..	3 260 492		— 1882.... .	10 701 000
— 1855 à 1859...	5 638 763		— 1883	12 820 000
— 1860 à 1864...	6 979 202		— 1884	12 152 000
— 1865 à 1869...	10 594 026		— 1885	9 478 000
En 1869	2 507 000		— 1886..........	9 806 000
— 1870	3 943 000		— 1887...	13 495 000
— 1871	3 606 000		— 1888.........	16 682 000
— 1872... . . .	4 421 000		— 1889.........	20 682 000
— 1873	6 264 000		— 1890.........	23 873 000
— 1874	5 583 000		— 1891.........	18 739 000
— 1875	7 191 000		— 1892.........	14 478 000
— 1876	7 317 000		— 1893....	20 612 742
— 1877	4 991 000		— 1894.........	23 879 428

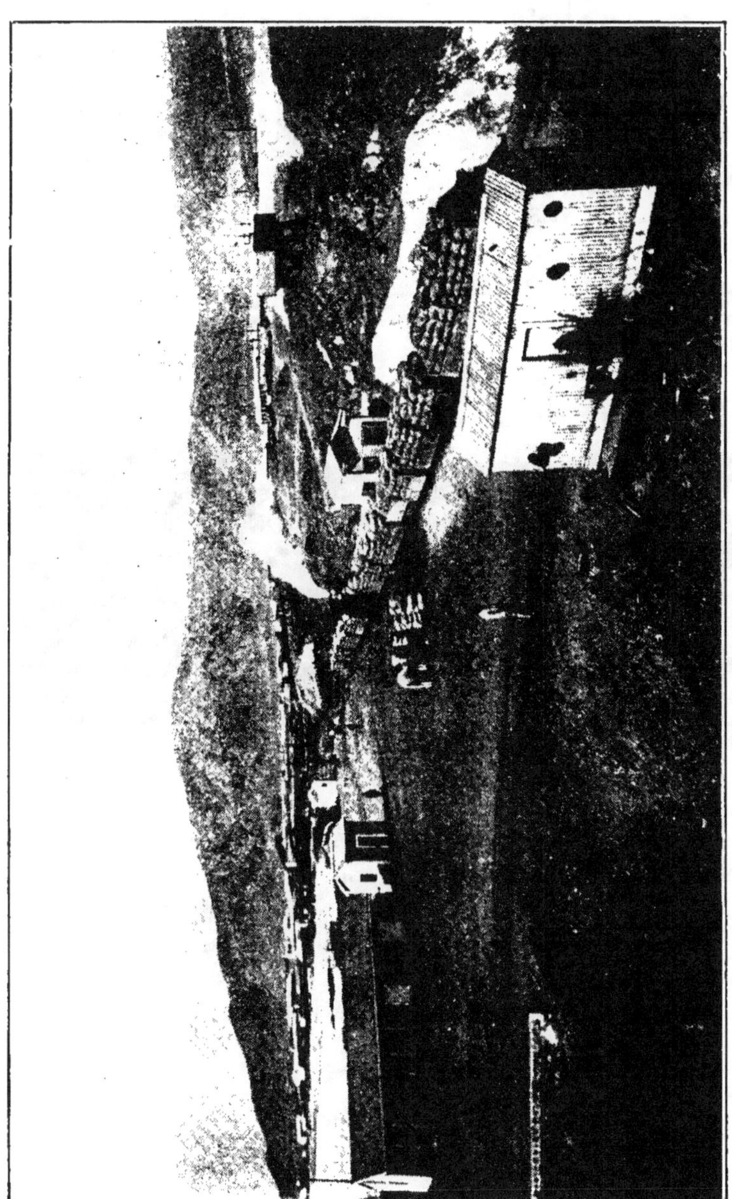

Fig. 39. — L'embarquement du nitrate au port de Taltal. Pesage et échantillonnage.

	Quintaux espagnols.		Quintaux espagnols.
En 1895........	26 926 106	En 1903..........	31.694 854
— 1896........	24 066 189	— 1904..........	32 612 840
— 1897........	23 978 789	— 1905..........	35 877 467
— 1898........	29 208 401	— 1906..........	37 564 460
— 1899........	30 209 192	— 1907..........	35 987 237
— 1900........	31 741 293	— 1908..........	44 585 667
— 1901........	27 385 228	— 1909..........	44 412 135
— 1902........	30 089 440	— 1910..........	50 781 331

Fig. 40. — Un village dans la Pampa.

Les pays importateurs. — L'Europe est le principal centre d'écoulement du salpêtre. Ensuite viennent les États-Unis de l'Amérique du Nord. Une très faible quantité est écoulé dans divers pays, comme le Chili lui-même, la Chine, l'Australie.

Nous donnons ci-après les exportations par pays, en 1907-1910 :

	1907.	1908.	1909.	1910.
Angleterre ou continent sur ordre............	12 398 191	14 921 552	14 683 092	17 882 451
Ports directs d'Angleterre...............	1 050 820	2 536 204	864 331	1 061 224
Allemagne...............	8 081 624	10 927 232	12 471 858	10 721 573
France..	2 333 373	2 904 967	1 890 286	1 810 993
Belgique...............	586 491	1 550 764	1 787 726	2 093 628
Hollande	1 847 585	1 679 009	1 842 809	1 220 576
Italie................	246 686	273 750	554 853	297 028
Suède	46 300	....	53 800	51 541
Autriche-Hongrie......	122 887	168 801	143 466	48 495
Espagne..	113 400	340 935	192 027	130 700
Méditerranée..........	619 052	898 558	369 958	919 053
États-Unis { Côte orientale...... / Côte occidentale..	7 512 408	7 229 974	9 975 110	12 429 936
Colombie anglaise.....	33 000	90 200	213 928	229 416
Indes occidentales.....	22 342	11 000	....	11 000
Japon................	90 840	113 374	141 350	369 600
Chine................	....	....	2 200	14 410
Danemark.............	....	....	....	74 570
Iles Sandwich........	155 954	239 547	318 024	425 412
Mejico...............	....	20 900	28 600	98 960
Natal..	91 400	91 169	165 658	137 647
Iles Maurice..........	....	26 500	....	....
Lorenzo Marquez (Delagoa Bay)............	41 500	168 818	117 400	174 767
Colonie du Cap........	283 254	276 900	213 400	272 630
Australie.............	43 905	71 500	91 009	68 200
Égypte...............	220 000	....	235 755	154 000
Panama...............	....	66	6	....
Argentine.............	21 743	21 769	16 169	11 017
Uruguay..............	950	41	....	....
Équateur.............	44	113	383	95
Pérou	4 571	3 236	11 304	21 121
Bolivie...............	....	....	....	32
Iles Falkland..........	....	9	....	22
Brésil................	110	3 269	....	6 008
Chili.................	33 407	15 510	27 633	45 226
Totaux........	36 001 837	44 585 667	46 412 135	50 781 331

Ces quantités ne se répartissent pas uniformément sur les différents mois de l'année, et le chiffre mensuel de l'exportation est loin d'être constant. Il passe par un minimum de février à août de chaque année, atteint une valeur moyenne en septembre, passe par son maximum d'octobre à décembre pour redescendre ensuite jusque janvier et février.

Les ports d'exportation du nitrate. - L'exportation de la province de Tarapaca se fait par les ports de Iquique, Caleta Buena, Pisagua et Junin. Pour les autres provinces, elle a lieu par les ports de Tocopilla, Taltal, Antofagasta, et Caleta Coloso. Voici les quantités de salpêtre que chacun de ces ports a exporté en 1910 :

	Quintaux espagnols.
Pisagua	2 482 419
Junin	4 783 560
Caleta Buena	5 837 571
Iquique	13 285 852
Tocopilla	6 409 950
Mejillones	5 589 114
Antofagasta	6 163 228
Caleta Coloso	3 266 416
Taltal	5 963 224

Les ports d'importation du nitrate. — Le nitrate entre en Angleterre par les ports de Douvres, de Falmouth, de Liverpool.

L'Allemagne fait à peu près toute son importation par Hambourg.

La France importe par Dunkerque, et un peu par Nantes, La Pallice, Bordeaux et Marseille.

En Belgique, l'importation a lieu par Anvers, en Hollande par Rotterdam, et en Autriche par Fiume.

Les États-Unis ont deux ports importateurs : San Francisco sur la côte occidentale et Baltimore sur la côte orientale.

Le Japon importe par Yokohama.

Les ports de Saint-Vincent et Sainte-Lucie reçoivent une quantité importante de nitrate.

Les tableaux suivants font ressortir par ports l'importance des importations :

Fig. 41. — Un entrepôt de nitrate dans un port d'embarquement.
Déchargement des wagons.

Fig. 42. — Convoi de nitrate allant de l'usine d'élaboration
au port d'embarquement.

	Dunkerque. Tonnes.	Le Havre. Rouen et Honfleur. Tonnes.	Bordeaux. Tonnes.
1900	208 000	7 100	4 200
1901	185 000	5 200	5 200
1902	166 000	7 500	2 000
1903	175 000	8 300	4 000
1904	147 800	8 300	»
1905	176 300	3 500	5 700
1906	156 000	3 500	1 800
1907	191 400	1 500	2 200
1908	202 300	»	2 500
1909	189 200	2 100	2 500
1910	233 300	2 700	3 100

	Nantes et Saint-Nazaire. Tonnes.	Marseille. Tonnes.	La Rochelle. Tonnes.
1900	3 100	5 800	21 500
1901	14 100	9 200	17 000
1902	6 600	5 000	12 100
1903	12 300	4 400	19 600
1904	25 500	4 100	21 200
1905	16 500	10 400	24 700
1906	18 700	5 400	26 200
1907	17 400	9 100	22 500
1908	41 800	10 300	40 600
1909	12 500	4 300	31 100
1910	31 700	13 300	47 800

	Hambourg. Tonnes.	Anvers et Gand. Tonnes.	Rotterdam. Tonnes.	Liverpool. Tonnes.	Londres. Tonnes.
1900	423 000	129 000	92 000	39 000	29 000
1901	512 000	123 000	80 000	26 000	25 500
1902	458 000	98 500	93 000	33 500	25 800
1903	372 000	140 000	102 000	28 000	33 600
1904	479 700	132 200	120 200	31 800	24 700
1905	509 800	160 900	99 100	33 400	18 500
1906	563 700	143 400	132 600	34 100	20 900
1907	524 000	133 000	124 700	38 700	22 000
1908	662 300	205 300	125 500	57 100	16 400
1909	647 100	184 300	95 500	31 900	15 900
1910	680 100	205 500	123 900	37 200	23 000

De tous les ports européens importateurs de nitrate de soude, Hambourg occupe la situation prépondérante. Après Hambourg, les ports allemands qui méritent une mention sont ceux

Fig. 43. — Les voiliers au départ des ports chiliens.

de Bremen et Nordenham. Parmi les ports belges, Anvers occupe la première place, mais Gand et Ostende importent une quantité croissante de nitrate.

L'Angleterre est importatrice pour sa propre agriculture et pour l'Europe entière : Newcastle, Hull, Glasgow, Leith reçoivent des quantités intéressantes de nitrate de soude, mais ce sont surtout les ports d'ordres, tels que Liverpool et Londres,

Fig. 44. — Quais d'expédition. Chargement des wagons de nitrate.

qui sont intéressants par suite de l'admission temporaire du nitrate de soude dans ces ports et de la réexpédition.

LA CONSOMMATION DU NITRATE DANS LE MONDE

Les trois quarts ou les quatre cinquièmes de la production totale nitratière du Chili sont consommés par l'agriculture. L'industrie chimique, celle des explosifs, etc., ne consomment qu'un quart ou un cinquième.

La consommation du nitrate est donc soumise aux lois qui régissent l'agriculture, et les années aux conditions climatériques favorables à l'agriculture sont aussi celles où la consommation du nitrate est la plus abondante.

Voici le nombre de tonnes de salpêtre qui ont été consommées

Fig. 45. — Vue générale du port de Caleta Buena.

dans le monde par période décennale, de 1830 à 1900, et par année, depuis cette époque :

PLUVINAGE. — Engrais.   5

	Tonnes.
1831	100
1840	7 000
1850	20 000
1860	50 000
1870	103 000
1880	230 000
1890	893 840
1900	1 334 000
1901	1 375 000
1902	1 269 000
1903	1 426 000
1904	1 446 000
1905	1 566 000
1906	1 640 000
1907	1 672 000
1908	1 746 000
1909	1 945 000
1910	2 274 000

La consommation du nitrate, comme son exportation d'ailleurs, ne se fait pas d'une manière constante. C'est en février et en mars que la consommation atteint son maximum d'intensité. Quoique toujours importante en avril et mai, elle est inférieure à celle des deux mois précédents. La décroissance continue en juin et atteint en juillet un minimum qui reste à peu près constant dans les mois d'août, septembre, octobre et novembre, pour reprendre en décembre une marche ascendante et atteindre son maximum en février.

Consommation de nitrate en Europe en 1910.

	Quintaux espagnols.
Angleterre	2 033 035
Allemagne	17 077 085
France	7 336 930
Belgique	6 250 525
Hollande	3 023 570
Italie	994 640
Écosse	725 750
Autriche	128 570
Espagne	238 070
Suède	55 200

Les principaux pays consommateurs de nitrate sont : l'Alle-

Fig. 46. — L'embarquement des sacs de nitrate. Le môle. Les gabarres. Les voiliers.

magne, la France, les États-Unis, la Belgique, la Hollande, l'Angleterre et l'Italie. Mais l'Allemagne est de beaucoup celui qui en consomme le plus.

Consommation de nitrate aux États-Unis en 1910 : 11.393.851.

Consommation de nitrate en pays divers en 1910 : 1.994.337.

Le développement futur de la consommation du nitrate est difficile à prévoir. On peut admettre que la consommation de l'Europe, à part quelques oscillations occasionnelles, ira en augmentant progressivement, mais avec plus de lenteur toutefois que dans ces vingt dernières années. La consommation américaine se développe, au contraire, de façon particulièrement rapide. Tant par la propagande que par le prochain percement du canal de Panama, la consommation des États-Unis se développera plus que celle de l'Europe.

Les pays orientaux, l'Égypte, le Japon notamment, consomment depuis quelques années une quantité intéressante d'engrais azotés. Ces régions seront pour l'industrie chilienne une nouvelle source de débouchés.

A la vérité, il faut noter que la consommation du nitrate est liée au prix auquel cet engrais est offert sur le lieu de consommation et au prix du sulfate d'ammoniaque dans les mêmes conditions.

Les variations de change et la hausse des droits d'exportation peuvent amener une grande perturbation par les variations de prix qu'elles peuvent causer. Mais il semble actuellement que la consommation du nitrate dépende aussi de l'extension de l'industrie du sulfate d'ammoniaque et de celle des nouveaux engrais azotés synthétiques, sans toutefois que l'on puisse dire le développement que ces produits peuvent prendre dans un avenir plus ou moins éloigné.

Il faut enfin remarquer que, d'une année sur l'autre, les besoins de l'agriculture augmentent ou diminuent de 20 à 25 p. 100 suivant les conditions climatériques, les résultats de la récolte de l'année précédente et le prix des denrées alimentaires.

LE COMMERCE DU NITRATE DE SOUDE

1° *Le prix du salpêtre et le bénéfice des producteurs.* — Le premier facteur réglant le prix du nitrate est la relation entre la production et la consommation. Alors que la consommation a augmenté d'une manière régulière, l'exportation a subi de très fortes oscillations, par suite des combinaisons, des grèves, des guerres ou des révolutions. Chaque année, d'ailleurs, il y a une hausse de prix d'octobre à décembre, par suite de la demande des consommateurs. Les opérations spéculatives et les variations du taux du fret ont également une influence considérable.

Le prix de vente sur bateau au Chili peut varier dans de grandes proportions ; mais, si l'on adopte comme moyenne le chiffre de 6 sh. 1 (Semper et Michels), on peut compter, en déduisant l'amortissement du capital et les intérêts, qu'avec les prix de vente actuels de 19 sh., l'industrie nitratière peut réaliser un bénéfice variant entre 7 et 25 p. 100.

2° *La vente du nitrate.* — La vente du nitrate des oficinas se fait directement ou par l'intermédiaire de négociants de Valparaiso, qui opèrent en représentation ou pour leur propre compte, comme les maisons Weber et Cie, Gibbs et Cie, Vorwerk et Cie, Huth et Cie, Duncan, Fox et Cie.

Les conditions de vente sont prévues par un règlement élaboré entre l'Association Nitratière et la Chambre de Commerce de Valparaiso. Le nitrate commercial a 95 p. 100 de pureté. Le nitrate raffiné titre 96 et contient au maximum 1 p. 100 de sel. Le nitrate est vendu à l'analyse, avec manquant à bonifier. La vente se fait à bord : le fret et l'assurance incombent donc à l'acheteur.

La plupart des ventes se font à livrer. Le paiement a lieu généralement à trente jours.

3° *Les transports maritimes et le fret.* — Le transport du nitrate depuis les ports chiliens aux ports d'Europe, se fait par voiliers ou vapeurs dont la grande majorité battent pavillon anglais. Les principales Compagnies sont : la Pacific Steam Navigation, la Cosmos, la Hamburg America Linie. Pour la France, les maisons Bordes de Paris, et Schintz, de Liverpool, ont une grande importance comme importateurs. Le trajet des voiliers depuis les ports chiliens jusqu'aux ports européens est, en général, de quatre-vingt-dix à cent jours. Le trajet des vapeurs ne dure que quarante-cinq à soixante-cinq jours.

Le fret est très variable depuis 8 jusqu'à 38 sh. par tonne de 1.016 kilogrammes. Il dépend des offres maritimes, de la consommation et de la production nitratière, des grèves, etc.

4° *La vente dans les ports d'importation.* — Beaucoup de chargements s'expédient vers l'Europe à ordre. Quand ces chargements sont dans la Manche, la destination finale est donnée par l'importateur, suivant les ventes qu'il a faites lui-même.

Le montant du fret, les frais de vente à la côte et de déchargement au port d'arrivée varient de 1 à 1 sh. 6. Le prix du quintal anglais de 50.8 kilogrammes à terre à Londres peut être évalué, avec Semper et Michels, à une moyenne de 8 sh. 10 1 2.

Les maisons importatrices d'Europe vendent directement ou par repésentants aux négociants de gros ou aux courtiers. En France, la vente est réglée par le contrat de Dunkerque dont nous donnons ci-après un extrait.

La place de Lille est la plus importante de France pour les affaires de nitrate.

Contrat de Dunkerque. — *Qualité.* — Le nitrate de soude se vend sur la base de 95° de nitrate, sur l'analyse moyenne de chacun des chargements dont l'acheteur recevra livraison au débarquement ou à quai. En cas de livraison du magasin, il sera facultatif à l'acheteur de demander un nouvel échantillonnage à la prise de livraison, les frais restant à sa charge.

L'échantillonnage aura lieu par les soins du vendeur ou de son agent, l'acheteur ayant le droit d'assister à cette opération, et les échantillons seront envoyés à M. C. Delarue, du Havre, ou M. C. Lacombe, de Lille, pour l'analyse dont le résultat sera final. Cette analyse devra être faite par différence, suivant l'usage existant tant à Valparaiso que dans les grands ports d'Europe.

Livraison — La livraison a lieu sur wagon, bélandre ou voiture à fournir par l'acheteur à l'endroit indiqué par le vendeur : les frais de cette livraison, pesage et échantillonnage, sont à la charge du vendeur.

A. Ventes en disponible ou à la demande de l'acheteur : les livraisons doivent être effectuées dans les quarante-huit heures de la réception des ordres d'expédition, dimanches et jours fériés exceptés.

B. Ventes à livrer sur un ou plusieurs mois ou par quinzaines : la livraison est faite dans le courant du mois ou de la quinzaine, à la convenance du vendeur qui devra aviser l'acheteur quand la marchandise sera prête à être livrée. Ce dernier aura à en prendre livraison dans les cinq jours ouvrables qui suivront la mise à disposition, laquelle sera faite par simple lettre adressée à l'acheteur, sans qu'il soit besoin d'aucune autre sommation.

De son côté, le vendeur devra, en tout cas, mettre la marchandise à la disposition de l'acheteur deux jours ouvrables au plus tard avant l'expiration du délai fixé.

C. Chaque livraison mensuelle formera contrat séparé.

En ce qui concerne les expéditions par fer, les prix de vente s'entendent par wagon complet. Tous frais supplémentaires pour expéditions partielles seront à la charge de l'acheteur.

La marchandise est mise sur wagon ou bateau, par le vendeur ou ses représentants, mais elle y est manutentionnée et arrimée aux frais du destinataire. Le coût de la manutention et de l'arrimage peut être porté en débours ou être compris dans le transport, soit en totalité, soit seulement en partie : dans ce dernier cas, différence sera récupérée en suivis.

Filières. — Tout acheteur en filière sera tenu de se faire représenter vis-à-vis du vendeur ou de son agent par une maison de la place. Dans le cas contraire, il aura à payer au livreur une commission de cinquante centimes par tonne.

Paiement. — Le paiement a lieu sans escompte à la livraison à Dunkerque. Le vendeur se réserve le droit de demander le paiement avant l'enlèvement ou d'exiger l'ouverture d'un crédit de banque pour la contre-valeur de la marchandise.

L'inexécution des conditions du marché relativement aux marchandises formant l'objet de la première livraison, ou de l'une ou l'autre des livraisons suivantes, emportera, au profit du vendeur, et à son choix :

1° Ou la réalisation du marché pour le tout et, par conséquent, pour les marchandises devant faire l'objet de livraisons ultérieures, et ce, à titre de convention expresse et de pénalité convenue, sans préjudice de toute indemnité et de tous dommages-intérêts :

2° Ou le droit d'exiger l'exécution du contrat ; les intérêts à 5 p. 100 l'an, sur le montant de la facture, les frais de quai ou mise en magasin et tous autres résultant du non-enlèvement dans le délai convenu courront de plein droit à partir de la fin du cinquième jour, sans qu'il soit besoin d'une nouvelle mise en demeure.

Les vendeurs se réservent le droit de suspendre l'exécution du présent contrat pour toutes causes hors de leur contrôle et notamment pour guerre, tremblement de terre, grèves, blocus de toute espèce, incendies, inondations, etc..., pouvant atteindre directement ou indirectement la livraison, et ce sans raisons de dommages à réclamer.

Toute contestation relative au présent contrat sera soumise, à la Chambre syndicale et de conciliation de Dunkerque, dont la décision sera finale, les parties contractantes renonçant ainsi à toute voie judiciaire.

5° *Le commerce de l'iode.* — Les producteurs d'iode sont réunis en un syndicat mondial de vente. Les producteurs chiliens entrés depuis 1886 dans la Combinaison de l'Iode consignent leurs quote-parts à MM. Gibbs et Cie de Londres, auxquels il est attribué une participation dans la vente mondiale réglée par la maison Leisler Bock et Cie de Glasgow.

6° *Les achats et les ventes de nitrate de soude en Europe.* — Le nitrate de soude est avant tout un article de jeu. La spéculation se fait en Europe, parmi quelques centaines de négociants initiés aux affaires de Bourse, qui se ruinent ou s'enrichissent en quelques années.

Le négociant non spéculateur ne peut avoir chez lui des stocks importants de nitrate, sans courir des risques de hausse ou de baisse souvent considérables. Quand il achète à l'avance, il s'expose à rester à découvert sur le prix, et, quand il achète

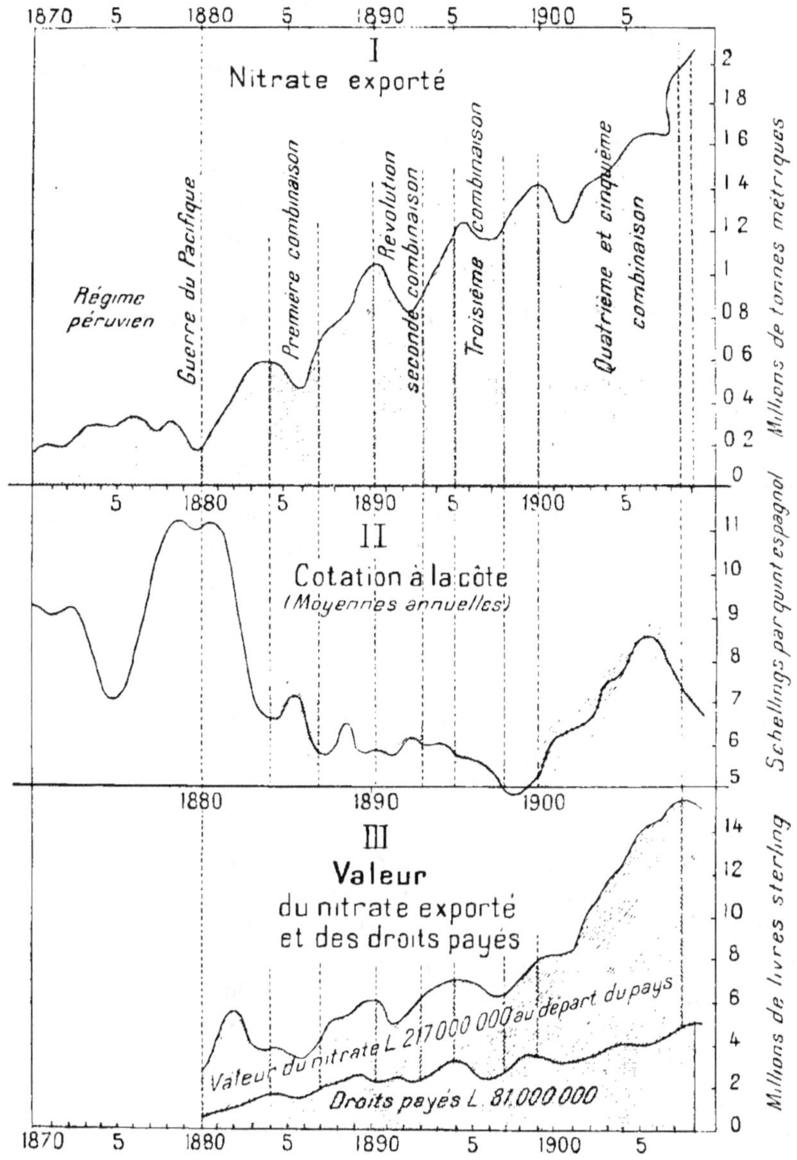

Fig. 47. — Courbes de l'exportation et des prix du nitrate de 1870 à 1908.

au moment de la consommation, il s'expose à rester à découvert sur les livraisons.

On comprend, dès lors, toute l'importance que présente la réglementation des ventes de nitrate, aussi bien pour les producteurs que pour les consommateurs, et il est à souhaiter qu'une organisation intervienne au plus tôt pour assurer à l'agriculture le premier engrais azoté à un prix raisonnable, tout en permettant une juste rémunération à l'industriel chilien.

L'AVENIR DE L'INDUSTRIE NITRATIÈRE

Le Chili semble occuper jusqu'à ce jour une situation spéciale dans la production du nitrate de soude. D'après les dernières recherches faites en Californie, les gisements de Death Valley ne sont pas exploitables. Le Chili reste donc seul producteur de cette très importante matière azotée, et l'avenir de cette industrie a pour ce pays une double importance.

D'un côté, en effet, deux provinces ont leur activité liée à cette industrie, et le commerce de Valparaiso dépend, comme d'ailleurs les transports maritimes, du trafic des ports nitratiers.

D'un autre côté, le Chili tire le plus clair de ses revenus du droit d'exportation du nitrate et de l'iode, et de la réserve du droit de propriété des terrains non réclamés antérieurement au décret de 1884.

Le droit d'exportation est de 28 d. par quintal. Il peut être modifié par le gouvernement avec approbation du Congrès. Ce droit, qui approche le coût du salpêtre à bord dans les ports chiliens, ne doit être modifié par le gouvernement qu'avec la plus grande prudence, car toute modification peut changer du tout au tout le commerce mondial et avoir une répercussion considérable sur l'industrie chilienne.

Le gouvernement chilien doit également opérer très prudemment, pour la vente des terrains nationaux, car toute augmentation du nombre d'usines et par suite toute augmentation de la production occasionnerait une abondance de produits préjudiciables aux intérêts chiliens. A mesure que les terrains exploités à l'heure actuelle s'épuiseront, ou à mesure que la consommation mondiale du nitrate augmentera, la vente des terrains nationaux pourra être faite avec profit.

L'avenir de l'industrie nitratière est donc intimement liée aux exigences de nitrate de soude dans le territoire chilien. L'évaluation en quantité et qualité du nitrate exploitable présente donc la plus grande importance. Selon le mémoire, publié en 1908 par le délégué fiscal des Nitrières, les terrains mesurés à ce jour doivent produire avec les systèmes actuellement en usage la quantité minima de 222 millions de tonnes de nitrate. De plus, d'après ce rapport, les terrains nitratiers inconnus seraient encore plus nombreux. Certains auteurs ont conclu à l'existence de 500 millions de tonnes, ce qui permettrait, avec l'augmentation probable de la consommation, d'approvisionner le monde de nitrate jusqu'à l'an 2000. Ces appréciations, comme d'autres d'ailleurs, émises sur le même sujet, revêtent un caractère hypothétique que le gouvernement chilien a intérêt à dissiper.

A. Bertrand a donné, dans un livre remarquable, *la Crisis Salitrera*, un aperçu exact de la situation actuelle de l'industrie chilienne, et indiqué la meilleure concentration industrielle et commerciale devant sauvegarder les intérêts du pays producteur et garantir en même temps les intérêts du consommateur. Nous citons ci-après les conclusions de M. Bertrand exposées après une étude très complète de la production et de la consommation :

1° Il faut tout d'abord par des sondages et des prospections déterminer les réserves de nitrate que contiennent les terres à nitrate au Chili. Cet inventaire est nécessaire pour servir de base à la réorganisation de l'industrie sur des données techniques et positives, pour orienter la politique financière du gouvernement, pour couper court aux rumeurs tendant à faire redouter l'épuisement des terrains nitratifères, rumeurs qui servent d'appât à la création des sociétés pour la fixation de l'azote atmosphérique.

2° Il n'existe aucune raison de supposer que l'accroissement annuel de la consommation du nitrate, tel qu'il s'est révélé depuis une dizaine d'années, puisse se ralentir. Les prix moyens actuels ont des chances de se maintenir, et ces prix sont d'ailleurs nécessaires pour donner de l'essor à la consommation.

3° Étant donné que les caliches exploités actuellement sont inférieurs comme titre à ceux exploités dans le début, l'industrie générale du nitrate serait gravement compromise, si elle ne modifiait pas sérieusement ses procédés d'épuration et de fabrication.

4° La façon dont se pratique le commerce du nitrate est préjudiciable au producteur, au consommateur et surtout au gouvernement chilien. Le commerce, tel qu'il est pratiqué, exclut toute propagande directe et commerciale en vue de l'augmentation de la consommation.

5° Les conditions naturelles des gisements de nitrate, réunis dans un même pays, sont éminemment favorables à la concentration de la production, aux mains d'une organisation ayant la forme d'un syndicat, à la fois industriel et commercial. On obtiendrait alors une économie dans le coût de la production, sur les transports, sur les frais de livraison au consommateur. On aurait une garantie absolue de la pureté et de la qualité du produit. La centralisation des ventes permettrait d'établir des prix fixes et invariables sur une campagne.

6° Le gouvernement chilien a le droit et le devoir d'intervenir dans cette organisation, et cela en vertu du privilège économique naturel, que lui donne l'existence sur son sol d'une matière première qui ne se trouve dans aucun autre pays.

Cette intervention du gouvernement aurait à s'exercer en vue de favoriser la concentration industrielle et commerciale, de manière à sauvegarder les intérêts financiers du présent et de l'avenir, principalement en ce qui concerne :

a) Les conditions financières de l'organisation industrielle ;

b) La possibilité d'empêcher toute hausse artificielle du prix de vente, au delà d'une limite reconnue préjudiciable à l'augmentation de la consommation ;

c) L'équitable répartition des contigents de production.

7° Toute modification du droit d'exportation devrait tenir compte des principes suivants :

a) Le droit d'exportation est une participation du fisc dans les contingents ;

b) Le droit d'exportation ne doit être en aucun cas prohibitif pour les nitrates de caliches industriellement exploitables ;

c) Le droit d'exportation ne doit pas modifier la parité de

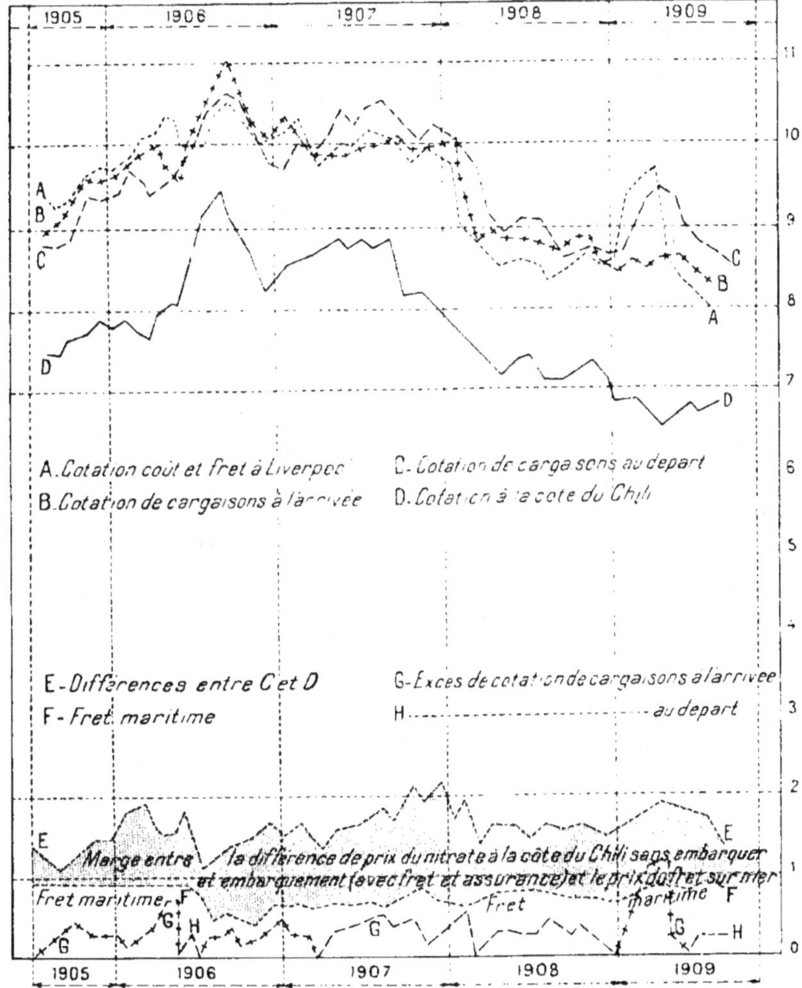

Fig. 48. — Courbes des cotations et des frets du nitrate du Chili de 1905 à 1909.

position, dans ses rapports de prix de revient et de profit, entre le nitrate de soude et les matières azotées qui lui font concurrence. Pour arriver à ce résultat, la taxe de sortie doit être périodiquement fixée et subordonnée aux variations de prix de l'unité d'azote.

Les données précédentes ne nous semblent pas impossibles à être mises en pratique. Leur application donnerait au commerce européen du nitrate une sécurité qu'il ne connaît pas et développerait la consommation agricole mieux que ne pourrait le faire toute propagande purement technique.

LE SULFATE D'AMMONIAQUE

On prépare industriellement le sulfate d'ammoniaque en saturant par l'acide sulfurique l'ammoniaque contenue dans les eaux ammoniacales que l'on obtient comme résidus dans la préparation du gaz de l'éclairage, dans la préparation du coke, dans les eaux vannes, etc. Mais, en général, on ne sature pas directement ces eaux ammoniacales par l'acide sulfurique, car le sulfate impur qui se formerait ainsi ne pourrait être facilement purifié. On distille ces eaux ammoniacales seules ou additionnées de chaux et l'on recueille dans de l'acide sulfurique étendu l'ammoniaque qui se dégage.

Les eaux ammoniacales contiennent des combinaisons volatiles telles que :

L'ammoniaque ;

Les carbonates d'ammonium ;

Le sulfhydrate d'ammonium ;

Le sulfure d'ammonium ;

Le cyanure d'ammonium ;

et des combinaisons fixes telles que :

Le sulfate d'ammonium ;

Le sulfite d'ammonium ;

Le thiosulfate d'ammonium ;

Le thiocarbonate d'ammonium ;

Le thiocyanure d'ammonium ;

Le ferrocyanure d'ammonium ;

Le chlorure d'ammonium.

Si l'on chauffe lentement une solution renfermant les corps précédents, les composés volatils distillent, et il ne reste que les composés fixes. Pour obtenir l'ammoniaque de ces derniers.

il est nécessaire d'ajouter à la solution un alcali, potasse, soude ou chaux. En pratique, on utilise toujours cette dernière base. Les eaux résiduaires contiennent donc les sels de chaux correspondant aux acides formant les sels qui se trouvaient primitivement dans la solution.

La distillation fut d'abord faite dans des chaudières que l'on chauffait à feu nu pour distiller les sels volatils et auxquelles on ajoutait de la chaux pour continuer la distillation jusqu'à élimination complète des sels fixes. Dans la suite, on employa le chauffage à la vapeur et enfin les colonnes à distiller.

L'AMMONIAQUE
SES PROPRIÉTÉS GÉNÉRALES

L'ammoniaque à l'état libre est un gaz incolore, d'une saveur alcaline et d'un odeur très pénétrante. Il bleuit énergiquement le papier rouge de tournesol et colore en brun le papier de curcuma.

L'ammoniaque est très répandu dans la nature. L'air, par suite de phénomènes électriques atmosphériques ou par suite de décompositions de substances azotées à la surface du sol, en renferme une certaine quantité à l'état de gaz ou à l'état de sels (carbonate d'ammoniaque). Les eaux de pluie et les eaux courantes ou dormantes en renferment pour les mêmes raisons. La terre végétale et certaines roches contiennent également de l'azote ammoniacal. Les tissus végétaux, les tissus et les excrétions des animaux peuvent contenir une quantité notable de sels ammoniacaux.

L'étincelle d'induction donne de l'ammoniaque en passant dans un mélange d'azote et d'hydrogène.

La combustion de certains corps, carbone, soufre, etc., en présence d'azote et d'eau, l'oxydation de certains métaux tels que le fer et le zinc au contact de l'air et de l'eau, peuvent former de l'ammoniaque.

L'hydratation de composés azotés, l'action de l'hydrogène sur les composés oxygénés de l'azote, etc., donnent de l'ammoniaque.

La décomposition des matières organiques azotées, les fermentations, celles de l'urée surtout, sont des sources importantes d'ammoniaque.

La préparation de l'ammoniaque consiste à déplacer ce corps de l'un de ses sels, au moyen d'un alcali fixe, la chaux par exemple.

La formule de l'ammoniaque AzH^3 correspond au poids moléculaire de 17,07. La densité de ce gaz par rapport à l'air est de 0,589, et le poids du litre est de 0,765 à 0° et à 760 millimètres.

L'ammoniaque se liquéfie à — 40°, sous la pression atmosphérique et se solidifie à 750°, sous une pression de 20 atmosphères. La densité de l'ammoniaque liquide est de 0,73.

La chaleur, une série d'étincelles électriques décomposent l'ammoniaque en azote et hydrogène.

L'ammoniaque est très soluble dans l'eau. La liqueur obtenue porte le nom d'ammoniaque ou d'alcali volatil. Le point d'ébullition de l'alcali est d'autant moins élevé qu'il contient plus d'ammoniaque, et sa densité est en raison inverse de la proportion d'ammoniaque qu'il renferme.

Le tableau suivant de Lunge et Wiernik donne le poids spécifique des solutions ammoniacales et leur teneur en ammoniaque :

Poids spécifique. à 15.	Ammoniaque. p. 100.	1 litre contient grammes AzH³.	Correction du poids spécifique pour chaque ° centigr.
1,000	0,00	0,9	0,00018
0,998	0,45	4,5	0,00018
0,996	0,91	9,1	0,00019
0,994	1,37	13,6	0,00019
0,992	1,84	18,2	0,00020
0,990	2,31	22,9	0,00020
0,988	2,80	27,7	0,00020
0,986	3,30	32,5	0,00021
0,984	3,80	37,4	0,00021
0,982	4,30	42,2	0,00022
0,980	4,80	47,0	0,00023
0,978	5,30	51,8	0,00023
0,976	5,80	56,6	0,00024
0,974	6,30	61,4	0,00024
0,972	6,80	66,1	0,00025
0,970	7,31	70,9	0,00025

Poids spécifique. à 15°.	Ammoniaque. p. 100.	1 litre contient grammes AzH³.	Correction du poids spécifique pour chaque + 1° centigr.
0,968	7,82	75,7	0,00036
0,966	8,33	80,5	0,00026
0,964	8,84	85,2	0,00027
0,962	9,35	89,9	0,00028
0,960	9,91	95,1	0,00029
0,958	10,47	100,3	0,00030
0,956	11,03	105,4	0,00031
0,954	11,60	110,7	0,00032
0,952	12,17	115,9	0,00033
0,950	12,74	121,0	0,00034
0,948	13,31	126,2	0,00035
0,946	13,88	131,3	0,00036
0,944	14,46	136,5	0,00037
0,942	15,04	141,7	0,00038
0,940	15,63	146,9	0,00039
0,938	16,22	152,1	0,00040
0,936	16,82	157,4	0,00041
0,934	17,42	162,7	0,00041
0,932	18,03	168,1	0,00042
0,930	18,64	173,4	0,00042
0,928	19,25	178,6	0,00043
0,926	19,87	184,2	0,00044
0,924	20,49	189,3	0,00045
0,922	21,12	194,7	0,00046
0,920	21,75	200,1	0,00047
0,918	22,39	205,6	0,00048
0,916	23,03	210,9	0,00049
0,914	23,68	216,3	0,00050
0,912	24,33	221,9	0,00051
0,910	24,99	227,4	0,00052
0,908	25,65	232,9	0,00053
0,906	26,31	238,3	0,00054
0,904	26,98	243,9	0,00055
0,902	27,65	249,4	0,00056
0,900	28,33	255,0	0,00057
0,898	29,01	260,5	0,00058
0,896	29,69	266,0	0,00059
0,894	30,37	271,5	0,00060
0,892	31,05	277,0	0,00060
0,890	31,75	282,6	0,00061
0,888	32,50	288,6	0,00062
0,886	33,25	294,6	0,00063
0,884	34,10	301,4	0,00064
0,882	34,96	308,3	0,00065

La température joue un rôle très important dans la proportion d'ammoniaque en dissolution dans l'eau. Il est indispensable de prendre la température et de réduire la graduation à la température de 15°.

Les halogènes réagissent énergiquement sur l'ammoniaque ; il en est de même de l'oxygène, et l'oxydation de l'ammoniaque s'observe dans de nombreuses conditions : en présence de noir de platine, par l'air en présence de cuivre, etc. Dans certains cas, il se forme de l'eau et de l'azote ; dans d'autres, des azotites et des azotates.

Le soufre, le phosphore et le charbon dans certaines conditions réagissent sur l'ammoniaque.

Le gaz ammoniac réagit sur un grand nombre de combinaisons chimiques, soit en intervenant par ses éléments (action des oxydants), soit en intervenant d'une façon intégrale : combinaisons avec les acides amidés et amides, avec les dérivés halogénés des métalloïdes et des métaux, etc., avec des sels oxygénés pour donner des sels amidés, avec des oxydes métalliques et les matières organiques pour donner des composés plus ou moins complexes.

Au point de vue physiologique, le gaz ammoniac est dangereux à respirer, et l'aération des ateliers de fabrication est nécessaire.

Caractère et analyse de l'ammoniaque. — L'odeur, les fumées de chlorhydrate d'ammoniaque émises en présence d'acide chlorhydrique décèlent facilement l'ammoniaque. Les solutions ammoniacales précipitent en blanc par le bichlorure de mercure, en bleu par les sels de cuivre, en brun rouge par le réactif de Nessler. Les solutions ammoniacales, traitées par la potasse ou la chaleur, laissent dégager le gaz dissous. Les sels ammoniacaux traités par la chaux dégagent l'ammoniaque gazeux.

Le dosage de l'ammoniaque dans ses solutions, à l'état libre ou à l'état de sels, peut se faire de diverses manières :

1° Transformation directe en chlorhydrate d'ammoniaque des sels ammoniacaux à acide faible ou de la dissolution ;

2° Transformation en chloroplatinate d'ammoniaque et dosage de l'ammoniaque d'après le poids du résidu de platine ;

3° Dosage de l'ammoniaque d'après l'azote fourni par décomposition;

4° Dosage par les liqueurs acides titrées.

La méthode la plus simple de dosage de l'ammoniaque dans un sel ammoniacal consiste à éliminer l'ammoniaque par la potasse ou la soude, un lait de chaux ou la magnésie calcinée (on emploie cette dernière, lorsqu'on se trouve en présence de matières organiques azotées qui pourraient fournir de l'ammoniaque avec les alcalis ou la chaux), et on recueille l'ammoniaque dégagée dans une certaine quantité d'acide titré.

LE SULFATE D'AMMONIAQUE
SES PROPRIÉTÉS

Propriétés du sel pur. — En dehors du sulfate ordinaire $SO^4(AzH^4)^2$, il existe $SO^4H (AzH^4)^3$ et $SO^4H (AzH^4)$, un pyro-sulfate $S^2O^7(AzH^4)^2$ et un octosulfate $(AzH^4)^2O, 8 SO^3$.

Le sulfate ordinaire existe à l'état naturel, aux environs de certains volcans. On le prépare dans les laboratoires et l'industrie par neutralisation directe de l'ammoniaque, ou par décomposition du carbonate d'ammoniaque ou du chlorure d'ammoniaque par l'acide sulfurique.

Il contient 25,75 p. 100 d'ammoniaque et se présente sous forme de cristaux anhydres transparents du système rhombique. Sa densité est 1,76.

100 parties d'eau dissolvent :

A 0°.....	71.00 parties de sel.		A 60°. ...	86,90 parties de sel.	
10°	73,65	—	70°.....	89,55	—
20°.....	76,30	—	80°.....	92,20	—
30°.....	78,95	—	90°.....	94,85	—
40°.....	81,60	—	100°.....	97,50	—
50°.....	84,25	—			

La solution saturée contient 115,2 parties de sulfate pour 100 parties d'eau et bout à 108° C.

Le poids spécifique des solutions à 15° est, d'après Gerlach :

P. 100 SO⁴AzH⁴,2.	Poids spécifique.	P. 100 SO⁴AzH⁴,2.	Poids spécifique.
1	1,0057	26	1,1496
2	1,0115	27	1,1554
3	1,0172	28	1,1612
4	1,0230	29	1,1670
5	1,0287	30	1,1724
6	1,0345	31	1,1780
7	1,0403	32	1,1836
8	1,0460	33	1,1892
9	1,0518	34	1,1948
10	1,0575	35	1,2004
11	1,0632	36	1,2060
12	1,0690	37	1,2116
13	1,0747	38	1,2172
14	1,0805	39	1,2228
15	1,0862	40	1,2284
16	1,0920	41	1,2343
17	1,0977	42	1,2402
18	1,1035	43	1,2462
19	1,1092	44	1,2522
20	1,1149	45	1,2583
21	1,1207	46	1,2644
22	1,1265	47	1,2705
23	1,1323	48	1,2766
24	1,1381	49	1,2828
25	1,1439	50	1,2890

Il est faiblement soluble dans les solutions ammoniacales, et 100 parties d'eau dissolvent 46,5 parties de sulfate d'ammoniaque et 26,8 parties de chlorure d'ammonium à 21°,5 C.

Le sulfate d'ammoniaque est insoluble dans l'alcool absolu. Chauffé, il décrépite, fond à 140°, et se décompose vers 280° pour donner de l'ammoniaque et du bisulfate, qui se détruit à son tour et donne au rouge de l'eau, du soufre et de l'azote.

Le sulfate d'ammoniaque commercial. — Le sulfate d'ammoniaque est vendu d'après sa teneur en azote ou sa teneur en ammoniaque. Le sulfate chimiquement pur contient 25,75 p. 100 d'ammoniaque, ou 21,21 d'azote élémentaire. Le sulfate commercial contient environ 25 p. 100 d'ammoniaque, ou 20,5 d'azote. Le tableau suivant indique la teneur en ammoniaque correspondant à la teneur en azote :

Az	AzH³	Az	AzH³	Az	AzH³
0,1	0,12	2	2,43	12	14,57
0,2	0,24	3	3,64	13	15,78
0,3	0,36	4	4,86	14	17,00
0,4	0,49	5	6,07	15	18,21
0,5	0,61	6	7,29	16	19,43
0,6	0,73	7	8,50	17	20,64
0,7	0,85	8	9,71	18	21,85
0,8	0,97	9	10,93	19	23,07
0,9	1,09	10	12,14	20	24,29
1	1,21	11	13,35	21	25,40

Le sulfate commercial est plus ou moins coloré suivant la pureté des produits employés : acide sulfurique chargé de fer ou d'arsenic, et ammoniaque non purifiée des matières goudronneuses. On peut éviter cette coloration par un travail approprié.

Le sulfate d'ammoniaque contient parfois du rhodammonium. On trouve surtout ce sel dans le sulfate provenant de la saturation des eaux du gaz, et dans celui obtenu par le travail des eaux de lavage des matières épurantes du gaz. On évitera sa présence par la distillation à la chaux.

La réaction à l'oxyde de cuivre le décèle d'ailleurs facilement.

INDUSTRIE DE L'AMMONIAQUE

Les origines industrielles de l'ammoniaque sont :
1º Les matières de vidange ;

2º La houille { Usines à gaz ; Fours à coke ; Hauts fourneaux ; Gazogènes ;

3º La tourbe { Gazogènes ; Fours de distillation ;

4º Les schistes houillers ;
5º Les os ;
6º Les vinasses de betteraves ;

AMMONIAQUE DES MATIÈRES DE VIDANGE

Les matières de vidange renferment de nombreux produits azotés parmi lesquels il faut citer l'urée, qui en forme les

90 p. 100 environ, les acides urique, hippurique, la créatine, la créatinine, la xanthine, etc.

L'urine normale peut renfermer 20 à 35 grammes d'urée par litre, et la quantité d'urée produite par un homme varie de 22 à 37 grammes par vingt-quatre heures.

L'urine émise depuis un certain temps perd son acidité, devient neutre, puis alcaline, et se transforme par fermentation bactérienne.

L'urée donne du carbonate d'ammoniaque. L'homme produisant par jour 22 à 37 grammes d'urée, capable de fournir $12^{gr},5$ à 21 grammes d'ammoniaque, il en résulte que les déjections d'une grande ville constituent une source importante de produits ammoniacaux. L'urine pure peut donner 7 à 8 kilogrammes d'ammoniaque au mètre cube. Dans les fosses fixes, par suite des infiltrations et des arrivées d'eau du dehors, on récolte un liquide qui donne $3^{kg},5$ à $4^{kg},5$ d'ammoniaque, soit 13 à 17 kilogrammes de sulfate au mètre cube. Parfois les solutions sont si diluées qu'il n'est possible de recueillir que 2 kilogrammes d'ammoniaque, soit moins de 10 kilogrammes de sulfate au mètre cube.

L'industrie du sulfate d'ammoniaque au moyen des eaux vannes n'a d'intérêt que dans les villes d'au moins 40.000 habitants. On peut compter, en effet, un mètre cube d'eau vanne par habitant et par an, ce qui correspond à 3 ou 4 kilogrammes d'ammoniaque. Une usine doit disposer de 50 à 100.000 mètres cubes par an (Versailles et environs immédiats traite 150 mètres cubes par jour).

Nous examinerons, au chapitre Travail des vidanges, les modes de traitement des eaux vannes en vue de la récupération de l'ammoniaque, des matières solides, etc. Ce traitement des vidanges donne, en définitive, des eaux ammoniacales qui sont envoyées aux appareils de distillation.

AMMONIAQUE DES USINES DE FOURS A COKE

La houille soumise à l'action de la chaleur en vase clos donne :
Le gaz ;
Le goudron ;

Les eaux ammoniacales ;

Le coke.

Autrefois, les gaz se dégageant dans la distillation servaient entièrement au chauffage des fours et on n'avait en vue que la fabrication du coke. Aujourd'hui, tous les sous-produits sont récupérés : goudron, benzol, ammoniaque, etc.

Le charbon contient, en général, 1 à 1,5 p. 100 d'azote en poids. Lors de la distillation de la houille, une partie de cet azote se

Fig. 49. — Une usine de fours à coke à récupération.

dégage dans le goudron, dans les cyanures, dans les gaz combustibles et une partie reste dans le coke.

Le coke produit dans les fours à coke contient beaucoup moins d'azote que le coke des usines à gaz. Lunge a montré, en outre, que la proportion d'azote restant dans le coke est variable avec les différentes houilles :

Houille de Wesphalie, contenant 1,5 p. 100 d'azote, 80 p. 100 dans le coke et 20 p. 100 volatilisé ;

Houille anglaise, contenant 1,45 p. 100 d'azote, 72 p. 100 dans le coke et 28 p. 100 volatilisé ;

Houille de Silésie, contenant 1,37 p. 100 d'azote, 70 p. 100 dans le coke et 30 p. 100 volatilisé ;

Houille de la Saar, contenant 1,06 p. 100 d'azote, 57 p. 100 dans le coke et 43 p. 100 volatilisé.

D'autre part, le Dr Knublauch donne les résultats suivants :

Houille de Wesphalie 1, contenant 1,55 p. 100 d'azote, 30 p. 100 dans le coke et 70 p. 100 volatilisé ;

Houille de Wesphalie 2, contenant 1,48 p. 100 d'azote, 36 p. 100 dans le coke et 64 p. 100 volatilisé ;

Fig. 50. — Coupe verticale de fours à coke à récupération (Otto).

Houille de la Saar, contenant 1, 17 p. 100 d'azote, 64 p. 100 dans le coke et 36 p. 100 volatilisé.

Ces résultats contradictoires montrent que, pour la récupération de l'ammoniaque de la distillation du charbon, la nature de ce dernier joue un aussi grand rôle que sa teneur en azote.

Selon Knublauch, de l'azote total que contient une houille on retrouve :

50 p. 100 de l'azote du charbon dans le coke ;

16 p. 100   —   —   dans le sulfate d'ammoniaque;

2 p. 100   —   —   dans les cyanures;

2 p. 100   —   —   dans le goudron;

30 p. 100   —   —   dans le gaz après son passage dans les appareils de récupération.

Théoriquement une tonne de charbon à 1, 5 p. 100 d'azote donnerait donc en moyenne 2^{kg},4 d'azote dans le sulfate d'ammoniaque, c'est-à-dire 11^{kg},3 de ce dernier sel.

On suppose qu'une partie de l'azote reste dans le coke en combinaison et qu'une partie de l'ammoniaque dégagée subit une décomposition par suite de la température. Cette décomposition commencerait à 500° d'après Ramsay et Young, et 70 p. 100 du gaz ammoniac se décomposerait vers 820°.

Le rendement des usines de fours à coke à récupération est de 10 à 12 kilogrammes de sulfate par tonne de houille enfournée.

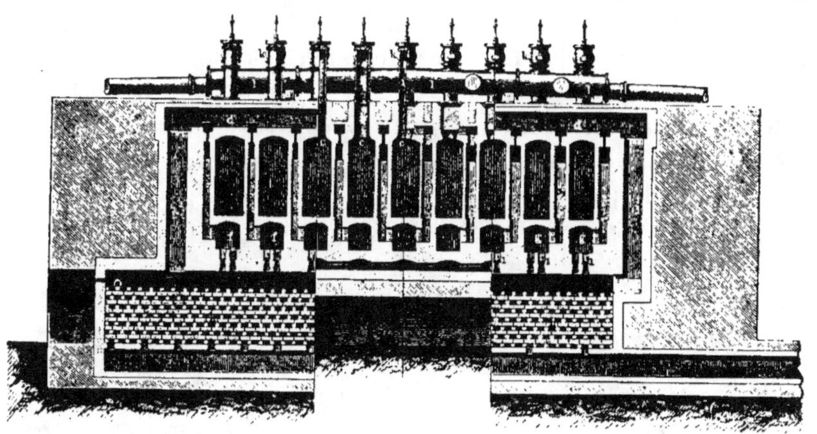

Fig. 51. — Coupe verticale de fours à coke à récupération.

Les fours à coke. — Les différents systèmes de fours à coke sont :

S. Semet Solvay.   S. Bauer.
S. Otto Hilgenstock.   S. Hoffmann Otto.
S. Simon Carvès.   S. Coppée.

Le principe est le même en général, et ces fours ne diffèrent que par des détails de construction. La transformation du charbon en coke a lieu dans une chambre étroite et longue, dont les parois sont garnies de conduits où a lieu la combustion d'une partie des gaz de la distillation du charbon. Un grand nombre de chambres sont placées les unes à côté des autres, et les pertes de chaleur sont réduites au minimum. Les produits de la distillation sont reçus dans des appareils de condensation, qui séparent la plus grande partie des goudrons de l'ammoniaque. Les gaz incondensables servent en partie dans les carnaux des chambres de distillation, où ils sont brûlés, et en partie au chauffage de chaudières pour la production de vapeur et de force.

Le charbon employé dans les mines est relativement sec et contient 5 p. 100 environ d'humidité. Le coke devant servir en métallurgie doit être de bonne qualité et renfermer le moins de soufre possible. On emploie par suite un charbon aussi pauvre que possible en soufre, que l'on lave d'ailleurs. L'humidité varie alors de 7,5 à 10 p. 100. Il arrivera que cette teneur sera dépassée, bien qu'un excès d'humidité diminue la température des fours et rend plus difficile la condensation des parties fluides.

La récupération des sous-produits. — La récupération des sous-produits de la fabrication du coke s'opère dans trois séries d'appareils :

1° Appareils de condensation du gaz ;
2° — de lavage du gaz ;
3° — de distillation.

Le gaz sortant de chacun des fours d'une batterie de fours à coke est reçu dans un long barillet courant le long de cette batterie où il se refroidit et où se condensent les hydrocarbures lourds. Le gaz passe ensuite, pour aller aux appareils de récupération, dans une longue tuyauterie où continuent à se déposer les goudrons et l'eau provenant de la condensation de la vapeur entraînée. Le mélange de goudron et d'eau légèrement chargée d'ammoniaque est recueilli dans un premier *séparateur* à la suite duquel viennent les appareils de condensation comprenant un groupe *refroidisseur à air* et un groupe *refroidisseur à eau*. Le premier groupe est formé de grandes cuves verticales à chemises intérieures et extérieures, ou simplement traversées par un faisceau tubulaire : le gaz se refroidit le long des parois, où l'on crée un courant d'air. Dans le second groupe, le refroidissement se fait par l'eau.

Dans ces appareils s'écoule un mélange de goudrons moins lourds et d'eau ammoniacale. Le goudron séparé par densité est envoyé dans le barillet où il favorise la condensation des goudrons lourds. L'eau ammoniacale sera distillée.

Entre les appareils de condensation précédents et les laveurs se placent les *extracteurs* qui rendent au gaz la pression nécessaire pour passer dans la deuxième série d'appareils.

Les *appareils laveurs* comprennent souvent deux laveurs à ammoniaque et un laveur à benzol. Le premier de ces appareils est du type *scrubber* ; il est formé par une cuve cylindrique verticale, dans lequel le gaz va de bas en haut et le liquide injecté de haut en bas. La cuve est remplie de claies en bois augmentant les points de contact du liquide avec le gaz. Dans le système Reuter, le premier laveur se trouve avant les extracteurs et est combiné avec le refroidisseur à eau. Le deuxième laveur est formé par une colonne à

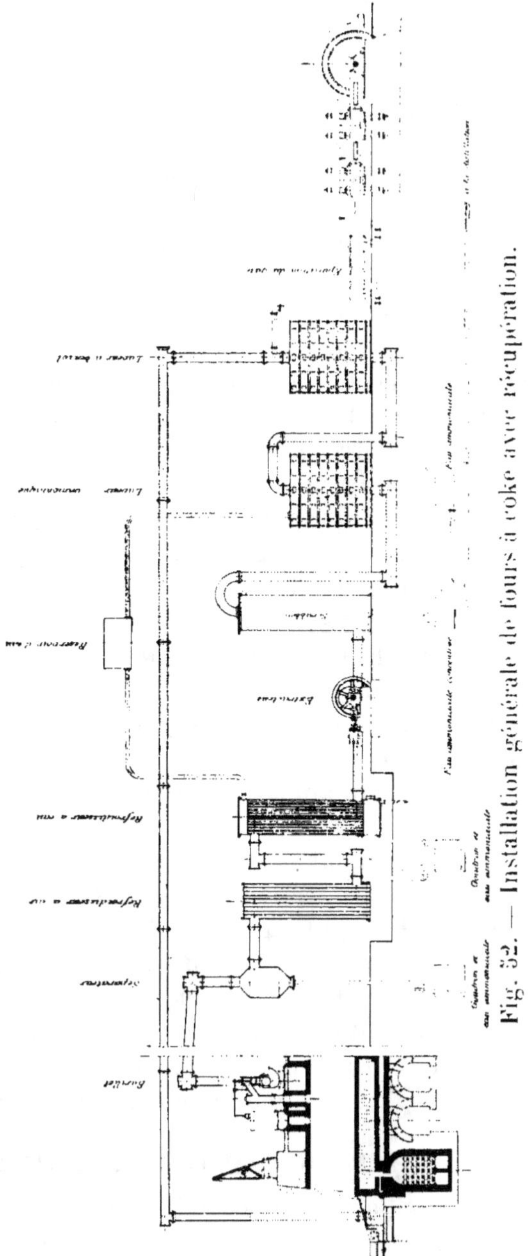

Fig. 52. — Installation générale de fours à coke avec récupération.

étage à contre-courants ; le gaz doit à chaque étage traverser une couche d'eau et ce barbotage le dépouille des traces d'ammoniaque. Le liquide, s'écoulant du deuxième appareil, passe dans le premier où il s'enrichit avant d'aller à la distillation. Le troisième laveur retient le benzol ; il est identique aux laveurs précédents, mais l'eau est remplacée par de l'huile légère.

Les eaux ammonicales se forment en partie par simple condensation, et en partie par le passage du gaz dans les barillets ou dans les condenseurs. Toutefois ces appareils ne suffisent pas à enlever du gaz toute l'ammoniaque. De là la nécessité de l'installation des scrubbers et laveurs, qui donnent un lavage parfait. Les scrubbers sont calculés de manière à contenir 10 mètres carrés de surface trempée par tonne de houille distillée par vingt-quatre heures.

La suite des appareils que nous venons d'indiquer refroidissent le gaz, condensent les goudrons de moins en moins lourds et récupèrent l'ammoniaque.

Les goudrons lourds sont recueillis à 250º-300º (barillet).

Les goudrons légers et l'eau ammoniacale sont recueillis à 70º-110º (refroidisseur à air).

Les traces de goudrons sont recueilis à 20º-25º (refroidisseur à eau).

Les eaux ammoniacales concentrées sont recueillies à 15º-20º (laveurs).

L'eau ammoniacale recueillie titre 0,5 à 0,6 p. 100 d'ammoniaque. La proportion des sels fixes et des sels volatils varie considérablement suivant les houilles que l'on distille. Dans les eaux ammoniacales provenant des houilles anglaises, la proportion de l'ammoniaque fixe est de 15 à 20 p. 100 de l'ammoniaque totale. Dans la distillation des houilles de Saxe, on obtient des eaux ammoniacales, dans lesquelles l'ammoniaque fixe peut être double ou triple de l'ammoniaque volatile.

AMMONIAQUE DES USINES A GAZ

La distillation de la houille en vase clos pour la fabrication du gaz est une des sources les plus importantes de produits ammoniacaux.

100 kilogrammes de bonne houille fournissent 280 à 300 mètres cubes de gaz d'éclairage, 50 kilogrammes de goudron, 60 à à 70 kilogrammes d'eau ammoniacale étendue, et 7 hectolitres de coke. Un quart de ce coke est employé pour chauffer les cornues.

En moyenne, une tonne de houille donne 10 kilogrammes de sulfate d'ammoniaque. Dans la fabrication du gaz comme

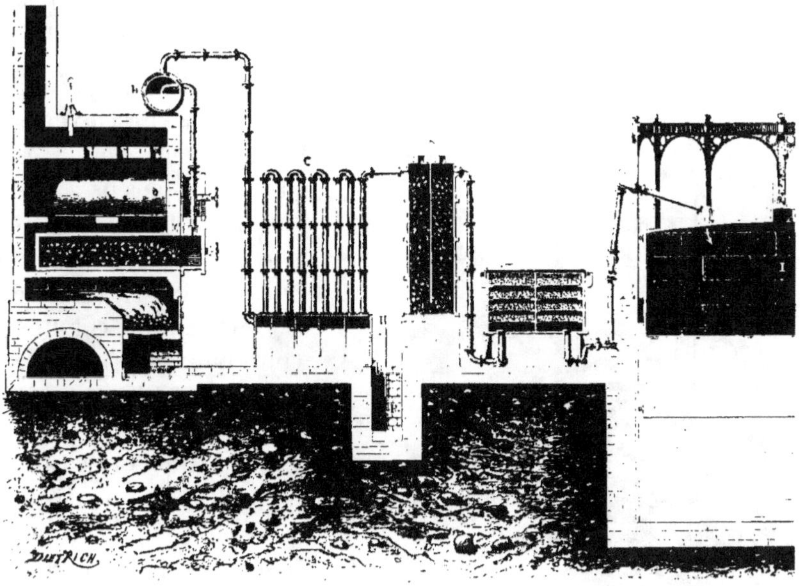

Fig. 53. — Coupe schématique verticale des installations d'une usine à gaz.

B, barillet ; C, jeu d'orgues ; D, condenseur ; E, épurateur chimique ; G, gazomètre.

dans celle du coke métallurgique, une partie de l'azote de la houille se dégage, soit à l'état d'ammoniaque, soit à l'état d'azote, soit à l'état de cyanogène. La proportion des sels ammoniacaux dans les eaux ammoniacales du gaz est très variable. Gerlach indique pour les eaux concentrées :

	Charbon de Saxe.		Charbon de la Ruhr.	Charbon de la Sarre.	
	I	II		I	II
Carbonate et bicarbonate d'ammoniaque........	5,60	9,15	35,67	33,76	5,86
Hyposulfate d'ammoniaque.................	1,04	1,62	5,03	2,07	0,30
Sulfure d'ammoniaque...	0,34	0,64	6,22	2,47	1,43
Sulfate — ...	0,46	0,86	1,32		
Chlorure — ...	30,49	17,12	3,74	4,92	1,93
Ammoniaque total.......	12,09	9,40	18,12	15,22	9,51

Le mode de récupération employé dans les usines à gaz est le même que celui utilisé par l'industrie du coke. Les laveurs sont souvent remplacés par des appareils à rotation ou des colonnes.

Le *laveur Klœnne* est formé d'une colonne contenant une série de tôles perforées et de cloches qui divisent le gaz en une multitude de bulles qui se trouvent être en contact avec l'eau. Ce laveur permet de débarrasser le gaz des dernières traces d'ammoniaque, et en outre de produire des eaux ammoniacales concentrées jusque 12° Baumé. Une conduite spéciale permet d'éliminer le goudron.

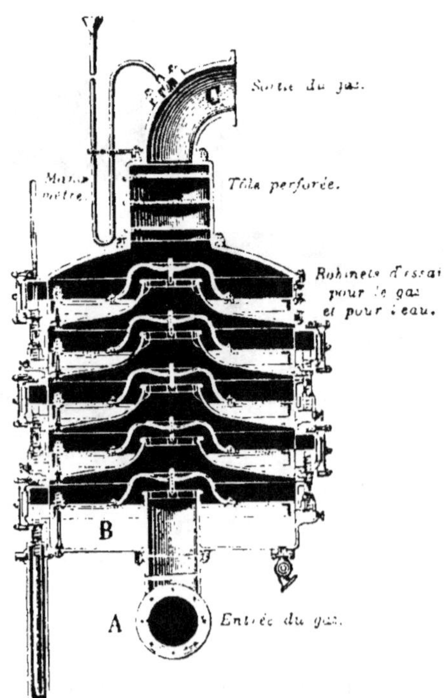

Fig. 54. — Laveur Klœnne.

Le *Standard Scrubber* de Kirkham se compose d'une série de compartiments en fonte, variant en nombre et en grandeur suivant l'importance de l'appareil. Un arbre traverse hori-

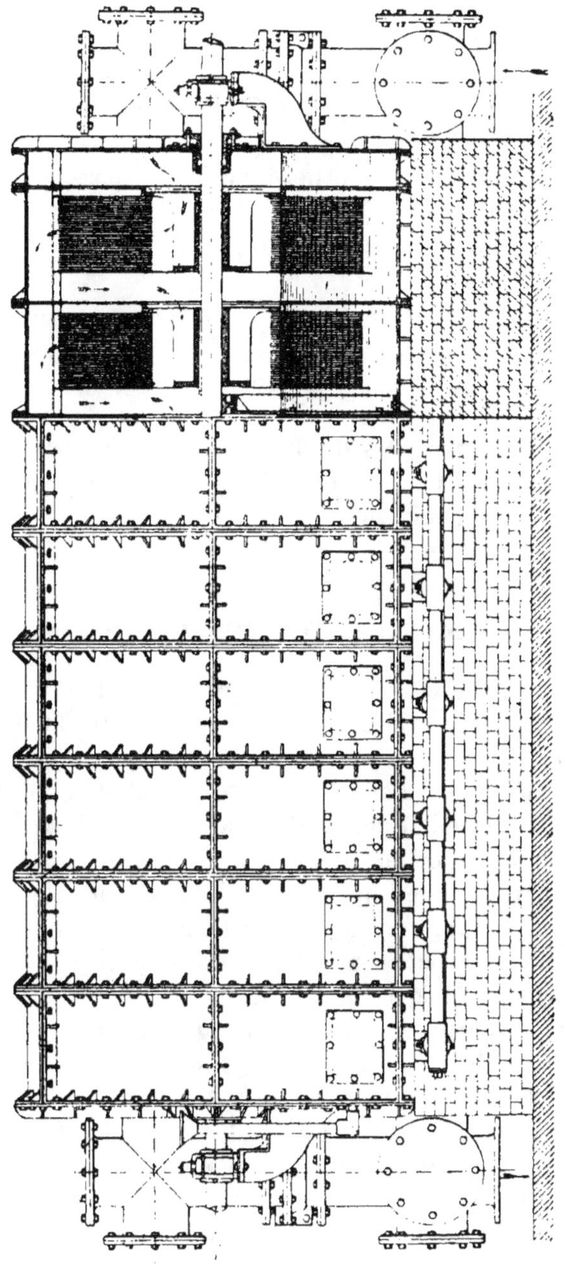

Fig. 55. — Laveur Kirkham ou Standard Scrubber.

zontalement le centre des compartiments : ceux-ci renferment des disques en tôle boulonnés ensemble, clavetés sur l'arbre et écartés de 2 à 3 millimètres. L'arbre fait 5 à 10 révolutions par minute ; la moitié des plaques de tôle plonge dans l'eau. L'eau entre d'un côté de l'appareil, s'écoule en sens inverse du gaz, et réalise un lavage méthodique par le passage dans les différentes chambres.

Nous ne ferons que citer les appareils laveurs *Pelouze et Audoin, Lunge, Chevalet*, etc.

Les sels ammoniacaux sont, en définitive, recueillis dans le *barillet*, dans les *tuyaux d'orgue*, dans les *laveurs* et dans les *scrubbers* remplis de copeaux de bois, de coke lavé, de pierre ponce, de briques en fragments ou de briques perforées, de cuvettes en fonte espacées de $0^m,20$ et percées de trous.

Les eaux ammoniacales sont envoyées dans les réservoirs ou les citernes. La matière d'épuration (mélange de Lamming) sera étudiée plus loin.

AMMONIAQUE DU COKE

Cooper a proposé d'ajouter à la houille pendant sa distillation une certaine quantité de chaux. Une addition de chaux de 2,5 p. 100 du charbon aurait pour effet d'augmenter le rendement en ammoniaque de 150 p. 100. Knublauch indique que ce procédé donne une augmentation de rendement de 20 p. 100, mais que le pouvoir éclairant du gaz est diminué.

Tervet a introduit de l'hydrogène, dans les cornues, pendant la distillation, et Kenyon a proposé l'emploi de vapeur d'eau après la distillation proprement dite de la houille.

Fabrication du gaz à l'eau. — La distillation de la houille dans les cornues laisse 65 p. 100 en poids de coke, et après chauffage des cornues 40 p. 100 environ. Au lieu de vendre ce coke, on peut faire passer un courant de vapeur d'eau sur la matière portée à l'incandescence et obtenir le gaz à l'eau. Ce gaz à l'eau de pouvoir calorifique moins élevé que le gaz ordinaire peut être réintroduit dans les cornues de distillation où il évite la décomposition des hydrocarbures et donne un gaz ayant le même pouvoir calorifique que celui provenant de la distillation ordinaire. 30 parties de gaz à l'eau peuvent être introduites pour 100 parties de gaz de distillation.

L'ammoniaque formée par ces procédés divers est recueillie comme d'ordinaire et les eaux ammoniacales obtenues vont à la distillation.

AMMONIAQUE DES HAUTS FOURNEAUX

Dans les hauts fourneaux, on soumet le coke, le calcaire et le minerai à une combustion et une oxydation intense par l'introduction de violents courants d'air. Le coke, quoique contenant une notable proportion d'azote, ne permet guère une récupération d'ammoniaque.

Au contraire, dans l'ouest de l'Écosse, on emploie, au lieu de coke, un charbon appelé splint coal, qui ne colle pas même à température élevée. Ce charbon convient très bien au traitement du fer ; il donne lieu à un dégagement de produits goudronneux et ammoniacaux. Mais la récupération présente de grandes difficultés.

En effet, dans la fabrication du gaz, une tonne de charbon donne 280 mètres cubes de gaz ; dans les hauts fourneaux, une tonne de charbon correspond à 3.500 mètres cubes de gaz réduit à la température ambiante ; et, au lieu de 45 litres d'eau, il y a 140 à 200 litres d'eau condensée dans les hauts fourneaux, pour une tonne de charbon.

En fait, on obtient 10 kilogrammes de sulfate par tonne de charbon. Différents systèmes pour la récupération de l'ammoniaque furent proposés ; on peut les classer en deux groupes : appareils mécaniques et appareils chimiques.

Dans les premiers, on pulvérise l'eau sur un grand nombre de surfaces traversées par le gaz.

Dans les deuxièmes, le gaz passe dans un appareil à contre-courants, garni de coke, où coule une solution faible de sulfate d'ammoniaque et d'acide sulfurique, jusqu'à ce que la concentration voulue soit atteinte.

John et James Addie ont proposé de récupérer l'ammoniaque au moyen de vapeurs sulfuriques mélangées au gaz du haut fourneau. Il se forme des sulfites, sulfates et thiosulfates, que l'on peut finalement traiter pour obtenir le sulfate.

AMMONIAQUE DES GAZOGÈNES

Dans un gazogène, tout l'azote que contient le charbon se dégage, alors que, dans la fabrication du coke ou du gaz

Fig. 56. — Usines Beardmore à Glasgow. Installation de gazogènes à récupération traitant 500 tonnes de charbon par jour.

d'éclairage, il en reste 50 p. 100 dans le combustible après sa distillation.

Pour récupérer l'ammoniaque contenue dans les 4.000 mètres cubes de gaz, correspondant à une tonne de houille, il faut, d'une part, favoriser la transformation de l'azote en ammoniaque, d'autre part, empêcher la décomposition de cette ammoniaque. On introduit pour cela 2,25 tonnes de vapeur d'eau par tonne de charbon brûlé ; le tiers est décomposé en hydrogène et oxygène, empêche la température de dépasser une certaine limite et facilite la production de l'ammoniaque, et les deux tiers restent mêlés au gaz.

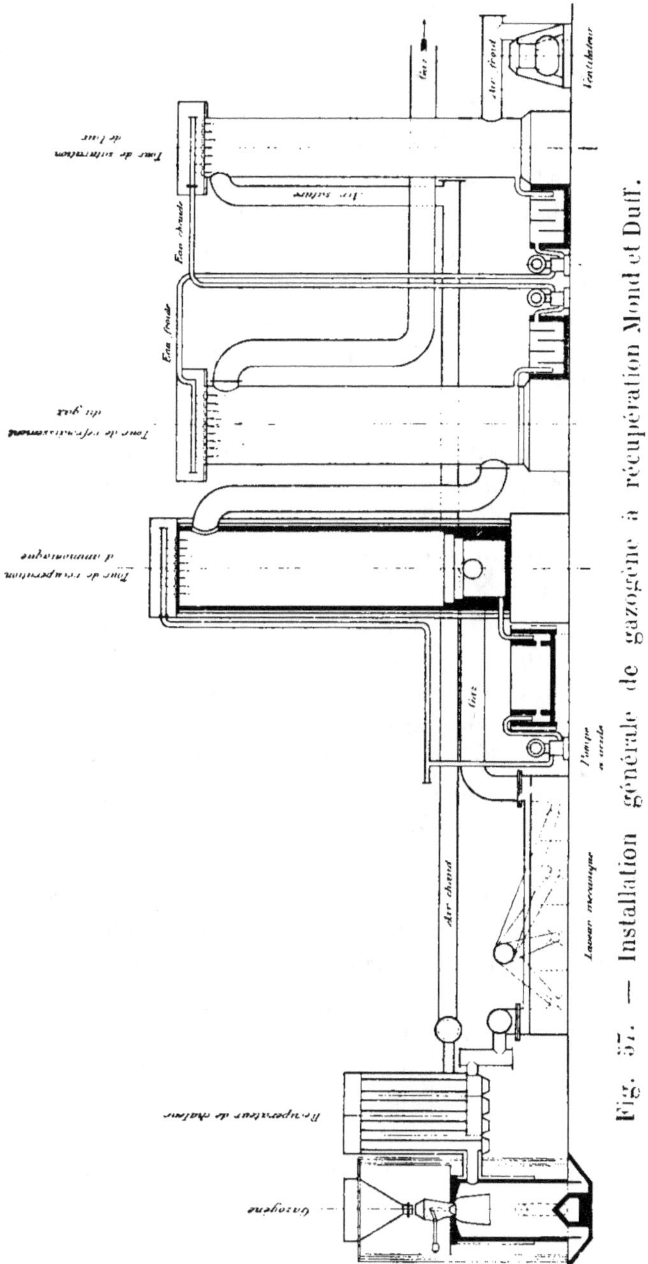

Fig. 57. — Installation générale de gazogène à récupération Mond et Duff.

Dans le *procédé Mond ou Duff*, le gazogène est formé par une cuve cylindrique verticale, revêtue intérieurement de matériaux réfractaires et à la partie inférieure de laquelle se trouvent une grille et un cendrier hydraulique : une trémie pour le combustible est portée par le couvercle et le gaz s'échappe par une ouverture latérale. L'air chaud et la vapeur d'eau sont soufflés sous la grille. Le gaz sort à 500°, se refroidit à 300° dans un échangeur, traverse une laveur mécanique à palettes rempli d'eau où il abandonne goudrons et poussières, et est ramené à 90°. Il passe ensuite dans la tour à récupération d'ammoniaque, sorte de colonne en plomb au sommet de laquelle se trouvent des injecteurs qui arrosent le gaz ascendant d'une solution de sulfate d'ammoniaque et d'acide sulfurique. On ajoute constamment de l'acide, de manière que le liquide qui coule à la sortie contienne 2 à 4 p. 100 d'acide libre. La solution évaporée donne le sulfate d'ammoniaque commercial. Le gaz passe enfin dans un refroidisseur à eau froide et va à son point d'utilisation.

Dans le *procédé Crossley Brothers*, le gaz à la sortie du gazogène, passe dans un récupérateur de chaleur tubulaire, puis dans un laveur à compartiments où il rencontre de l'eau pulvérisée, et où il abandonne ses goudrons. Il traverse ensuite une série de caisses alimentées par une solution de sulfate d'ammoniaque et d'acide sulfurique circulant en sens inverse. La solution à évaporer passe dans un séparateur et finalement contient 0,50 p. 100 d'acide sulfurique.

Toute la question de la récupération dépend du rendement en sulfate et du prix du combustible. Avec un charbon d'Écosse à 1,5 p. 100 d'azote, la production du sulfate est de 40 kilogrammes par tonne de charbon ; mais, avec une teneur de 1 p 100 (Belgique), le rendement n'est que de 28 kilogrammes. La dépense supplémentaire pour la production de la vapeur varie avec le prix de la tonne de charbon qui oscille entre 8 et 15 francs.

On a songé à utiliser les vapeurs perdues des usines métallurgiques dont beaucoup de machines n'ont pas de condenseurs.

L'application des gazogènes pourrait être ainsi rendue avantageuse dans certains pays. Le procédé des gazogènes peut

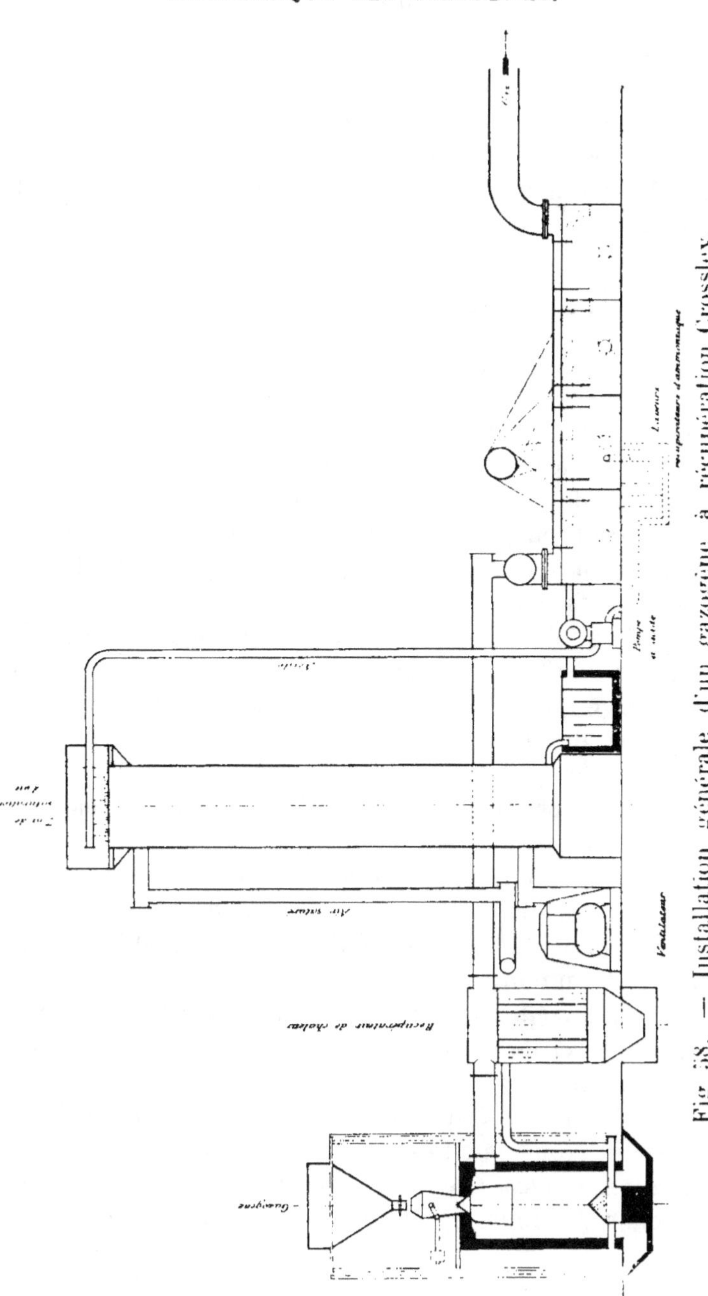

Fig. 58. — Installation générale d'un gazogène à récupération Crossley.

aussi être employé dans des usines centrales de force et de lumière. La chaleur des gaz d'échappement des moteurs produit la vapeur nécessaire au fonctionnement des gazogènes.

On cite des installations importantes de gazogène en Écosse, en Angleterre à Staffordshire, à Parkhead, à Liverpool, en Allemagne, en Espagne, aux États-Unis.

AMMONIAQUE DE LA TOURBE

La tourbe contient une très importante quantité de composés azotés qui ont été en partie formés au moyen des substances puisées dans le sol et en partie au moyen de l'azote de l'air fixé par des réactions physiques et chimiques.

La teneur de la tourbe en azote peut atteindre 4 p. 100, et par distillation on peut obtenir une quantité de sulfate d'ammoniaque pouvant atteindre 8 p. 100 du poids de la tourbe dans les cas les plus favorables.

La combustion de la tourbe dans les gazogènes peut donner d'excellents résultats, et le Dr Caro, dans ses essais de Winnington, a trouvé qu'une tonne de tourbe pouvait produire 17.080 mètres cubes de gaz à 1.360 calories et 55 kilogrammes de sulfate d'ammoniaque.

On s'occupe beaucoup de la question en Irlande, en France, et aussi en Allemagne, où des essais, entrepris à Solingen, en Wesphalie, semblent concluants. Siemens Schuckert ont établi une centrale électrique importante à Aurich, où une tonne de tourbe donne 2.500 mètres cubes de gaz et 30 kilogrammes de sulfate d'ammoniaque.

Au lieu de gazéifier la tourbe, on peut la transformer en charbon et récupérer les sous-produits. Cette méthode est appliquée près de Munich.

De nombreux procédés ont été proposés pour l'utilisation de la tourbe. Nous ne citerons que les suivants :

Procédé Lencauchez. — Ce procédé consiste à distiller la tourbe dans des fours spéciaux. Il n'est pas appliqué en pratique.

Procédé Grouven. — Il consiste à distiller la tourbe avec de la craie et à faire passer le gaz et les vapeurs dans des cylindres contenant de l'argile, de la craie et de la tourbe qui forment du carbonate d'ammoniaque facilement transformable en sulfate.

Procédé Muntz et Girard. — Il consiste à distiller la tourbe préalablement séchée et concassée en présence d'un courant de vapeur d'eau surchauffée. Il se produit du gaz à l'eau, mélangé de vapeurs ammoniacales, de goudrons, de produits pyroligneux. Le résidu de la tourbe peut être employé comme succé-

Fig. 59. — Tour d'absorption d'ammoniaque d'une installation de gazogènes à récupération, de 250 tonnes par jour.

dané du noir animal. Le gaz combustible est employé pour le chauffage des cornues. L'ammoniaque est recueilli dans les eaux ammoniacales sous forme libre et sous forme de carbonate; les acétates, l'alcool méthylique, etc., sont recueillis. Le procédé comporte la fabrication du sulfate ou celle du chlorhydrate au moyen du chlorure de sodium.

Procédé Mond ou Caro. — Quand on gazéifie toute la substance organique de la tourbe dans un mélange d'air et de vapeur surchauffée, il se produit une hydrolyse des matières azotées et on obtient, en lavant les gaz dans un scrubber à acide sulfurique, 60 à 80 p. 100 d'azote du combustible, sous forme de sulfate. Les gaz de la combustion sont utilisés comme pour les autres gazogènes.

Caro a appliqué ce procédé. Grâce au gaz utilisé pour le chauffage, le procédé est encore rémunérateur pour les tourbes contenant moins de 1,5 p. 100 d'azote.

Procédé Gaillot et Brisset. — Il consiste à transformer l'azote de la tourbe en ammoniaque par combustion lente. La tourbe, chargée sur une trémie à lames de persiennes, tombe dans la zone de distillation

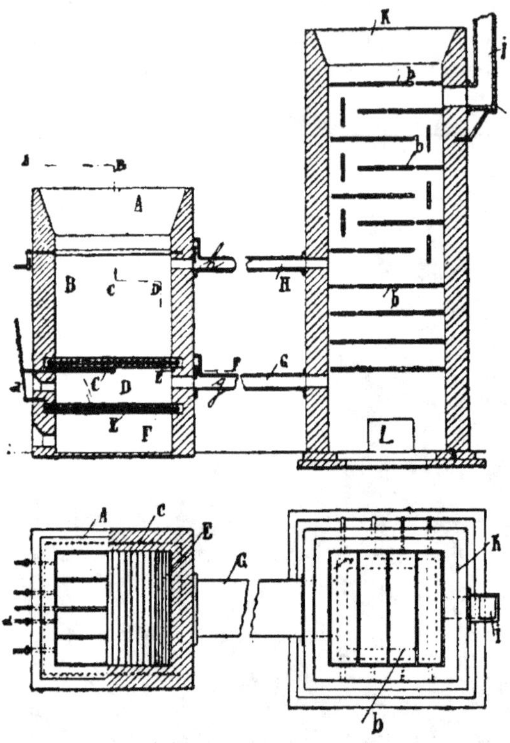

Fig. 60. — Four Gaillot et Brisset. Coupe verticale et plan.

du four, puis par une nouvelle série de lames de persiennes dans la zone de combustion. Les gaz qui se dégagent vont dans une tour à étages à persiennes recouverts de tourbe imprégnée de solutions acides ou de superphosphate de chaux.

Procédé Kuntze. — La distillation de la tourbe se fait en deux phases. L'azote des bases organiques, pyridines, amines, etc., se dégage d'abord; puis, à une température plus élevée, l'azote des composés cyanés est mis en liberté. La transformation en ammoniaque est obtenue au moyen de vapeur d'eau surchauf-

fée passant sur des surfaces poreuses, riches en chaux, et portées à haute température.

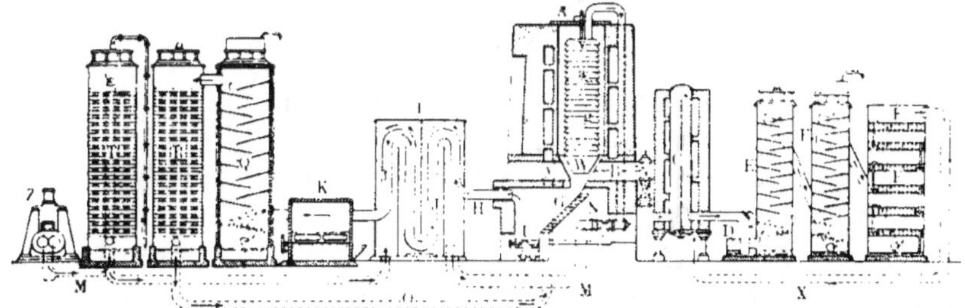

Fig. 61. — Coupe longitudinale de l'installation Kuntze.

Procédé Roux. — La distillation de la tourbe a lieu dans
des cornues chauffées à l'électricité à température constante

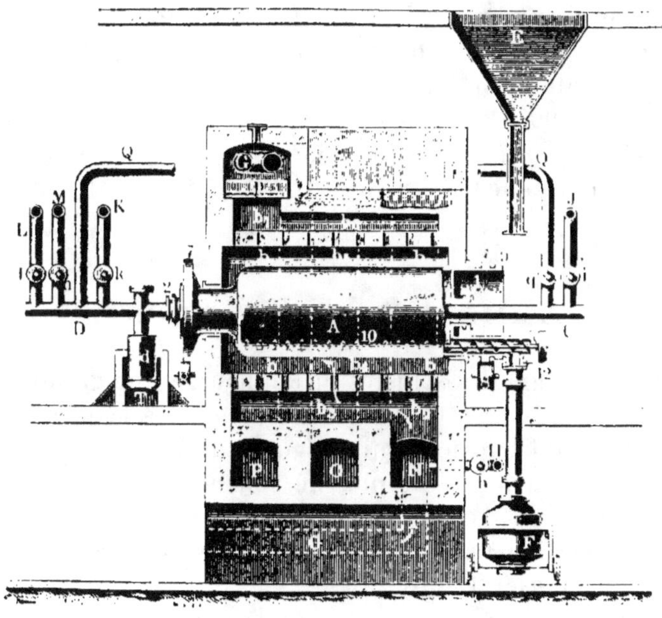

Fig. 62. — Le four Pieper, Fellner, Ziegler.

et bien déterminée. Le rendement atteindrait 36 à 38 kilogrammes de sulfate par tonne de tourbe sèche.

Procédé Pieper, Fellner et Ziegler. — On chauffe la tourbe dans une cornue rotative jusqu'à distillation, puis on porte à une température plus élevée, en introduisant de la vapeur ; il se produit les deux réactions :

$$C + 2H^2O = CO^2 + 2H^2 \quad \text{et} \quad Az + 3H = AzH^3.$$

Les gaz et les vapeurs se dégageant dans les deux phases reçoivent un traitement différent.

Procédé Eschweiler et Woltereck. — Il consiste à faire passer un mélange d'air et de vapeur d'eau sur de la tourbe chauffée à une température ne dépassant pas 500°. Pour éliminer la poussière et les goudrons, on fait passer les gaz dans un scrubber, puis dans une tour à soude qui absorbe l'acide acétique. Pour obtenir le sulfate, on fait passer les gaz dans deux tours à acide sulfurique. Une installation existe à Carnlough dans le comté d'Antrim, en Irlande. On y récupère le goudron, la paraffine, l'acide acétique et l'ammoniaque. Le sulfate d'ammoniaque obtenu est d'un blanc pur. Il se forme en moyenne 1 à 1,5 p. 100 d'acide acétique, 3 à 8 p. 100 de paraffine et 5 p. 100 de sulfate d'ammoniaque de la tourbe sèche. Une tourbe d'une teneur de 2,15 p. 100 a donné 9 p. 100 de sulfate d'ammoniaque.

AMMONIAQUE DES SCHISTES

La distillation des schistes bitumineux a une grande importance en Écosse. Cette distillation donne de la paraffine, des huiles de goudron, de l'ammoniaque, du coke. La production de cette industrie est de plus de 50.000 tonnes de sulfate en Angleterre.

La distillation sèche des schistes écossais permet d'obtenir, d'après Young et Beilby :

17 p. 100 de l'azote sous forme d'ammoniaque dans la distillation ;

20,4 p. 100 de l'azote dans les goudrons ;

62,6 p. 100 de l'azote dans le coke.

L'introduction de vapeur d'eau et d'air dans les cornues de

distillation (procédé Heilson) augmente la proportion d'ammoniaque et donne :

74,3 de l'azote sous forme d'ammoniaque dans la distillation.
20,4   —   dans les goudrons.
4,9   —   dans le coke.

Playfair, dans le but d'augmenter la proportion d'ammoniaque, ajoute de la chaux aux schistes avant leur distillation.

AMMONIAQUE DES OS

La calcination des os en vase clos donne un charbon poreux, disséminé dans un squelette minéral et dont on a constaté depuis longtemps le grand pouvoir décolorant, des gaz, des goudrons et des eaux ammoniacales.

Ces eaux ammoniacales chauffées dégagent de l'ammoniaque et du carbonate d'ammoniaque qu'on recueille dans l'acide sulfurique. Le sulfate obtenu est brun, odorant, impur et acide.

Cent kilogrammes d'os donnent 2 à 7 kilogrammes de sulfate suivant qualité et traitements subis préalablement, soit un quart à un cinquième de ce qu'il serait possible d'obtenir théoriquement ; mais il faut remarquer que l'on vise l'obtention du noir animal, et non la récupération de l'ammoniaque.

Dans les premières usines françaises, on transformait les carbonates d'ammoniaque en sulfate en faisant filtrer à travers une couche de platras le liquide brut simplement décanté. Par double décomposition avec le sulfate de chaux, il se formait du sulfate d'ammoniaque que l'on concentrait.

AMMONIAQUE DES CORNES, CUIRS, POILS, PLUMES, DÉCHETS ANIMAUX DIVERS

Fabrication des cyanures. — Par la calcination d'un mélange de carbonate de potasse et de matières organiques azotées, on obtient, sans fer, le cyanure de potassium, et, en présence de fer, le ferrocyanure de potassium.

Au commencement de l'opération, les matières perdent une grande partie de leur azote sous forme d'ammoniaque, avant que la température ne soit suffisamment élevée pour permettre au cyanure de potassium de se former. Dans le but d'éviter cette perte, on soumet parfois à une première calcination les matières organiques azotées dans un four spécial permettant de recueillir l'ammoniaque qui se dégage.

Les eaux ammoniacales obtenues sont traitées comme celles du gaz. D'après Dumas, 1.000 parties de corne donnent par carbonisation 500 parties d'eau ammoniacale de 5° à 7° Beaumé et 160 parties d'huile de Dippel.

Torréfaction de la corne, du cuir, et déchets organiques divers. — La torréfaction de la corne, du cuir, etc., dans certaines usines, donnent encore des eaux ammoniacales.

Procédé L'Hote. — Ce procédé, basé sur le même principe que le dosage de l'azote total par la chaux sodée, consiste à traiter les déchets azotés par une solution de soude caustique, puis par la chaux éteinte, pour former une masse solide qu'on introduit dans une cornue en fonte. Par chauffage, tout l'azote organique se dégage sous forme d'ammoniaque. Le résidu traité par l'eau régénère la soude.

Procédé Richters. — On traite les matières organiques, par une dissolution de potasse. Par chauffage modéré, on obtient de l'ammoniaque, des goudrons et un résidu servant à la fabrication des cyanures.

Procédé Mond. — On distille dans des fours la matière azotée, qui abandonne la moitié de son azote sous forme d'ammoniaque. On mélange le résidu à la chaux, et on obtient le reste de l'azote.

RÉCUPÉRATION DE L'AZOTE DES VINASSES DE DISTILLERIE
AMMONIAQUE DES VINASSES DE DISTILLERIE

Les vinasses provenant de la distillerie des mélasses contiennent 1,4 p. 100 d'azote environ et 9 p. 100 de sels. L'incinération en vue de l'obtention des salins laisse perdre tout l'azote. Les vinasses de distillerie de grains et celles de distillerie de betteraves contiennent également une quantité d'azote intéressante, comme le montre l'analyse suivante :

Eau...	88,5
Matières organiques........................	7,6
Cendres.......................................	3,9
Azote...	0,5
Potasse en K^2O............................	1,94

La distillation des vinasses donne des goudrons, de l'ammoniaque, des méthylamines facilement décomposables, etc.

Winck a proposé de traiter les vinasses concentrées par un excès d'acide sulfurique, de neutraliser la masse par le carbonate de chaux et de la sécher. Le produit obtenu contient 3 à 5 p. 100 d'azote et 12 à 14 p. 100 de potasse.

Effront a essayé d'ajouter à la vinasse concentrée de l'acide et de porter le tout à 20°. La masse traitée par l'eau donne une solution de sulfate. Le résidu séché dose 8 à 9 p. 100 d'azote. L'azote dégagé est recueilli à l'état d'ammoniaque.

Procédé Vasseux. — La vinasse évaporée sous le vide, concentrée à 35° Baumé, est additionnée d'acide sulfurique formant du sulfate de potasse, que l'on sépare par décantation, filtration et turbinage. Un lavage et un deuxième turbinage donne un sulfate vendu comme 75-80. L'égout renfermant les matières organiques (produits ulmiques) est séché sous le vide. Coulé encore fluide, il se prend en masse par refroidissement. 1.000 kilogrammes de mélasse rendent : 150 kilogrammes d'engrais organique à 6-7 p. 100 d'azote et 6-7 p. 100 de potasse, et 80 kilogrammes environ de sulfate de potasse, tandis que le procédé de calcination simple donne 90 kilogrammes de salins.

Par hectolitre d'alcool, on recueille 16 kilogrammes de potasse et 50 à 60 kilogrammes d'engrais.

Procédé Gimel. — La glycérine donne à l'engrais organique fabriqué par le procédé précédent un grand pouvoir hygroscopique, qui le fait prendre en blocs. Le procédé Gimel élimine cette glycérine. Il consiste à concentrer la vinasse à 30-35° Baumé, à ajouter 30 à 50 grammes de chaux vive par litre, et à distiller. L'asparagine et la bétaïne de la vinasse sont décomposées par la chaux, et les produits ammoniacaux recueillis dans une solution chlorhydrique. La solution saturée est évaporée à 325° ; la masse se décompose en CH^3Cl et AzH^3.

$Az(CH^3)^3$. Le résidu à la chaux est traité par SO^4H^2, puis concentré. La glycérine est éliminée par ces deux traitements.

Procédé Vincent. — Vincent a proposé de saturer par l'acide sulfurique le sirop de vinasse et de distiller. On obtient des vapeurs que l'on condense et qui renferment de l'alcool méthylique et de l'acétonitrile; ce dernier corps, traité par la chaux, donne de l'ammoniaque et de l'acétate de chaux.

Le liquide résiduaire est concentré; le sulfate d'ammoniaque est séparé par cristallisation et les eaux mères renferment du sulfate de triméthylamine noirâtre. Traitées par la chaux éteinte, ces eaux donnent de la triméthylamine, que l'on absorbe par HCl. Le chlorhydrate formé, distillé à 325°, donne de l'ammoniaque et du chlorure de méthyle.

Ce procédé, appliqué autrefois à Courrières, donnait par jour, pour 90.000 kilogrammes de mélasses, 10.000 kilogrammes de sels de potasse, 16.000 kilogrammes de sulfate d'ammoniaque, 1.000 kilogrammes d'alcool méthylique, 1.800 kilogrammes d'eau mère chargée de $(CH^3)^3Az$ et 400 kilogrammes de goudron.

Procédé Effront. — 1° *Procédé à la levure.* — Ce procédé est basé sur la propriété que possède l'amidase des levures de bière de transformer l'azote organique des vinasses en azote ammoniacal. L'azote du glycocolle, de l'asparagine, de l'acide glutamique, est transformé en ammoniaque. La bétaïne donne de la triméthylamine pure $Az (CH^3)^3$.

Une vinasse de 1,074 de densité a donné 85 p. 100 d'azote en ammoniaque et 15 p. 100 en $Az (CH^3)^3$.

La vinasse, sortant de la colonne à distiller, refroidie à 40°-45°, est alcalinisée par la chaux, la soude ou les salins. On ajoute par hectolitre 1 à 2 kilogrammes de levure provenant des cuves de fermentation. La fermentation, qui dure trois ou quatre jours, donne de l'ammoniaque, que l'on sépare par distillation.

Le procédé demande 500 grammes de charbon par hectolitre traité; un hectolitre de vinasse de mélasse donne $0^{kg},40$ à $0^{kg},45$ d'azote, et un hectolitre de vinasse de betterave, $0^{kg},10$ à $0^{kg},15$.

2° *Procédé butyrique.* — La fermentation ammoniacale peut encore être obtenue au moyen de terre de jardin, renfermant divers ferments du sol et au moyen du ferment butyrique.

a) Au moyen de la terre. — La terre est mélangée à de la vinasse alcalinisée et portée à 80° pendant une heure. On prépare ensuite un levain égal à 5 ou 10 p. 100 du liquide total à fermenter. Pour favoriser la fermentation, on aère et alcalinise le liquide, et l'on emploie le sulfate d'alumine paralysant les ferments secondaires. On obtient 12 kilogrammes de sulfate d'ammoniaque de la vinasse de betteraves donnant un hectolitre d'alcool, et 25 kilogrammes de sulfate d'ammoniaque de la vinasse de mélasse donnant un hectolitre d'alcool. Par ce procédé, la glycérine et les acides gras divers sont récupérés.

b) Au moyen de ferment pur. —Si, dans une vinasse de betteraves ou de mélasse, on ensemence un levain butyrique acclimaté à de fortes doses d'ammoniaque, les composés azotés se disloquent ; il se forme de l'ammoniaque et des acides gras, à applications nombreuses dans l'industrie, des acétones et des éthers.

Le procédé Effront donne de très bons résultats, mais les odeurs repoussantes dues aux amines constituent un sérieux ennui. A Nesles, une Société belge travaille par ce procédé ; à Corbehem, une autre usine est en marche; toute la population de la région se plaint de ce désagréable voisinage et demande la fermeture de ces établissements.

Procédé Savary. — La vinasse, évaporée à 30°-40° Baumé, est soumise à un traitement sulfurique. On sépare le sulfate de potasse et on distille dans le vide à vapeur surchauffée pour chasser la glycérine que l'on recueille. Le résidu pulvérisé constitue un engrais riche en azote.

Procédés Barbet. — Dans un premier procédé, on traite la vinasse par l'alcool par osmose. La glycérine est séparée des sels.

Dans un deuxième procédé, la vinasse concentrée est additionnée de chaux en poudre et de sulfate de chaux. Le vinassate obtenu est soumis à une élution alcoolique. L'alcool glycérineux est distillé. L'azote et les sels sont ensuite récupérés.

DISTILLATION DE L'AMMONIAQUE
ET FABRICATION DU SULFATE

Emmagasinage des eaux ammoniacales. — L'eau ammoniacale, provenant de l'un quelconque des procédés examinés au chapitre précédent, est emmagasinée dans des fosses spéciales. Pour éviter les pertes par évaporation ou par infiltration, les fosses sont absolument étanches et bien couvertes. On évitera tout contact de l'eau avec l'air extérieur, qui entraînerait des pertes par évaporation ou décomposition.

Les eaux ammoniacales, provenant de la houille, renferment des matières goudronneuses en dissolution ou en suspension. Il importe de retenir ces matières très nuisibles par suite des odeurs qu'elles dégagent ou de la coloration qu'elles peuvent donner aux sels ammoniacaux, et de la difficulté du travail de ces mêmes sels.

A la Compagnie Parisienne du gaz, les eaux ammoniacales sont envoyées dans des citernes en maçonnerie au sous-sol d'un bâtiment, à la partie supérieure duquel sont quatre grands réservoirs protégés par une toiture. Le liquide des citernes est refoulé par des pompes dans l'un des réservoirs supérieurs et passe successivement dans chacun d'eux : la décantation est presque complète, quand le liquide arrive dans le dernier. Le goudron recueilli dans les citernes et les réservoirs est envoyé dans des cuves spéciales.

On peut aussi, pour obtenir la séparation du goudron des eaux ammoniacales, faire une décantation dans des fosses, puis une filtration à travers des couches de poussier de coke et de gravier, disposés dans des citernes adjacentes.

En procédant par l'une ou l'autre méthode, on obtient des eaux ammoniacales claires, qui, étant bien purgées de goudron, se travaillent facilement.

Appareils de distillation des eaux ammoniacales.

Les appareils destinés à la distillation des eaux ammoniacales sont à travail intermittent ou à travail continu. Les premiers ne sont plus employés que dans les petites usines; les seconds, qui donnent un travail plus rapide et plus rémunérateur, conviennent aux usines importantes.

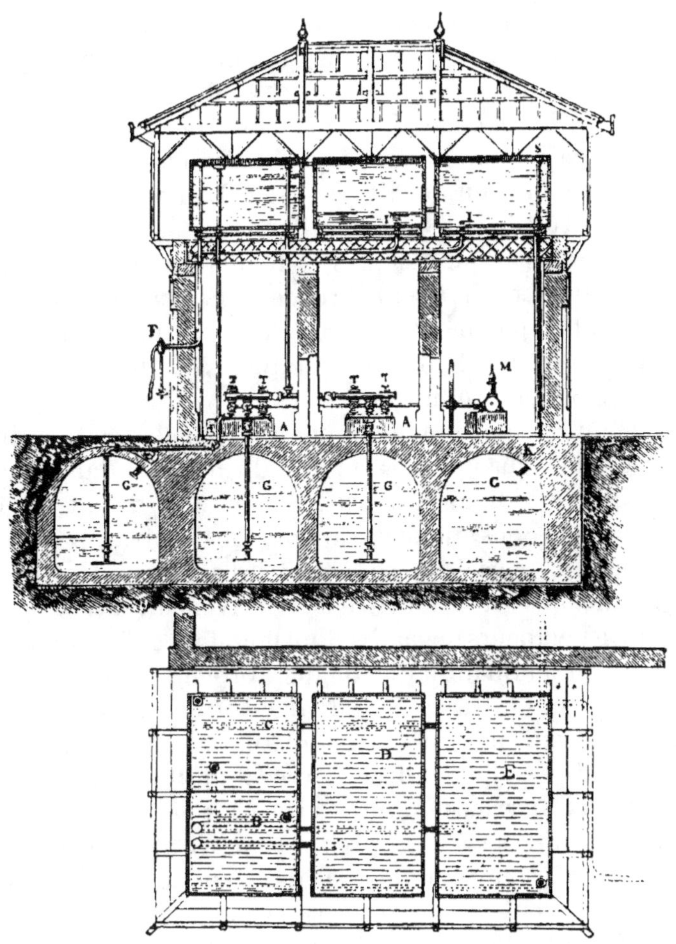

Fig. 63. — Coupe verticale et plan des citernes et réservoirs de décantation des eaux ammoniacales de l'usine de Vaugirard.

Les appareils intermittents dégagent inégalement l'ammoniaque. Au commencement de la distillation, le dégagement est très vif; puis il se ralentit de sorte qu'à la fin de l'opération il est nécessaire de chauffer une grande masse de liquide pour obtenir peu d'ammoniaque. En pratique on ne pousse pas la distillation quand la solution renferme 0,06 à 0,1 p. 100 d'ammoniaque.

Dans les appareils intermittents, il est aussi difficile d'obtenir un mélange intime de la chaux à l'eau ammoniacale, surtout avec les grandes chaudières. Le travail au moyen d'appareils continus ou colonnes est donc à conseiller.

Emploi de la chaux. — La décomposition des sels fixes se fait au moyen de chaux, que l'on ajoute à l'eau ammoniacale, à l'état de chaux vive ou de lait de chaux. La quantité ne dépasse jamais 5 p. 100 de la masse à traiter.

Les appareils employés dans la distillation de l'ammoniaque sont en fonte. Le cuivre et le bronze ne peuvent être employés, car ils sont rapidement détériorés. Le sulfure d'ammonium rongeant peu à peu le fer, il y a intérêt à établir les réservoirs en ciment, ou en produits siliceux.

Pour épuiser un liquide ammoniacal par distillation directe, il faut distiller au moins la moitié du liquide. Par suite, dans les conditions ordinaires de richesse, on obtiendrait par distillation directe des liqueurs ammoniacales très pauvres qui devraient être enrichies par des distillations successives. On obtient une opération industrielle relativement satisfaisante, en utilisant les vapeurs dégagées d'un liquide à enrichir un liquide plus froid ou bouillant à une température inférieure, de manière que les vapeurs de ce liquide donnent un produit directement utilisable. Dans les colonnes à distiller, le titre ammoniacal dans les eaux résiduelles décroît avec rapidité quand le nombre des plateaux augmente (voir les théories de distillation). Si le nombre des étages croit en progression arithmétique, les différences entre les eaux ammoniacales dans les plateaux consécutifs décroissent en progression géométrique. Il est bon de prévoir 5 à 6 plateaux pour l'élimination des composés réellement volatils, et de 16 à 18 plateaux pour l'élimination des composés fixes. La nature de la chaux est aussi à considérer, et il n'est pas indifférent de prendre telle sorte de calcaire plutôt que tel autre. Dans l'appareil à distiller, on laisse l'action de la chaux se prolonger, et on évite l'incrustation des surfaces de barbotage : d'où diverses dispositions proposées par les

meilleurs constructeurs. Enfin les appareils diffèrent encore
entre eux, suivant qu'ils sont destinés au traitement des eaux
vannes tout venant ou décantées, ou au traitement des eaux
ammoniacales du gaz.

Appareils à travail intermittent. — *Appareil de Grüneberg à trois chaudières.* — Cet appareil, très ancien et encore
en usage dans de nombreuses petites usines allemandes, comprend trois chaudières ; en *a*, l'eau ammoniacale fraîche est

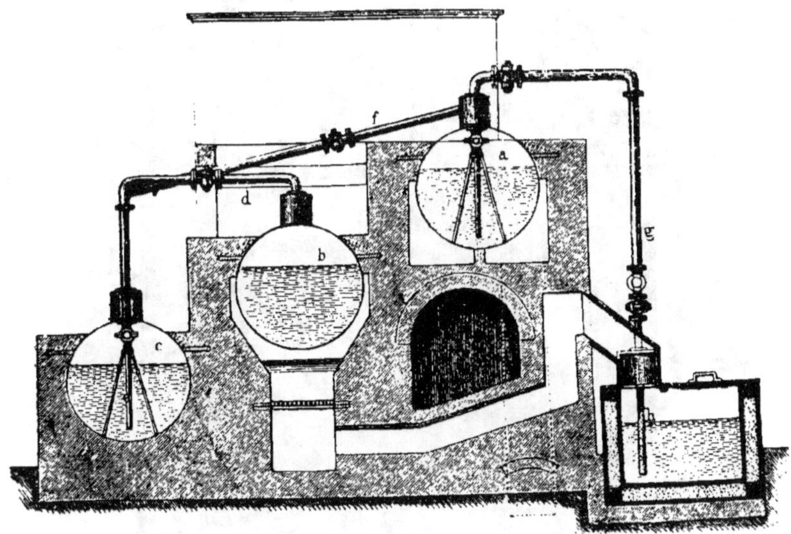

Fig. 64. — Appareil de Grüneberg à trois chaudières, coupe verticale.

chauffée par les gaz du foyer de la chaudière *b* ; en *b*, l'eau
ammoniacale traitée en *a* est chauffée directement, et ses vapeurs
passent en *c* où a lieu le traitement à la chaux. Les vapeurs
de *c* passent en *a*. Les vapeurs de *a* sont saturées en *g*.

Les résultats obtenus avec cet appareil simple sont satisfaisants.

Appareil A. Mallet. — Cet appareil, qui date de 1841, est employé dans les usines à gaz. Il se compose de quatre chaudières
en tôle, inégales, à agitateurs. La chaudière A est chauffée par
un foyer. B est chauffée par la chaleur perdue du foyer. C est
chauffée par les vapeur de B, et D reçoit les vapeurs de C. Les

quatre chaudières sont réunies par deux systèmes de tuyauterie. Les serpentins T refroidis par l'air ambiant retiennent les dernières portions de liquide entraînées par l'ammoniaque, qui est saturée en V par SO^4H^2. Le vase E reçoit la chaux pour la décomposition des sels fixes.

Pour la mise en marche, l'eau brute mélangée à la chaux en

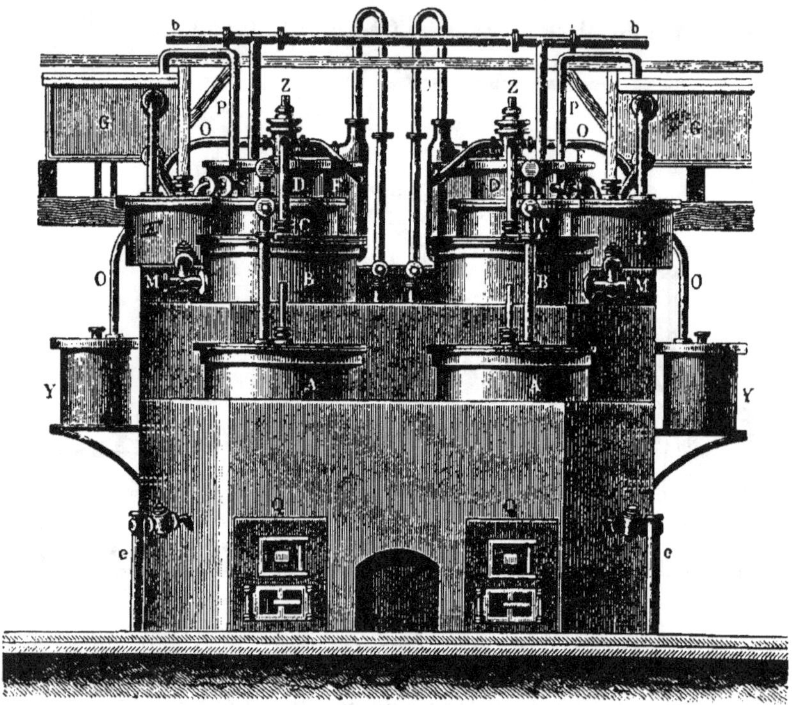

Fig. 65. — Appareil A. Mallet. — Vue de l'avant.

E est envoyé en A et B. Le liquide de A est porté à l'ébullition et agité de temps en temps par l'agitateur H. Les vapeurs de A se rendent dans la chaudière B ; celles de B vont dans C, qui a été à moitié remplie d'eau ; de C, les vapeurs passent en D où elles abandonnent la majeure partie de l'eau entraînée avec l'ammoniaque. Les vapeurs traversent le serpentin refroidi du bac F, et les produits impurs condensés passent en S et en Y, tandis que le courant gazeux se rend dans le serpentin T

pour, de là, passer dans le vase Y. Les liquides récoltés en Y
sont refoulés dans le laveur D, puis passent successivement en
C, en B et en A. Le liquide de A est épuisé après quatre heures
de marche et envoyé à l'égout. On fait couler B dans A, et on
remplit B avec une nouvelle charge d'eau ammoniacale mélangée de chaux et avec C.

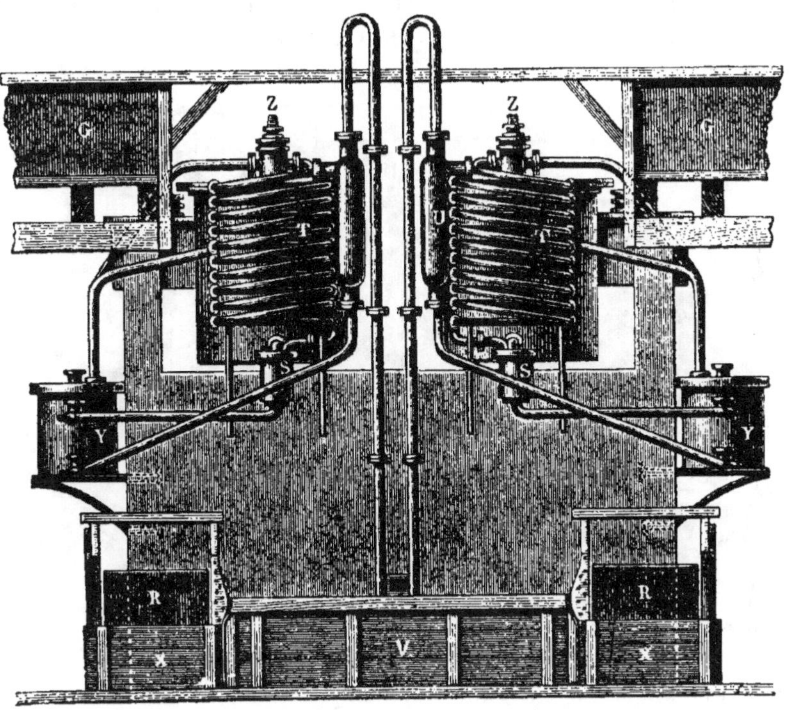

Fig. 66. — Appareil A. Mallet. — Vue de l'arrière.

L'eau ammoniacale est donc épuisée méthodiquement. Les
vapeurs dégagées par la première chaudière s'enrichissent en
ammoniaque en traversant successivement les autres, tandis
que l'eau ammoniacale s'appauvrit en coulant en sens inverse.
Les bacs de saturation V, doublés de plomb et couverts, dégagent les gaz de la saturation dans un tuyau en rapport avec
un foyer à haute température. Quand le liquide du bac V est
saturé, on enlève le sulfate déposé, et on le jette sur l'égouttoir

R; le liquide d'essorage s'écoule en X. Le sulfate égoutté est mis à sécher sur des plaques de fonte chauffées par des chaleurs perdues des foyers. L'appareil précédent permet d'obtenir 70 kilogrammes de sulfate par mètre cube d'eau à 2°,5 Baumé.

Appareil Chevalet. — L'appareil Chevalet se compose de deux chaudières A et B, reliées entre elles par deux systèmes de tuyauterie. Des bouilleurs thermo-siphons C permettent de chauffer la chaudière B (fig. 68). Le lait de chaux est introduit par

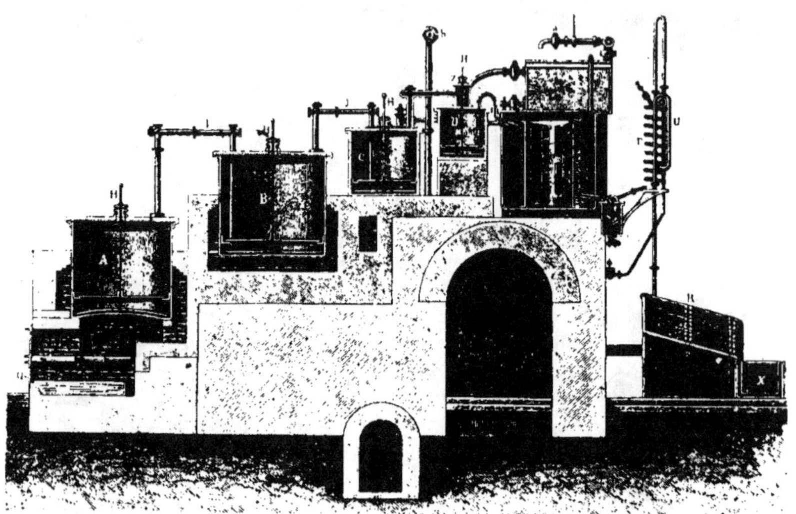

Fig. 67. — Appareil A. Mallet. — Coupe verticale longitudinale.

l'entonnoir E. Le système de saturation de l'ammoniaque est représenté en DGF. Les chaudières étant chargées avec de l'eau ammoniacale, la chaudière A, chauffée par la vapeur de B au moyen du tuyau *f*, abandonne l'ammoniaque volatile qui se sature en D. Le liquide de A passe dans B; mélangée à la chaux, la masse dégage l'ammoniaque des sels fixes, grâce au chauffage des thermo-siphons qui établissent un circulation indiquée par les flèches. On introduit 4,5 kilogrammes de chaux par mètre cube d'eau.

Les eaux du gaz à 3° Baumé donnent de 22 à 23 kilogrammes de sulfate par degré. La quantité d'acide à 53° employé varie de 109 à 115 p. 100 du sulfate obtenu, suivant le degré

de siccité du sulfate, et théoriquement, pour obtenir 100 kilogrammes de sulfate, il faut 110^{kg},806 d'acide sulfurique à 53°.

Appareils à travail continu. — Dans un appareil à travail continu ou colonne, la liqueur à distiller arrive dans le compartiment supérieur de l'appareil par le tube a (fig. 69), et passe de
compartiment à compartiment par les tubes a_2, a_3, a_1, etc. La disposition des tubes permet à chaque compartiment de retenir un

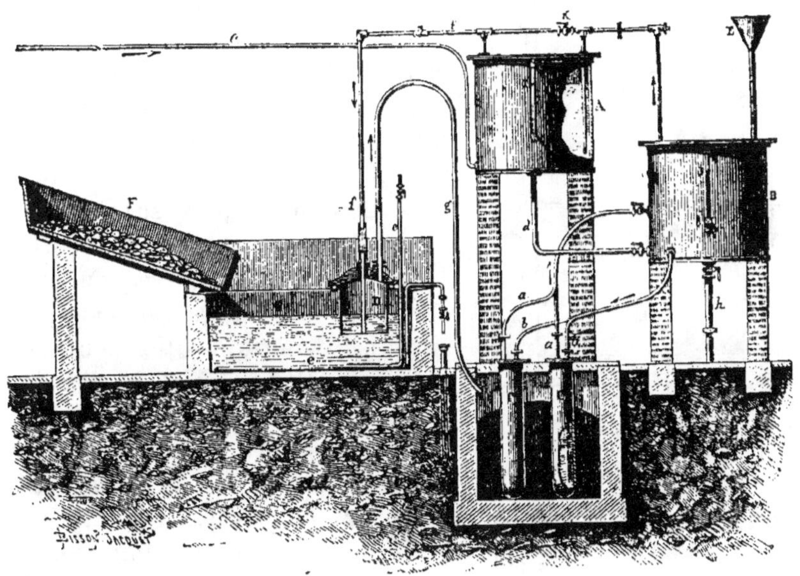

Fig. 68. — Appareil à travail intermittent de Chevalet.

peu de liquide. Chacun des éléments de la colonne communique
avec l'élément voisin par des tubulures C, C_2, C_3, etc., dont le
niveau supérieur dépasse légèrement celui des tubes a, etc. Un
chapeau à échancrure recouvre chaque tubulure. La vapeur
passe de l'élément inférieur dans l'élément supérieur par la tubulure et échauffe le liquide reposant sur le fond. La liqueur
passe en sens inverse par les tuyaux a, etc. Les appareils à colonne donnent un dégagement régulier d'ammoniaque, épuisent
d'une manière complète les eaux ammoniacales ; ils donnent
un travail beaucoup plus économique et beaucoup plus grand
que les appareils intermittents.

a. *Appareils pour le traitement des eaux vannes. — Colonne Lair* (fig. 70). — L'appareil se compose d'une colonne A, de deux débourbeurs à eau vanne B, de deux réchauffeurs C à eau vanne, de l'appareil à saturation K. La colonne porte 25 plateaux, à calotte surbaissée et dentelée sur les bords ; elle est chauffée par injection de vapeur. Une pompe P refoule l'eau vanne des bassins de décantation dans les réchauffeurs C, puis dans la colonne A, au vingtième plateau. La pompe *p* injecte le lait de chaux par le tuyau *d*, dans la partie de la colonne où il ne reste plus que les sels ammoniacaux, fixes. Le liquide épuisé se rend dans les débourbeurs B, puis, à la sortie de B′, passe dans les réchauffeurs C, à corps tubulaires verticaux, où les eaux vannes brutes sont réchauffées. Périodiquement les dépôts des débourbeurs sont enlevés. Les eaux vannes claires et épuisées peuvent sans inconvénient être lâchées au dehors. Les produits qui se dégagent de la colonne par le tuyau *h*, et qui sont formés de vapeur d'eau, d'ammoniaque, de carbonate d'ammoniaque, et de gaz incondensables, sont dirigés au saturateur à acide sulfurique. Le sel, formé en petits cristaux, est mis à égoutter comme d'ordinaire. Avec une eau à $2^{gr},5$ d'azote par litre, on obtient $11^{kg},400$ de sulfate d'ammoniaque par mètre cube et l'on traite 50 mètres cubes par vingt-quatre heures. Les dépôts des débourbeurs peuvent servir comme amendement.

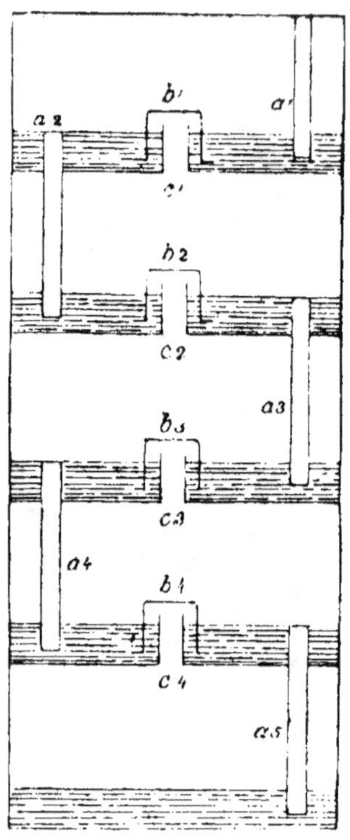

Fig. 69. — Coupe verticale schématique d'une colonne de distillation.

Appareil Sintier. — Sintier et Muhé ont modifié certaines parties de l'appareil Lair. Ils ont réuni le réchauffeur et le débourbeur en un seul organe (fig. 71) : celui-ci est formé de deux corps tubulaires A et B, ce dernier divisé en quatre parties. Les eaux

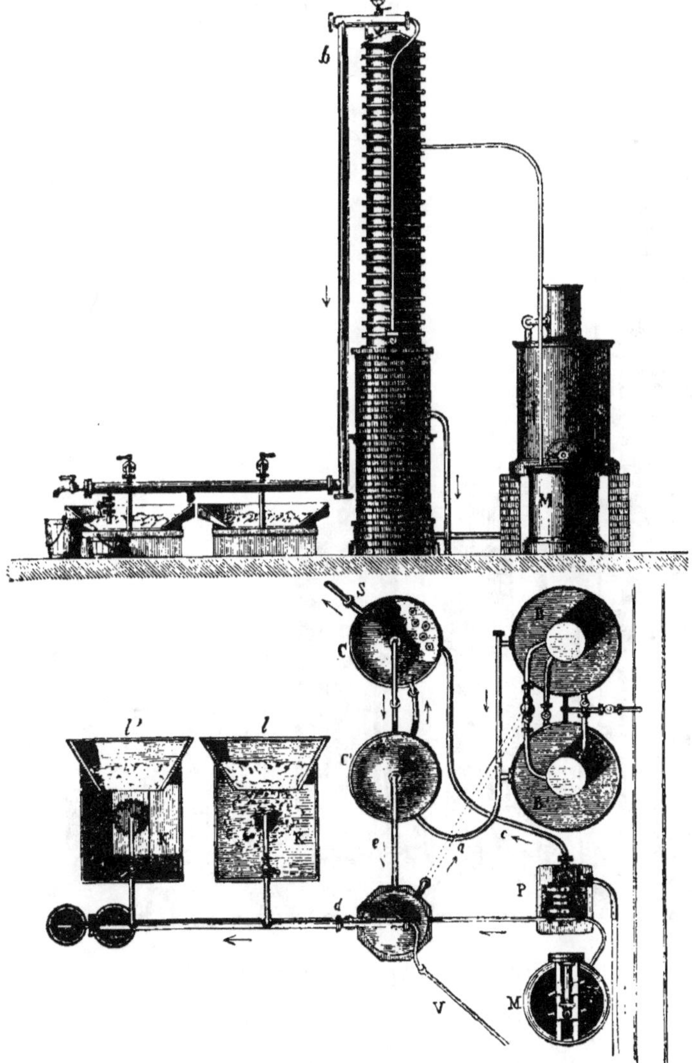

Fig. 70. — Colonne Lair. — Élévation et plan.

A, colonne ; B, débourbeurs ; C, réchauffeurs ; K, bacs saturateurs ;
M, malaxeurs à chaux ; P, pompe à eau vanne.

vannes injectées par la pompe P traversent le faisceau tubulaire du réchauffeur A, sortent par le tuyau F pour remonter dans les tubes des vases B et se rendent par le tuyau C dans la

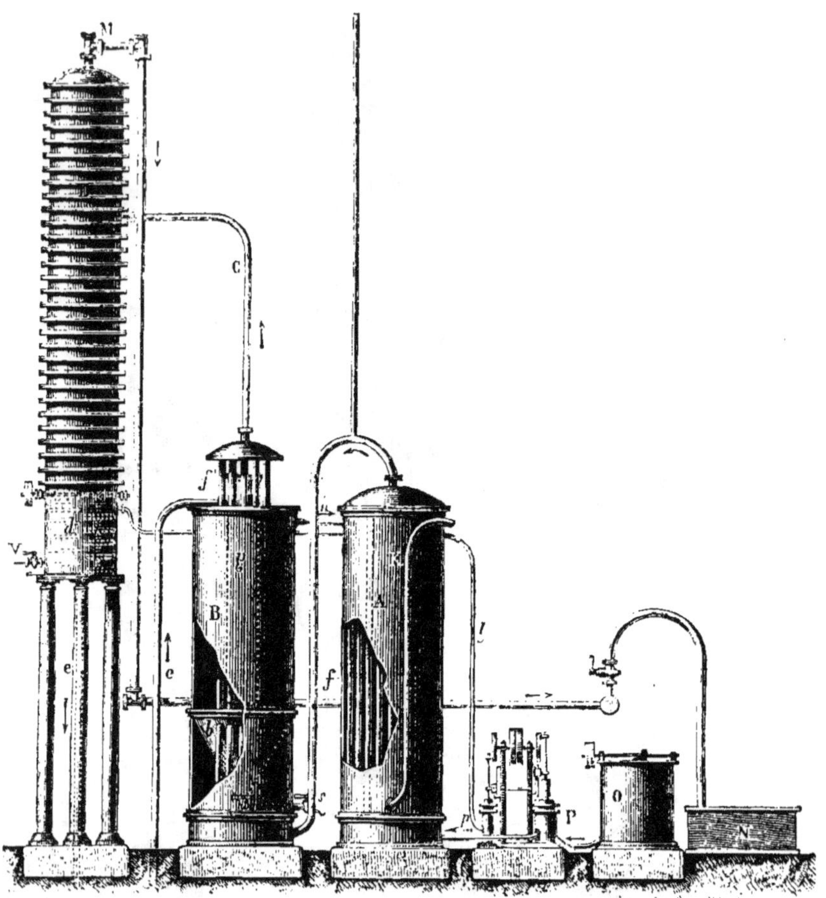

Fig. 71. — Appareil Sintier et Muhé.

A, B, réchauffeurs ; D, colonne ; M, sortie de vapeur de la colonne ; O, mélangeur à chaux : P, pompe à eau vanne : N, bac à acide ; S, sortie des boues : V, arrivée de vapeur de chauffe dans la colonne.

colonne. Les eaux résiduaires chaudes suivent un chemin inverse. L'introduction de la chaux par la pompe p se fait dans le premier tronçon d de la colonne, dont la capacité a été beaucoup augmentée, et qui contient un système d'agitateurs permettant d'obtenir un mélange intime. Les obstructions sont ainsi évitées.

Les vapeurs ammoniacales sont saturées dans les bacs à acide N.

Appareil Paul Mallet. — L'appareil P. Mallet permet de traiter les eaux troubles tout venant (fig. 72). Il est composé d'un réchauffeur tubulaire A ; d'un analyseur tubulaire des vapeurs B ; d'une colonne en fonte C, système Champonnois fonctionnant pour la portion supérieure comme analyseur, et à partir de l'arrivée des vapeurs par le tuyau C comme défl egmateur ; d'une colonne à agitateurs E, à plateaux sur chacun desquels se meut un système *e* ; d'un débourbeur F à double fond permettant la décantation des matières épuisées. Les produits boueux sont vidés dans les wagonnets W et les liquides bouillants et clairs vont au réchauffeur A pour s'écouler ensuite au dehors par le tuyau S.

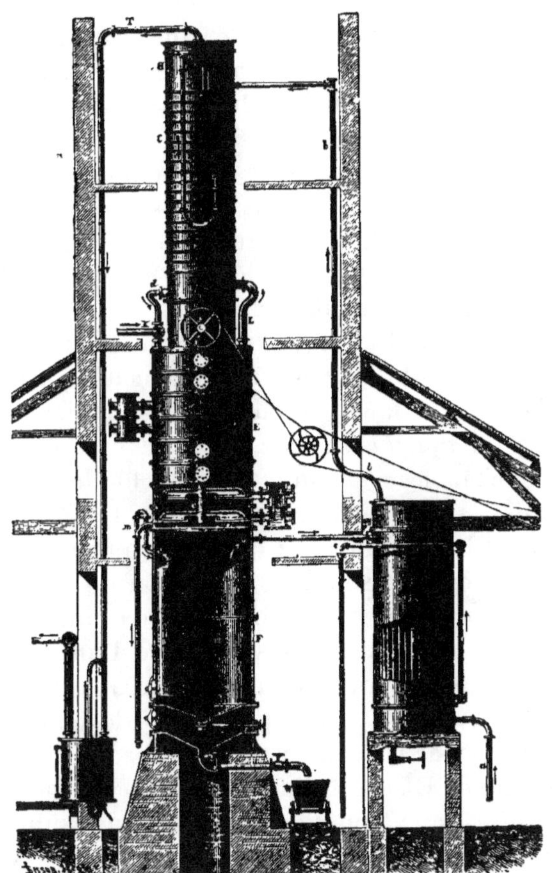

Fig. 72. — Appareil Paul Mallet.

A, réchauffeur tubulaire ; B, analyseur ; C, colonne ; F, débourbeur ; E, colonne à agitateur.

Les matières de vidange venant par *a* sont réchauffées en A, passent dans l'analyseur B, sortent par le siphon *c* pour entrer dans la colonne C au dixième tronçon, puis passent dans la colonne à agitateurs E. Les vapeurs ammoniacales passent par le tuyau L dans le rectificateur C où elles s'enrichissent et se rendent par le tuyau T au bac à saturation sulfurique. Avant leur entrée dans la colonne E par le tuyau *d*, la masse qui contient encore les sels fixes est additionnée de lait de chaux injectée par le tuyau K ; elle passe dans la colonne et est remuée à chaque plateau. Les matières épuisées entrent dans le débourbeur F ; le liquide décanté s'écoule en A, et le dépôt est enlevé par les valves du double fond.

L'appareil P. Mallet permet de traiter 65 mètres cubes d'eau vanne trouble par vingt-quatre heures ; il est d'une surveillance facile et donne un épuisement complet.

Appareil Lencauchez. — Dans une partie de l'appareil Lencauchez, les eaux ammoniacales fluides et homogènes sont soumises sous pression réduite à l'action de la vapeur, et les sels volatils se dégagent ; dans une autre partie, les eaux ammoniacales sont soumises à l'action de la chaux (fig. 73).

La première partie est formée d'une chambre barométrique A disposée à la partie supérieure d'une colonne B de 10 mètres de hauteur ; un siphon inférieur C permet d'éliminer les liquides épuisés. Des pompes à air enlèvent les gaz et vapeurs dégagées par les eaux vannes, qui sont divisées en pluie par des turbines E situées dans chacun des compartiments des chambres. L'eau vanne à traiter arrive en *a*, subit trois pulvérisations et, dépouillée de l'ammoniaque volatile, s'écoule par B et C. L'eau vanne est chauffée par les vapeurs d'échappement des machines qui arrivent en E. Les vapeurs ammoniacales vont au saturateur sulfurique par les tubulures F et G. La liqueur de sulfate obtenue s'écoule par le siphon S et est soumise à la cristallisation.

La seconde partie de l'appareil se compose d'un cylindre horizontal traversé par un arbre à palettes mû mécaniquement. Le cylindre est divisé en huit chambres par des cloisons *c*, la première seule arrivant jusqu'au milieu du cylindre. Le tuyau V amène la vapeur d'échappement ; au-dessus de la dernière

chambre se trouve une colonne distillatoire ayant les premiers
tronçons libres sans calottes. Les eaux vannes sortant de l'appareil à sels volatiles sont envoyées en A dans le troisième
tronçon. Elles descendent dans le cylindre F où a lieu le mélan-

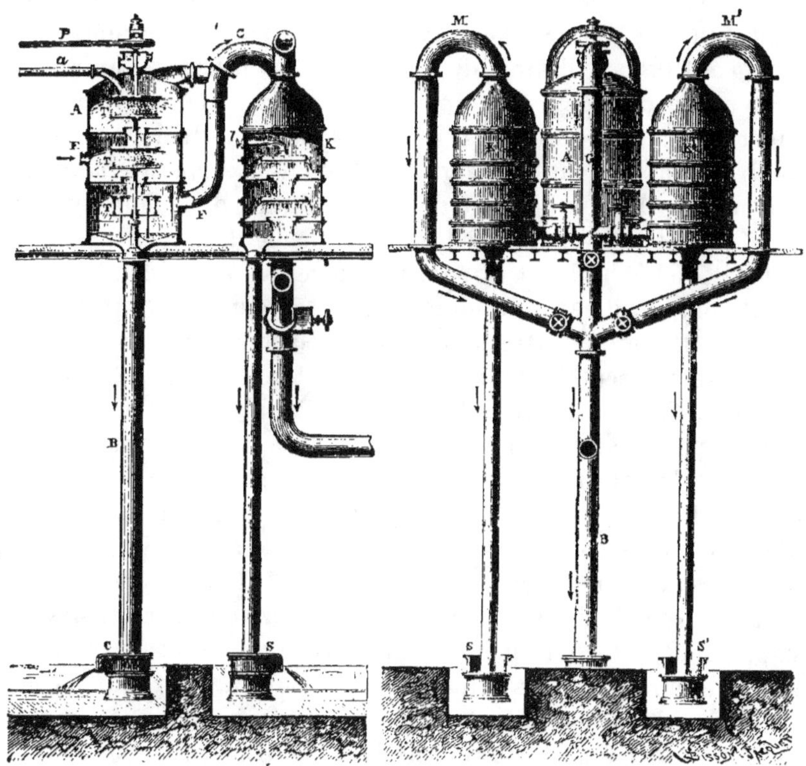

Fig. 73. — Appareil Lencauchez. — Chambres barométriques et
saturateurs.

A, chambre barométrique; B, colonne en fonte à eau vanne épuisée; C, siphon de sortie de l'eau vanne ; F, arrivée de vapeur de
chauffe; K, saturateurs; T, turbines à liquide.

ge de la chaux. Les vapeurs ammoniacales passent d'une chambre dans l'autre, s'enrichissent dans la colonne et abandonnent
dans les serpentins *cc'* la majeure partie de la vapeur entraînée.
Les eaux vannes épuisées s'écoulent par le siphon S.

b. *Appareils pour le traitement des eaux du gaz. — Coffey-*

still. — Cet appareil (fig. 74), très employé en Angleterre, se compose d'un récipient B, d'une analyseur CDEF et d'un rectificateur GHIK construits en bois, doublés de plomb. Une cloison perforée divise la caisse B en deux parties. L'analyseur est divisé en 12 compartiments par des plaques perforées à clapets, et portant des tubes dépassant chaque fond de 25 millimètres et plongeant dans le liquide du compartiment inférieur. Le rectificateur est divisé en 15 compartiments, les 5 compartiments supérieurs munis d'une seule ouverture, alternante dans chaque fond. La vapeur passe en zigzag autour d'un serpentin *mm* qui traverse les 15 compartiments avant d'aller dans l'analyseur en *n'*. M est le réservoir d'eau ammoniacale. L'alimentation se fait par la bâche L, et la pompe Q à retour *n*. La conduite *m* étant remplie d'eau ammoniacale, la vapeur, arrivant par *b*, traverse B' et B'', entre dans l'analyseur en *z* et en sort en *i*, passe dans le rectificateur en échauffant la conduite *mm*. L'eau ammoniacale arrive bouillante dans l'analyseur par *n'*. La vapeur passe par les plaques perforées *g,h*, agite le liquide, enlève les sels volatils, et le liquide arrivant au bas de la colonne n'en renferme plus de traces. L'eau ammoniacale passe de B', dans B'', puis sort par N pour chauffer l'eau d'alimentation de A. L'eau ammoniacale arrive donc en B', débarrassée des sels volatils. La vapeur, ayant traversé les douze compartiments de l'analyseur, s'est chargée d'ammoniaque : elle passe dans le rectificateur, et le gaz s'échappe par R, pour arriver dans le saturateur. L'eau du rectificateur contenant un peu d'ammoniaque est ramenée par le tube S dans la bâche L.

On fait entrer moins de vapeur en B quand on travaille un liquide additionné de chaux. L'appareil précédent doit au moins distiller 45 mètres cubes en vingt-quatre heures pour donner un résultat économique.

Appareil de Grüneberg (fig. 75). — La chaudière A est chauffée par un feu direct *g*. Au centre de la chaudière, le tube *aa* est terminé par une grille et un robinet *r*. Au-dessus de la chaudière, le récipient C reçoit le lait de chaux (pour décomposer les sels fixes) du réservoir G. Au-dessus de C se trouve le rectificateur B. Les vapeurs ammoniacales, produites en A, passent par les tuyaux F dans le récipient C et agitent la chaux de ce dernier,

puis vont dans la colonne B. L'eau ammoniacale brute arrive
en L et traverse la colonne en sens inverse en perdant les sels
volatils. Les vapeurs non condensées et l'ammoniaque passent
par la conduite K dans les saturateurs K' et K''. La conduite
V recueille les gaz incondensables qui servent à chauffer en E
l'eau ammoniacale passant par le serpentin S, avant d'aller au
foyer g par la conduite v'. Le liquide de la colonne B se mélange en C à la chaux, s'écoule par la conduite cb et arrive à
la partie inférieure de a, où se fait le dépôt de chaux.

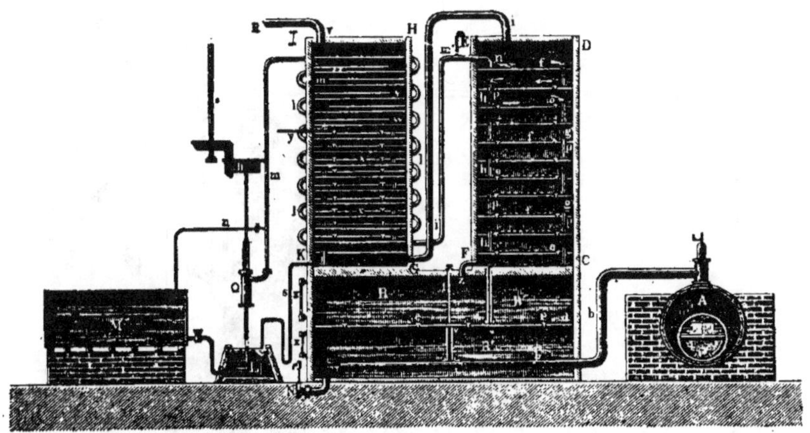

Fig. 74. — Coffey-still. — Coupe verticale.

Appareil Grüneberg et Blum (fig. 76).—Cet appareil se compose
d'un alambic A, d'un avant-chauffeur B, d'une pompe C et d'un
saturateur D. L'eau ammoniacale arrive par a dans le chauffeur
B et passe dans la colonne E par la conduite b, où les sels volatils sont enlevés. Ls sels fixes sont décomposés dans le récipient
F qui reçoit le lait de chaux par la pompe c. Dans le récipient
G se trouve un cône, où coule l'eau ammoniacale distillée, et autour duquel est disposé un serpentin de vapeur d, qui chauffe
le liquide et lui fait perdre toute l'ammoniaque. La vapeur entre
à la partie inférieure de G et arrive dans le récipient à chaux
par les tuyaux nn. Chargée d'ammoniaque, la vapeur passe par
le tube m dans la colonne E et s'échappe par la conduite p pour

gagner le saturateur D. Les gaz non absorbés chauffent l'appareil B.

Appareil Feldmann (fig. 77). — Cet appareil se compose d'une colonne principale A, d'une caisse B, d'une colonne secondaire C. L'eau ammoniacale du réservoir *a* arrive dans le réservoir *b*,

Fig. 75. — Appareil de Grüneberg.

régulateur d'écoulement, passe par la conduite *c* dans l'avant-chauffeur J, puis gagne la colonne A par la conduite *d*. L'eau descend cette colonne et arrive dans la caisse B où a lieu la décomposition des sels fixes au moyen de lait de chaux introduit par la pompe G. La masse passe par le siphon *e* dans la colonne C, pour s'échapper par *f*. La vapeur entre par *g* dans la colonne C, remonte la colonne, passe par *h* dans la colonne A,

s'enrichit en ammoniaque et gagne finalement le saturateur F.
Les gaz non condensables vont chauffer le faisceau J avant
d'aller au foyer de la chaudière par le tube *l*. Une conduite de
vapeur *p* agite constamment le mélange d'eau ammoniacale
et de lait de chaux du récipient B.

Les appareils Feldmann épuisent les eaux ammoniacales d'une

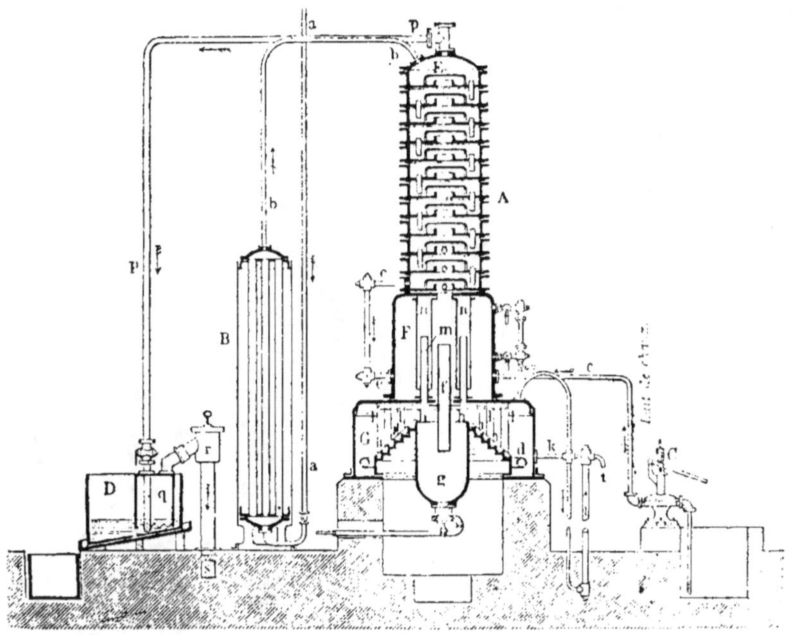

Fig. 76. — Appareil de Grüneberg et Blum.

manière complète. Construits en toutes dimensions, ils peuvent
distiller de 5.000 litres à 80.000 litres par vingt-quatre heures.

Colonne inobstruable Paul Mallet (fig. 78).— Dans cet appareil,
une colonne ordinaire *bb'*, surmontée d'un analyseur en fonte *a*,
sert à dépouiller les eaux ammoniacales de leurs sels volatils.
Elles en sortent par le tuyau *c* qui les conduit dans l'appareil
spécial où se fait l'addition de la chaux. Ce dernier se compose
d'une trémie close *k* dans laquelle on introduit la chaux vive
en quantité suffisante pour une marche de plusieurs heures ;
d'une vis sans fin *l*, qui amène cette chaux dans le mélangeur
m, où la chaux est mélangée au liquide qui entre avec elle dans

la colonne inobstruable par le tuyau *d*. Les pierres et incuits
sont extraits par la vanne *n*. Les plateaux de la colonne sont
grattés par des racloirs. Les eaux épuisées sont expulsées par
par le purgeur automatique *h*.

Quand les appareils atteignent une certaine importance, on

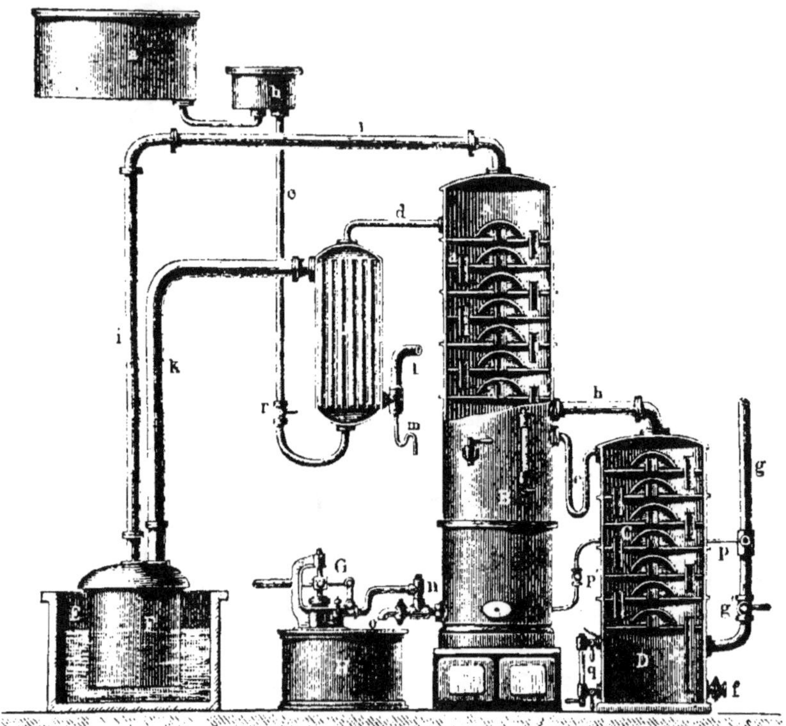

Fig. 77. — Appareil Feldmann.

les munit d'un échangeur de chaleur, chauffant aux dépens des
eaux usées les eaux neuves entrant dans le système.

Autres appareils. — Le cadre de ce volume ne nous permet
que de citer les appareils Solvay, Bamag, Walker, John H. Dar-
by, Francke, Koppers, Otto, etc.

SATURATION DE L'AMMONIAQUE
PAR L'ACIDE SULFURIQUE

Le mélange de vapeur d'eau, d'ammoniaque et de sels volatils sortant des appareils à distiller, aboutit au saturateur. On a discuté la question de savoir s'il vaut mieux amener les vapeurs ammoniacales dans l'acide sulfurique après avoir enlevé la majeure partie de leur vapeur d'eau par condensation, ou s'il vaut mieux faire arriver les vapeurs ammoniacales à 100° sans condensation. L'expérience montre qu'il vaut mieux faire arriver les vapeurs aussi chaudes que possible ; on entourera par suite la conduite d'amenée d'isolants appropriés, et on éliminera les vapeurs condensées par un système approprié. Les tuyaux amenant la vapeur ammoniacale, sont en fonte ; la partie plongeant dans l'acide sulfurique du

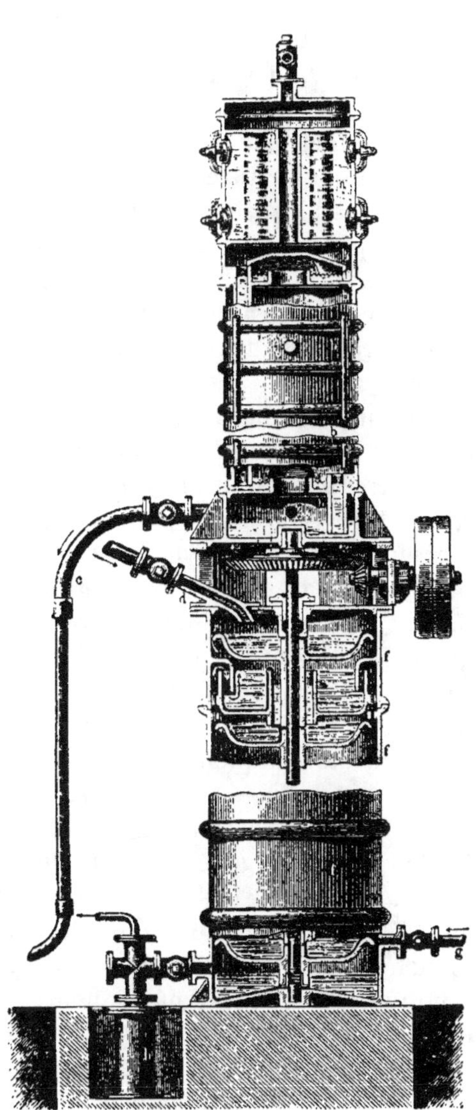

Fig. 78. — Colonne inobstruable P. Mallet.
Section verticale.

saturateur, est en plomb ; un robinet empêche l'acide
du saturateur de remonter dans la colonne quand on
cesse de distiller : on arrête l'admission d'eau ammoniacale
et on continue celle de la vapeur jusqu'à ce qu'on ne perçoive
plus l'odeur d'ammoniaque. On arrête alors l'arrivée de vapeur en ouvrant le robinet.

Acide sulfurique. — La fabrication du sulfate était faite
autrefois fort peu économiquement. Les eaux ammoniacales
brutes étaient saturées par l'acide sulfurique, puis évaporées
jusqu'à cristallisation. Les gaz, CO^2, H^2S, etc., et la vapeur d'eau,
dégagés pendant la saturation, étaient dirigés dans un foyer.
On obtenait ainsi un sulfate d'ammoniaque très sale, qui serait
à peine vendable aujourd'hui. Le sel pouvait renfermer des sulfocyanures très nuisibles, et de plus la concentration causait une
dépense notable.

Aujourd'hui on distille les eaux ammoniacales et on envoie
l'ammoniaque dans l'acide sulfurique d'un saturateur. Cet acide
peut être obtenu au moyen de soufre ou au moyen de pyrites. Il devra contenir le moins possible d'arsenic : le sulfure
d'arsenic, formé avec l'acide sulfhydrique, donne une coloration
désagréable au sulfate. On peut se débarrasser de l'arsenic en
faisant passer les gaz des saturateurs dans le réservoir à acide
avant le passage de ce dernier dans le saturateur. L'acide sulfurique ne contiendra pas non plus de plomb qui colorerait en noir
le sulfate : on l'en débarrasse en versant l'acide concentré dans
de l'eau, dans laquelle le sulfate de plomb se dépose.

Le degré de l'acide joue un certain rôle : Lunge conseille l'acide
à 60° Baumé ; Sorel a eu, cependant, de bons résultats avec
l'acide à 42°. En général, on employera un acide de densité 1,4.

Saturateurs. — Les saturateurs sont des bacs rectangulaires
en feuilles de plomb de 10 millimètres d'épaisseur, entourées de
planches de bois protectrices. L'acide sulfhydrique, le gaz carbonique, les vapeurs goudronneuses sont rassemblés sous une
cloche. L'ammoniaque arrive par le tuyau perforé *a* qui plonge
jusqu'au fond du vase. Les gaz sont éliminés par le tuyau *b*.
On vérifie à l'aide d'un papier de tournesol que les gaz dégagés
sont constamment acides ; on ajoute pour cela l'acide sulfurique nécessaire (fig. 79).

A mesure que l'acide du bac se sature d'ammoniaque, la concentration de la liqueur augmente. On ajoute toujours de l'acide jusqu'à ce que la concentration de la liqueur bouillante soit telle qu'elle laisse déposer le sulfate que l'on retire de temps en temps par une écoppe perforée.

Traitement du sulfate d'ammoniaque. Expédition. — Le sulfate retiré des saturateurs est jeté sur des égouttoirs de section carrée se rétrécissant vers le bas, munis d'une plaque en cuivre perforée. Ces égouttoirs sont disposés à côté l'un de l'autre dans une rigole en bois doublé de plomb. Les eaux-mères sont rassemblées dans un bac en plomb et sont ramenées dans les saturateurs. Le sel est égoutté vingt-quatre heures environ.

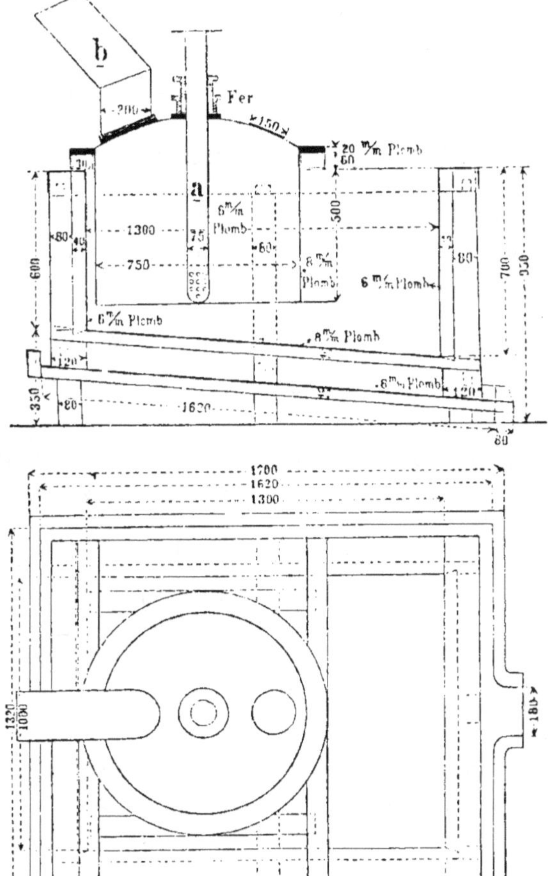

Fig. 79. — Saturateur à sulfate d'ammoniaque. Coupe verticale et plan.

L'égouttage du sel est de plus en plus remplacé par le turbinage qui emploie les machines employées en sucrerie ou des turbines continues verticales (axes horizontaux). Égoutté ou turbiné, le sel contient encore 2 à 3 p. 100 d'eau. Dans quelques usines, on fait passer le sel sur des séchoirs chauffés par la vapeur d'échappement, ou on l'étend sur des plaques en fonte chauffés par les gaz d'un foyer.

Le sulfate est mis en magasin ; on ne le met en sacs qu'au moment de son expédition, car le sel contient toujours une petite quantité d'acide qui ronge les sacs assez rapidement.

Le sulfate d'ammoniaque commercial est vendu en sacs de 100 kilogrammes.

Il doit renfermer au moins 20 p. 100 d'azote.

Sa couleur doit être blanche ou grisâtre. Voici trois analyses de sulfate :

	I	II	III
Azote.	20,60	20,37	20,39
Eau	1,40	2,58	3,12
Acide sulfurique libre	0,27	0,57	0,53

Élimination des gaz produits dans la fabrication du sulfate d'ammoniaque. — Les gaz non absorbés par l'acide des saturateurs sont : l'acide carbonique, l'acide sulfhydrique, des traces d'acide cyanhydrique, et de carbures d'hydrogène. Voici les divers procédés d'élimination proposés :

1° Les gaz non absorbés passent dans un large tuyau où se fait le dépôt de la vapeur d'eau, et vont dans un foyer. L'acide sulfhydrique est transformé en acide sulfureux, absorbable dans une tour à eau ;

2° Passage sur un mélange de sulfate de chaux et d'oxyde de fer arrosé par du sulfate de protoxyde de fer : l'ammoniaque et CO^2 sont retenus. Les gaz restants sont brûlés dans un foyer ;

3° Combustion des gaz de manière à obtenir l'acide sulfureux, utilisables dans les chambres de plomb à la fabrication de l'acide sulfurique ;

4° Clauss mélange les gaz avec une quantité d'air suffisante pour la combustion de l'hydrogène de l'acide sulfhydrique, de manière à mettre le soufre en liberté ; la réaction s'opère en faisant passer le mélange sur des masses poreuses chauffées d'oxyde de fer et de manganèse.

LA SATURATION DIRECTE DE L'AMMONIAQUE

Le lavage à l'eau, employé pendant un demi-siècle par les usines à gaz et les cokeries, présente des avantages et des inconvénients. Il permet d'enlever la totalité de l'ammoniaque, mais il entraîne du goudron, de l'acide sulfhydrique et de l'acide carbonique, des composés cyanogénés, etc. La te-

Fig. 80. — Le turbinage du sulfate d'ammoniaque.

neur moyenne des eaux n'étant que de 1 p. 100, la quantité de liquide à porter à l'ébullition est considérable. La décomposition des sels fixes oblige à l'emploi de la chaux, qui doit être ensuite décantée. Les appareils, les citernes, la vapeur et la chaux nécessaires entraînent à des dépenses importantes.

A. Mallet avait essayé, en 1840, un procédé de saturation directe, et Laming avait proposé l'emploi de l'anhydride sulfureux en 1852. La Société de Carbonisation complète depuis longtemps le lavage à l'acide dans des tours Gay-Lussac : l'acide chargé en partie d'ammoniaque sert dans les saturateurs d'appareils de distillation.

Brunck a obtenu la saturation directe, en 1903, en réchauffant l'acide à 80-85° par le gaz chaud et en employant deux saturateurs. En 1905, Brunck est pavenu à séparer le goudron par centrifugation.

Koppers (1904-1908-1909) sépare le goudron par refroidissement à 30°. Il évite les laveurs à eau, et le gaz, une fois dégoudronné, est échauffé à l'aide du gaz brut chaud jusqu'à une température convenable pour qu'il n'y ait pas de dilution du bain qui est, de plus, chauffé par les chaleurs perdues des fours. Le gaz de houille, chargé de gaz ammoniac, est amené par une couronne de dispersion avec trous biais, dans l'acide d'un grand saturateur clos du type Wilton. Le dépôt de sel dans la chambre d'expansion du saturateur est évité, soit par un rinçage, soit par une condensation déterminée par un refroidissement. En 1910, il y avait en Allemagne : 775 fours Koppers en service et 105 en construction, munis de ce système de saturation directe ; dans les autres pays : 80 en service et 914 en construction.

Otto opère par une injection de goudron pulvérisé (1906-1907), dont les gouttes agissent mécaniquement et par dissolution sur le brouillard qu'on se propose de condenser.

Hilgenstock dit que le sulfate obtenu par le système Otto contient 25,3 p. 100 d'AzH^3 et 0,2 p. 100 d'acide libre ; qu'il est assez blanc et sans odeur après une mise en tas très courte.

En 1910, il y avait déjà, en Allemagne : 653 fours Otto en service et 1.000 en construction, munis du dégoudronnage à chaud et de la sulfatation directe ; dans les autres pays : 284 en service et 396 en construction.

La figure 81 représente la vue en plan de la première installation française pour la récupération directe du goudron et du sulfate d'ammoniaque. Cette installation a été faite par Dr C. Otto et Cie au lavoir de la Compagnie des Mines de Béthune.

Le gaz de distillation, venant des fours à coke, est aspiré le plus directement possible vers les éjecteurs-dégoudonneurs A. Mis en contact intime avec du goudron et de l'eau ammoniacale goudronneuse, il cède à ce liquide le goudron apporté. Le goudron récupéré se dépose dans le collecteur installé au-dessous

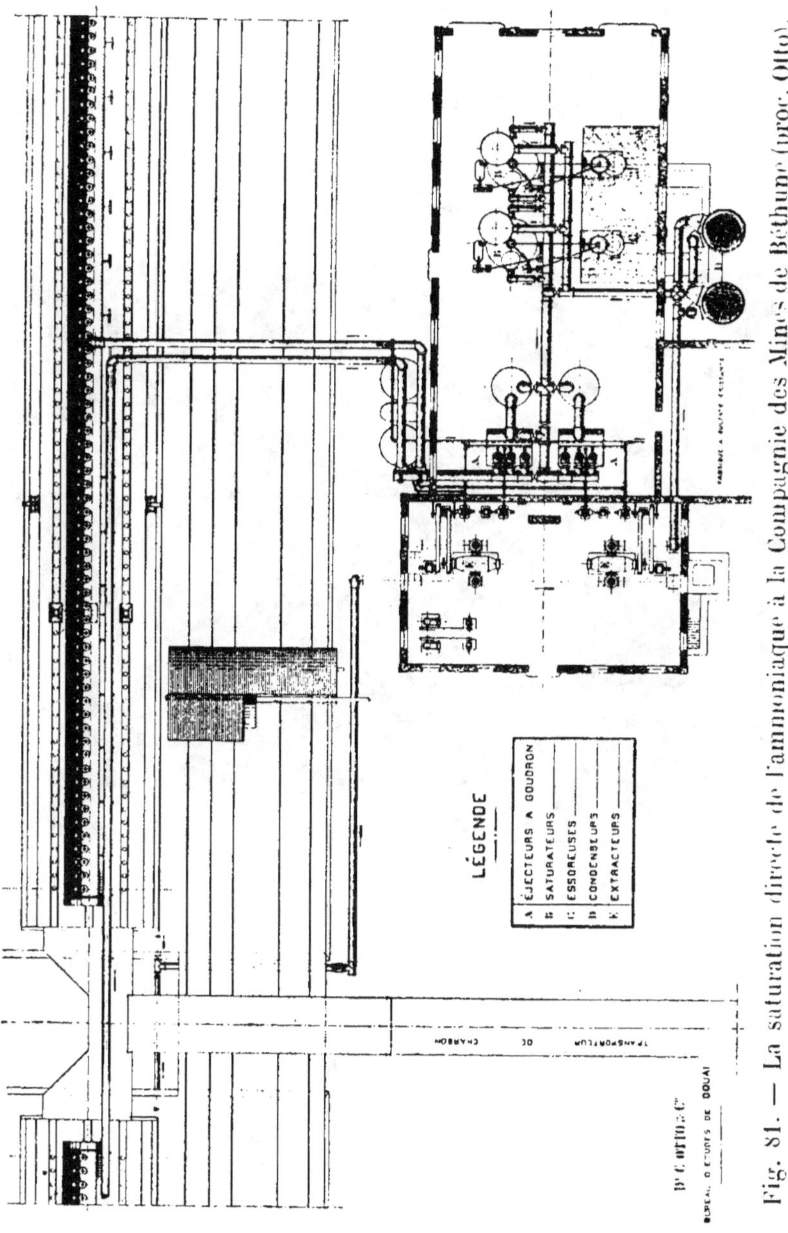

Fig. 81. — La saturation directe de l'ammoniaque à la Compagnie des Mines de Béthune (proc. Otto).

des éjecteurs A, puis il s'en va au réservoir pour être expédié.

Le gaz adopte la température du liquide de lavage, en vaporisant une partie de l'eau y contenue. Cette eau est remplacée continuellement par la petite quantité d'eau ammoniacale, condensée sur le parcours du gaz, jusqu'aux éjecteurs-dégoudronneurs A. Un refroidisseur, posé dans le collecteur, permet de régler à volonté la température du liquide de lavage.

Fig. 82. — Fabrication du sulfate d'ammoniaque. Système Otto.
Les séparateurs.

Après son passage à travers l'éjecteur-dégoudronneur, le gaz passe directement dans le saturateur B. La partie inférieure de ce saturateur est remplie d'eaux-mères, contenant 7 à 9 p. 100 d'acide sulfurique. Le gaz, introduit dans la cloche en plomb qui se trouve dans le bain, passe à travers les eaux-mères et cède son ammoniaque à l'acide sulfurique.

La chaleur de réaction, devenant libre par la réunion de l'ammoniaque avec l'acide sulfurique, fait monter de quelques degrés la température du bain.

Le gaz sort du bain saturé de vapeur d'eau, qu'il dépose, en se refroidissant, dans les condenseurs D. Un extracteur E le refoule alors aux fours ou à l'endroit où on désire l'utiliser.

Le sulfate d'ammoniaque formé est déposé sur le fond du saturateur B et refoulé par un éjecteur à l'égouttoir. Il est essoré ensuite dans la centrifuge C et emmagasiné.

Quand on veut éviter les appareils distillatoires, il ne faut pas former d'eaux de condensation avant le lavage à l'acide, et,

Fig. 83. — Fabrication du sulfate d'ammoniaque. Système Otto. Les saturateurs.

pour cela, il ne faut pas laisser descendre la température du gaz au-dessous du point de condensation de la vapeur (provenant de l'eau en formation et de l'eau hygrométrique de la houille) qu'il contient.

D'après Peters, les charbons à coke métallurgique donnent, par mètre cube de gaz sec, ramené à 0° et 760 millimètres, 10,2 à 12,6 d'ammoniaque et 144 à 747 grammes de vapeur d'eau. Lors du refroidissement du gaz contenant 747 grammes de vapeur, il s'en dépose 712 rammes jusqu'à 30°, 391 grammes

jusqu'à 70°, 42 grammes jusqu'à 80° et rien au-dessus de 81°
(point de condensation).

L'eau de condensation contient les sels fixes de l'ammoniaque
(10 à 15 p. 100 de l'ammoniaque totale), et de l'ammoniaque
volatile en quantité définie par la solubilité à la température
considérée. On sépare ainsi la moitié de l'ammoniaque à la
température ordinaire. Dans le gaz, il reste 3 kilogrammes de
vapeur sur 100 kilogrammes d'eau de gaz.

Si le gaz pénètre dans le bain d'acide avec son ammoniaque
et sa vapeur restantes, la formation du sel dégage de la chaleur.
Suivant Thomsen, pour l'ammoniaque à l'état gazeux, l'acide
à 60°B, le sulfate cristallisé et l'eau de l'acide vaporisée, on
peut compter un dégagement de 40 calories par 34 grammes
d'AzII^3 mis en jeu. Pour maintenir l'équilibre de marche,
il est nécessaire de fournir au bain ou de lui faire dégager une
quantité de chaleur égale à celle enlevée par la vapeur, le gaz et
le sulfate, plus les pertes.

L'étude de Peters montre que le gaz peut être refroidi à une
température quelconque jusqu'à 5°, sans qu'il soit indispensable
de le réchauffer. La température du bain serait toujours plus
élevée qu'il n'est nécessaire, grâce au grand dégagement de
chaleur de la réaction. Si l'on admet l'existence d'une proportion plus avantageuse de vapeur d'eau et d'ammoniaque
dans le gaz, cela serait vrai *a fortiori*.

Quand le gaz contient beaucoup d'ammoniaque à l'état de
sels fixes, le problème se complique. La chaleur de réaction
devient, en effet, négative quand il s'agit de sulfite et particulièrement de chlorhydrate. Si 10 p. 100 de l'ammoniaque se
trouvait sous forme de chlorhydrate, on obtiendrait, en introduisant le gaz à sa température de condensation, une température de bain de 95° sans tenir compte du refroidissement,
et de 87° avec refroidissement, tandis que celle nécessaire est
de 88°. Il faut donc faire rentrer le gaz plus chaud ou restreindre
le refroidissement. Avec certains charbons saxons, il y a jusqu'à 80 p. 100 de l'ammoniaque totale à l'état de chlorhydrate. Dans ce cas, le gaz étant à la température de condensation, le bain n'atteindrait que 72°.

On sait qu'ordinairement le pourcentage d'ammoniaque

fixe est faible, Les sels fixes viennent, d'ailleurs, peu dans le bain, car, au-dessous de leur température de dissociation, ils prennent l'état solide et sont alors en grande partie arrêtés avec le goudron.

Des auteurs admettent que, si l'on carbonise des charbons donnant beaucoup de sels fixes, il vaut mieux condenser le gaz à plus basse température. Schreiber indique qu'il faut

Fig. 84. — Fabrication du sulfate d'ammoniaque. Système Otto.
Partie supérieure des turbines.

cependant rendre au gaz l'ammoniaque retenue avec le goudron sinon la température du bain serait trop faible.

Les avantages qu'on peut attribuer au procédé de saturation directe avec condensation à chaud sont les suivants, d'après A. Grebel :

1° Réduction des frais de première installation par suppression de presque tous les appareils de condensation et des appareils de lavage à l'eau, des pompes, des séparateurs et citernes à eaux ammoniacales, des colonnes à distiller et par réduction des dimensions des bâtiments nécessaires ;

2° Économie de main-d'œuvre et entretien par suppression de la circulation et de l'emmagasinement des eaux ammoniacales ;

3° Rendement plus élevé par suppression des pertes pendant les manipulations multiples des liqueurs ammoniacales ;

4° Économie de vapeur, d'eau de chaux, par suppression des appareils de condensation, lavage et distillation ;

5° Suppression des eaux, boues et gaz résiduaires.

Les objections qu'on a pu lui opposer au début semblent toutes levées, à l'heure actuelle, par une mise au point parachevée.

Aussi la plupart des maisons de construction de fours à coke ou d'appareils de récupération des sous-produits étudient-elles la question. La Simon Carvès Ld, en Angleterre, aurait adopté le procédé Brunck ; la maison Solvay, de Bruxelles, poursuit des essais industriels, à Seraing, avec des appareils de son système ; M. P. Mallet procède également à des expériences pratiques.

Les procédés Koppers et Burkheiser. — Le lavage à l'eau a été amélioré par Koppers d'une part, et par Lymnn d'autre part. Le lavage à l'acide sulfurique a donné lieu à un ensemble de brevets de Koppers, de Rœlofsen, de l'Aktien Gesellschaft für Kohlendestillation, et de Ohnesorge.

Le procédé Koppers consiste à refroidir le gaz à la sortie des cornues de manière à éliminer complètement les goudrons, à le faire passer ensuite dans un échangeur de température chauffé par les gaz sortant des cornues, et enfin à le saturer dans un saturateur clos à injecteur. Le sel obtenu est très pur.

Caro recommanda de récupérer l'ammoniaque au moyen de solutions de sulfate d'ammoniaque légèrement acides, tandis que Folding indiqua d'employer, pour l'absorption de l'ammoniaque, les solutions de chlorure de fer des tréfileries.

Dans le même ordre d'idées, Rygard a proposé la réaction des vapeurs ammoniacales sur l'acide sulfurique, suivie de l'absorption par des litières de tourbe. La tourbe ainsi traitée, saturée par la solution saline, servirait directement en culture comme engrais.

Disons encore que Müller a cherché à empêcher la prise en masse des sels ammoniacaux au cours de la fabrication ; il sèche le sel jusqu'à 1 p. 100 d'eau par l'insufflation d'air.

Burkheiser a donné un procédé permettant la récupération
de l'ammoniaque et de l'hydrogène sulfuré des gaz de distillation par l'oxydation du soufre de l'hydrogène sulfuré et la saturation directe de l'ammoniaque par le soufre ainsi oxydé ; il y
a donc dans ce système épuration et récupération des sous-produits. Le gaz passe dans des épurateurs contenant un mélange de fer hydraté (oxyde de Burkheiser) qui absorbe l'hydrogène sulfuré. La régénération de la masse par oxydation
donne l'anhydride sulfureux SO^2. Le gaz épuré passe dans des

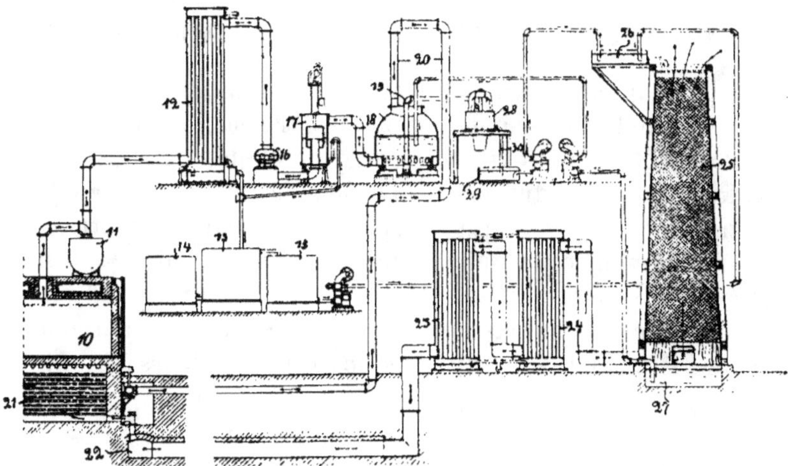

Fig. 85. — Ensemble d'une installation de Burkheiser.

scrubbers où il rencontre une lessive de bisulfite et de sulfite
d'ammonium formé au moyen de l'anhydride SO^2 formé
d'autre part. Le sulfite d'ammonium, finalement obtenu dans
le lavage méthodique, exposé à l'air, donne un mélange de
sulfate et de sulfite d'ammonium, dénommé sel de Burkheiser.

Le procédé primitif de Burkheiser a été amélioré par l'auteur lui-même, par Rau, Reintgen et Bertelsmann. Mis en pratique à l'usine d'Aix-la-Chapelle, il fut appliqué à Hambourg, à
Tegel et à l'usine Flémelle-Grand, près de Liège. L'installation
de l'usine à gaz de Berlin à Tegel ne serait cependant qu'une
station d'essais de l'inventeur.

Feld a proposé de laver le gaz brut avec des solutions de sulfate de zinc ou de sulfate de fer. L'emploi de ce dernier donne le sulfate d'ammoniaque et un sulfate de fer. Un courant d'air et de SO^2 transforme le sulfure en sulfate de fer et en sels thioferriques : la solution peut de nouveau servir au lavage. Quand la liqueur est suffisamment enrichie en sels ammoniacaux, elle est oxydée, purifiée du fer et envoyée à la cristallisation. Hurdelbrinck a fait des essais en grand de ce procédé, et Stavorinus annonce des résultats satisfaisants obtenus à l'usine à gaz de East Hull.

LA PRODUCTION DU SULFATE D'AMMONIAQUE

Les principales sources du sulfate d'ammoniaque étant, à l'heure actuelle, les usines à gaz, les cokeries, les hauts fourneaux, les schistes, les vidanges, on conçoit que tous les pays du monde peuvent produire ce sel en plus ou moins grande quantité, mais que les pays qui auront la plus forte production seront précisément ceux qui auront une industrie minière et métallurgique développée.

Nous donnons ci-après la production du sulfate d'ammoniaque dans les principaux pays producteurs, en milliers de tonnes :

	1908	1909	1910
Allemagne	313	330	383
Angleterre	321	348	369
France	49	52	57
Belgique	29	34	36
Hollande	5	5	5
Autriche-Hongrie	35	50	70
Espagne	12	12	12
Italie	11	12	12
États-Unis	80	90	116
Japon	2	3	4
Autres pays	23	34	36
Totaux	880	970	1 100

Longtemps, l'Angleterre a tenu la tête de la production et laissait bien loin derrière elle les fabrications des autres pays. Dans ces dernières années, l'Allemagne a pris le premier rang. La production augmente régulièrement, mais d'une manière assez lente, en Angleterre. Au contraire, en Allemagne, les accroissements de production sont énormes, et en raison directe du développement considérable de l'industrie de ce pays.

Voici la production comparée de l'Angleterre et de l'Allemagne depuis 1900 :

	Angleterre.	Allemagne.
1900	213 000 tonnes.	130 000 tonnes.
1901	217 000 —	130 000 —
1902	229 000 —	135 000 —
1903	234 000 —	140 000 —
1904	245 000 —	175 000 —
1905	268 000 —	190 000 —
1906	289 000 —	255 000 —
1907	313 000 —	287 000 —
1908	314 000 —	313 000 —
1909	348 000 —	330 000 —
1910	369 000 —	383 000 —

En Allemagne, presque tout le sulfate d'ammoniaque provient de la récupération de l'ammoniaque dans les fours à coke.

En Angleterre, au contraire, les sources de sulfate sont plus nombreuses : gaz d'éclairage, hauts fourneaux, schistes, coke et **gazogène**, comme le montre le tableau suivant :

	Total.	Gaz d'éclairage.	Hauts fourneaux.	Schistes.	Coke et gazogènes.
1900	213 000	142 000	17 000	37 000	17 000
1901	217 500	143 000	16 500	40 000	18 000
1902	229 000	150 000	18 500	37 000	23 500
1903	234 000	150 000	19 000	37 500	27 500
1904	245 500	150 000	19 500	42 500	33 500
1905	268 500	156 000	20 000	46 000	46 500
1906	289 000	157 000	21 000	48 500	62 500
1907	313 500	165 500	21 000	51 000	75 000
1908	314 000	164 000	20 000	51 000	79 000

Production du sulfate d'ammoniaque en France. — Les usines à gaz, les fours à coke, et les vidanges sont les trois sources importantes de sulfate d'ammoniaque en France.

Voici, pour 1910 et 1911, la production en tonnes suivant les origines :

	1910	1911	
Gaz de Paris		11 500	
Gaz de la banlieue de Paris	17 500	2 306	17 800
Gaz de province		4 000	
Fours à coke de la région du Nord		24 000	
Fours à coke de la région du Centre et du Sud	26 000	4 000	28 000
Vidanges de la région de Paris		8 400	
Vidanges de province	12 200	3 000	11 400
Divers	1 300	1 800	1 800
Totaux	57 000		59 000

La production française a suivi une marche ascendante lente
et continue. Dans ces dix dernières années, la production a été
respectivement de :

	Tonnes.
En 1900	40 000
1901	40 000
1902	41 000
1903	42 000
1904	43 000
1905	44 000
1906	44 000
1907	46 000
1908	49 000
1909	52 000
1910	57 000

Comme nous le verrons plus loin, la production est inférieure
à la consommation en France. Il semble, que si la production
peut être largement développée dans notre pays par l'installation de la récupération, la consommation peut prendre une extension telle qu'elle semble devoir rester, pour un certain laps
de temps tout au moins, nettement supérieure à la production.
Si donc des procédés spéciaux ne mettent pas dans quelques
années une grande quantité de sulfate sur le marché, nous
resterons pendant longtemps encore importateur de ce fertili-
sant de premier ordre.

L'EXPORTATION ET L'IMPORTATION
DU SULFATE D'AMMONIAQUE

Tous les pays, sauf l'Angleterre et depuis peu l'Allemagne, produisent moins de sulfate qu'ils n'en consomment. L'Angleterre a toujours eu un excès énorme de production sur la consommation. L'Allemagne produit, au contraire, à peu près autant qu'elle consomme. Bien que, dans ces dernières années, il y eût un léger excès de la production, on ne peut comparer l'exportation de sulfate de ce pays à celle de l'Angleterre. Nous donnons ci-après le détail des exportations du Royaume-Uni en tonnes de 1.016 kilogrammes pour 1909 et 1910 :

	1909	1910
Algérie	46	206
Argentine	12	15
Australie W	15	5
Australie S	0	0
Autriche	60	0
Belgique	6 567	438
Bengale	0	0
Bombay	0	0
Bermudes	0	0
Bourbon	80	0
Brésil	0	28
Guyane anglaise	8 161	7 532
Iles Canaries	5 785	6 673
Canada	147	653
Colombie	38	33
Cap	0	7
Ceylan	998	912
Iles de la Manche	705	512
Chili	1	50
Chine	83	206
Cuba	156	11
Danemark	0	0
Guyane hollandaise	10	0
Indes Néerlandaises	0	10
Égypte	256	962
France	12 030	8 437
Allemagne	30 545	7 070
Grèce	3	13
Guatemala	0	0
Hollande	7 137	3 415

Hong-Kong	299	1 020
Iles du Pacifique	4 501	5 984
Indes anglaises	40	76
Italie	10 590	10 202
Japon	49 273	57 360
Java	23 027	32 362
Madère	490	635
Madras	0	0
Mexique	77	142
Maurice	5 727	6 010
Natal	111	121
Norvège	35	0
Nouvelle-Zélande	56	65
Portugal	1 369	1 308
Russie	0	1
Espagne	54 768	48 932
Détroits et Ceylan	735	704
Suède	2	101
U. S. Atlantique	35 080	76 111
U. S. Pacifique	0	0
Antilles britanniques	4 150	4 175
Antilles françaises	830	1 096
Haïti	0	5
Afrique portugaise W	2	10
Afrique espagnole W	25	0
Iles Bornéo	0	2
Iles Philippines	0	9
Afrique portugaise E	5	0
Pérou	0	51
Açores	0	50
Transvaal	0	1
Honduras	10	0
S. Salvador	5	33
S. Nigeria	1	0
Total	264 041	283 772

Ces chiffres, rapprochés du tableau de la consommation par pays que nous donnons à la page suivante, permet de se faire une idée très nette de l'utilisation du sulfate dans les différents pays. Ils sont en relation étroite avec le développement de l'agriculture de ces mêmes pays.

En Allemagne, les importations de sulfate d'ammoniaque ont été de 47.265 tonnes encore en 1908. Ces importations venaient des pays suivants :

Belgique........................ 694 tonnes.
Danemark....................... 211   —
Angleterre...................... 24 913   —
Hollande....................... 1 263   —
Autriche-Hongrie .... 17 928   —

Pendant le même laps de temps, les exportations allemandes avaient été :

Belgique....................... 15 095 tonnes.
France .... 4 037   —
Angleterre..................... 1 958   —
Italie......................... 6 621   —
Hollande....................... 11 513   —
Suisse......................... 753   —
Espagne........................ 2 441   —
Indes anglaises................ 546   —
Japon.......................... 9 888   —
Indes Néerlandaises............ 18 898   —

LA CONSOMMATION DU SULFATE D'AMMONIAQUE DANS LE MONDE

La consommation du sulfate dans le monde varie dans de larges limites suivant les pays. Nous la donnons ci-après en milliers de tonnes pour les principaux pays :

	1908.	1909.	1910.
France	80	80	83
Belgique	40	49	53
Allemagne	291	330	350
Angleterre	83	87	87
Espagne et Portugal	60	64	62
Italie	28	30	33
États-Unis	51	90	180
Java	15	25	35
Japon	40	52	65

La consommation en France s'est développée régulièrement depuis dix ans. Elle n'atteint pas encore cependant le chiffre qu'une propagande raisonnée doit lui assurer.

Consommation en France en tonnes.

1900	52 000
1901	48 000
1902	55 000
1903	56 000
1904	58 000
1905	60 000
1906	67 000
1907	73 000
1908	80 000
1909	80 000
1910	83 000

En Belgique et en Allemagne, la proportion de la consommation est beaucoup plus élevée, comme le montre le tableau suivant :

	Belgique. Tonnes.	Allemagne. Tonnes.
1900	19 100	126 000
1901	19 500	142 000
1902	22 300	162 000
1903	19 400	169 000
1904	23 700	186 000
1905	36 000	226 000
1906	37 000	250 000
1907	38 100	263 000
1908	40 800	291 000
1909	49 000	330 000
1910	53 000	350 000

LE MARCHÉ DU SULFATE D'AMMONIAQUE

Le sulfate commercial. — Le sulfate d'ammoniaque contient 20 à 21 p. 100 d'azote ammoniacal. Il peut être coloré en gris, en noir, en jaune, en vert et en brun. Ces teintes n'indiquent pas une falsification du sel, mais proviennent de petites quantités de matières étrangères restées dans le produit. La teinte n'a aucune influence sur la valeur fertilisante du sulfate, et seule, une couleur brun rougeâtre de sulfocyanure d'ammonium d'ailleurs très rare, est à éviter.

Connaissant la teneur en azote d'un sulfate, on obtient la teneur en ammoniaque en multipliant cette teneur par 1,214,

et, inversement, sachant la teneur en ammoniaque, on aura
celle en azote en multipliant la première par 0,824.

En France et en Belgique, on vend le sulfate sur un minimum
de garantie de 20 à 21 p. 100 d'azote. En Angleterre, la garantie
est de 24 à 25 p. 100 d'ammoniaque.

L'exportation anglaise. — Les principaux exportateurs anglais sont :

        Bradbury et Hirsch .... à Liverpool.
        Groschke....................... ... à Londres.
        Miller........................... à Glasgow.
        Fox, Roy....................... à Plymouth.

les ports d'exportation étant :

| Hull. | Leith. | Tees. |
| Glasgow. | Londres. | Liverpool |

Le sulfate en Belgique et en Allemagne. — La vente au gros
négoce est faite en Belgique par le syndicat des producteurs
réunis en Comptoir Belge du Sulfate d'ammoniaque. Ce comptoir contrôle la production belge d'une manière rigoureuse.
Il peut, par suite d'ententes avec les comptoirs allemand et
français, prendre souvent des dispositions pour maintenir des
prix à une juste limite et des mesures de propagande ayant le
plus heureux effet sur l'emploi des engrais.

En Allemagne, existent deux syndicats de producteurs : le
Deutsche Ammoniak Verkaufs Vereinigung, G. m. B. H.
à Bochum, pour les mines et usines de Westphalie, et le Ober-
schlesische Kokswerke Chemische Fabriken A.-G. à Berlin.

La première association réunit les fabriques de l'Allemagne
occidentale et de la Sarre. Elle établit dans le pays allemand
la vente du sulfate d'après des principes uniformes, ayant pour
but un débit régulier et un emploi abondant de l'engrais. Elle
a organisé une série d'essais servant de base à un enseignement
agronomique du plus haut intérêt.

La vente en France. — En France, le Comptoir Français
du Sulfate d'ammoniaque de Paris a groupé une quarantaine
de producteurs, représentant les trois quarts de la production
de notre pays. Ce comptoir vend au négoce, d'après le modèle
de contrat ci-après :

1º Le Comptoir ne négocie pas de commandes inférieures à 5 tonnes ;

2º Les analyses seront faites par MM. Maret, Delattre et Maris, en cas de désaccord ;

3º Le pesage et l'échantillonnage auront lieu au départ des usines des vendeurs ;

4º La marchandise est livrée sur wagon gare usine expéditrice ou sur bateau, soit en vrac, soit en sacs perdus réglés à 100 kilogrammes bruts tare 1 p. 100, ou à 100 kilogrammes nets et plombés. En cas de vente rendue franco, voyage aux risques et périls du destinataire ;

5º Les ventes négociées par le Comptoir ne deviennent définitives qu'après confirmation par le vendeur et acceptation par l'acheteur ;

6º Même en cas de contestation, le montant des factures devra être payé à échéance ;

7º Les réclamations de toutes sortes doivent être adressées directement au vendeur, dès l'arrivée de la marchandise à destination. Tout sac déplombé ne peut plus être considéré comme témoin ;

8º S'il se produit un changement dans la situation de l'acheteur : décès, incapacité, faillite, suspension de paiement, dissolution ou modification de société, le vendeur aura le droit d'annuler le marché ou d'exiger des garanties ;

9º Le vendeur se réserve la faculté de faire exécuter tout ou partie de ses livraisons par une ou plusieurs autres firmes. Celles-ci, substituées aux vendeurs, auront ses droits et ses obligations, vis-à-vis de l'acheteur ;

10º Les guerres, émeutes, épidémies, explosions, incendies, inondations, grèves, bris de machines, interruption de transports et tous autres cas de force majeure qui empêchent ou réduisent la fabrication, déchargent le vendeur de l'obligation de livrer aux époques fixées, et les quantités qui n'auraient pu être fournies, par suite de l'un de ces faits, seront purement et simplement suspendues ;

11º Dans le cas où le marché devrait être soumis à l'enregistrement, les frais et accessoires sont, de convention expresse, mis à la charge de celle des parties qui aurait motivé cette mesure.

Le Comptoir français organise la propagande française, et l'on peut dire que son rôle est des plus intéressants en faveur du consommateur ; il régularise les prix dans la mesure du possible, et, d'autre part, indique le meilleur mode d'emploi du sulfate dans chaque cas particulier. En faisant mieux connaître le sulfate d'ammoniaque, il contribue aussi au progrès de l'agriculture.

L'AVENIR DU SULFATE D'AMMONIAQUE

Le développement continuel de la production du sulfate en Angleterre et en Allemagne montre ce que les autres pays pourraient faire dans une certaine mesure pour augmenter la quantité d'engrais azotés mis à la disposition de l'Agriculture.

La fabrication du gaz d'éclairage, la distillation des schistes, le traitement des matières de vidange sont susceptibles d'un développement peu considérable.

L'industrie du coke, les gazogènes, la tourbe peuvent, au contraire, donner des quantités immenses de sulfate. La récupération de l'ammoniaque dans les industries de la houille, du fer, de l'acier, pourrait faire quintupler la production de sulfate actuelle.

Les États-Unis seuls pourraient, en appliquant la récupération à leurs usines, plus que décupler leur production actuelle.

La tourbe enfin, par le perfectionnement des procédés actuels qui n'ont pas donné entière satisfaction, est susceptible de devenir une source considérable de sulfate.

Quant à la consommation, on peut dire qu'elle ira en augmentant dans une large mesure, au fur et à mesure que se développera l'instruction du cultivateur.

LE NITRATE DE POTASSE

Le nitrate de potasse, appelé encore nitre ou salpêtre, se produit à la surface du sol, quand les matières organiques azotées sous l'influence de ferments se nitrifient et trouvent une dose suffisante de potasse. Le nitrate de potasse est très soluble ; il ne peut s'accumuler à la surface du sol que dans les régions où les pluies sont rares : l'Inde, l'Égypte, l'Espagne, l'Italie par exemple. Dans les régions pluvieuses, il est entraîné au fur et à mesure de sa formation. On trouve également le nitrate de potasse mélangé au nitrate de chaux dans les caves, les étables, à la surface des murs.

Le nitrate de potasse $AzO^3K = 101$ est dimorphe, cristallisant en prismes hexagonaux et en rhomboèdres. Sa densité est 2,10 ; 100 parties d'eau dissolvent :

A 0°...............	13,3 parties de sel.
18°....................	29 —
45°.................... .	74,6 —
90°..................	236 —

D'après Étard : $S_{10°}^{69°} = 17 + 0,7118\ t.$ et $S_{69°}^{125°} = 59 + 0,375\ t.$

La solution saturée bout à 114°.

Au rouge vif, l'azotate de potasse perd un tiers de son oxygène et donne l'azotite. Au rouge blanc, il donne de l'oxygène de l'azote, du protoxyde K^2O et du bioxyde K^2O^2. Les acides plus fixes que l'acide azotique le décomposent.

Fabrication du nitrate de potasse. — Le nitrate de potasse est préparé par lessivage méthodique des matériaux salpêtrés ou au moyen de nitrate de soude.

Préparation au moyen des matériaux salpêtrés. — Les matières brutes sont traitées dans des caisses consécutives par une quantité d'eau déterminée, de manière à tirer de la dernière cuve une lessive suffisamment concentrée et à épuiser chaque caisse par de l'eau nouvelle. Pour les matériaux salpêtrés, les lessives fortes contiennent, suivant leur origine, de 10 à 30 p. 100 de salpêtre ; mais, en outre, elles renferment des nitrates de calcium, de sodium, et de magnésium rendant le sel déliquescent, des chlorures de potassium, de sodium, de calcium et de magnésium, et du carbonate d'ammonium qui leur communique une légère réaction alcaline.

Dans les installations rudimentaires, on ajoute aux matières brutes des cendres de bois non lessivées, dont le carbonate de potasse transforme directement les nitrates alcalino-terreux en salpêtre. Mais, dans les usines, on traite les eaux ayant épuisé les matières brutes :

1° On peut employer le carbonate de potasse, ce qui est assez rare, vu le prix de ce sel ; la liqueur de carbonate est versée dans les bacs de lessive. Il se forme un précipité d'abord gélatineux, puis cristallin, de carbonate de calcium et de carbonate de magnésium, qui entraîne une partie des matières organiques. La liqueur décantée contient le nitrate de potasse, accompagné de chlorures.

2° On peut employer le sulfate de potassium, en opérant sur des solutions concentrées, de manière que le sulfate de calcium formé soit presque entièrement insoluble. Une addition de lait de chaux précipite la magnésie :

$$SO^4Mg + Ca(OH)^2 = SO^4Ca \times Mg(OH)^2.$$

Les matières organiques sont entraînées, et il reste une solution de salpêtre accompagné de chlorures. La liqueur clarifiée est ensuite concentrée.

3° On transforme en azotate de sodium les azotates alcalinoterreux au moyen de sulfate de sodium, puis on transforme l'azotate de sodium en azotate de potassium. Le sulfate employé provient d'ailleurs de la fabrication de l'acide azotique ou de l'acide chlorhydrique, et contient un excès d'acide sulfurique libre. Il convient donc de saturer l'acidité par l'addition d'une quantité convenable de lait de chaux. Un précipité de sulfate de calcium se dépose ; la liqueur clarifiée est concentrée rapidement et additionnée progressivement de chlorure de potassium, pour éviter que l'ébullition ne soit arrêtée par le refroidissement énergique dû à la dissolution du chlorure.

Préparation au moyen du nitrate de sodium. — Une grande partie du nitrate de potasse employé en Europe est obtenu à l'aide du nitrate de soude du Chili. Il suffit de traiter le nitrate de soude par le chlorure de potassium, pour déterminer par concentration à chaud la formation du chlorure de sodium, qui, n'étant pas plus soluble à chaud qu'à froid, cristallise à la température d'ébullition. Le nitrate de potasse, beaucoup plus soluble à chaud qu'à la température ordinaire, se dépose par refroidissement :

La formule de réaction est la suivante :

$$AzO^3Na + KCl = AzO^3K + NaCl.$$

Cette opération se fait dans une grande chaudière maintenue à la température de l'ébullition. A mesure que l'eau s'évapore

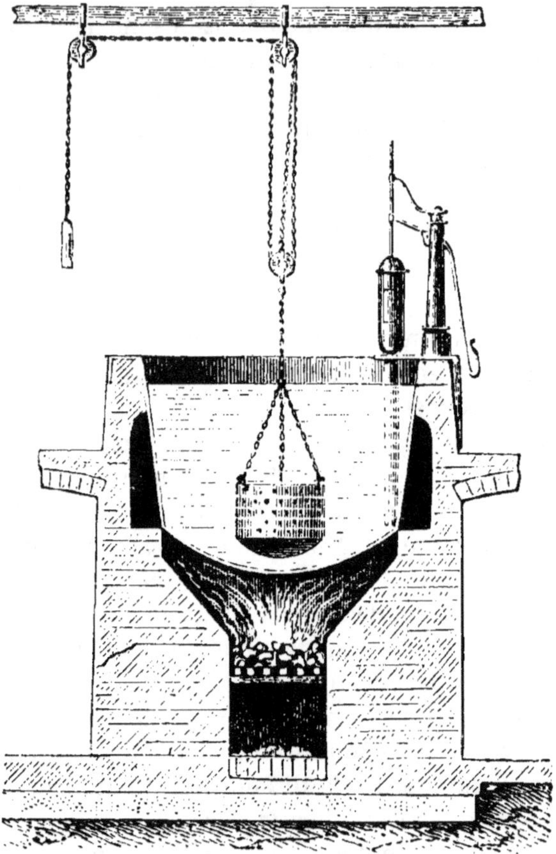

Fig. 86. — Concentration du nitrate de potasse.

on ajoute de nouvelles quantités de liquide, de manière à maintenir la cuve pleine. Il se produit des dépôts boueux qui, entraînés par le mouvement ascendant du liquide le long des parois chauffées, viennent redescendre au milieu de la chaudière, où on a suspendu un petit chaudron destiné à les recevoir : on retire et on vide ce chaudron chaque fois qu'il en est à peu près rempli.

Le chlorure de sodium déposé au fond de la chaudière est enlevé au fur et à mesure. Quand l'évaporation est assez avancée pour qu'une goutte de liquide se fige au contact d'un corps froid, on décante, et le nitrate de potasse cristallise par refroidissement. Les eaux mères contenant encore des nitrates sont mêlées aux lessives qui n'ont pas encore subi l'évaporation. Le salpêtre brut est alors soumis au raffinage.

Raffinage. — Cette opération consiste à dissoudre le salpêtre dans le cinquième de son poids d'eau bouillante. La plus grande partie du sel marin et du chlorure de potassium reste

Fig. 87. — Cuves pour la purification du nitrate de potasse.

au fond de la chaudière : on l'enlève avec des rateaux. On étend ensuite la liqueur avec un peu d'eau et on la clarifie à la colle qui fait remonter toutes les impuretés à la surface sous forme d'écumes. La liqueur clarifiée est transvasée dans des cristallisoirs très larges, où par agitation se déposent de petits cristaux sans eau mère.

Le sel est égoutté, puis placé dans des caisses à doubles fonds percés de trous, tassé et arrosé d'une solution de nitrate de potasse, qui entraîne les dernières traces de chlorure.

Le séchage du salpêtre se fait ensuite sur des fours.

Le commerce du nitrate de potasse. — Le nitrate de potasse pur n'est jamais employé comme engrais à cause de son prix élevé. C'est le nitrate brut qui est livré dans ce but. Ce sel forme un engrais puissant qui apporte aux plantes à la fois de l'azote et de la potasse. Le salpêtre brut renferme le plus souvent 5 à 10 p. 100 d'impuretés ; mais quelquefois le taux de celles-ci monte à 15 et 20 p. 100. Il ne faut donc acheter que sur analyse avec garantie minimum en azote et garantie minimum en potasse.

Le nitrate de potasse est actuellement livré en minime quantité à l'agriculture. Son emploi principal réside dans la confection des explosifs, notamment à la poudre.

Certaines usines (Auby dans le Nord), travaillant le nitrate de soude, fournissent à la clientèle ce sel intéressant, mais peut-être un peu cher. Le nitrate de potasse vaut actuellement 46 francs environ les 100 kilogrammes et renferme 13 à 14 d'azote et 44 à 46 de potasse. L'unité d'azote dans le nitrate de soude vaut 1,50, et l'unité de potasse dans le chlorure, 0,50.

LE CRUDE AMMONIAC

Le crude ammoniac ou crud d'ammoniaque est un sous-produit de la fabrication du gaz d'éclairage par distillation de la houille. Il se présente sous forme d'un produit pulvérulent renfermant des granules : son odeur rappelle celle du gaz ; sa couleur varie du gris vert ou noir, au bleu foncé.

Épuration du gaz d'éclairage. — Les substances que renferme le gaz après la distillation sèche de la houille sont :

1º Des carbures d'hydrogène utiles ;

2º Des impuretés telles que : acide carbonique, acide sulfhydrique, ammoniaque et sels ammoniacaux, cyanures, sulfocyanures, sulfure de carbone.

La plus grande partie de ces impuretés est retenue, soit dans le barillet, soit dans les condenseurs, soit dans les laveurs. Mais l'acide sulfhydrique, les cyanures et une partie de l'ammoniaque ne peuvent être enlevés complètement par simple lavage.

Pour les éliminer, on a longtemps employé la chaux qui retenait une grande partie de ces impuretés. Ce procédé assez coûteux est aujourd'hui remplacé par l'emploi des oxydes métalliques. La masse de Laming, qui est un mélange de chaux et de sulfate de protoxyde de fer, rendu poreux par de la sciure de bois, et l'oxyde de fer hydraté, sont actuellement les épurants chimiques employés dans les usines à gaz.

L'oxyde de fer hydraté est, soit l'oxyde de fer hydraté naturel, soit l'oxyde de fer hydraté provenant de la fabrication de l'aniline, soit l'oxyde de fer obtenu en oxydant à l'air humide de la tournure de fer, ou un mélange de matières épurantes et de tournure de fer.

La réaction, qui se produit entre l'oxyde de fer hydraté, et l'acide sulfhydrique contenu dans le gaz, est la suivante :

$$Fe^2O^3, H^2O + 3H^2S = Fe^2S^3 + 4H^2O.$$

Le sulfure de fer formé, soumis à l'action de l'oxygène de l'air, se décompose selon la formule :

$$Fe^2S^3 + 3O + H^2O = Fe^2O^3, H^2O + 3S.$$

Cette réaction se produit lors de la revivification des matières épurantes, qui peut être répétée jusqu'à ce que la quantité de soufre, de sels ammonicaux, de sulfocyanures, de cyanures et de matières goudronneuses, soit devenue assez considérable pour rendre la matière impropre à l'épuration. Des réactions complexes, peu connues, ont lieu entre ces divers corps.

Voici, d'après Weill-Goetz, la composition d'une masse épurante, revivifiée plusieurs fois :

	La matière était revivifiée		
	une fois.	deux fois.	huit fois.
Sulfate d'ammoniaque.........	0,20	0,52	0,77
Cyanure et ferrocyanure d'ammonium.....................	1,00	2,00	4,40
Sulfocyanure d'ammonium.....	4,69	7,82	14,08
Oxyde et protoxyde de fer hydratés........................	41,82	26,90	16,82
Bleu de Prusse...............	5,93	7,84	11,12
Soufre......................	15,24	28,20	33,50
Sciure de bois, goudron, etc....	31,12	24,72	19,31
	100,00	100,00	100,00

L'épuration du gaz se fait en amenant le courant dans des caisses où se trouvent superposées une série de couches épurantes poreuses que le gaz doit traverser avant de gagner la sortie. La régénération se fait dans les caisses mêmes, en faisant passer au lieu de gaz un courant d'air, qui remplace le pelletage à l'air libre autrefois employé.

La masse épuisée ou crude ammoniac ne saurait être homogène, sa composition dépendant de la composition du charbon traité, de la composition et de la durée du service de l'épurant, de l'épuration mécanique précédant l'épuration chimique, etc.

En dehors des parties ligneuses inertes du mélange de Laming, on peut assigner au crude une composition variant entre les limites suivantes, d'après Bargeron :

Eau	10 à 25	p. 100.
Ferrocyanure ferrique	5 à 15	—
Ammoniaque libre	0 à 2	—
Sulfate d'ammoniaque	0,5 à 5	—
Sulfocyanogène combiné à l'ammoniaque	0,5 à 7	—
Ferrocyanure combiné à l'ammoniaque	0,5 à 3	—
Cyanure d'ammoniaque	0,5 à 1	—
Soufre libre	20 à 45	—
Chaux libre, oxyde de fer, goudron.		

La production et le commerce du crude ammoniac. —On peut évaluer à une tonne par an et par 1.000 habitants, la production du crude dans les villes éclairées au gaz. D'après Bargeron, la production totale du crude en France atteindrait, d'après la base précédente, environ 13.000 tonnes. Ce chiffre est un minimum.

Nous recevons une certaine quantité de crude d'Allemagne, de Belgique et de Hollande. Si l'on estime à 20.000 tonnes la disponibilité du crude en France, on doit remarquer qu'une grande partie de ce chiffre ne va pas à l'agriculture, mais à l'industrie qui récupère le soufre, l'ammoniaque, les cyanures, etc., comme nous le verrons plus loin.

La vente du crude ammoniac se fait au kilogramme d'azote pris à l'usine ou rendu franco en gare destinataire. Les prix varient actuellement entre 0 fr. 70 et 1 franc le kilogramme d'azote. Le marché a lieu généralement sans garantie d'aucune sorte, le règlement s'effectuant sur l'analyse d'un échantillon prélevé au tas avant le chargement du wagon, ou à l'arrivée de ce dernier en gare destinataire. Le crude détruisant rapidement les toiles, les expéditions se font généralement en vrac.

Traitement industriel des masses épuisées. — Les masses épuisées renferment du sulfure de fer, du soufre, des sulfocyanures, des ferrocyanures et de l'ammoniaque. Seul, le sulfure de fer n'a pas de valeur ; les autres produits ont une valeur industrielle qui rend leur extraction suffisamment rémunératrice.

a. *Traitement des matières épurantes et des eaux ammoniacales.* — Dans le procédé Pfannenschmidt on arrose les matières épurantes au moyen d'eau ammoniacale. Le sulfure et le sulfhydrate d'ammoniaque de l'eau ammoniacale agissent sur l'oxyde de fer des matières épurantes épuisées et donnent des sulfures de fer, puis, par oxydation, des sulfates de fer. Ce sulfate avec l'ammoniaque, le carbonate d'ammoniaque, et le sulfure d'ammoniaque, donne le sulfate d'ammoniaque. On peut ainsi charger les matières épuisées de 30 p. 100 de sulfate d'ammoniaque.

b. *Extraction du soufre, des sulfocyanures et du bleu de Prusse.* — Kunheim et Zimmermann traitent les matières épuisées par le sulfure de carbone ou les huiles de houille, pour en extraire le soufre. Puis ils lavent les matières à l'eau pour leur enlever les sulfocyanures. La matière séchée est mélangée ensuite à de la chaux et chauffée à 100° pour récupérer l'ammoniaque insoluble. Une épuration méthodique donne ensuite des liqueurs renfermant un ferrocyanure double de chaux et d'ammoniaque qui sert à fabriquer le ferrocyanure de calcium, puis le bleu de Prusse.

Dans le procédé à la soude, on extrait le soufre par le sulfure de carbone, on lave la masse pour enlever les sulfocyanures, et on traite le résidu par la soude, qui forme de l'oxyde de fer et du ferrocyanure de sodium. Les eaux mères servent à la fabrication du bleu de Prusse.

c. *Extraction des sulfocyanures et du bleu de Prusse.* — Hempel et Sternberg lavent les matières épurantes épuisées avec de l'eau à 60° pour enlever les sulfocyanures, puis traitent le résidu par l'alcali. Le ferrocyanure d'ammonium obtenu est enlevé par lavage et traité pour obtenir le bleu de Prusse.

Marasse lave les masses épuisées par l'eau pure pour enlever les sels ammoniacaux solubles, puis les traite par l'eau et la chaux à plus de 100°. On obtient du sulfocyanure de calcium et du sulfure de fer.

D'après Weill Goetz et Desor, ce procédé n'est pas pratique.

Le procédé Valentin consiste à laver a l'eau les vieilles matières, ce qui enlève les sulfocyanures et les sels solubles, puis à les faire macérer à la température de l'eau bouillante avec du carbonate de chaux, ou du carbonate de magnésie. Le soufre n'est pas altéré et la solution renferme du ferrocyanure de calcium ou de magnésium.

En résumé, les procédés que nous venons d'examiner permettent d'extraire :

Le soufre, par le sulfure de carbone (voir plus loin Soufre) ;

L'ammoniaque, sels ammoniacaux et sulfocyanures, par lavage méthodique ;

Le bleu de Prusse, par la chaux ou la soude.

LA CIANAMIDE (DE CALCIUM)

COMBINAISONS DE L'AZOTE AVEC LES MÉTALLOIDES ET LES MÉTAUX

L'azote se combine au titane, au sicilium, au bore à haute température. Il forme de même des azotures avec le magnésium, le calcium, l'aluminium, et d'autres métaux. Maquenne a obtenu des combinaisons de l'azote avec les métaux alcalino-terreux, baryum et strontium.

La méthode exposée par Fownes et Young au siècle dernier, et expérimentée par Bunsen et Playfair, montra qu'en faisant passer de l'azote sur du charbon et des alcalis ou des terres alcalines, on obtenait le composé carboné cyané, qui lui-même par traitement ultérieur pouvait donner de l'ammoniaque. Ce procédé, malgré les nombreux perfectionnements que Margueritte et de Sourdeval, et plus tard L. Mond, apportèrent aux détails techniques, n'a pas donné de résultats pratiques, par suite des difficultés rencontrées pour l'obtention de la température convenable et pour la constitution des matériaux des fours.

En 1895, Frank et Caro, continuant leurs études sur la fabrication des cyanures, constatèrent que le carbure de baryum absorbait l'azote avec avidité à 700-800°, pour former le cyanure de baryum et la cyanamide de baryum. De même qu'ils avaient trouvé la réaction :

$$\mathrm{BaC^2 + 2\,Az = BaC\,Az^2 + C}$$

pour le baryum, ils virent que le carbure de calcium donnait de la cyanamide quand il était exposé à un courant d'azote à température élevée :

$$\mathrm{Ca\,C^2 + 2Az = CAz^2Ca + C.}$$

Après les essais de laboratoire, la Cyanid Gesellschaft, de Berlin, commença l'étude industrielle qui donna les meilleurs résultats. Bientôt, des sociétés étaient créées dans tous les pays par la Societa Generale per la Cianamida, de Rome, qui avait acheté les droits du brevet.

Polzenius, en vue de diminuer la température de fixation de l'azote, ajouta 10 p. 100 de chlorure de calcium au carbure. D'autres perfectionnements furent également apportés ces dernières années. On ajoute, par exemple, au carbure de calcium, une faible fraction de sa masse de spath ; un autre brevet prévoit l'emploi de carbonate de soude, etc.

INDUSTRIE DE LA CIANAMIDE

Fabrication du carbure de calcium. — On sait que la cianamide est obtenue en faisant réagir l'azote sur du carbure de calcium. Le carbure employé dans les usines de cianamide titre en moyenne 300 litres à 15° et à 760 millimètres, mesuré sur l'eau, ce qui correspond à $\mathrm{CaC^2}$ = 80,57 p. 100.

Le carbone, sortant des fours de préparation, est cassé en morceaux de 20 à 40 kilogrammes, puis passe dans un concasseur à mâchoires. Le produit est broyé ensuite dans un moulin à boulets et la pulvérisation est rendue complète au moyen d'un tube finisseur garni de silex. Le carbure bien pulvérisé est réuni dans une trémie avant d'être chargé dans les fours à cianamide.

Toute la préparation du carbure se fait dans des appareils remplis d'azote : on évite ainsi les explosions dues aux étincelles qui peuvent jaillir dans le broyage.

Il a été reconnu que le carbure bien pulvérisé donne un rendement de fixation de l'azote supérieur à celui donné par un carbure de pulvérisation moins complète. On s'attache, à l'heure actuelle, dans les usines, à obtenir une pulvérisation aussi complète que possible au moyen de tubes finisseurs.

Fabrication de l'azote. — La préparation de l'azote se fait au moyen des appareils du professeur von Linde ou de G. Claude, ou au moyen du cuivre porté au rouge.

Fig. 88. — L'usine de cianamide de Odda (Norvège).
Vue générale.

La fabrication de l'azote pur, au moyen des appareils Linde, est basée sur les principes suivants :

Dans un premier récipient, que nous dénommerons « récipient à azote », on fait bouillir de l'air liquide tout en y envoyant continuellement de l'air liquéfié en quantité supérieure à celle du liquide évaporé.

Par un trop-plein, le récipient à azote communique avec un second réservoir, le « récipient à oxygène ».

On fait également bouillir le liquide dans ce récipient.

Tout le monde sait que le point d'ébullition absolu de l'azote est supérieur à celui de l'oxygène ; il est donc évident que le liquide du récipient à oxygène est toujours plus riche en oxygène que celui du récipient à azote, puisqu'il n'arrive dans le premier qu'après avoir été déjà soumis à une distillation partielle.

Les vapeurs émises par le liquide du récipient à oxygène sont dirigées directement dans l'air extérieur, après avoir toutefois abandonné leurs frigories dans un appareil à contre-courants.

Les vapeurs émises par le liquide du récipient à azote se rendent dans une colonne rectificatrice à plateaux. Dans la partie médiane de la colonne, on envoie continuellement de l'air liquide à 21 p. 100 d'oxygène; dans la partie supérieure, de l'azote liquide à 100 p. 100 d'azote. Les liquides, qui ne s'évaporent pas dans la colonne, retombent continuellement dans le récipient à azote. Les mélanges liquides d'azote et d'oxygène

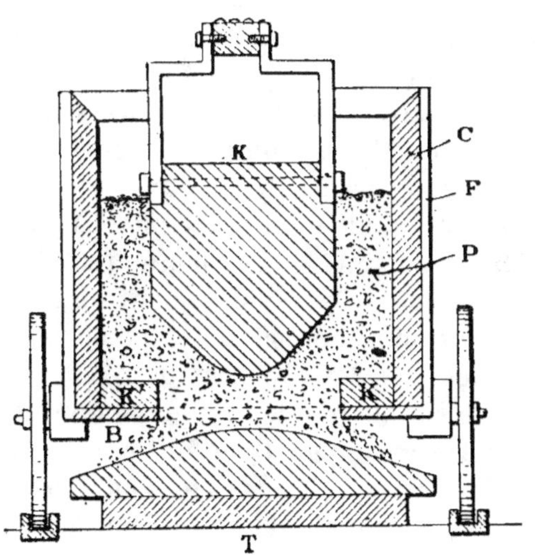

Fig. 89. — Coupe verticale d'un four Siemens et Halske pour la fabrication du carbure de calcium.

C, revêtement réfractaire; F, armature de fer; K et T, électrodes; P, chaux et charbon.

présentent cette propriété qu'ils émettent des vapeurs plus riches en azote qu'eux-mêmes. Ainsi l'air liquide à 21 p. 100 d'oxygène émet d'abord des vapeurs à 7 p. 100 d'oxygène.

Quel que soit donc le titre des vapeurs émises par le liquide du récipient à azote, la pluie d'air liquide qu'elles reçoivent ramène leur titre, dès le milieu de la colonne, à 7 p. 100 d'oxygène. Dans la partie supérieure de la colonne, ce titre est ramené à 0 p. 100 d'oxygène par l'arrivée d'azote liquide pur.

Or l'ébullition des liquides des récipients à azote et à oxygène est provoquée par l'adduction dans un serpentin intérieur à chaque réservoir (et dont les arrivées et les sorties sont communes en dessus et en dessous de chaque réservoir) d'air comprimé à trois ou quatre atmosphères et ramené à une température voisine de celle de l'air liquide par l'appareil à contre-courants. En raison de sa pression, cet air se liquéfie et est alors envoyé dans le milieu de la colonne.

Quant à l'azote gazeux pur, sortant de la colonne rectificatrice, il traverse aussi l'appareil à contre-courants, y cède ses frigories et est dirigé partiellement sur le lieu d'utilisation. Le reste est repris par un compresseur et comprimé à 150 kilogrammes. Ce gaz comprimé traverse, comme l'air, l'appareil à contre-courants, vient favoriser dans un serpentin l'ébullition du liquide dans le récipient à azote, s'y liquéfie et est dirigé au sommet de la colonne rectificatrice.

Au début, c'est évidemment de l'azote à 7 p. 100 d'oxygène qui sort du sommet de la colonne; mais ce mélange liquéfié n'émet plus des vapeurs aussi riches et, en quelques minutes, par le simple jeu de la liquéfaction de vapeurs de plus en plus pauvres en oxygène, on obtient de l'azote pur.

Les pertes en frigories sont encore compensées par le jeu d'une machine à ammoniaque qui refroidit à 20° les gaz comprimés que l'on dirige dans l'appareil.

On voit donc que, partant d'une quantité déterminée d'air liquide, on le renouvelle en l'accroissant constamment, grâce à l'excès de frigories fourni, soit par la machine à ammoniaque, soit par la détente continue de l'air à trois ou quatre atmosphères et de l'azote à 150 kilogrammes.

Pour produire la quantité initiale d'air liquide, on se sert uniquement de la détente continue d'air comprimé à 200 kilogrammes par deux puissants compresseurs. L'excès d'air liquide produit, ou plutôt l'excès de mélange d'azote et d'oxygène liquide, riche en oxygène, est dirigé dans un récipient entourant les deux autres : on assure ainsi une marche de régime plus stable et on constitue une réserve, permettant de refroidir plus rapidement un appareil de rechange, une fois l'appareil en service obstrué. En effet, les appareils sont constitués en majeure partie par des faisceaux tubulaires ou des serpentins. Malgré les agents qu'on emploie dans ce but, on ne peut parvenir à éliminer d'une façon absolue l'humidité et acide carbonique de l'air. Ces produits, aux températures ex-

Fig. 90. — Les colonnes à distiller d'un appareil Linde.

cessivement basses où l'on opère, se déposent sous forme solide dans la tuyauterie de l'appareil et l'obstruent. Il faut alors réchauffer tout le système et le purger excessivement soigneusement. Pour une installation qui travaille de façon continue, il faut donc disposer de deux appareils. On profite de la différence du point de fusion de l'eau et de l'acide carbonique pour faire déposer la majeure partie de l'humidité de l'air dans un appareil à contre-courants séparé de l'ensemble où s'effectue la distillation. Dans ce réfrigérant, la température n'est pas beaucoup inférieure à 20°. On dispose de deux réfrigérants que l'on peut intervertir sans interrompre la fabrication. Dès que

Fig. 91. — Les compresseurs d'un appareil Linde.

l'un d'eux présente des signes d'obstruction, on le remplace par l'autre et on réchauffe pour purger le premier.

La purification de l'air employé à la fabrication de l'azote s'effectue au moyen d'une lessive de soude pour éliminer l'acide carbonique. Puis le gaz comprimé est dirigé sur du chlorure de calcium qui retient la majeure partie de l'humidité.

Les compresseurs du type Burkhardt, à circulation extérieure d'eau, sont à haute pression à trois étages : le premier, à 5 kilogrammes ; le deuxième, à 30 à 35 kilogrammes ; le troisième, à 120 à 200 kilogrammes. L'alternateur les commandant est de 150 HP. On effectue le contrôle des gaz dans des appareils spéciaux en absorbant l'oxygène au moyen de cuivre, et de carbonate d'ammoniaque et d'ammoniaque.

Fabrication de la cianamide. — Le carbure bien pulvérisé est placé dans des fours cylindriques à double enveloppe ; la paroi intérieure est percée de trous, qui permettent l'entrée de l'azote dans le cylindre de carbure ; au centre du cylindre, est ménagé un vide contenant un bâton de charbon qui chauffe le four par résistance électrique. Le carbure, chauffé par le

Fig. 92. — L'ensemble d'un appareil Linde.

charbon, est soumis au courant d'azote pendant un temps variable dépassant en général vingt heures, jusqu'à azotation complète. L'azote est amené à la périphérie du four ; un tuyau de dégagement permet à l'azote en excès et aux gaz divers de s'échapper. Le chauffage au moyen du charbon ne se fait que pendant quelques heures au début de la réaction, qui se continue ensuite sans chauffage.

Certaines usines de cianamide emploient des cornues cylindriques analogues à celles des usines à gaz, avec chauffage au charbon. Ce procédé ne semble pas préférable. Des essais d'azotation sous pression sont poursuivis de divers côtés. Leurs résultats ne sont pas encore concluants.

La formation de la cianamide est fortement exothermique. Toutefois la réaction amorcée sur une partie chauffée de la masse ne se propage à une partie non chauffée que sur une courte distance. Les conditions les plus avantageuses dans lesquelles s'effectue la fabrication actuelle sont :

1º Azotation aussi complète que possible. Plus l'azotation est complète, plus le poids de cianamide obtenu à partir d'un poids donné de carbure est considérable ;

2º Durée d'azotation aussi faible que possible, toutes choses égales d'ailleurs, pour un poids de carbure donné ;

3º Régularité aussi grande que possible de la durée d'azotation.

Le four, enlevé par une grue roulante, est ensuite refroidi. Le pain, qui sort du four par basculage, est concassé dans une salle spéciale en morceaux de 20 à 40 kilogrammes, qui vont ensuite au broyage.

A l'usine de Notre-Dame-de-Briançon, les fours à cianamide contiennent 300 kilogrammes de carbure.

Forster et Jacobi ont étudié l'influence de l'addition de fluorure au carbure servant à la préparation de la cianamide. Ils ont montré que, si des additions de fluorure, de même que des additions de chlorure de calcium, abaissent la température de fixation de l'azote, c'est que ces corps exercent une sorte d'action dissolvante sur la cianamide et le carbure. La vitesse de réaction est, d'ailleurs, toujours proportionnelle à la pression de l'azote.

Finissage de la cianamide. — La cianamide sortant des fours en pains compacts est concassée à la main, puis broyée dans un concasseur à mâchoires. Un moulin à boulets horizontal avec bluterie indépendante termine la préparation. La cianamide en poudre est prise dans des transporteurs et emmagasinée dans des silos en briques ou en ciment, munis d'une ouverture inférieure pour la vidange.

Lors de l'expédition, la cianamide extraite des silos est mélangée à de l'eau en certaine proportion, et la pâte épaisse qui en résulte est mise dans un hydrateur formé de plateaux superposés sur lesquels se meuvent des rateaux. L'addition d'eau a l'avantage de supprimer les traces de carbure restant

Fig. 93. — Vue intérieure d'une salle de fours dans une usine
de cianamide.

Fig. 94. — La salle des fours à cianamide de l'usine de Odda.

dans le produit fabriqué et rend, en outre, ce dernier moins caustique.

Certaines usines ajoutent, en outre, de l'huile de goudron à la cianamide hydratée. Cette addition d'huile rend le produit moins poussiéreux ; mais, par évaporation, le goudron peut disparaître et la cianamide peut redevenir poussiéreuse. Il convient donc de ne pas la garder trop longtemps en magasin. En outre, par suite de l'hydratation et de la carbonatation de la chaux, la cianamide fait éclater les sacs en augmentant de volume, après quelques mois de conservation. Il conviendra donc de tenir le produit dans des silos, autant que possible à l'abri de l'air ; on fera un ensachage lors de la livraison au client.

Force nécessaire. — D'après Frank, on peut préparer 2 tonnes de carbure par kilowatt an, et deux tonnes de carbure se combinent à une demi-tonne d'azote. Il faut donc compter 2 chevaux an deux tiers pour une tonne d'azote et 3 chevaux an en ajoutant la force nécessaire pour le finissage.

Composition de la cianamide. — Actuellement le commerce livre deux dosages pour la cianamide. Le premier est de 15 à 16 p. 100 d'azote, analogue au nitrate de soude. Le deuxième varie de 17 à 20 p. 100 d'azote : il est vendu au titre.

Voici une analyse de cianamide :

```
Azote......................................  15,5
Charbon....................................  15
Chaux......................................  60
Fer et alumine, etc........................   9,5
```

Quand la cianamide contient plus d'azote, la proportion de charbon et de chaux diminue :

```
Azote......................................  19,21
Chaux......................................  54,85
Charbon....................................  13,93
```

La cianamide dans le sol se transforme en ammoniaque et nitrifie ensuite, suivant certains savants et notamment Müntz et Nottin ; elle se transforme en urée et en produits azotés complexes, suivant Ulpiani et d'autres.

**Usines de cianamide. La production et la consom-
mation.**—Les usines de cianamide, existant à l'heure actuelle,
sont :

Autriche.....	Usines de Sebenico et Fiume.
Italie........	Usines de Piano d'Orte, Terni, St-Marcel.
Suisse..	Usine de Martigny.
France.......	Usine de Notre-Dame-de-Briançon.
Norvège......	Usine de Odda.
Amérique....	Usine de Niagara Falls.
Allemagne ...	Usines de Knapsack, Westeregeln, Trosberg, Mühltal.

Quand, vers 1905, les brevets Frank et Caro furent repris
par un groupe de financiers ita-
liens, des licences de fabrication
furent cédées par ce groupe à
des Sociétés qui s'établirent dans
les divers pays. Comme les déten-
teurs des brevets Polzénius formaient en même temps d'autres
Sociétés d'exploitation dont la
concurrence aurait bientôt été
nuisible aux intérêts des deux
groupes industriels, une union
eut lieu vers 1907-1908. Les diverses Sociétés s'unissaient en
consortium et trois bureaux de
vente furent créés. Ces bureaux,
établis à Rome, Paris et Berlin,
s'occupent de la vente et de la
propagande de la cianamide
dans les divers pays européens.

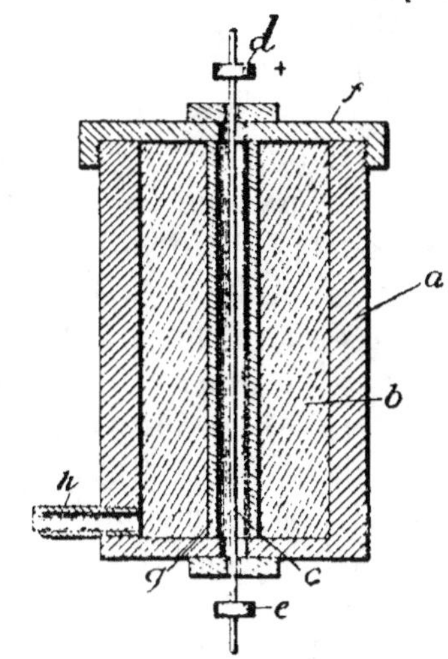

Fig. 95. — Coupe verticale
schématique d'un four
Frank à cianamide.

C, charbon ; H, arrivée de
l'azote ; B, carbure.

La France appartient au Comptoir de Paris.

La production, commencée industriellement en 1908, se
développa graduellement. On peut estimer en 1911 la production et la consommation aux chiffres suivants :

France..	5 000 tonnes.
Espagne.....................	500 —
Portugal.....................	1 000 —
Italie.	8 000 —

Allemagne	12 000 tonnes.
Autriche	2 000 —
Russie	1 000 —
Pays du Nord et Angleterre	7 000 —
Pays d'Orient et Égypte	250 —
Amérique	5 000 —
Colonies diverses	1 500 —

La transformation de la cianamide en sulfate d'ammoniaque. — Dès l'apparition de la cyanamide de calcium, la transformation du produit brut en sulfate d'ammoniaque fut envisagé. Ce dernier produit jouit, en effet, d'un débouché assuré près de la culture et ne demanderait qu'une propagande relativement minime pour voir son marché prendre une extension plus grande encore. Mais la question a été et est encore discutée au point de vue économique.

Quoi qu'il en soit, il existe plusieurs usines de transformation de la cianamide en sulfate d'ammoniaque, et les fabriques de Terni, de Vilvorde et de Knapsak livrent au commerce une dizaine de milliers de tonnes de sulfate par an. La cianamide est traitée par l'eau à l'autoclave. L'ammoniaque qui se dégage sert à fabriquer l'alcali ou le sulfate d'ammoniaque.

Prix de revient de la cianamide. — La question du prix de revient du kilogramme d'azote dans la cianamide a été envisagée par de nombreux auteurs.

Gaye de Genève a estimé ce prix de revient comme pouvant varier entre 1 fr. 35 et 1 fr. 57. Ces chiffres sont trop élevés d'un quart. Le prix actuel de revient du kilogramme d'azote de la cianamide varierait de 0 fr. 80 à 1 fr. 05 suivant les usines.

LE NITRATE DE CHAUX

Le nitrate de chaux au point de vue chimique. — Le nitrate de chaux tétrahydraté a pour formule $(AzO^3)^2$ Ca, $4HO$. Il constitue la majeure partie des efflorescences salines formées sur les murailles humides. Desséché à 170°, il donne le sel anhydre $(AzO^3)^2$ Ca $= 164$. Il cristallise difficilement. Sa densité est de 1,8. Il est déliquescent à l'air. 100 parties d'eau à 0° dissolvent 84 parties de nitrate de chaux et 100 parties d'eau à 100° dissolvent 351 parties du même sel.

Si, à une solution saturée froide de nitrate de calcium, on ajoute de la chaux éteinte, jusqu'à ce qu'elle ne se dissolve plus,

Fig. 96. — Le broyage de la cianamide.

le liquide se prend en une masse semi-solide de nitrate de chaux basique ayant pour formule : Az^2O^6 Ca + Ca $(OH)^2$ + 2,5 H^2O. Ce sel perd son eau de cristallisation à 160°. Il est dissocié par l'eau pure.

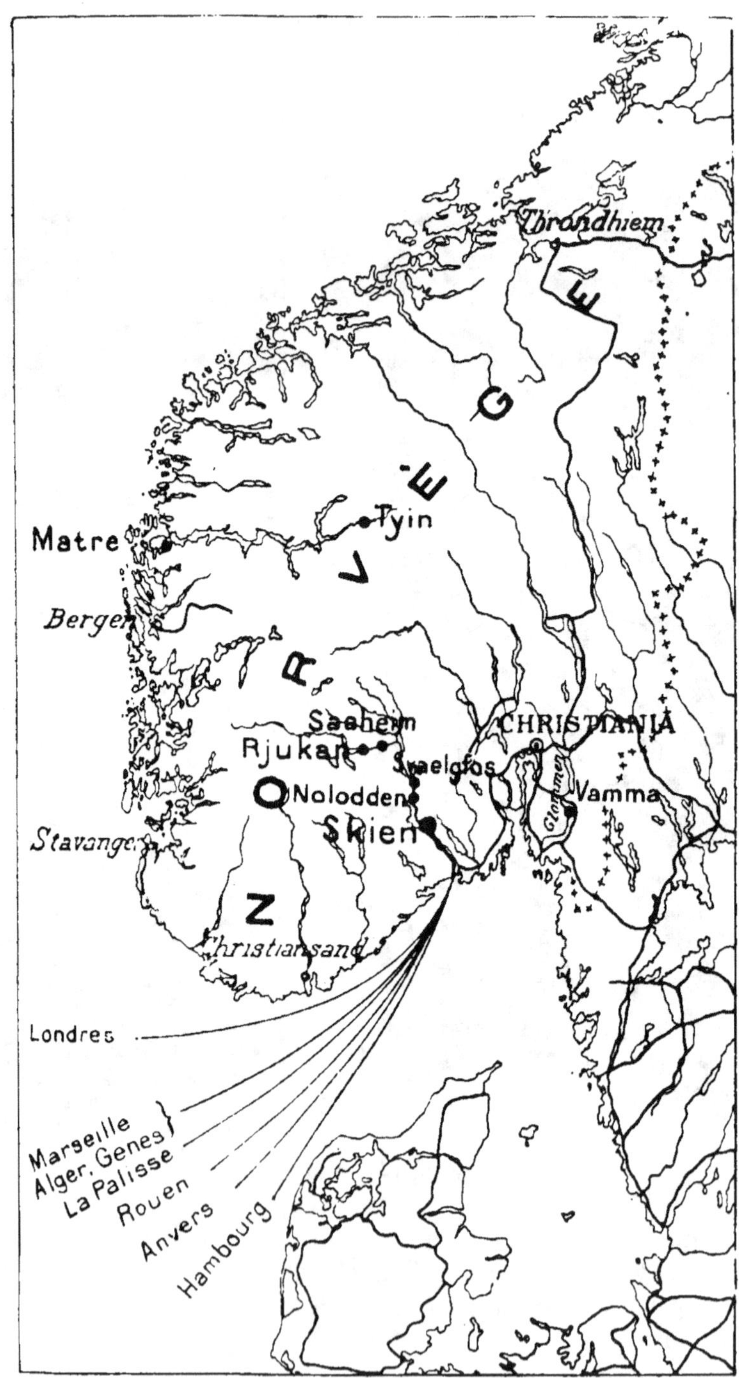

Fig. 97. — Carte de la Norvège : les usines nitratières.

Historique de la fixation de l'azote atmosphérique par les procédés d'oxydation. — Les recherches effectuées pour fixer l'azote de l'air par oxydation sont anciennes. Depuis Cavendish et Priestley, on peut citer les recherches

Fig. 98. — Une chute dans les montagnes norvégiennes.
La chute de Rjukan de 227.000 chevaux.

faites par presque tous les savants s'étant occupés de chimie minérale. Mais les essais étaient restés infructueux jusque vers la fin du siècle dernier. En 1889, Siemens et Hoffmann parvinrent à oxyder l'azote ; mais ces essais, pas plus que ceux de Frölich sur la fabrication du nitrate d'ammoniaque,

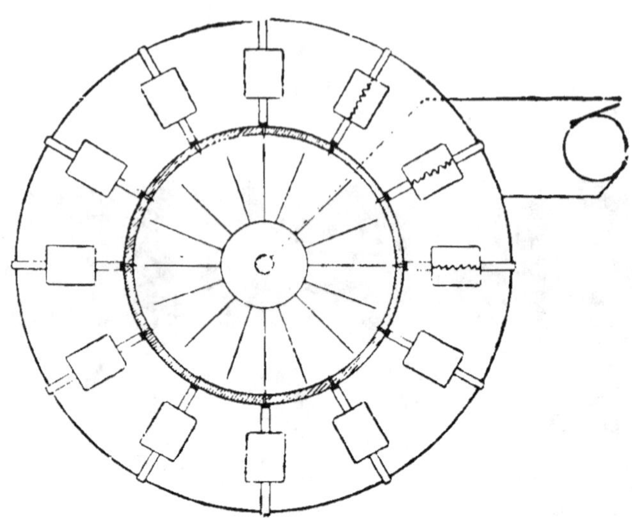

Fig. 99. — Coupe du four à tambour tournant Bradley et Lovejoy.

ne donnèrent de résultats pratiques par suite du prix élevé du courant électrique à cette époque. Crookes et Lord Rayleigh contribuèrent à éclaircir la question de la fixation de l'azote. Bradley et Lovejoy employèrent les décharges produites par un arc intermittent à haute tension ; mais le procédé, bien qu'employant les chutes du Niagara, était encore trop coûteux. Siemens et Halske tentèrent l'emploi de l'arc jaillissant entre deux électrodes en charbon renfermant

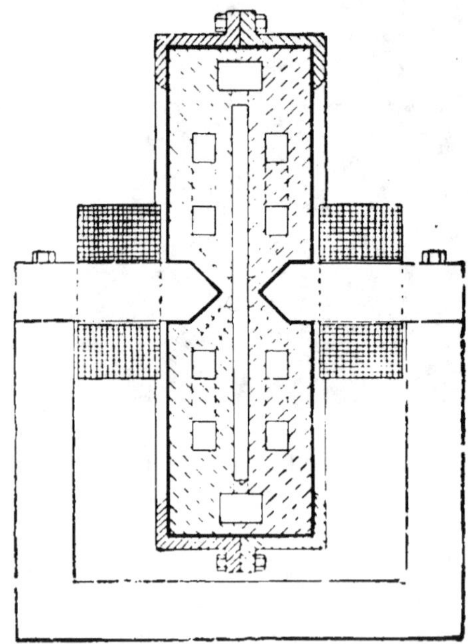

Fig. 100. — Coupe du four Byrkeland et Eyde.

certains sels dans le but d'augmenter la dimension de la zone d'action de l'arc. On essaya dans le même but l'action d'un aimant, puis celle d'un arc mobile, et les procédés de Byrkeland, ceux de Kowalsky, ceux de Pauling, semblent avoir résolu la question de la fixation de l'azote de l'air par oxydation. Il convient encore de citer les travaux des chimistes Nernst, Hofer, Brode, Lepel, etc., sur l'emploi de l'arc.

Fig. 101. — La salle des fours électriques à l'usine de Notodden.

Action de l'arc électrique sur l'azote et l'oxygène de l'air. — Le produit de la combinaison directe de l'oxygène et de l'azote de l'air, sous l'action de l'arc électrique, est de l'oxyde azotique AzO, qui, en présence de l'eau et de l'air en excès, se transforme en acide azoteux et en acide azotique. L'oxyde azotique, en présence de l'oxygène de l'air, donne du peroxyde d'azote AzO^2 :

$$AzO + O = AzO^2.$$

L'eau décompose le peroxyde d'azote et donne de l'acide azotique et de l'acide azoteux, si l'on opère à basse température:

$$2\,AzO^2 + H^2O = AzO^3H + AzO^2H$$

et de l'acide azotique et de l'oxyde azotique, si la température
est élevée :

$$3\,AzO^2 + H^2O = 2\,AzO^3H + AzO.$$

Ces réactions successives seraient très efficaces si la réaction
primitive $Az + O = AzO$ n'était pas réversible. L'oxyde azotique est, en effet, dissocié à la température même à laquelle
il se forme lorsque la proportion de cet oxyde dans le mélange
gazeux dépasse une certaine limite qui est d'ailleurs toujours
très faible. L'équilibre de cette réaction réservible a été étudiée
notamment par Nernst qui a constaté que la proportion d'oxyde azotique augmente rapidement avec la température. Cette
proportion passe de 0,37 à 5 p. 100 du volume d'air soumis à
l'action de l'arc électrique, lorsque la température s'élève de
1.811° à 3.200°.

Le rendement est d'autant plus grand que la température
à laquelle est porté l'air est plus élevée, à la condition que le
refroidissement des gaz soit très rapide afin d'éviter la dissociation. L'arc électrique permet d'obtenir une température très
élevée et donne la possibilité de refroidir très rapidement le
mélange gazeux obtenu.

Procédé Harry Pauling. — On soumet à l'action d'étincelles électriques de l'air chauffé à une température telle que
le protoxyde d'azote ne puisse exister. L'air à la température
ordinaire donne en passant à travers l'arc électrique du protoxyde et du bioxyde d'azote et de l'ozone. Ces trois corps sont
endothermiques et absorbent une grande quantité de chaleur.
On ne produira ni protoxyde d'azote ni ozone en soumettant
à l'action de décharges électriques de l'air chauffé au-dessus de
1.000°. Ce résultat est obtenu en faisant passer les gaz alternativement dans un sens et dans l'autre à travers un four formant
le couronnement de deux accumulateurs de chaleur en briques
réfractaires. La source de chaleur est formée par des électrodes de charbon introduites transversalement dans le four.
Chaque accumulateur de chaleur est divisé en un certain nombre de compartiments, et muni d'un canal d'amenée et de
sortie alternatives de gaz.

Les gaz oxydés sont traités, comme nous le verrons plus

loin pour la fabrication de l'acide azotique et du nitrate de chaux.

Procédé des frères Pauling. — Ce procédé est fondé sur l'emploi d'arcs de grande puissance éclatant entre des électrodes placées en regard l'une de l'autre et recourbées dans un

Fig 102. — Flamme produite par le four Byrkeland et Eyde.

plan vertical. Ces électrodes sont en fer ; elles sont creuses et refroidies par un courant d'eau. Alimenté par du courant alternatif à 4.000 volts, l'arc s'amorce entre les points les plus rapprochés des électrodes et s'étale ensuite jusqu'au sommet des cornes sous l'action des courants de connection et d'un puissant courant d'air, amené par une tuyère à orifice aplati dans le plan des électrodes.

Pour obtenir le refroidissement des gaz ayant traversé l'axe, un courant d'air, contenant une certaine quantité d'oxyde azotique, arrive à la partie supérieure de la flamme, à une vitesse inférieure à celle de l'air pur de la tuyère, de manière à produire un vide qui allonge la flamme.

Fig. 103. — Un des premiers fours industriels Byrkeland et Eyde.

Pour allumer l'arc, on dispose de deux électrodes auxiliaires mobiles, qu'on rapproche suffisamment.

Dans chaque four sont disposés deux séries d'électrodes ; et

chaque double four consomme 400 kilowatts sous une tension
de 4.000 volts. Les deux arcs de chaque four sont montés en
série et, pour en assurer la stabilité, on dérive sur l'une des paires
d'électrodes une résistance chimique convenable : l'arc non
shunté s'amorce, et, par la chute de tension, le second arc
s'amorce à son tour. L'arc une fois établi, on fait arriver l'air
et on diminue la résistance du shunt.

Fig. 104. — La vallée de la Maana.

L'usine de Patsch, près d'Innsbrück, qui travaille avec le
procédé Pauling, dispose d'une puissance de 15.000 chevaux
alimentant 24 fours de 400 kilowatts chacun.

L'énergie électrique est fournie par les usines de la Sill. La
quantité d'air traité est de 600 mètres cubes par four et par
heure. A la sortie du four, les gaz contiennent 1,5 p. 100 d'oxyde
azotique et ont une température de 500° à 800°.

Indépendamment de l'azotate de calcium, l'usine produit

de l'acide azotique et obtient 60 grammes d'acide par kilowatt-heure.

Procédé Byrkeland et Eyde. — Dans le procédé Byrkeland et Eyde, on utilise un arc soufflé par un champ magnétique. Les électrodes sont constituées par deux tubes de cuivre refroidis par une circulation d'eau. Ces électrodes peuvent être utilisées pour des arcs absorbant jusqu'à 700 kilowatts sous une tension de 3.500 volts en courant alternatif. La longueur de l'arc est de 10 millimètres.

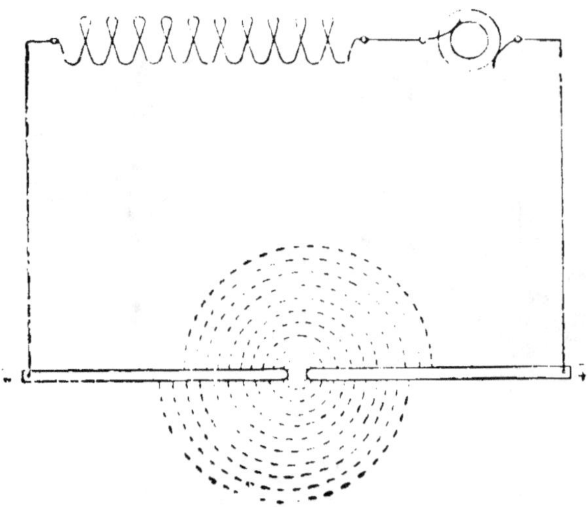

Fig. 105. — Disque lumineux produit par un courant alternatif.

Un champ magnétique intense souffle les arcs alternatifs qui se produisent en forme de nappe circulaire dont le diamètre maximum atteint $1^m,40$. En étalant ainsi la flamme de l'arc, on augmente la surface de contact avec l'air.

La flamme de l'arc se produit dans une chambre circulaire construite en argile réfractaire, ayant environ 2 mètres de diamètre et seulement 80 millimètres de largeur. L'air pénètre dans le four par les parois latérales de la chambre centrale et est soufflé normalement au centre du disque formé par la flamme.

Le champ magnétique est produit par un puissant électro-aimant dont les pôles sont dirigés respectivement de chaque côté de la chambre.

Le mélange de gaz nitrés et d'air sort par une conduite en terre réfractaire, qui le soustrait à la haute température du four. La température de la flamme dépasse 3.000°, et à la sortie les gaz sont encore à 800°-1.000°.

Les électrodes durent trois ou quatre semaines, et le garnissage réfractaire quatre à six mois.

La Société Norvégienne de l'Azote exploite le procédé Byrkeland et Eyde dans son usine de Notodden, où la salle des fours comprend 12 batteries de trois fours chacune, ayant une puissance moyenne variant de 740 à 1000 kilowatts. L'énergie nécessaire à la marche des fours est fournie par l'usine hydro-électrique de Svaelfös, distante de 5 kilomètres, sous forme de courants triphasés à 50 périodes sous une tension de 10.000 volts. L'air est envoyé dans les fours par des ventilateurs situés au sous-sol de la salle des fours.

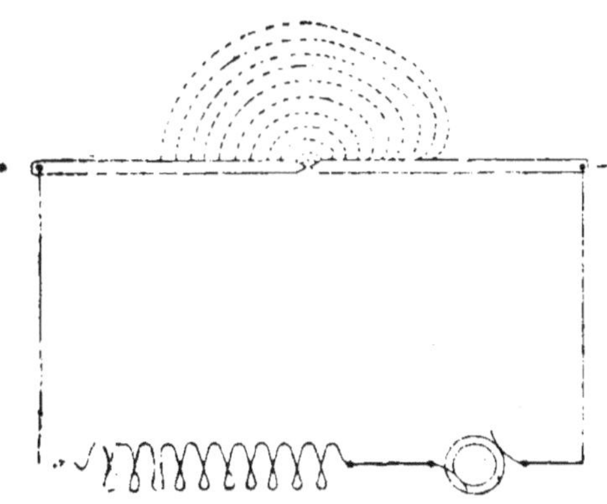

Fig. 106. — Demi-disque lumineux produit par un courant continu.

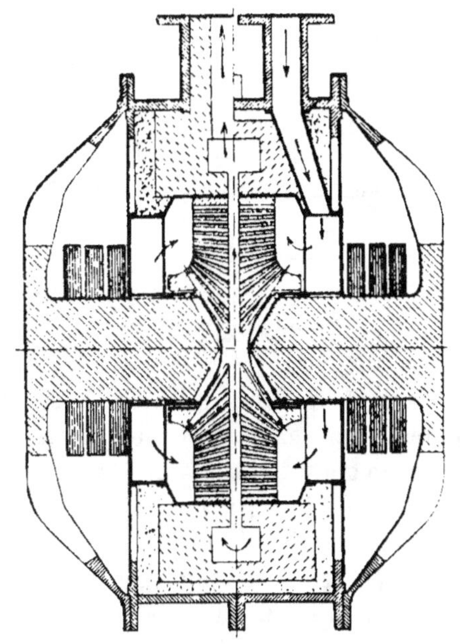

Fig. 107. — Coupe schématique du four électrique Byrkeland et Eyde.

Les gaz sortant des fours sont à la température de 1000°. Ils sont immédiatement conduits dans les tubes de chauffe de chaudières à vapeur, où leur température tombe à 300°. Les gaz passent ensuite dans des réfrigérants tubulaires à eau où leur température s'abaisse à 50° environ. Ils arrivent dans des tours d'oxydation, où se font les réactions entre l'oxyde azotique, l'eau et l'oxygène de l'air. Ils passent dans des tours d'absorption en granit, remplies de matériaux réfractaires constamment arrosés d'eau : on recueille au bas de ces tours de l'acide azotique à

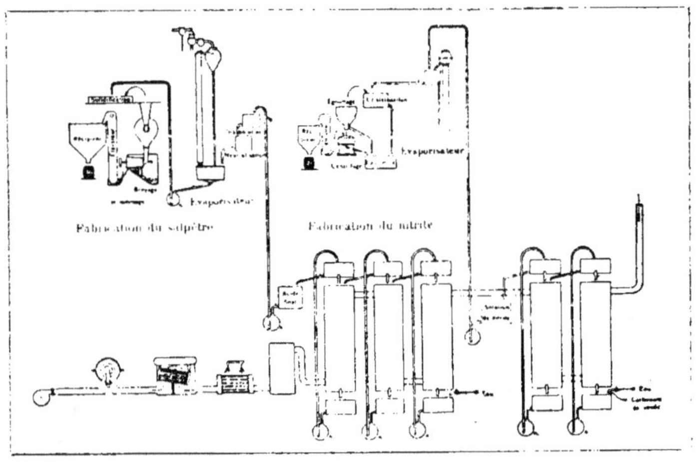

Fig. 108. — Usine de Notodden.
Schéma de la fabrication des produits azotés.

50 p. 100 de concentration. Les gaz, non encore épuisés en vapeurs nitriques et nitreuses, passent dans une tour d'absorption à lait de chaux, au bas de laquelle on recueille un mélange de nitrite et de nitrate de chaux. Ce mélange de nitrite et de nitrate est transformé en nitrate par l'acide azotique, et les oxydes gazeux dégagés sont envoyés dans les tours d'absorption. L'acide azotique est concentré et vendu à l'industrie, ou est utilisé pour la fabrication du nitrate de chaux, qui se fait dans des cuves de granit disposées en série et remplies de carbonate de chaux :

$$2\,AzO^3H + CO^3Ca = (AzO^3)^2\,Ca + CO^2 + H^2O$$

Fig. 109. — Notodden. Une partie de la salle des fours (32 fours de 1.000 H. P.)

Fig. 110. — Tours d'absorption de Notodden.

La solution aqueuse de nitrate de chaux est envoyée dans des appareils d'évaporation, chauffés par la vapeur des chaudières utilisant les gaz chauds à la sortie des fours. La concentration est poussée jusqu'à ce que le produit contienne 13 p. 100 d'azote. La masse est envoyée ensuite dans des chambres où se fait la solidification du nitrate. La matière solide, cristalline, plus ou moins blanche, est brisée, puis concassée et emballée dans des barils en bois d'une contenance de 100 kilogrammes nets de nitrate.

L'azotite de sodium est fabriqué pour l'industrie des couleurs en faisant passer les gaz des fours dans une tour d'absorption, où coule une lessive de soude. La solution est concentrée et les cristaux séparés par turbinage.

L'usine de Svaelfös dispose de 34.000 chevaux. L'usine de Rjukan, actuellement en aménagement, permettra de disposer de 227.000 chevaux. On ne sait pas encore exactement la quantité d'acide azotique ou celle de nitrate de chaux qui sera fabriquée après cet aménagement.

Procédé Schönherr. — Dans ce procédé, l'air passe autour d'un arc électrique de grande longueur, en suivant un mouvement hélicoïdal, ou tourbillonnant.

Le four est formé d'une électrode en cuivre, refroidie par un courant d'eau, isolée électriquement de la masse du four et munie en son centre d'un noyau de fer d'où jaillit l'arc. Au-dessus de l'électrode est disposé un tube en acier de 5 à 7 mètres de longueur, relié électriquement avec la masse métallique du four. L'arc, une fois amorcé entre le noyau et le tube d'acier, est allongé jusqu'au sommet du tube, grâce à la pression de l'air que l'on insuffle dans le four. La tension de l'arc est de 5 à 7.000 volts. Les fours de 600 chevaux ont 5 mètres de long ; ceux de 1.000 chevaux atteignent 7 mètres. L'air arrive toujours par la partie inférieure, par une série d'ouvertures inclinées, réglables au moyen d'une bague. La pression ne peut être constante : il en résulte une variation de longueur de l'arc électrique, que l'on observe d'ailleurs par des regards appropriés. On évite l'usure du tube par une circulation d'eau à la partie supérieure, analogue à celle du noyau. L'air, avant d'entrer dans le tube, passe dans des conduites où il s'échauffe. A la sortie du tube, le mélange d'air et d'oxydes d'azote est dirigé vers les appareils d'absorption.

Les fours sont montés horizontalement ou verticalement. L'arc de grande longueur a pour effet de rendre les courbes de tension et d'intensité presque sinusoïdales, alors que le procédé Byrkeland et Eyde produit une pointe au commencement de chaque demi-onde. La chute de tension est régulière tout le long de l'arc. La teneur en oxydes des gaz s'accroît au milieu et à la partie supérieure : les gaz à leur sortie contiennent 2 p. 100 d'oxydes, et leur température est d'environ 1.200°.

On a trouvé que 3 p. 100 d'énergie électrique sont transformés en énergie chimique, c'est-à-dire servent à la formation d'oxydes d'azote ; 40 p. 100 servent à réchauffer l'eau de réfrigération du four ; 17 p. 100 sont perdus par radiation et conductibilité ; 30 p. 100 sont abandonnés par les gaz aux chaudières à vapeur ; 10 p. 100 sont absorbés par les divers appareils de condensation. On voit que l'énergie, réellement utilisée, est encore très faible et que l'on ne doit utiliser ce procédé que lorsqu'on dispose d'énergie à bas prix.

La transformation de l'oxyde azotique en peroxyde commence à 600° et se continue jusqu'aux températures les plus basses ; la transformation demande un temps d'autant plus long que la concentration de l'oxyde d'azote est plus faible. Il y a donc un grand avantage à

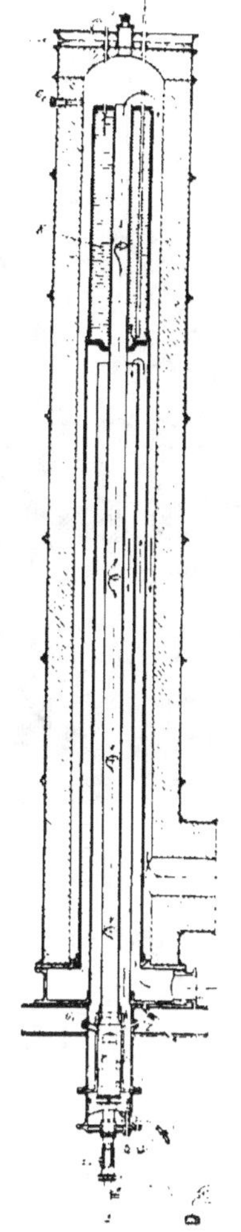

Fig. 111. — Coupe du four Schönher.

obtenir des vapeurs nitreuses concentrées. La première partie des gaz peut être facilement absorbée par l'eau et donner de l'acide azotique à 30 p. 100 :

$$2\,AzO + O^2 = 2\,AzO^2 \quad \text{et} \quad 3\,AzO^2 + H^2O = 2\,AzO^3H + AzO.$$

En traitant l'acide azotique par du calcaire, on obtient un azotate de chaux exempt d'azotite : c'est le salpêtre de Norvège ou Norge Salpeter. Le reste des vapeurs nitreuses est absorbé par des solutions alcalines ou alcalino-terreuses. Il se

Fig. 112. — Vue générale de l'usine de Notodden.

forme des azotites employées dans l'industrie des matières colorantes :

$$2\,AzO^2 + 2\,NaOH = AzO^2Na + AzO^3Na + H^2O$$

et

$$AzO + AzO^2 + 2\,NaOH = 2\,AzO^3Na + H^2O.$$

La première équation s'applique au peroxyde ; la seconde, à un mélange d'oxyde et de peroxyde. Il convient de remarquer ici que, si les débouchés du nitrate de chaux sont immenses en agriculture, les débouchés des azotites sont, au contraire, très restreints.

La Société Norvégienne de l'azote s'est associée dernièrement avec la Badische Anilin und Soda Fabrik, avec la Farbenfabrik d'Elberfeld, et l'Acktiengesellschaft für Anilinfabrikation de

Treptow. Ce consortium a réuni des capitaux suffisants pour acquérir et aménager des chutes d'eau importantes en Norvège, celle de Rjukan (227.000 chevaux) celles de Tyin (81.000 chevaux) et celle de Matre (83.000 chevaux).

Procédé Schlœsing. — Les gaz sortant des fours Byrke-

Fig. 113. — Coupe schématique des usines de Svaelgfos-Notodden.

land et Eyde passent dans un dessiccateur enlevant toute humidité, avant d'entrer dans une série de cylindres contenant des fragments de chaux vive maintenus à une température de 350° ou 400°. Ce procédé donne un nitrate de chaux à 4 p. 100 d'azote et permet de dépouiller les gaz de toute trace

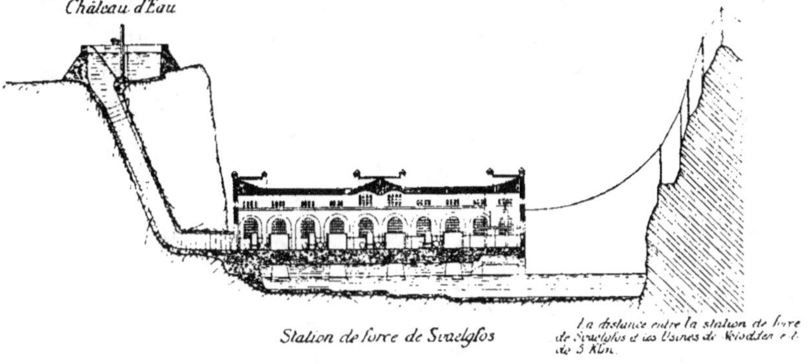

Fig. 114. — Coupe schématique des usines de Svaelgfos-Notodden I.

de vapeur nitreuse ou nitrique. On évite aussi la fabrication intermédiaire d'acide azotique.

Schlœsing utilise un dispositif consistant en une caisse remplie de matière mixte au point de vue chimique, mais que l'on peut porter à une température voisine de 350° au 400° au moyen d'une source de chaleur quelconque. Dans cette caisse sont placés verticalement des cylindres métalliques terminés à leurs deux extrémités par des calottes semi-sphériques dans lesquelles passent des tubes faisant communiquer entre eux les différents cylindres. Dans ces derniers se trouve des fragments de chaux vive agglomérés par la chaleur. Les gaz nitreux, sortant du four Byrkeland, passent d'abord par un des-

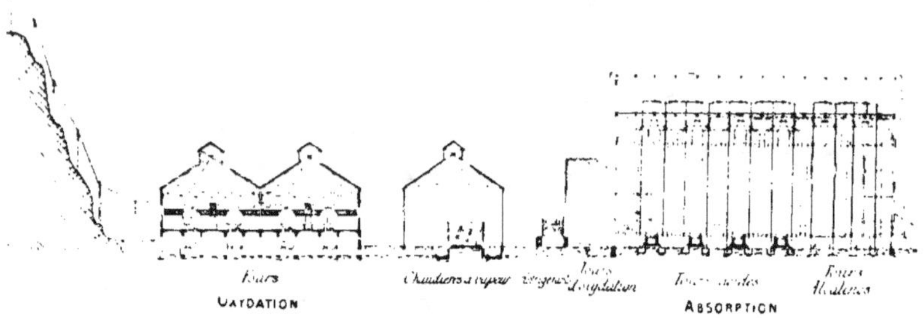

Fig. 115. — Coupe schématique des usines de Svaelgfos-Notodden II.

siccateur, qui, sans les transformer chimiquement, les débarrasse de toute trace d'humidité ; ils pénètrent alors dans le premier cylindre, puis dans le second et le troisième, et s'échappent finalement dans l'air. On peut naturellement employer un nombre de cylindres supérieur à trois, mais de nombreuses

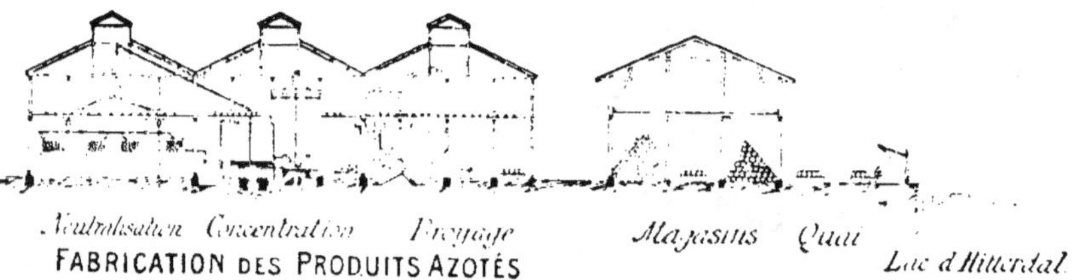

Fig. 116. — Coupe schématique des usines de Svaelgfos-Notodden III.

expériences ont prouvé que l'augmentation de poids des deux premiers cylindres correspond rigoureusement à la teneur en composés nitrés du gaz qui les a traversés. Ainsi, ces gaz nitrés se sont intégralement et presque instantanément transformés en nitrate de chaux. Il est, du reste, facile de se rendre compte qu'il en est bien ainsi, les gaz qui s'échappent de la batterie étant absolument dépouillés, et jusqu'à la dernière trace, de leurs oxydes d'azote. Les autres cylindres conservent leur poids initial, sans le moindre changement.

D'après Grandeau, le résultat final et pratique de ces expériences serait la production directe d'un nitrate de chaux ayant une teneur en azote (14 à 14,5 p. 100) plus élevée que celle du nitrate qu'on obtient actuellement aux usines de Notodden. Cette méthode permettrait, en outre, d'utiliser entièrement l'azote fabriqué dans les fours électriques, puisqu'il n'y a aucune perte de ce gaz au moment de l'absorption des oxydes nitreux par la chaux. Cette opération ne demande, du reste,

Fig. 117. — Cuves de granit pour la saturation de l'acide nitrique par le calcaire.

qu'un matériel d'une extrême simplicité et entraîne par suite une notable économie dans les installations industrielles.

Procédés divers. — *Schlutius*, afin de permettre une action uniforme des décharges électriques formées entre deux électrodes sur les gaz, fait éclater ces étincelles sous forme de bandes, cônes ou disques, au milieu des gaz circulant dans une direction parallèle ou perpendiculaire. Une décharge en bande s'obtient en déplaçant rapidement et latéralement les points entre lesquels jaillissent les étincelles ; une étincelle en cône s'obtient entre une électrode pointue et une autre plate. Dans un dispositif un cylindre tourne en face de plaques métalliques parallèles à son axe ; une série d'étincelles en bandes jaillissent entre les parties les plus voisines du cylindre et des plaques ; elles sont traversées par l'air, qui est dirigé par un dispositif spécial.

Siemens et Halske font traverser au mélange d'oxygène et d'azote, plusieurs fois successivement, l'arc électrique, un réfrigérant, et un appareil d'absorption. Le gaz s'enrichit peu à peu en peroxyde d'azote et, à partir d'une certaine limite, une

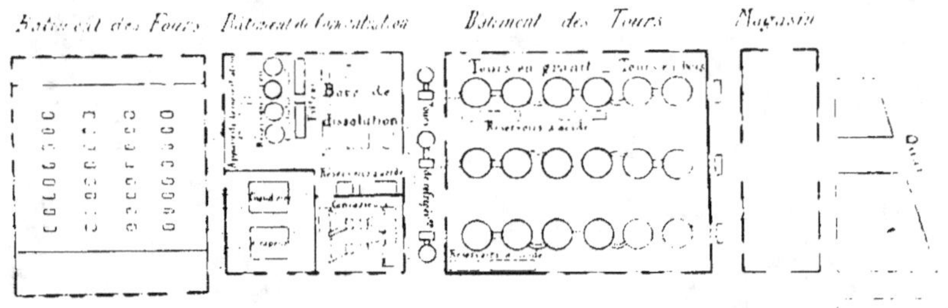

Fig. 118. — Plan de l'usine de Notodden (nouvelle usine).

partie du peroxyde est retenue par l'appareil d'absorption. De nouvelles quantités de gaz sont ajoutées au fur et à mesure de la marche de la réaction.

Les frères *Siemens* ont proposé des électrodes contenant des sels métalliques tels que fluorures, borates, silicates alcalins, etc. ; la résistance de l'arc est diminuée, et ce dernier devient plus volumineux ; de plus, l'action catalytique de ces substances semble favoriser la formation des composés azotés.

Le procédé *Petersons* éloigne rapidement les composés oxygénés de l'azote de l'action de l'arc, pour éviter leur décomposition. On déplace l'arc par une action électrodynamique pendant son action sur l'air.

La *Société anonyme d'études électrochimiques en Angleterre* donne de la stabilité aux arcs en employant des électrodes en forme de corne ; on obtient un arc de tension déterminée et de la plus petite longueur ; sous la poussée des gaz, il s'étale en remontant le long des électrodes.

A. de Montlaur a proposé l'emploi des rayons cathodiques et des rayons X pour obtenir la formation des composés oxygénées de l'azote, en disposant une ou plusieurs ampoules radiantes dans l'intérieur des électrodes ou entre celles-ci.

Kowalski et Moscicki (fig. 121) ont combiné un appareil composé d'une électrode cylindrique en cuivre *b*, traversée par un

Fig. 119. — Coin du magasin de nitrate de Norvège à Notodden.

courant d'eau qui entre par la partie supérieure et sort en *m*. L'autre électrode *a* porte un bourrelet *i*. L'arc amorcé entre ce bourrelet et l'électrode *b* monte entre les électrodes, et il est mis en rotation par un champ magnétique produit par une bobine *h* plongeant dans un bain d'huile, qui assure l'isolement complet de l'appareil et le refroidissement de l'électrode *a*, l'huile étant elle-même refroidie par un serpentin à eau *r*. L'air entre par la partie supérieure *e* et sort par la conduite *g*. L'appareil permet d'obtenir 60 gr. d'acide nitrique par kilowatt-heure, ou 525 kilogr.

par kilowatt-an, avec un appareil de 27 kilowatts environ.

Prix de revient de l'azote nitrique synthétique. — D'après Guye, le prix de revient du kilogr. d'azote dans l'acide nitrique, à 22,2 p. 100, fabriquée par le procédé Byrkeland, serait de 1 fr. 15, et le prix de revient du kilogr. d'azote dans le nitrate de chaux à 13 p. 100 d'azote serait, pour le même procédé, de 1 fr. 25. Thompson estime que la tonne de nitrate de chaux ne reviendrait pas à Notodden à plus de 112 fr. 50.

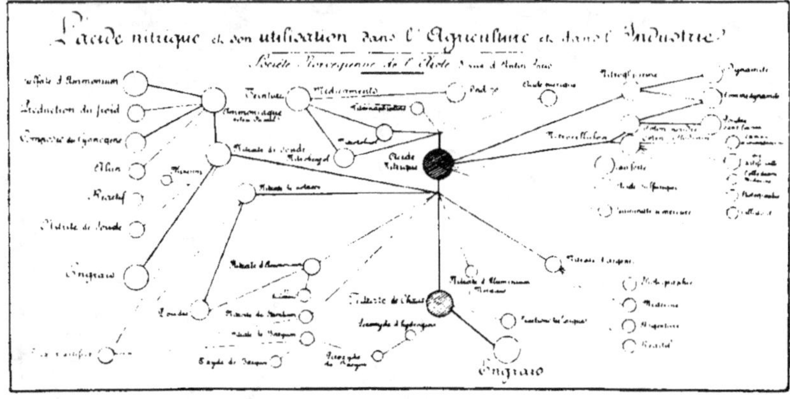

Fig. 120. — L'acide nitrique et son utilisation dans l'Agriculture et dans l'Industrie.

Brosse et Flusin estiment que, à Notodden, le prix de revient d'une tonne d'acide nitrique à 22,2 p. 100 d'azote varie de 218 à 258 francs, et que le prix de revient d'une tonne de nitrate de chaux à 13 p. 100 d'azote varie de 128 à 158 francs. En France, le procédé Byrkeland donnerait, d'après les mêmes auteurs, un prix de revient pour l'acide nitrique de 305 à 350 francs, et un prix de revient pour le nitrate de chaux de 225 à 322 francs, suivant le prix de l'énergie.

Actuellement, et à moins de circonstances exceptionnelles, la fabrication du nitrate de chaux dans les Alpes Françaises ne semble pas avoir de chances de succès, même en comptant un rendement de 0,6 tonne d'acide nitrique par kilowatt-an, le rendement à Notodden variant autour de 0,55.

Production et commerce du nitrate de chaux. — Le

nitrate de chaux est un sel blanc jaunâtre ou blanc gris, opaque et sans odeur. Il est fortement hygroscopique. Le produit mis dans le commerce par la Société Norvégienne de l'azote dose 13 p. 100 d'azote. Il se présente sous forme de petits grains et est emballé dans des barils en bois étanches contenant net 100 kilogrammes d'engrais. La Société Norvégienne de l'Azote a créé, dès 1908, des correspondants dans chaque pays. Elle fait à ces agents les ventes et les livraisons directes. La production limitée en 1909 à quelques milliers de tonnes, qui ont servi à faire des essais, a atteint, en 1910, 20.000 tonnes environ. Sur ces 20.000 tonnes, la France reçut, en 1910, 800 tonnes. L'importation a lieu par Hambourg pour l'Allemagne, par Anvers pour la Belgique, par Rouen, la Pallice et Marseille pour la France. Les pays du Nord de l'Europe et l'Allemagne absorbent la majeure partie de la production des usines, qui ont plus d'intérêt à expédier sur Hambourg ou Anvers, par suite des frets réduits, et

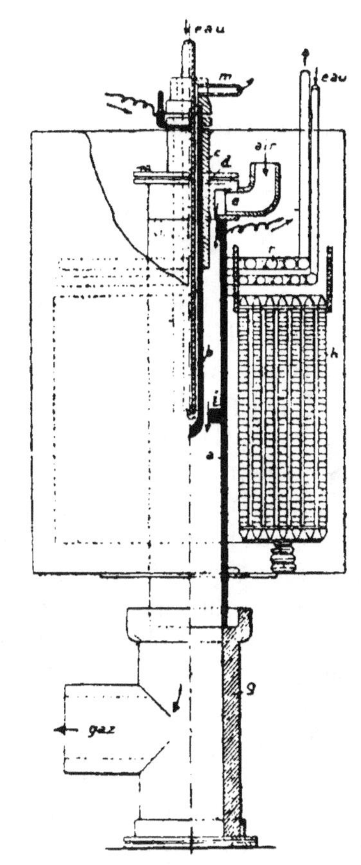

Fig. 121. — Appareil de Moscicki.

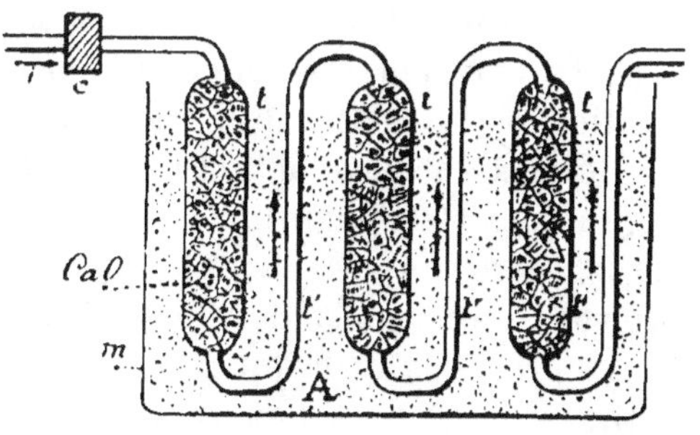

Fig. 122. — Schéma de l'appareil de Schlœsing.

PLUVINAGE — Engrais.

12

des prix légèrement supérieurs offerts sur ces places (20 marks aux 100 kilogrammes caf. ports de la mer du Nord).

Le prix du nitrate de chaux 13 p. 100 d'azote à Rouen est analogue au prix du nitrate de soude à Dunkerque. Il a varié de 22 à 23 francs les 100 kilogrammes départ en 1910.

LE NITRATE D'AMMONIAQUE

Le nitrate d'ammoniaque, qui se rencontre en petites quantités dans l'air atmosphérique, cristallise anhydre en prismes de formule $AzO^3AzH^4 = 80$, de densité 1,70. Il se dissout à 18° dans 0,50 partie d'eau et à chaud en toute proportion. En se dissolvant, il produit un refroidissement énergique. Il se décompose facilement à 200°, en protoxyde d'azote et en eau. Le nitrate d'ammoniaque renferme, quand il est pur, 30 p. 100 d'azote.

Préparation. — On peut obtenir directement le nitrate d'ammoniaque en faisant arriver une solution d'acide azotique dans une solution refroidie d'ammoniaque pure ou carbonatée.

On a proposé la réaction du bicarbonate d'ammoniaque sur le nitrate de soude. Pour obtenir un sel pur, Craig traite un mélange de nitrate de soude et de sulfate d'ammoniaque par l'eau, pour produire une double réaction, dessèche le produit obtenu et le soumet à l'action de l'ammoniaque, qui détermine la dissolution du nitrate d'ammoniaque, tandis que le sulfate de sodium reste insoluble.

Le nitrate d'ammoniaque présente, au point de vue de l'industrie des engrais, les avantages de la pureté et de la concentration, ce qui est à considérer pour certaines fumures et pour les longs transports. Mais, avec le procédés précédents, la préparation ne se justifie pas au point de vue économique, et en fait, le prix de vente actuel du nitrate d'ammoniaque dépasse 80 francs les 100 kilogrammes, ce qui donne pour l'unité d'azote 2 fr. 30. Toutefois ce sel employé jusqu'ici dans l'industrie pourrait voir son usage se développer comme engrais avec les nouveaux procédés utilisant l'azote de l'air. Parmi les diverses méthodes indiquées dans ces dernières années, nous citerons celle de Ostwald et celle de Buhler, qui visent la production du nitrate d'ammoniaque pour l'industrie, mais qui, modifiées ou perfectionnées, pourraient peut-être fournir le produit agricole.

Procédé Ostwald. — Le procédé Ostwald utilise le pouvoir catalyseur d'un mélange de platine, iridium et rhodium, pour transformer l'ammoniaque en acide azotique :

$$AzH^3 + 4O = AzO^3H + H^2O.$$

Le pouvoir catalytique jusqu'ici inexpliqué du platine est connu depuis 1825, époque où Kuhlmann l'a observé. Schönbein reconnut ensuite que l'oxydation de l'ammoniaque par le platine peut se faire à la température ordinaire. Enfin Löw découvrit que le passage d'un mélange d'ammoniaque et d'air sur la mousse de platine donne de l'azotate d'ammoniaque. Certains corps appelés catalyseurs accélèrent la réaction de l'ammoniaque sur l'oxygène et la rendent instantanée.

L'appareil d'Ostwald, qui fonctionne dans une usine d'essai à Gœthe, reçoit le gaz ammoniac produit d'une manière quelconque (eaux ammoniacales, cianamide, nitrure, etc.), par l'orifice A ; le courant gazeux entraîne une certaine quantité d'air qui pénètre en B. Le mélange d'ammoniaque et d'air pénètre dans le tube E en traversant le catalyseur C au platine, au niveau duquel se fait la réaction. Le tube D ne renferme que de l'acide nitrique qui se rend dans les appareils de condensation. L'acide nitrique ainsi obtenu est remarquablement pur. Il est notamment tout à fait exempt de chlore et permet d'obtenir à peu de frais des sels ammoniacaux parfaitement purs. D'après les promoteurs du procédé Ostwald, le prix de revient du nitrate d'ammoniaque pur serait, avec le cours actuel des sels ammoniacaux, de 650 francs la tonne.

Procédé Buhler. — Il existe à Notodden une usine de nitrate d'ammoniaque installée d'après les procédés Buhler, et dont la production peut être de 15 tonnes par jour.

L'acide azotique synthétique concentré à 40 à 50 p. 100 et l'ammoniaque en solution aqueuse à 20 à 30 p. 100 s'écoulent dans des mélangeurs fermés garnis de tubes de dégagement des vapeurs nuisibles. La solution de nitrate est clarifiée dans des récipients, puis filtrée et concentrée avant d'être envoyée sur des cristallisoirs maniés d'un mouvement d'oscillation qui favorise la formation de cristaux purs. Le nitrate est ensuite turbiné à l'air chaud.

Le commerce du nitrate d'ammoniaque. — Le nitrate d'ammoniaque ne présente, à l'heure actuelle, qu'un intérêt restreint comme engrais. Son prix, trop élevé, est prohibitif pour l'emploi de ce sel en agriculture.

Le *procédé Haber*, qui consiste à obtenir l'ammoniaque synthétiquement au moyen des éléments de l'air et de l'eau et à faire réagir ensuite cette ammoniaque sur l'acide azotique, le procédés Ostwald ou Buhler que nous venons d'examiner, ne semblent pas devoir fournir un produit donnant le kilogr. d'azote à parité du prix du kilogr. d'azote dans le nitrate de soude. Nous les avons signalés, car ils peuvent être l'origine de procédés permettant d'obtenir un engrais azoté pour ainsi dire idéal, à un prix intéressant. Le nitrate d'ammoniaque vendu pour l'industrie chimique et celle des explosifs vaut aujourd'hui 85 francs les 100 kilogrammes.

LE NITRURE OU AZOTURE D'ALUMINIUM

L'azoture d'aluminium de formule $Az^2Al^2 = 82$ se présente sous forme de cristaux jaunes dégageant au contact de l'eau l'azote sous forme d'ammoniaque.

Briegleb et Geuther avaient constaté, en 1863, que l'aluminium fondu peut absorber quelques centièmes d'azote ; mais c'est Mallet qui a obtenu le premier le composé Al^2Az^2 en portant à haute température un mélange d'aluminium et de carbonate de soude. L'azoture d'aluminium, formé par l'azote de l'air, recouvrait la surface du métal de particules jaunâtres. Frank et Rossel ont obtenu un azoture impur en traitant à l'air un mélange d'aluminium et de carbure de calcium.

Procédé Serpek. — Dans le procédé Serpek, on porte le carbure d'aluminium à une température élevée en présence d'un courant d'azote ou d'air. La réaction se fait dans des fours analogues à ceux servant à la fabrication de la cianamide, soumis à un chauffage électrique par résistance.

Au lieu de carbure d'aluminium, on peut employer un mélange d'aluminium et de charbon ; on soumet ce mélange, auquel on peut encore ajouter des matières propres à accélérer

la réaction telles que le chlorure d'aluminium, à un chauffage
tel que l'alumine soit convertie en partie en carbure d'aluminium; puis on opère la formation d'azoture par une insufflation
énergique d'azote. On emploie, par exemple, un mélange de
deux parties d'alumine et une partie de charbon, et on chauffe
jusqu'à transformer 15 ou 20 p. 100 du mélange en carbure.
On évite ainsi la formation d'un conglomérat de carbure.
La formation de l'azoture se fait avec un grand dégagement
de chaleur, et l'oxyde de carbone est mis en liberté. Au cours
de la réaction, le carbone réagit sur l'alumine et forme peut-être
de l'aluminium métallique qui réagit sur l'azote. La réaction
entre le carbure d'aluminium et l'azote s'accomplit par
l'intermédiaire de l'oxyde d'aluminium mélangé au carbure :

$$Al^2 O^3 + Al^4 C^3 = 3CO + 6Al$$

C'est l'aluminium alors mis en liberté qui opère la formation
de l'azoture. Le nitrure ou azoture d'aluminium pourrait être
employé directement comme engrais; mais, en raison des
difficultés d'introduction en agriculture de tout nouveau produit, les fabricants ont plutôt en vue à l'heure actuelle la
fabrication, au moyen du nitrure, du sulfate d'ammoniaque.

Pour obtenir celui-ci, on chauffe les produits obtenus dans
la réaction de l'azote sur l'aluminium, avec de l'eau à température supérieure à 100°, de préférence à l'autoclave, pour
transformer en ammoniaque l'azote combiné. L'ammoniaque
peut servir ensuite à la fabrication du sulfate par saturation
par l'acide sulfurique.

Le procédé Serpek semble donner le kilogramme d'azote à
un prix inférieur à celui donné par la ciamamide de calcium
par le procédé Frank. De plus, le traitement du nitrure par l'eau
en vue de l'obtention de l'ammoniaque laisse comme résidu
de l'alumine, qui peut servir à la fabrication de l'aluminium.
Ceci explique que le procédé a été repris par les fabricants
d'aluminium, désireux d'obtenir une alumine pure comme matière première pour la fabrication du métal et des composés
azotés jouissant d'un débouché assuré en agriculture.

La Société des Nitrures a installé une usine d'essais à Saint-
Jean-de-Maurienne, qui doit être agrandie cette année même.

12.

LES ENGRAIS PHOSPHATES

LES PHOSPHATES

LES ACIDES PHOSPHORIQUES

Le phosphore forme avec l'oxygène plusieurs composés dont un, l'anhydride phosphorique, peut former avec l'eau trois hydrates définis :

Acide métaphosphorique $\quad P^2O^5 + H^2O = 2PO^3H$
Acide pyrophosphorique $\quad P^2O^5 + 2H^2O = P^2O^7H^4$
Acide orthophosphorique $\quad P^2O^5 + 3H^2O = 2PO^4H^3$

Acide orthophosphorique. — L'acide orthophosphorique, que l'industrie prépare en traitant les os calcinés ou les phosphates naturels par l'acide sulfurique, correspond à la formule PO^4H^3.

L'acide orthophosphorique se présente sous forme d'une masse sirupeuse, restant très facilement en surfusion. Il cristallise en prismes orthorhombiques par abaissement de température ou par contact d'un cristal. L'acide orthophosphorique se dissout dans l'eau en toute proportion. Chauffé à 212°, il se transforme en acide pyrophosphorique $P^2O^7H^4$ et au rouge sombre en une masse vitreuse, l'acide métaphosphorique.

L'acide orthophosphorique est un acide tribasique formant trois sortes de sels avec les bases ; avec le sodium, par exemple, il forme :

Le phosphate monosodique $\quad PO^4NaH^2 + 2H^2O \ (+14.830\,C)$
Le phosphate disodique $\quad PO^4Na^2H + 12H^2O \ (+27.080\,C)$
Le phosphate trisodique $\quad PO^4Na^3 + 12H^2O \ (+34.030\,C)$

Les chaleurs de formation sont différentes. En dissolution, la première fonction est celle d'un acide fort, la deuxième, celle d'un acide faible, et la troisième possède l'énergie d'un phénol. Ces trois fonctions acides se comportent différemment vis-à-vis des réactifs colorés. L'orthophosphate monosodique est neutre à l'hélianthine et acide au tournesol et à la phtaléine. L'orthophosphate disodique est alcalin à l'hélianthine et au tournesol et neutre à la phtaléine. L'orthophosphate trisodique est alcalin à ces trois réactifs et neutre au bleu C^4B de Poirrier. Ces trois sels donnent avec l'azotate d'argent un précipité jaune de phosphate triargentique PO^4Ag^3. La solution du sel trisodique est fortement alcaline au tournesol ; après précipitation, la liqueur est neutre. La solution du sel disodique était alcaline, après réaction la liqueur est acide. La solution du sel monosodique était et reste acide.

L'acide orthophosphorique forme de même trois genres de sels avec la chaux : le phosphate tricalcique, le phosphate bicalcique et le phosphate monocalcique.

L'acide orthophosphorique forme avec le silicium un composé de la formule : $SiO^2, 2P^2O^5, 2H^2O$.

Acide pyrophosphorique. — L'acide pyrophosphorique, que l'on peut préparer en décomposant par l'hydrogène sulfuré le pyrophosphate mis en suspension dans l'eau, correspond à la formule $P^2O^7H^4$. Il peut être obtenu en grains blancs opaques ou en fines aiguilles déliquescentes. L'acide pyrophosphorique est tétrabasique ; il possède cependant une tendance à donner des sels de formule $P^2O^7M^4$ et $P^2O^7M^2H^2$. La soude forme:

$$P^2O^7NaH^3 \quad (+ 14.380\ C)$$
$$P^2O^7Na^2H^2 \quad (+ 28.640\ C)$$
$$P^2O^7Na^3H \quad (+ 43.050\ C)$$
$$P^2O^7Na^4 \quad (+ 52.740\ C)$$

En dissolution, les deux premières fonctions sont celles d'acides forts, la troisième est celle d'un acide faible, et la quatrième est comparable à une fonction phénol.

La concentration, l'élévation de température ou la présence d'acides forts provoquent la transformation de l'acide pyrophosphorique en acide orthophosphorique. De même, les pyrophosphates se transforment en orthophosphates.

L'acide pyrophosphorique peut former des sels doubles tels que $2\ SO^4K^2$, $P^2O^6H^2$, obtenus à chaud par le pyrophosphate alcalin et l'acide sulfurique ou par le sulfate de potasse et l'acide phosphorique. L'eau pure décompose ces sels à froid : ceux-ci sont d'ailleurs sans application pratique, car ils se transforment en pâte lors du broyage.

Les pyrophosphates donnent avec l'azotate d'argent un précipité blanc de pyrophosphate d'argent $P^2O^7Ag^4$.

Acide métaphosphorique. — L'acide métaphosphorique, que l'on obtient en portant au rouge sombre l'acide orthophosphorique, a pour formule PO^3H. Il se présente sous forme de verre incolore, translucide, très hygrométrique.

L'acide métaphosphorique est monobasique ; il forme PO^3 Na ($+$ 14.510 C). C'est un acide fort. Il forme un métaphosphate d'argent blanc. Ses dissolutions s'altèrent rapidement et donnent comme résultat final de l'acide orthophosphorique. Il se polymérise et donne des sels complexes sans intérêt pratique jusqu'à ce jour.

LES PHOSPHATES DE CHAUX

Orthophosphate tricalcique. — L'orthophosphate tricalcique a pour formule $P^2O^8Ca^3 = 310$. Il existe abondamment dans la nature, mais presque toujours en combinaison avec le fluor ou le chlore (apatite). La cendre d'os contient 83 à 85 p. 100 d'orthophosphate tricalcique.

On l'obtient à l'état pur en saturant l'acide phosphorique par l'eau de chaux jusqu'à alcalinité du liquide.

La solubilité de l'orthophosphate tricalcique dans l'eau varie de 1/9.900 à 1/28.000. Il est plus soluble dans l'eau chargée d'acide carbonique, et une partie de sel se dissout dans 1.789 parties d'eau saturée de CO^2. Il se fixe dans une solution sulfureuse sous forme de $SO^2P^2O^8Ca^3$, $2H^2O$. Le phosphate tricalcique se dissout mieux dans les liquides salins que dans l'eau :

1 litre d'eau froide contenant	2 gr. NaCl	dissout	45,7	mgr. de $P^2O^8Ca^3$
1	—	—	3 gr. AzO³Na	—	33	—	—
1	—	—	10 gr. AzH⁴Cl	—	50	—	—
1	—	—	100 gr. AzH⁴Cl	—	231	—	—
1	—	—	2gr.3 SO⁴(AzH⁴)²	—	76,7	—	—

Les acides minéraux s'emparent d'une partie de la base. Si le phosphate tricalcique est en excès, on obtient le phosphate bicalcique . Quand l'acide minéral est en excès, il y a mise en liberté de l'acide phosphorique. Quand on précipite par la chaux une solution acide de phosphate de chaux, on obtient un précipité gélatineux se desséchant en une masse cornée de formule $(PO^4)^2Ca^3, PO^4CaH$. Épuisé par l'eau bouillante, il fournit finalement du phosphate tricalcique.

Orthophosphate bicalcique. — Ce corps se rencontre dans la nature dans certains guanos. Il a pour formule PO^4Ca-$H,2H^2O = 172$. Il s'obtient sous forme hydratée en traitant le phosphate monocalcique ou l'acide orthophosphorique par une quantité de carbonate de calcium insuffisante pour saturer l'acide. On peut encore faire réagir une solution étendue de chlorure de calcium sur une solution étendue et acide de phosphate disodique. Il se forme d'abord un phosphate tricalcique gélatineux qui réagit sur la liqueur acide pour donner le phosphate bicalcique.

L'acide chlorhydrique réagissant sur les cendres d'os donne un précipité qu'on peut reprendre par l'ammoniaque et qui est le phosphate bicalcique. Enfin le phosphate monocalcique donne avec le phosphate tricalcique le phosphate bicalcique :

$$P^2O^8CaH^4 + P^2O^8Ca^3 = 4 PO^4CaH$$

Le phosphate bicalcique cristallise en cristaux orthorhombiques. Il se dissout un peu dans l'eau (1/6.000) et se décompose. Il se forme à partir de 80°-82° de l'acide phosphorique libre et une masse floconneuse $2(PO^4)^2Ca^3, PO^4CaH$ qui réagissent l'un sur l'autre pour donner du phosphate bicalcique anhydre :

Avec 0 à 8 p. 100 de sel, il se forme le corps $2(PO^4)^2Ca^3, PO^4CaH$
Avec 12 à 18   —   — $PO^4CaH,(PO^4)^2Ca^3 + Aq$
Avec plus de 20 p. 100 de sel, il se forme le phosphate bicalcique anhydre.

En maintenant l'ébullition, il apparaît des cristaux microscopiques, qui semblent constituer un phosphate intermédiaire, bicalcique et tricalcique :

$$4P^2O^8Ca^2H^2 + P^2O^8Ca^3 + 2H^2O .$$

Le phosphate bicalcique est soluble dans l'acide phosphorique avec formation de phosphate monocalcique, dans les acides chlorhydrique, azotique, sulfureux, acétique. Il se dissout mieux dans les liqueurs salines que dans l'eau :

1 litre d'eau contenant 2^{gr},2 de SO^4AzH^4 dissout 79 gr. de phosphate bicalcique.
1   —   2 gr. — NaCl   —   66^{gr},3   —
1   —   3 gr. — AzO^3Na —   78^{gr},9   —

Le citrate d'ammoniaque dissout le phosphate bicalcique, soit par formation de sel double, soit par décomposition.

Orthophosphate monocalcique. — Ce corps, qu'on avait longtemps cru incristallisable, peut être obtenu en lamelles rhomboïdables $(PO^4)^2CaH^4$, $H^2O = 252$. On le prépare en traitant le phosphate bicalcique ou tricalcique par les acides minéraux, en évaporant la liqueur à consistance sirupeuse et en laissant dans l'acide sulfurique concentré. On peut aussi dissoudre à froid dans une solution d'acide phosphorique en excès, puis évaporer.

Quand on traite le phosphate tricalcique par HCl, le phosphate monocalcique obtenu retient facilement $CaCl^2$ pour donner P^2O^8, CaH^4, $CaCl^2$, $2\,H^2O$ et $P^2O^8CaH^4$, $7\,CaCl^2$, $14\,H^2O$. Le sel se décompose à 200° en pyrophosphate et acide métaphosphorique. Sa densité est de 2,02.

Le phosphate monocalcique est soluble dans l'eau à 1/200. Cette dissolution est accompagnée d'une décomposition. Il se forme, lorsque la quantité d'eau est faible, un précipité cristallin de phosphate bicalcique hydraté, et la liqueur renferme de l'acide phosphorique libre. A 100°, la transformation par l'eau se fait avec précipitation de phosphate bicalcique anhydre. Le rapport de l'acide phosphorique total à l'acide combiné croît avec la quantité de sel primitif contenu dans une même quantité d'eau et tend rapidement vers la limite 1,5 ;

$$2(PO^4)^2CaH^4 = PO^4CaH + (PO^4)^2CaH^4 + PO^4H^3.$$

Action de l'eau froide sur le phosphate monocalcique. Température : 15°. Poids de l'eau = 100.

P Poids du phosphate monocalcique employé.	Chaux restée en dissolution.	p poids du sel décomposé.	$\dfrac{p}{P}$	R Rapport de P^2O^5 total à P^2O^5 combiné dans le liquide.
4,02	0,81	0.38	0,09	1,05
6,41	1,21	0,96	0,15	1,08
9,34	1,67	1,82	0,19	1,13
15,36	2,59	3,70	0,24	1,16
28,01	4,40	8,28	0,30	1,20
31,13	4,74	9,80	0,32	1,23
38,77	5,52	14,07	0,36	1,32
49,01	6,45	19,98	0,41	1,34
54,56	6,90	23.02	0,42	1,38
64,32	7,95	28,54	0,44	1,40
Saturé.				

A 280°, la décomposition par l'eau donne naissance à du phosphate tricalcique et à de l'acide phosphorique.

L'action des liqueurs alcalines et salines à froid est identique à celle de l'eau.

Pyrophosphate neutre de calcium. — Ce sel de formule P^2O^7 Ca^2,H^2O est insoluble dans l'eau et soluble dans les acides. A 280°, l'eau le transforme en acide phosphorique et phosphate tricalcique.

Pyrophosphate acide de calcium. — Ce sel, cristallisable et soluble dans l'eau, a pour formule $P^2O^7CaH^2, 2H^2O$.

Monométaphosphate calcique. — Ce composé de formule P^2O^6Ca, insoluble dans l'eau, est obtenu quand on chauffe à 316° le phosphate monocalcique.

Bimétaphosphate calcique. — $P^4O^{12}Ca^2, 4H^2O$, obtenu en faisant réagir un métaphosphate alcalin sur le chlorure de calcium.

Héxamétaphosphate de calcium. — $(P^2O^6Ca)^6$, corps amorphe donnant le pyrophosphate par l'eau chaude.

Le corps $2P^2O^5, 3CaO$, poudre cristalline, et le corps $3P^2O^5, 5CaO$ se rencontrent dans les scories Thomas.

PHOSPHATES D'ALUMINIUM ET DE FER

Les sels composés renfermant de l'aluminium et du fer combinés à l'acide phosphorique sont très nombreux dans la nature. Nous ne citerons ci-après que les composés intéressant l'industrie des phosphates ou celle des superphosphates :

Orthophosphate neutre d'aluminium hydraté $(PO^4)^2Al$, n H^2O, poudre blanche insoluble dans l'eau, soluble dans les acides minéraux ;

Orthophosphate d'aluminium anhydre $(PO^4)^3 Al^2$, cristallisé en prismes hexagonaux ;

Pyrophosphate d'aluminium hydraté $(P^2O^7)^3 (Al^2)^2$, $n H^2O$, dont on connaît également le sel anhydre ;

Métaphosphate d'aluminium hydraté $(PO^3)^6 Al^2$, $n H^2O$, dont on connaît également le sel anhydre.

En outre, il existe des phosphates basiques :

$$3 Al^2O^3,\ 2 P^2O^5,\ 8H^2O$$

et des phosphates acides :

$$(PO^4H^2)^6 Al^2$$

et

$$(PO^4H^2)^2 PO^4H . Al^4 . 2H^2O.$$

Les phosphates de fer sont :

Orthophosphate triferreux $(PO^4)^2Fe^3$, insoluble dans l'eau pure ;

Orthophosphate diferreux $(PO^4)^2H^2Fe^2 + 2H^2O$, insoluble dans l'eau, soluble dans les acides étendus ;

Orthophosphate monoferreux $(PO^4)^2H^4Fe + 2H^2O$, hygroscopique ;

Hexaphosphate ferrique $3P^2O^5$, Fe^2O^3, $6H^2O$;

Tétraphosphate ferrique $2P^2O^5$, $Fe^2O^3 + 8H^2O$, insoluble dans l'eau froide.

Triphosphate ferrique $1,5\ P^2O^5$, $Fe^2O^3 + 4H^2O$;

Phosphate de fer normal P^2O^5, $Fe^2O^3 + 4H^2O$, décomposable par l'eau même à froid.

Il existe, en outre, des phosphates de fer acides :

$$(PO^4)^6(PO^4H^3)Fe^8$$
$$(PO^4)^4(PO^4H^3)Fe^6$$
$$(PO^4)^2(PO^4H^3)Fe^8$$

décomposables par l'eau bouillante ;
et des phosphates basiques :

$2(PO^4)^2Fe^2$, Fe^2O^3, $8H^2O$, insoluble dans le nitrate, mais soluble dans l'oxalate d'ammoniaque :

$$(PO^4)^2Fe^2, Fe^2O^3)$$

Tous les sels précédents ont une grande tendance à se transformer en sels doubles complexes.

LES PHOSPHATES NATURELS .

Origine des phosphates. — L'acide phosphorique est réparti dans la plupart des roches, mais en proportion très variable. Les roches primitives et éruptives en contiennent, en faible proportion, il est vrai :

Granite....................	0,10 à 0,20 p. 100.
Porphyre..................	0,05 —
Basalte...................	0,5 à 1 —

La désagrégation de ces roches par les agents atmosphériques donne un sol arable, assez riche en acide phosphorique. Il semble que l'acide phosphorique a pour origine l'apatite que l'on retrouve dans les formations primitives, ou des composés analogues à base d'autres éléments que le calcium.

L'apatite est un fluophosphate de calcium ayant pour formule $P^3O^{12}Ca^5Fl$ dans lequel une partie du fluor est souvent remplacé par du chlore. A l'état cristallisé, ce composé se présente sous forme de cristaux prismatiques hexagonaux de couleur variant du gris au violet et de 3,2 de densité. L'apatite est soluble dans les acides minéraux et très faiblement dans l'eau chargée d'acide carbonique.

Beaucoup de gisements proviennent du transport mécanique d'apatite de roches désagrégées et n'ont pas toujours existé à la place où nous les trouvons aujourd'hui. Des matières organiques accompagnent d'ailleurs souvent les dépôts. Mais, en définitive, le phosphate de calcium provient des roches primitives, car les animaux dont on retrouve les dépouilles, et qui peuvent l'avoir formé en totalité ou en partie, l'ont prélevé, soit dans les eaux de la mer, soit dans les végétaux, qui l'avaient eux-mêmes puisé dans les couches contemporaines provenant de la désagrégation des couches plus anciennes. La formation des gisements a encore été facilitée par les eaux acidifiées par l'oxydation des pyrites ou contenant des sels alcalins.

La précipitation du phosphate dissous par l'eau peut se faire quand l'acide carbonique se dégage ; elle peut avoir lieu autour de certains corps : sables phosphatés de la craie grise (foraminifère), phosphorites et grès verts de Russie (grain de calcaire). La formation de l'apatite peut d'ailleurs être postérieure au dépôt primitif par suite d'influences chimiques diverses.

La précipitation peut avoir lieu aussi au contact de carbonate de chaux ou au contact de sesquioxydes de fer et d'alumine (phosphates de fer et phosphates mixtes). L'activité thermale peut d'ailleurs intervenir.

Il peut encore se former des dépôts de phosphates par l'accumulation de débris animaux ou végétaux (guanos).

Les gisements de phosphates. Leur répartition. Leur origine géologique. — Les gisements de phosphates peuvent se trouver aux divers étages géologiques : chaque fois que les conditions de formation l'ont permis, des empreintes d'animaux et de végétaux et des fossiles les ont accompagnés. Ces derniers sont un élément de détermination très utile des phosphates.

Période quaternaire. — *Alluvium* : guano, cendres d'os et ossements. *Diluvium* : coprolithes, et ossements, Redonda. Sombrero, Curaçao, Aruba, Los Rocquès, Navassa.

Période tertiaire. — *Pliocène, Miocène, Oligocène et Éocène* : coprolithes, phosphorites, Algérie, Floride, Caroline et Tennessee.

Période crétacée. — *Sénonien, Turonien, Cénomanien, Gault, Néocomien* : France, Belgique, Palestine, phosphorites de Poméranie et de Mecklembourg, de Bedford et de Cambridge, et de Caceres en Espagne.

Période jurassique. — *Jurassique et Lias.* — Phosphates du Lot, coprolithes d'Angleterre, phosphorites de Bavière et de Delme en Alsace-Lorraine.

Période du trias. — *Keuper, Muschelkalk et Gault.* — Brèches à ossements en Würtemberg, en Suisse et en Lancashire.

Période permienne. — *Zechtein.* — Coprolithes naturelles.

Période carbonifère. — Gisements de Westphalie en Allemagne et de Wales en Angleterre.

Toutes les formations précédentes ont été obtenues avec le concours des animaux et des végétaux vivant à ces époques à la surface du globe. Les suivantes, au contraire, ont une origine uniquement minérale.

Période dévonienne. — Phosphorites de Lahus.

Période silurienne. — Phosphorites de Logrosan et Turjillo en Espagne, phosphorite de Podolie.

Période cambrienne.

Période primitive. — Apatites dans ses différentes formes.

Les gisements de phosphates sont répartis irrégulièrement sur toute la surface du globe, comme le montre le tableau suivant dû à Ullmann :

A. — Europe.

LOCALITÉS.	LONGITUDE de GREENWICH.		LATITUDE.		DÉSIGNATION.	PHOSPHATE.	AZOTE.
	Degrés.		Degrés.		P. 100	P. 100.	P. 100.
1° Suède et Norvège.							
Krageroe................	11	E	59	N	Apatite.	74,87	»
Langesund...............	9,7	E	59	N	Chlorapatite.	82,99	»
2° Allemagne.							
Harz....................	11	E	52	N	Coprolithes.	35,45	»
Helmstedt...............	11	E	52	N	—	41,48	»
Wasserleben.............	11	E	52	N	—	39,70	»
Lahn....................	8	E	50,5	N	Phosphorite.	63,72	»
Peine...................	10,2	E	52,3	N	Coprolithes.	env. 75	»
Hörde...................	7,5	E	51,5	N	Phosphorite.	44,20	»
Amberg..................	12	E	49,5	N	Ostéolithe.	80,00	»
Dehne	6	E	49	N	—	33,44	»
3° Autriche-Hongrie.							
Schlaggenwald..........	13	E	50	N	Apatite.	66,79	»
Levanttal	15	E	47	N	Phosphorite.	64,39	»
Starkenbach.	15,5	E	50,5	N	Coprolithes.	15,25	»
Krakau	20	E	50	N	Guano de chauve-souris.	8,33	9,17
4° Belgique.							
Liége	5,5	E	50,6	N	Craie phosphatée.	59,49	»
Ciply...................	4	E	50,5	N	—	48,44	»
5° France.							
Bellegarde..............	4,5	E	43,7	N	Coprolithes.	26,40	»

Somme	2	E	50	N	Phosphorites.	70,42	»
Lot	1,5	E	44,5	N	—	80,92	»
Vaucluse	5	E	44	N	—	43,44	»
Ardennes	4-6	E	50	N	—	36,43	»
Pas-de-Calais	1,5	E	50,7	N	Coprolithes.	45,97	»
6° Italie.							
Cagliari	9	E	39	N	Guano de chauve-souris.	10,95	5,72
7° Espagne.							
Caceres	6,5	E	39,5	N	Phosphorite.	59,594	»
Estremadure	6	O	40	N	Phosphorite.	71,16	»
Logrosan	5,5	O	39,4	N	—	85,03	»
Trujillo	6	O	39,5	N	—	75,80	»
8° Russie.							
Podolie	27,5	E	48,5	N	Phosphorite en boules.	74,23	»
Kursk	36	E	52	N	Phosphorite.	77,34	»
Woronesch	39	E	52	N	—	30,00	»
9° Angleterre.							
Ipswich	1	E	52	N	Coprolithes.	54	»
Cambridge	0	E	52	N	—	57,12	»
Bedford	1,5	E	52	N	—	env. 40	»
Wales	4	O	52	N	—	33,62	»
Lyme-Regis	3	O	52,7	N	—	61	»
Goodrich	2,5	O	52	N	Phosphate minéral.	60,32	»

B. — Amérique du Nord.

10° Canada.							
Ontario	80	O	45	N	Apatite.	86,61	»
Ottawa	75	O	45	N	—	85,24	»

LOCALITÉS.	LONGITUDE de GREENWICH.		LATITUDE.		DÉSIGNATION.	PHOSPHATE.	AZOTE.
	Degrés.		Degrés.		P. 100.	P. 100.	P. 100.

B. — Amérique du Nord (Suite).

11° États-Unis.

LOCALITÉS.	LONGITUDE de GREENWICH.		LATITUDE.		DÉSIGNATION.	PHOSPHATE.	AZOTE.
New-York	75,5	O	44,4	N	Apatite Laurenzia.	79,59	»
Caroline du Sud	80	O	33	N	Phosphate.	58,70	»
Charleston	80	O	33	N	—	45,66	»
Port-Royal	81	O	32,5	N	—	51,67	»
Tennessee	86	O	35	N	—	80,09	»
Floride	80	O	25-30	N	—	78,15	»
Tallahassee	84,4	O	30,5	N	Phosphate Hardrock.	77,32	»
Barlow	82	O	28	N	Phosphate Land-pebbles.	68,96	»
Peace-River	82	O	27,5	N	Phosphate River pebbles.	61,30	»

C. — Amérique Centrale.

12° Haïti, etc.

LOCALITÉS.	LONGITUDE de GREENWICH.		LATITUDE.		DÉSIGNATION.	PHOSPHATE.	AZOTE.
Habana	82,5	O	23	N	Phosphate.	74,40	»
Guanahani	74,3	O	24	N	Phospho-guano.	25,32	0,73
Vivorilla	»		»		—	70,38	0,13
Puerto-Rico	67	O	18	N	Guano de chauve-souris.	16,52	8,35

13° Petites Antilles.
a) Iles sur le Vent.

LOCALITÉS.	LONGITUDE de GREENWICH.		LATITUDE.		DÉSIGNATION.	PHOSPHATE.	AZOTE.
Avalo	81	O	22	N	Guano en croûtes.	53,18	0,45
Navassa	75	O	18,2	N	Phosphate coralien.	73,13	0,11
Mona	67,5	O	18,1	N	Phospho-guano.	60,79	0,25
Sombrero	63,5	O	19	N	Guano en croûtes.	74,55	»

Saint-Martin	63	O	18	N	Phosphate minéral.	52,70	»
Redonda	62	O	17	N	Phosphate d'alumine.	80,66	»
Alta-Vela	71,5	O	17,5	N	—	44,64	»
14° Petites Antilles. b) *Iles sous le Vent.*							
Aruba	70	O	12,5	N	Phosphate minéral.	79,22	»
Curaçao	69	O	12	N	—	87,23	»
Buen-Aire	68	O	12	N	—	45,50	»
Los Aves	67	O	12	N	Phospho-guano.	57,45	0,36
Los Rocques	66,5	O	12	N	Guano en croûtes.	60,80	»
Testigos	63	O	12	N	Phosphate de fer.	38	»
15° Mexico							
George	113	O	31	N	Phospho-guano.	82,33	»
Raza	113	O	29	N	—	86,66	0,40
Clipperton	108	O	9	N	—	78,84	0,06

D. — Amérique du Sud.

16° Venezuela.							
Maracaïbo (Mouks)	71	O	12	N	Phospho-guano.	90,24	0,139
17° Brésil.							
Fernando Narouha (Rata)	33	O	4	S	Phosphate.	»	»
18° Patagonie.							
Côte est	67,5	O	49	S	Guano.	33,68	4,40
Falkland	60	O	52	S	—	21,29	1,24
19° Pérou.							
Lobos de Tierra	82	O	6,5	S	Guano.	»	5,58

LOCALITÉS.	LONGITUDE de GREENWICH.	LATITUDE.	DÉSIGNATION.	PHOSPHATE.	AZOTE.
	Degrés.	Degrés	P. 100	P. 100	P. 100
D. — Amérique du Sud (*Suite*).					
Lobos de Afuera	81 0	7 S	Guano.	»	3,60
Macabi de Afuera	81 0	7,5 S	—	»	11,05
Ganape de Afuera	79 0	8,5 S	—	»	11,0
Chinchas	77 0	13,5 S	—	»	14,39
Ballestas	76,5 0	13,5 S	—	»	12,50
Independencia Bay	76 0	14 S	—	»	7,68
20° Chili.					
Pabellon de Pica	70 0	21 S	Guano.	»	8,88
Punta de Lobos	70 0	21 S	—	»	5,70
Huanillos	70 0	21,5 S	—	»	6,60
Mejillones	71 0	23 S	Phospho-guano.	69,24	0,59
Angamos	71 0	23 S	Guano.	»	19,28
Corcovado	73 0	43 S	—	»	10,52
E. — Grand Océan.					
21° Groupe des Iles Marschall.					
Nauru	»	»	»	»	»
22° Sporades.					
Fanning	159 0	4 S	Phospho-guano.	74,57	»
Laysan	»	»	»	»	»
Jarvis	159,5 0	0,5 S	—	38,57	0,647
Malden	155 0	4 S	—	75,86	»

Starbuck............................	156	O	5,5	S	Guano en croûtes.	87,58	»
23° *Groupe Phœnix.*							
Mary...............................	171,6	O	2,75	S	Phospho-guano.	63,87	0,54
Enderbury........................	171	O	3	S	—	62,74	0,38
Phœnix...........................	170,45	O	3,5	S	—	70,80	0,63
Sydney...........................	171,50	O	4,5	S	—	75,13	0,28
24° *Groupe Gilbert.*							
Océan............................	169	E	1,5	S	Phosphate.	84,65	»
25° *Iles Baker.*							
Howland..........................	177	O	0,5	S	Phospho-guano.	64,94	0,53

F. — Australie et iles australiennes.

26° *Australie.*							
Skarks Bay.......................	114	E	26	S	Phospho-guano.	50,53	»
27° *Iles australiennes.*							
Browse............................	123,5	E	14	S	Phospho-guano.	68,54	»
Jones.............................	126	E	13	S	—	74,70	»
Lacépède.........................	122	E	17	S	—	76,88	»
Abrolhos..........................	113	E	28	S	—	69,46	6,38
Huon..............................	163	E	18	S	—	62,41	»
Birds.............................	156	E	22	S	—	23,15	1,24
Bat...............................	146	E	3	S	Guano.	45,94	7,54

G. — Asie.

28° *Arabie.*							
Kuria-Maria.......................	56	E	17,5	N	Phospho-guano.	57,30	1,37

LOCALITÉS.	LONGITUDE de GREENWICH.		LATITUDE.		DÉSIGNATION.	PHOSPHATE.	AZOTE.
	Degrés.		Degrés		P. 100.	P. 100.	P. 100.

G. — Asie (Suite).

29° Archipel Malais.

LOCALITÉS.	LONGITUDE de GREENWICH.		LATITUDE.		DÉSIGNATION.	PHOSPHATE.	AZOTE.
Timor........................	124-127	E	10	S	Phospho-guano.	67,98	0,82
Christmas....................	105,5	E	10,5	S	Phosphate.	83,53	»

H. — Afrique.

30° Afrique du Nord.

LOCALITÉS.	LONGITUDE de GREENWICH.		LATITUDE.		DÉSIGNATION.	PHOSPHATE.	AZOTE.
Algérie......................	3	E	37	N	Phosphate minéral.	66,45	»
Tebessa......................	8	E	35,5	N	—	61,47	»
Tocqueville..................	8	E	36	N	—	57,46	»
Tunis........................	10	E	37	N	—	59,48	»
Sfax.........................	10,5	E	34,5	N	—	59,00	»
Gafsa........................	9	E	45,4	N	Phosphate.	59,44	»
Egypte.......................	29	E	31	N	Guano chauve-souris.	»	11,81

31° Afrique du Sud.

LOCALITÉS.	LONGITUDE de GREENWICH.		LATITUDE.		DÉSIGNATION.	PHOSPHATE.	AZOTE.
Damaraland...................	14	E	22	S	Guano.	29,25	8,88
Ichaboe	15	E	26,5	S	—	24,44	»
Saldanha-Bay.................	18	E	33	S	—	55,40	1,41
Algoa-Bay....................	26	E	34	S	Phospho-guano.	14,60	0,43

DESCRIPTION SOMMAIRE DES DIVERS GISEMENTS DE PHOSPHATES

France. — La période jurassique a laissé les phosphorites du lias dans le département de la Côte-d'Or, à Saint-Thibault, et dans les départements du Tarn-et-Garonne et du Lot, à Limogne, Saint-Augustin et Caylux. L'analyse de ces phosphates donne :

H_2O	1,78	p. 100
P_2O_5	35,73	—
CaO	44,22	—
MgO	0,42	—
Fe_2O_3	7,32	—
$Al_2O_3 + Fl$	5,34	—
CO_2	1,65	—
Insoluble	3,48	—
Iode	0,0012	—

Dans la craie, on trouve, à côté de coprolithes naturelles, des gisements de phosphate à Périgueux, dans le Quercy, dans les Ardennes, la Marne, l'Aube et l'Yonne, dans le Nord et dans le Pas-de-Calais.

Les gisements les plus importants sont ceux de la Somme exploités au sud de Doullens, et ceux de l'Oise, vers Breteuil. Ces gisements appartiennent à la craie grise ; ils présentent la forme de poches et sont constitués par du sable phosphaté, qui s'est séparé sur place de la craie grise, dans laquelle il était disséminé par l'action de l'eau chargée d'acide carbonique.

Il convient encore de citer les phosphates sableux du Vaucluse et les phosphates noirs des Pyrénées.

La composition des divers phosphates français est la suivante :

	BELLEGARDE.	QUERCY.	BOULOGNE.	ARDENNES.	SOMME.	MEUSE.
	P. 100	P. 100	P. 100	P. 100	P. 100	P. 100
H^2O	2,95	5,31	0,79	25,10	3,02	15,00
P^2O^5	27,76	35,33	21,27	21,40	35,70	18,72
CO^2	7,10	3,42	5,25	»	4,10	»
CaO	41,88	48,72	35, 8	50,89	51,20	31,00
SO^3		»	0,89	»	0,76	»
Fl		»	2,08	»	1,92	»
MgO	10,56	0,08	0,25	»	»	2,10
Fe^2O^3		2,24	3,63	1,20	1,40	4,30
Al^2O^3		2,78	3,66	»	0,70	»
Insoluble	9,75	2,12	23,56	1,65	1,20	27,98

Belgique. — Les phosphates belges appartiennent à la couche crétacée. Au sud de Mons, à Ciply, Mesvin, Cuesmes, se trouvent des gisements de $0^m,6$ à 10 mètres d'épaisseur. On trouve encore des couches importantes vers l'Est, aux environs de Liége, à Rocourt, Votten, etc.

Les phosphates de Liége reposent sur la craie ou marne sénonienne, voisinant avec le conglomérat à silex. Le gisement du Hainaut appartient à deux époques distinctes : 1° l'époque danienne comprenant le tuffeau de Ciply, le poudingue de la Malogne et le phosphate riche de Ciply ; 2° l'époque sénonienne comprenant la craie brune ou grise de Ciply et le poudingue de Cuesmes. Voici quelques analyses de ces formations :

	CIPLY.	CIPLY.	LIÉGE.	LIÉGE.
	P. 100	P. 100	P. 100	P. 100
H^2O	0,65	1,40	0,93	0,85
Substances organiques.	3,00	1,90	»	»
P^2O^5	18,68	26,29	27,20	25,08
SO^3	0,01	1,61	»	»
CaO	49,90	51,98	40,64	38,01
CO^2	18,40	12,80	3,10	3,00
MgO	0,59	0,67	0,79	0,81
$Fe^2O^3 + Al^2O^3$	2,28	0,86	2,39	3,30
Insoluble	5,20	0,74	15,34	21,27
Indéterminé	1,29	1,75	»	»

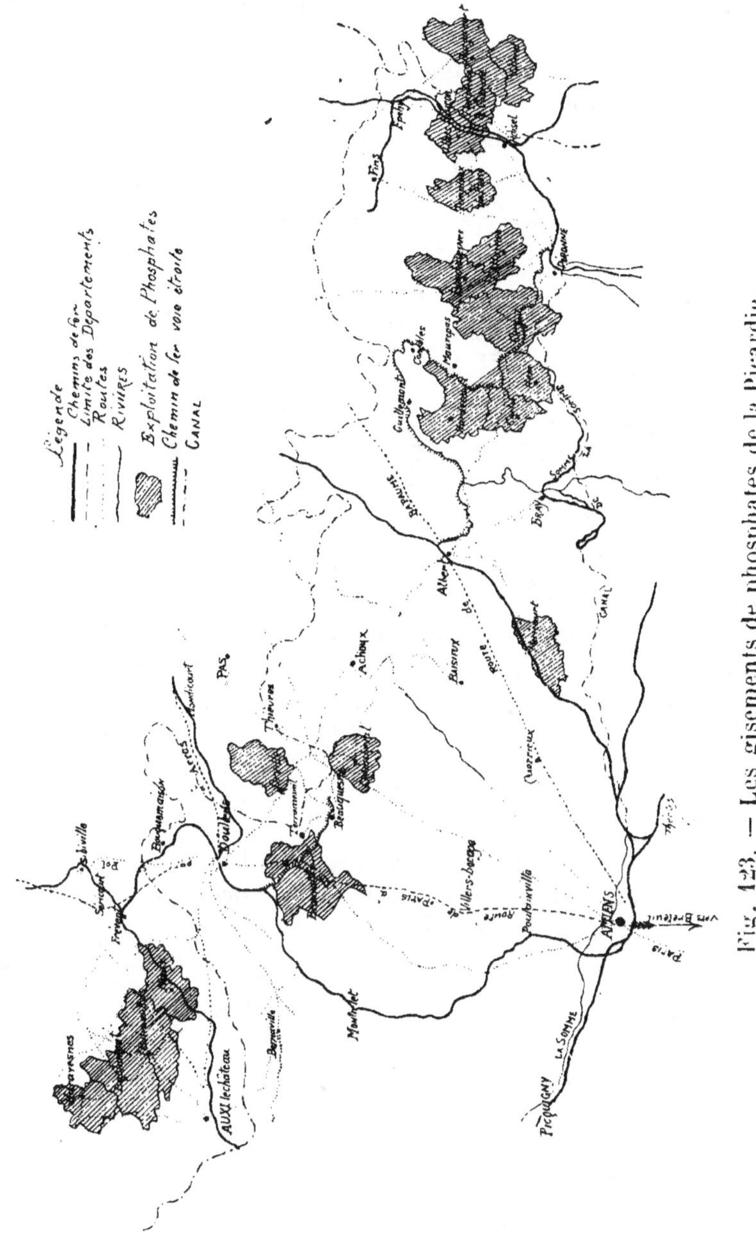

Fig. 123. — Les gisements de phosphates de la Picardie.

Angleterre. — Au jurassique appartiennent les Coprolithes naturelles du lias de Lyme Regis, de quelques centimètres de diamètre, mélangées à de nombreux restes de reptiles et de poissons. Ces coprolithes, qu'on retrouve encore aux environs de Bristol ont donné l'analyse suivante :

Éch. 1.

60.8 p. 100............	$Ca^3P^2O^8 + Mg^3P^2O^{8}$
23,7 —	$CaCO^3$
1,8 —	$CaSO^4$
6,1 —	Fe^2O^3
1,6 —	SiO^2
6,1 —	H^2O + Substance organique.

Éch. 2.

61 p. 100............	$Ca^3P^2O^8$
24 —	$CaCO^3$
2 —	$CaSO^4$
4 —	$FePO^4$
2 —	SiO^2
1 —	Al^2O^3
6 —	H^2O + Substance organique.

La craie néocomienne donne les gisements de phosphorite de Bedford et de Cambridge, dont voici une analyse :

1,4 p. 100............	H^2O		4,16 p. 100........	Fe^2O^3
2,40 —	H^2O		3,01 —	Al^2O^3
26,85 —	P^2O^5		0,76 —	SO^3
42,96 —	CaO		1,15 —	Fl
7,06 —	CO^2		10.41 —	Insolubles.

Au tertiaire se rapportent les gisements de phosphorites de Suffolk, de Felixtown, de Sutton et de Walton, de couleur foncée, durs, mélangés de restes d'animaux :

Éch. 1.

4 p. 100.........	H^2O et substance organique.
70,90 —	$Ca^3P^2O^8$
70,28 —	$CaCo^3$
5,79 —	$I.SiO^2$ sol.

Éch. 2.

54 p. 100............	$Ca^3P^2O^8$
10 —	$CaCO^3$
5 —	Fe^2O^3
4 —	Al^2O^3
3 —	F.

Au cambrien et silurien se rattachent les phosphates noirs de North-Wales (Welsh-Phosphat).

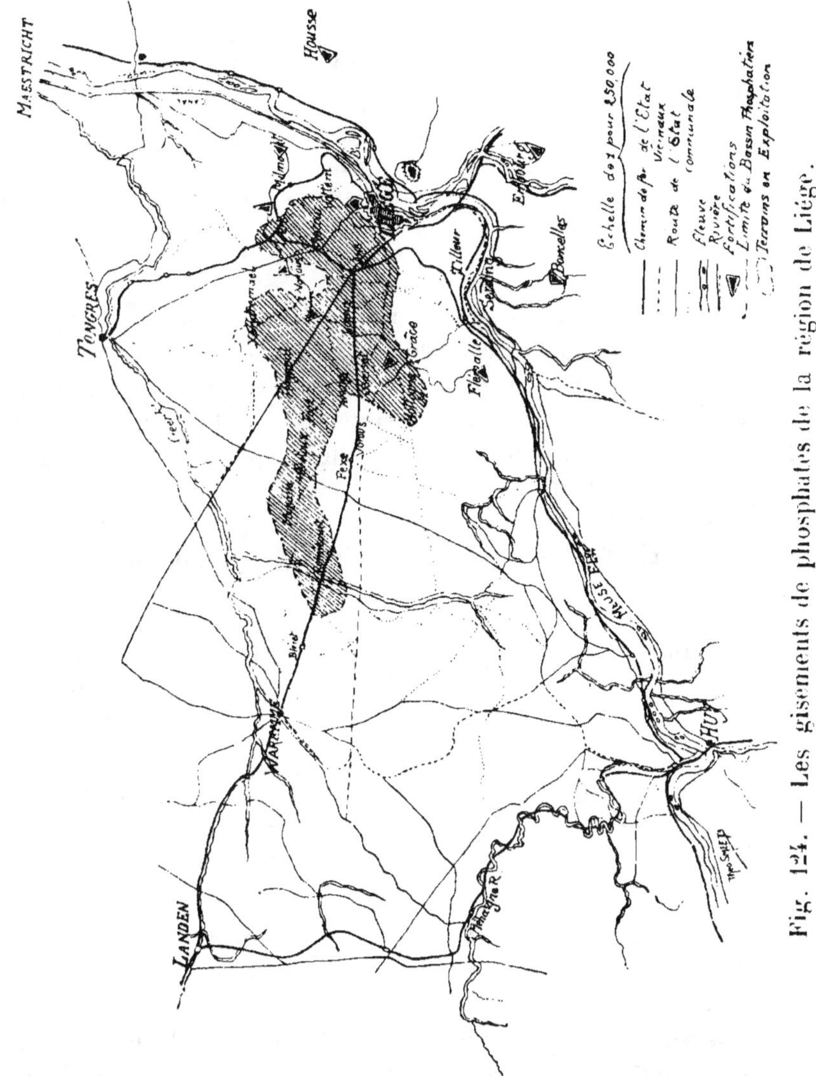

Fig. 124. — Les gisements de phosphates de la région de Liège.

Allemagne. — Les gisements de phosphates de ce pays ne présentent qu'un intérêt géologique. Les phosphorites de la vallée de la Lahn comme les staffelites, après avoir été largement exploitées jusqu'en 1884, ont perdu de leur intérêt.

Au jurassique se rattachent les gisements de phosphorites de Helmstedt, Zilly, Oker, Schlewecke. En voici quelques analyses :

	1 Oker. p. 100.	2 Oker. p. 100.	1 Zilly. p. 100.	2 Zilly. p. 100.
H^2O	—	—	6,20	7,20
P^2O^5	17,97	10,76	20,86	16,92
$Fe^2C^3 + Al^2O^3$	3,48	2,17	2,63	1,27
SiO^2	50,12	58,90	35,08	49,80
Co^3Ca	9,38	11,34	6,11	2,89
$CaFl$	—	—	3,20	1,60
Subst. organ., etc.	—	—	1,25	0,30

Il faut encore citer les gisements de Hildesheim, de Langelsheim, ceux de Peine, de Hörde, etc.

On trouve un peu d'apatite dans les basaltes d'Oberramstadt, des phosphorites liasiques en Alsace-Lorraine à Delme, quelques gisements en Bavière, quelques poches aux environs de Leipzig, etc.

Autriche-Hongrie. — On peut citer dans le crétacé les phosphorites foncées de Kostic et Teplitz, ceux de Schwarzenthal :

Teplitz.			Schwarzenthal.		
15,15 p. 100..	P^2O^5		66,79 p. 100......	$Ca^3P^2O^8$	
32,62 — ..	CaO		6,23 —	$FePO^4$	
12,95 — ..	CO^2		4,83 —	MnO^2	
0,82 — ..	SO^3		8,54 —	$CaCO^3$	
3,51 — ..	Fl		5,26 —	$CaFl^2$	
1,04 — ..	MgO		5,46 —	Sable	
5,17 — ..	$Fe^2O^3 + Al^2O^3$				
2,14 — ..	SiO^2 sol.				
26,14 — ..	Sable				

Il convient encore de signaler quelques gisements en Galicie et Bukovine, ainsi que les formations de Rotliengenden.

Russie. — Les phosphorites de Podolie et de Bessarabie appartiennent à diverses formations, voisinant çà et là avec quelques gisements de pyrites, se présentant le plus souvent sous forme de nodules de 5 à 20 centimètres de diamètre. En voici la composition :

$$75,00 \text{ p. } 100 \dots\dots\dots Ca^3P^2O^8$$
$$12,23 \quad - \quad \dots\dots\dots CaCO^3$$
$$6,98 \quad - \quad \dots\dots\dots CaFl^2$$
$$1,6 \quad - \quad \dots\dots\dots CaSO^4$$
$$1,3 \quad - \quad \dots\dots\dots Mg^3P^2O^8$$
$$5,0 \quad - \quad \dots\dots\dots Fe^2O^3 + Al^2O^3$$
$$1,0 \quad - \quad \dots\dots\dots \text{Substance organique.}$$

Dans la Russie centrale, dans les gouvernements de Koursk, Woronesch, Smolensk, Podolsk, etc., se trouvent d'immenses gisements encore inexploités, mais qui seraient particulièrement riches :

$$5,10 \text{ p. } 100 \dots H^2O, \qquad 1,9 \text{ p. } 100 \dots Al^2O^3$$
$$27,48 \quad - \quad \dots P^2O^5 \qquad 1,03 \quad - \quad \dots SO^3$$
$$43,00 \quad - \quad \dots CaO \qquad 0,47 \quad - \quad \dots Fl$$
$$4,60 \quad - \quad \dots CO^2 \qquad 13,82 \quad - \quad \dots SiO^2$$
$$3,40 \quad - \quad \dots Fe^2O^3$$

Suède. — On trouve un peu d'apatite à Horesjöberg.

Norvège. — L'apatite se rencontre sous forme cristalline aux environs de Christiania dans les schistes et dans quelques formations gneissiques. En voici la composition :

$$0,14 \text{ p. } 100 \dots\dots H^2O$$
$$0,27 \quad - \quad \dots\dots \text{Perte par calcination}$$
$$39,44 \quad - \quad \dots\dots P^2O^5 = 86,10 \text{ p. } 100 \, Ca^3P^2O^8$$
$$50,90 \quad - \quad \dots\dots CaO, \, 2,28 \text{ p. } 100 \text{ libre}$$
$$0,64 \quad - \quad \dots\dots MgO$$
$$0,51 \quad - \quad \dots\dots Fe^2O^3$$
$$0,86 \quad - \quad \dots\dots Al^2O^3$$
$$0,15 \quad - \quad \dots\dots CO^2$$
$$0,12 \quad - \quad \dots\dots SO^3$$
$$2,62 \quad - \quad \dots\dots Cl$$
$$3,62 \quad - \quad \dots\dots \text{insoluble.}$$

Espagne. — En Estremadure, vers Logrosan, il existe de puissants filons d'apatites, en prismes à cassure vitreuse. Les gisements de Caceres sont très importants, mais moins riches ; ils appartiennent au dévonien.

On trouve également des filons dans les schistes siluriens d'Alcantara, de Badajoz, d'Elvas, etc., qui se prolongent jusqu'en Portugal.

Les analyses suivantes de Schucht indiquent la composition des phosphates espagnols :

	APATITES DE GRANITE.		PHOSPHORITE DE GRANITE.	PHOSPHORITE TERREUSE.		PHOSPHORITE DE CHAUX.	PHOSPHORITE TER-REUSE DE CHAUX.
	Cristallisé.	Cristallinien.		de schistes.	de chaux.		
H^2O..............	—	—	0,25	0,15	0,05	0,85	0,90
$Ca^3P^2O^8$........	93,82	89,68	78,16	87,21	74,40	80,77	79,46
$CaFl^2$..........	5,44	5,38	2,18	8,00	3,08	1,03	4,53
$CaCl^2$..........	0,31	—	0,16	—	—	traces	0,05
$CaCO^3$..........	—	—	11,30	1,16	20,45	17,00	13,64
$CaSO^4$..........	—	—	0,92	traces	traces	traces	traces
SiO^2..........	0,30	1,90	5,60	2,00	1,10	0,10	0,20
Fe^2O^3..........	—	1,15	1,10	0,84	0,50	0,08	0,90
Al^2O^3..........	—	1,30	traces	traces	—	—	—
MnO^2..........	—	0,39	traces	traces	traces	—	traces
Indéterminé ..	0,13	0,19	0,34	0,64	0,42	0,17	0,33

Canada. — Les gisements de phosphates sont formés de poches ou de filons d'apatite.

Les poches d'apatite assez irrégulières se trouvent dans le gneiss, qui a subi d'ailleurs une modification métamorphique. Les gisements se trouvent dans les provinces de Québec et d'Ontario ; mais les plus importants sont ceux de North Burgess, South Burgess et North Emsley dans le Lawrence County.

Analyse d'apatite du Canada.

0,04 p. 100.............	H^2O
0,25 —	Perte à la calcination
40,93 —	$P^2O^5 = 89,36$ p. 100 $Ca^3P^2O^8$
54,80 —	CaO, 1,72 p. 100 libre
0,19 —	MgO
0,41 —	Fe^2O^3
0,86 —	Al^2O^3
2,20 —	Fl
0,09 —	Cl
0,86 —	CO^2
0,32 —	SO^3
0,15 —	Insoluble

101,10 p. 100.

Les phosphates du Canada ont une teneur en tribasique assez peu élevée. On a essayé de les améliorer par lavage ; mais jusqu'à ce jour encore l'exportation en est réduite.

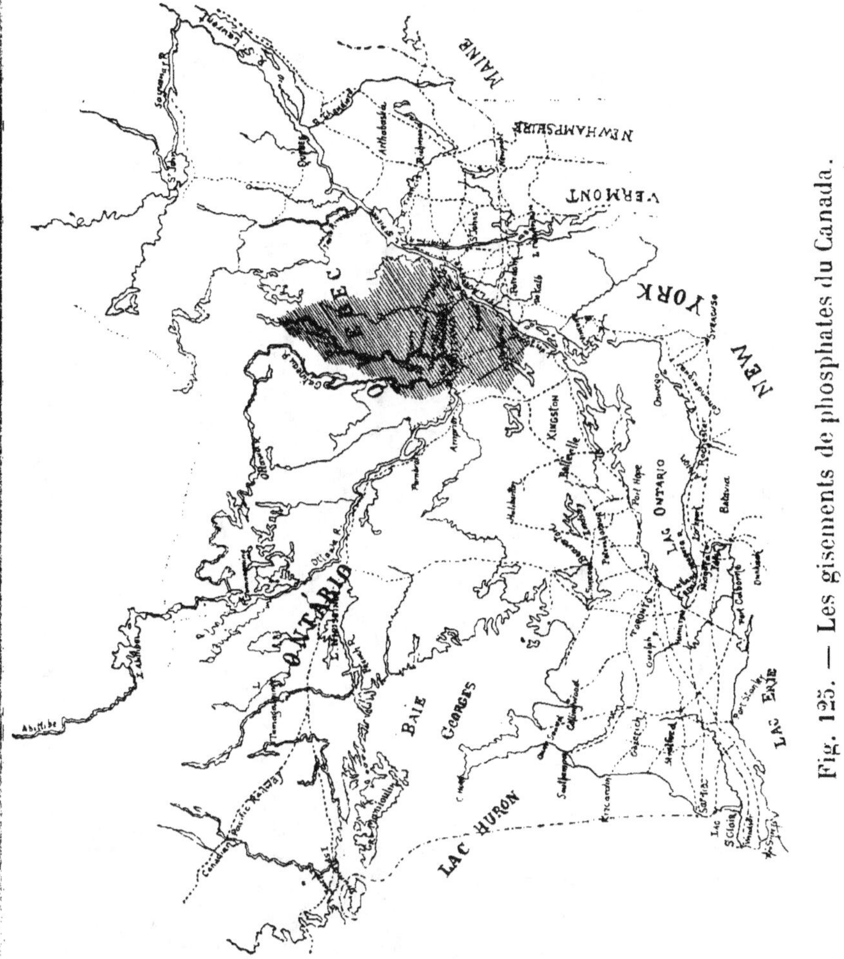

Fig. 125. — Les gisements de phosphates du Canada.

Caroline du Sud. — Les gisements de phosphorite de la Caroline du Sud, découverts en 1869, appartiennent aux formations miocènes et s'étendent le long de la côte sur une largeur de 16 à 70 kilomètres depuis les sources du Wando jusqu'à celles du Broad River.

On distingue deux sortes de phosphates : le land phosphate,

qui se trouve à 2 ou 3 mètres de la surface du sol, et le river

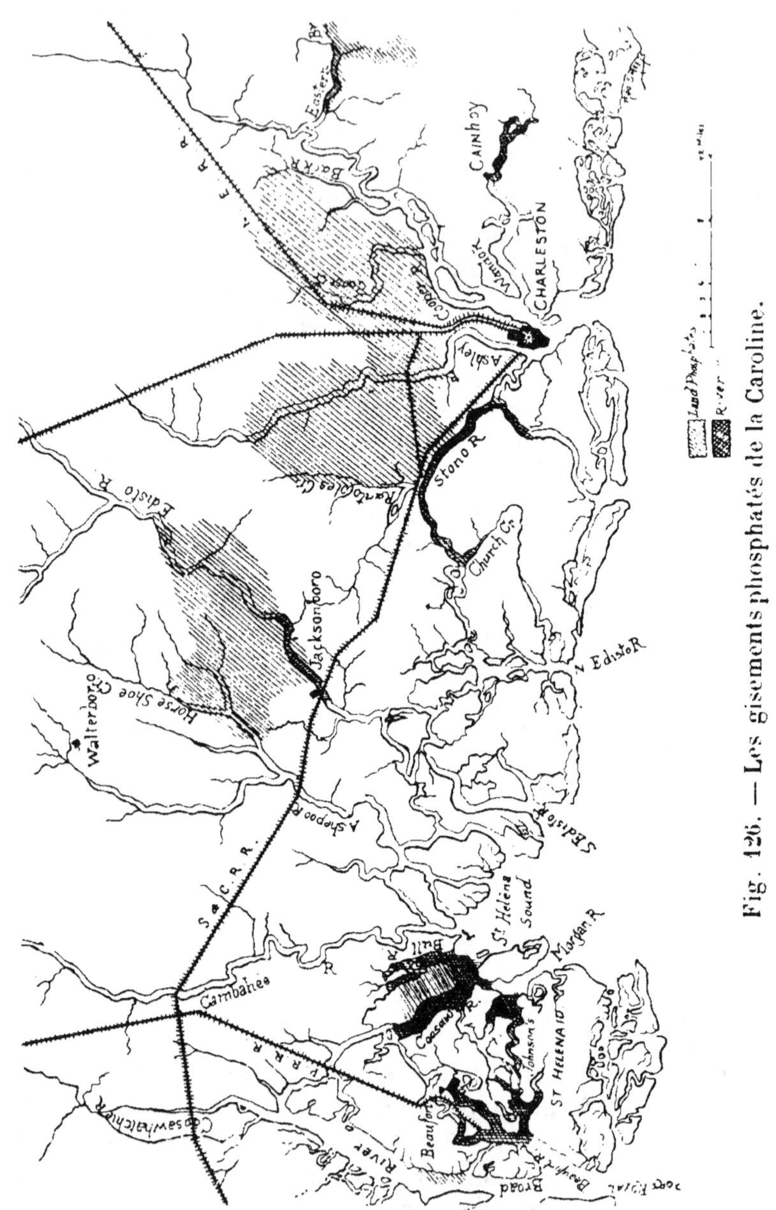

Fig. 126. — Les gisements phosphatés de la Caroline.

phosphate qu'on trouve dans le lit des rivières. Les phosphorites se présentent sous forme de nodules mélangés à des restes d'animaux. La composition est la suivante :

	Phosphorite de plaine.	Phosphorite de rivière.
H^2O	5,38	1,15
H^2O comb	1,79	—
P^2O^5	24,66	27,64
CaO	37,18	42,94
MgO	0,76	0,61
Fe^2O^3	4,15	2,00 (FeO)
Al^2O^3	4,90	2,64
CO^2	4,08	4,53
SO^3	—	0,57 (S)
Fl	15,05	3,43
Sable	2,05	7,79
Substance organique	—	7,70

Les phosphates de la Caroline ont perdu en importance depuis l'exploitation des autres gisements américains.

Floride. — On distingue quatre sortes de phosphates :

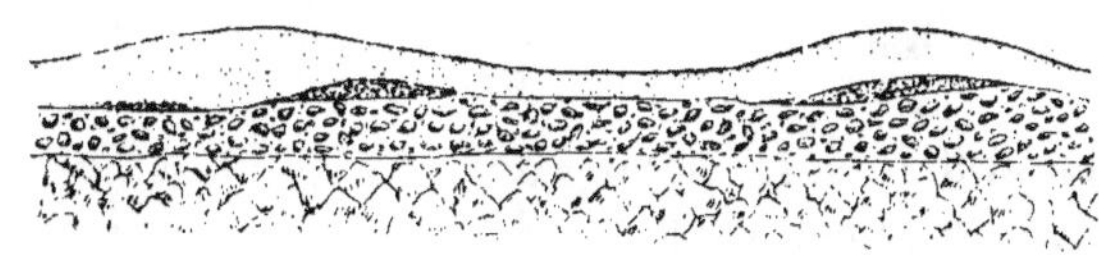

Fig. 127. — Coupe dans un gisement de Caroline (plaine).

Le hard rock ou phosphate en roche ;
Le soft phosphat ou phosphate tendre ;

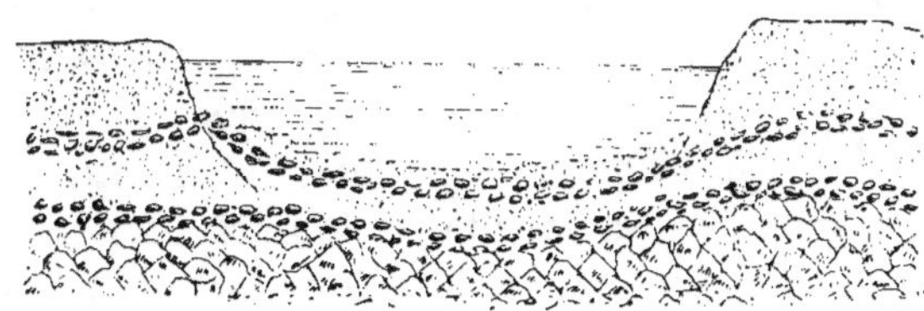

Fig. 128. — Coupe dans un gisement de Caroline (rivière).

Le land pebbles ou nodules en couches ;
Le river pebbles ou nodules de rivière.
Le *Hard rock* est dur, à grain fin, homogène, jaune, pouvant

présenter des cavités parfois remplies de phosphates argileux ou sableux. Le hard rock appartient à l'éocène et se trouve concentré le long de la côte Ouest, à 40 à 80 kilomètres de la mer. Les gisements ont une épaisseur variant de 15 mètres (Dunellon) à 1 mètre ; ils sont recouverts d'une couche de sable variant de quelques centimètres à 3 mètres. Le hard rock peut contenir 77 à 83 p. 100 de phosphate :

$$
\begin{array}{lll}
0,65 & \text{p. 100} \dots & H^2O \text{ Hygroscop.} \\
2,84 & - & H^2O \text{ Comb. chim.} \\
35,73 & - & P^2O^5 \\
49,19 & - & CaO \\
0,24 & - & MgO \\
1,03 & - & Fe^2O^3 \\
1,50 & - & Al^2O^3 \\
3,55 & - & SiO^2 \\
2,06 & - & CO^2 \\
0,19 & - & SO^3 \\
3,88 & - & Fl \\
0,01 & - & I \\
0,76 & - & \text{Indéterminé et pertes.} \\
\hline
101,63 & \text{p. 100} &
\end{array}
$$

On classe parfois le hard rock en solid rock, laminated rock et plate ou sheet rock.

Le solid rock est blanc, gris ou jaune, mais souvent marbré.

Le laminated rock peut renfermer 5 à 8 p. 100 d'argile, dont on le débarrasse en partie par grillage, broyage et tamisage.

Le plate rock ou sheet rock, qu'on trouve vers Ocala, se présente sous forme de tablettes irrégulières, jaunes, plus ou moins foncées. Il est strié, les fragments lourds et cassants étant les plus riches en acide phosphorique et pouvant contenir jusqu'à 80 p. 100 de phosphate de chaux.

Le *Soft phosphat* est une argile phosphatée, friable, pouvant renfermer une certaine partie d'acide phosphorique soluble dans l'eau ou dans le citrate.

Une simple mouture fine donne un phosphate employé directement comme engrais.

Les *River pebbles* se trouvent dans le Peace river et le Alafia river, d'où ils sont extraits au moyen de dragues, avec un prix de revient assez peu élevé. Dans le Peace river, il se dépose régulièrement des phosphates en certains points qui peuvent être périodiquement exploités. Les nodules du

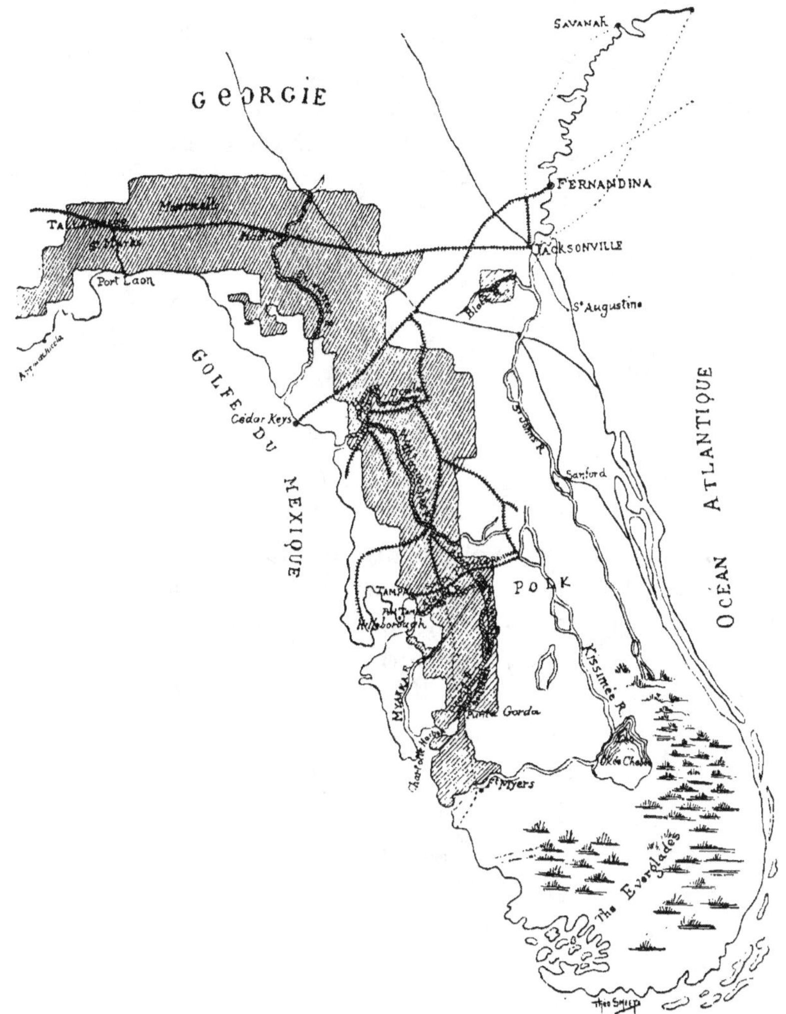

Fig. 129. — Les gisements phosphatés de Floride.

Peace river **varient de la grosseur du grain de sable à celle de la noix** : leur couleur est gris foncé ou noire. En voici une analyse :

28,03 p. 100	....	P^2O^5
61,21 —	....	$Ca^3P^2O^8$
40,95 —	....	CaO
0,84 —	....	Fe^2O^3
1,56 —	....	Al^2O^3

Les *Land pebbles* ont une couleur plus claire que les River pebbles : ils sont aussi plus purs. On les trouve sous une couche de sable superficielle entre le Peace river et l'Alafia river, et en particulier dans la région de Bartow, Fort Meade, Chicora et Callsville.

Analyse.

0,45 p. 100	....	H^2O Hygroscop.
1,55 —	....	H^2O Comb. chim. et substance organique.
33,07 —	....	P^2O^5
45,82 —	....	CaO
1,19 —	....	Fe^2O^3
1,63 —	....	Al^2O^3
1,64 —	....	CO^2
1,66 —	....	$CaFl^2MgO$
9,28 —	....	Insoluble.

Tennessee. — Les gisements du Mount Pleasant County, de Maury et de Perry, se trouvent au-dessous des schistes gris bleu dévoniens, sous forme de nodules, et au-dessous de schistes noirs intermédiaires, sous forme de phosphates en roches reposant directement sur le calcaire.

Analyses. — I. Phosphate gris foncé.

0,75 p. 100	....	H^2O
3,15 —	....	Substance organique.
6,00 —	....	$CaCO^3$
69,85 —	....	$Ca^3P^2O^8$
1,95 —	....	SiO^2
4,00 —	....	$Ca.SO^4\ 2H^2O$
1,50 —	....	Fe^2O^3
0,80 —	....	Al^2O^3
4,05 —	....	FeS^2
7,95 —	....	$MgO,CaFl^2Na^2O,K^2O$

II. Phosphate rouge sableux.

1,09 —	....	H^2O
76,66 —	....	$Ca^3P^2O^8$
3,16 —	....	$CaCO^3$
3,04 —	....	Fe^2O^3
0,71 —	....	Al^2O^3

Algérie et Tunisie. — Les gisements du nord de l'Afrique présentent la plus grande importance. Découverts vers 1873-1880 par Thomas, les phosphates africains se trouvent à la base de l'éocène, séparés du crétacé par des limons de composition variable.

Les phosphates sont formés de marnes à nodules et de calcaires phosphatés recouverts de calcaires coquilliers ou de calcaires nummulitiques. Des formations gréseuses et glauconieuses se rencontrent également dans les gisements.

Marne à nodules. — Les nodules de phosphates se trouvent au milieu de marne, à bancs de gypse et de calcaire, plus ou moins feuilletés. Les nodules ont des dimensions variables : le phosphate est concentré à la surface, l'intérieur est formé de calcaire. Les petits nodules peuvent renfermer jusque 70 p. 100 de tribasique.

Phosphate calcaire. — Le phosphate calcaire peut alterner avec la marne à nodules, et se présenter en amas friables gris, plus ou moins jaunâtres. Il résulte d'une agglomération de grains de phosphate de chaux jaunes, ou verts, plus ou moins réguliers, et de grains de silice plus ou moins pure, le tout mélangé de débris organiques, réunis dans un ciment calcaire.

Les gisements peuvent s'étendre sur 60 kilomètres de longueur et atteindre des épaisseurs supérieures à 5 mètres. Ils renferment 24 à 30,5 p. 100 d'acide phosphorique.

	I.		II.	
H^2O subst. organique...	6,88	p. 100	5,34	p. 100
SiO^2 combinée..........	0,35	—	0,32	—
$Fe^2O^3 + Al^2O^3$..........	1,24	—	1,26	—
CaO................	49,07	—	48,12	—
MgO...............	1,04	—	1,45	—
P^2O^5................	30,07	—	27,39	—
dont soluble citrate..	3,19	—	1,88	—
K^2O................	0,12	—	1,30	—
SO^3................	2,11	—	2,10	—
CO^2................	6,62	—	9,09	—
Cr^2O^3................	traces		traces	
Insoluble............	2,50	—	3,03	—

Analyses de phosphates de Gafsa.

I.			II.		
2,60 p. 100.	H^2O		5,59 p. 100.	H^2O	
2,90 —	Subst. organiques.			subst. organiques.	
27,23 —	P^2O^5		27,25 —	P^2O^5	
45 12 —	CaO		45,35 —	CaO	
1,68 —	$Fe^2O^3 + Al^2O^3$		0,81 —	Fe^2O^3	
3,73 —	combinée SiO^3		0,62 —	Al^2O^3	
5,26 —	CO^2		5,16 —	CO^2	
3,98 —	SO^3		4,08 —	SO^3	
7,40 —	Insoluble		0,60 —	MgO	
			7,14 —	Insoluble	

Les gisements africains peuvent être divisés en quatre groupes: district de Tebessa, district de Sétif, district de Guelma et district d'Ain Beida.

Égypte et Palestine. — Les gisements de Salt en Syrie ne sont pas encore exploités d'une manière continue.

Les phosphates d'Égypte peuvent être divisés en trois groupes: les gisements de la vallée du Nil, les gisements des collines de la mer Rouge, et les gisements de l'oasis de Dakkla. Le phosphate égyptien, de couleur grise plus ou moins foncée, est mélangée de restes d'animaux. Il titre 40 à 50 p. 100 de phosphate tricalcique.

On a trouvé en Palestine, à l'ouest du Jourdain, un minerai dosant 80 p. 100 de phosphate de chaux; les gisements ne sont pas encore exploités :

0,82 p. 100....	H^2O		0,49 p. 100....	Fe^2O^3
47,13 —	$Ca^3P^2O^8$		2,02 —	Al^2O^3
42,77 —	$CaCO^3$		3,01 —	SiO^2
1,15 —	$CaSO^4$		1,50 —	Bitume.

Iles de la mer des Antilles. — *Phosphate de Redonda.* — Les phosphates de Redonda sont formés de phosphate d'alumine hydraté et de phosphate de fer. Ils ne peuvent servir à la fabrication des superphosphates :

D'après Vœlcker.			*D'après Tate.*	
24,20 p. 100...	H^2O		21,50 p. 100....	H^2O
38,52 — ...	P^2O^5		38,50 —	P^2O^5
35,33 — ...	$Al^2O^3 + Fe^2O^3$		22,00 —	Al^2O^3
1,95 — ...	Insoluble.		10,50 —	Fe^2O^3
			6,50 —	Insolubles.

Phosphate de Sombrero. — On distingue un phosphate de chaux oolithique renfermant des phosphates de magnésie, de fer, d'alumine, de la silice et de l'alumine, et un phosphate jaune, homogène, de richesse élevée, contenant du carbonate et du sulfate de chaux.

Analyse d'après Volcker.

2,94 p. 100...... H^2O	0,58 p. 100...... MgO
35,52 — ...... P^2O^5	0,36 — ...... SO^3
47,99 — ...... CaO	0,96 — ...... CO^2
3,70 — ...... Fe^2O^3	0,43 — ...... Fl
7,55 — ...... Al^2O^3	

Phosphate de Navassa. — Le phosphate de l'île Navassa est riche en phosphate de fer et d'alumine ; il se présente sous forme de grains plus ou moins gros, souvent agglomérés par du phosphate de chaux presque pur.

Analyse d'après Bretschneider.	*Analyse d'après Gilbert.*
5,73 p. 100. H^2O	3.01 p. 100. H^2O
4,93 — { H^2O Chim. comb. / Subst. organique	7,17 — { H^2O Chim. comb. / Subst. organique
31,69 — P^2O^5	33,28 — P^2O^5
38,00 — CaO	40,19 — CaO
4,25 — Fe^2O^3	11,67 — $Fe^2O^3 + Al^2O^3$
8,81 — Al^2O^3	2,15 — CO^2
1,10 — $SO^3 + Fl$	2,53 — Sable
2,40 — CO^2	
3,09 — Insolubles	

Phosphate d'Aruba. — Le phosphate d'Aruba peut contenir 30 p. 100 d'acide phosphorique et 6 p. 100 de fer et d'alumine, et se présente sous forme de pierres dures et jaunes.

Analyse.

5,53 p. 100. H^2O	3,05 p. 100. Fe^2O^3
6,03 — H^2O Chim. comb.	2,20 — Al^2O^3
32,00 — P^2O^5	0,72 — Fl
43,06 — CaO	2,11 — Insoluble
5,30 — CO^2	

Phosphate de Alta-Vela. — La composition est analogue à celle de Redonda :

3,34 p. 100.	H^2O	20,22 p. 100.	Al^2O^3
12,99 —	H^2O combinée.	7,23 —	Fe^2O^3
26,23 —	P^2O^5	29,99 —	Insoluble.

Phosphate de Rata. — Ce phosphate se présente sous forme de poudre fine. Il contient jusqu'à 20 p. 100 d'oxydes de fer et d'alumine qui le rendent impropre à la fabrication des superphosphates.

Les phospho-guano de l'île aux Moines, phospho-guano de l'île Christmas, guano de l'île Baker, guano de Mejillones, etc., seront examinés au chapitre Guanos.

Phosphate de l'île Angaur. — Les gisements renferment jusqu'à 80 p. 100 de phosphate pur.

Phosphate de l'île Makatea. — Ces gisements renferment de 60 à 85 de phosphate.

EXPLOITATION DES PHOSPHATES

Les phosphates se présentent dans leurs gisements sous des formes très variées. On distingue, en général, l'apatite, les phosphorites, les sables phosphatés, les craies phosphatées, les nodules ou coprolithes, les phosphates en roche.

L'apatite est presque toujours mélangée de silice, d'oxyde de fer, de carbonate de chaux, etc., et se présente sous forme de roche très dure, plus ou moins colorée.

Les phosphorites sont des concrétions rocheuses, grises ou jaunes, dures ou friables, parfois mélangées de sulfate et de carbonate de chaux.

Les sables phosphatés se trouvent à la partie supérieure de la craie. Ils sont généralement voisins de l'argile à silex.

La craie phosphatée a une densité supérieure à la craie ordinaire ou carbonate de chaux. Elle voisine souvent avec le sable phosphaté.

Les nodules et coprolithes se rencontrent surtout dans l'étage des grès verts, entre les terrains jurassiques et crétacés.

Les phosphates en roche sont la plupart du temps très riches en acide phosphorique. Ils présentent généralement une grande dureté.

L'exploitation proprement dite des produits phosphatés se fait de différentes manières, suivant la nature, la situation, la disposition et la composition du gisement.

Sondages. — La reconnaissance d'une concession phosphatée se fait par sondages ou par puits.

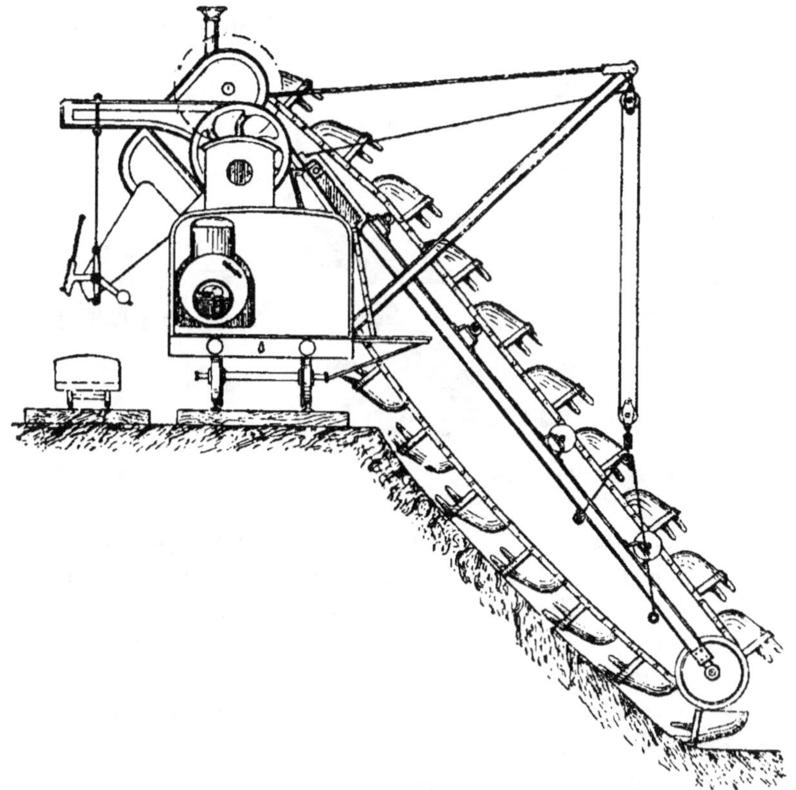

Fig. 130. — Excavateur.

Les sondages se font au moyen de tiges, tarières, tire bouchons, bonnets de prêtre, lances, louches. On se sert d'explosifs et de tubes suivant les circonstances.

La prise d'échantillons doit être soignée d'une manière particulière.

Exploitation à ciel ouvert. — Si l'on rencontre le produit phosphaté à une profondeur au-dessous de 4 à 7 mètres,

14.

l'exploitation se fait à ciel ouvert. On enlève les terres de recouvrement, et le produit est chargé sur wagonnets roulant sur rails. On emploie comme instruments la pelle, l'escoupe et la brouette, et on peut avoir recours aux explosifs. L'excavatrice est utilisée dans les exploitations importantes. L'extraction des phosphates de rivière se fait au moyen de bateaux dragueurs à chaîne ou à pompe centrifuge, qui ont en général un effet utile considérable.

Exploitation souterraine. — L'exploitation souterraine se fait en employant la force musculaire de l'homme ou les moyens mécaniques.

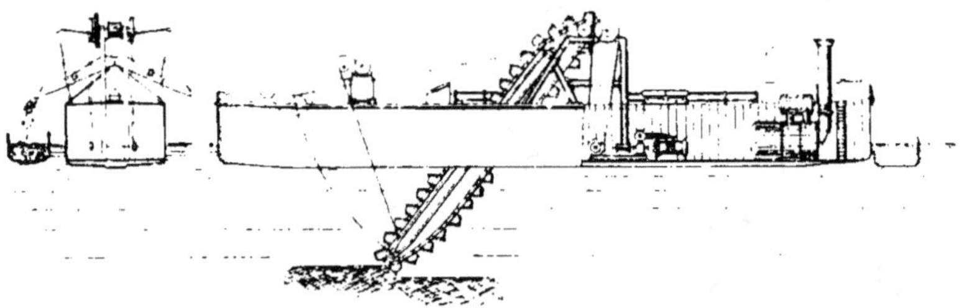

Fig. 131. — Bateau dragueur. Coupe transversale et longitudinale.

L'exploitation par la main de l'homme se fait dans les Ardennes, le Boulonnais et la Hesbaye. On divise le terrain en parties plus ou moins régulières et on exploite chacune d'entre elles par un puits creusé au centre. On doit prévoir les installations d'aérage suffisantes. Le matériel se compose des instruments d'extraction, de treuils à bras, et du bois nécessaire aux galeries de tailles et de recoupes.

Les exploitations mécaniques abaissent le prix de revient d'extraction, mais elles exigent que la couche de phosphate soit régulière et suffisamment importante pour permettre un travail continu et de longue durée.

Le puits d'extraction sera, autant que possible, au centre de la concession. Il sera vertical ou à plan incliné. Les revêtements seront en bois, en maçonnerie ou métalliques (cuvelage). Le guidonnage se fera au moyen de bois ou de câbles-guides prolongés jusqu'au châssis à molettes ou chevalement supérieur. Les cages sont généralement à un seul étage et ne contiennent qu'un wagonnet. Les machines d'extraction sont disposées suivant l'importance du puits. Des pompes spéciales permettent d'assécher les puits, quand il y a lieu.

L'exploitation mécanique doit rendre l'abatage facile, réduire le développement des galeries, entretenir une bonne ventilation des travaux, concentrer et conduire ceux-ci avec prévoyance et économie.

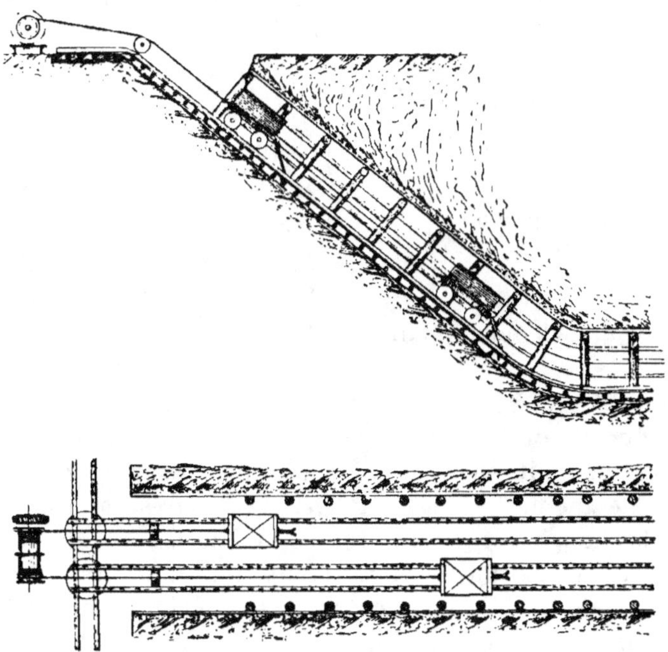

Fig. 132. — Extraction par plan incliné.

La *méthode par remblais* consiste à enlever la matière utile du gîte en totalité et à remblayer le vide formé complètement ou partiellement au moyen des roches stériles abattues pour l'enlèvement du phosphate. Cette méthode se fait par double équipe, par simple équipe, par gradins renversés, par gradins droits ou par la méthode en travers.

La *méthode par piliers abandonnés* s'applique aux filons, aux amas, et aux couches de grande épaisseur. Les piliers perdent environ 27,5 p. 100 de minerai. Cette méthode ne peut donc s'appliquer qu'à des roches phosphatées de minime valeur.

TRAITEMENT MÉCANIQUE DU PHOSPHATE

Le phosphate venant de la mine ou résultant de l'enrichissement est séché, généralement moulu et parfois mis en sacs.

Séchage. — Les systèmes de séchage sont très nombreux. On peut en dresser le tableau suivant :

<pre>
                                   (Four à réverbère.
                      (Fixes... { Four à étages.
                      ((Séchage au bois.
Séchoirs à flammes   )
  directes.........)   (Système Ruelle.
                      (Mobiles. { Système Thonnar et Tixhon.
                                 (Système à chicanes.
Séchoirs à flammes indirectes. { Séchoir à plaques.
                                 (Séchoir à tubes.
</pre>

Four à réverbère. — Le four à réverbère est formé d'un foyer et d'une sole de 8 à 10 mètres de long sur 3 mètres de large. Il est construit en briques réfractaires et recouvert d'une voûte de mêmes matériaux. Des ouvertures sont ménagées dans les longs côtés pour remuer et sortir la matière. Les portes de chargement se trouvent dans la voûte. Les gaz résultant de la combustion traversent le four, sont réfléchis sur la matière, passent dans des carneaux avant de gagner la cheminée. La production d'un semblable four est de 12 à 15 tonnes par vingt-quatre heures.

Four à étages. — Le four est formé de quatre étages en dalles réfractaires ; l'écartement est de $0^m,25$ environ. Le séchage se fait d'une manière méthodique. Le phosphate est introduit sur l'étage supérieur et tombe d'étage en étage au fur et à mesure que l'opération avance. Les gaz chauds produits par un foyer inférieur circulent en zig-zag sur les dalles en les chauffant et en venant lécher la matière. Ce four peut produire 15 à 20 tonnes par vingt-quatre heures.

Séchage au bois à la meule. — Dans certaines régions de

l'Amérique, on dispose des assises successives de bûches et de minerai. La combustion du bois sèche le phosphate. Ce procédé n'est applicable que là où le bois ne coûte rien.

Séchoir mécanique Ruelle. — Le séchoir Ruelle consiste en un double cylindre en tôle portant extérieurement vers le milieu un engrenage cylindrique, tournant par l'intermédiaire d'un pignon sur deux paires de galets. A une extrémité se trouve le foyer ; à l'autre extrémité, la trémie de

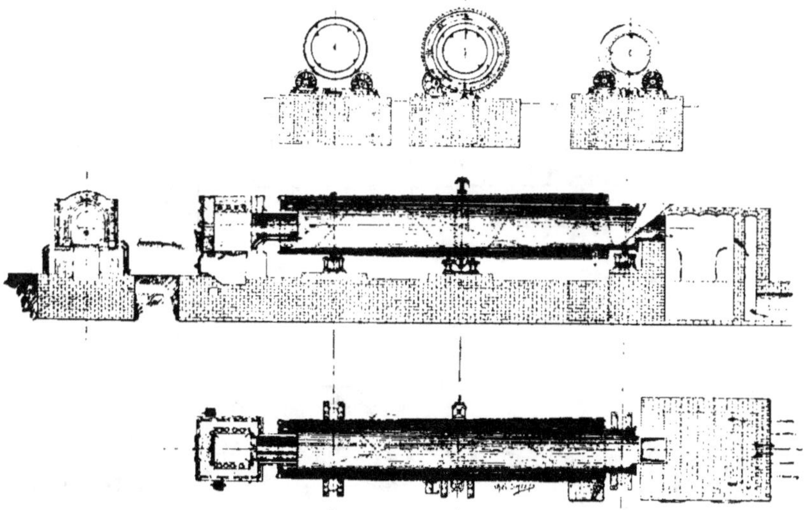

Fig. 133. — Séchoir mécanique Ruelle. — Coupes verticales longitudinales et transversales.

chargement. La matière à traiter passe de cette dernière dans le cylindre intérieur où elle progresse, grâce à une hélice jusqu'à l'extrémité opposée : elle passe dans le cylindre extérieur et suit un chemin inverse grâce à une seconde hélice. Le tracé des hélices et la vitesse de l'appareil sont disposés de manière que la matière peut sortir complètement séchée. Les gaz du foyer traversent le cylindre intérieur, chauffent la matière première et passent dans une chambre de dépôt de poussières de phosphates avant de se rendre dans la cheminée d'appel. Une certaine quantité d'air est soufflée en même temps que les gaz du foyer par un ventilateur. Ce système donne un séchage régulier ; la main-d'œuvre est réduite ; il procure un chauffage économique, mais demande néanmoins une dépense en combustible et en force assez élevée.

Séchoir Thonnar et Tixhon. — Le séchoir (fig. 134) se compose d'une chambre en maçonnerie comprenant deux séries de cylindres en mouvement : à l'extrémité de chaque série, se trouve un broyeur à cylindres. La matière est déversée sur les plaques de

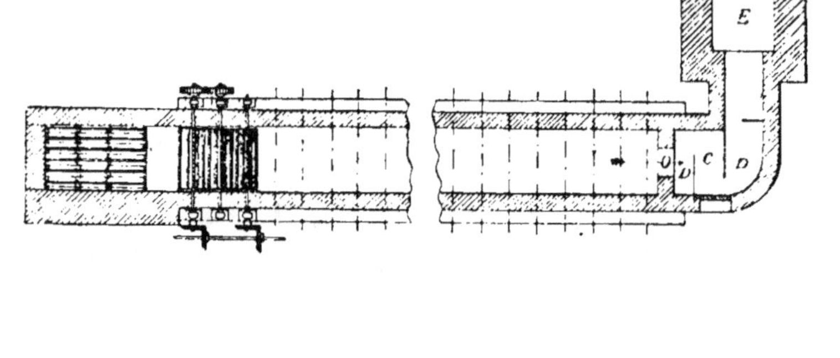

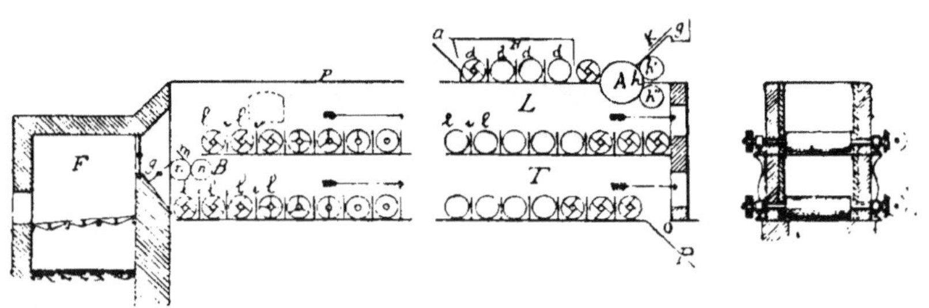

Fig. 134. — Séchoir Thonnar et Tixhon. — Vue en plan et coupe verticale.

fonte formant le plafond de la chambre de séchage, et passe dans une chambre de triage à rouleaux à ailettes à projection. Le phosphate, ayant subi une première mouture, tombe dans la chambre de séchage comprenant deux ou plusieurs séries de rouleaux à ailettes qui, animés d'une rotation rapide, projettent le phosphate dans le courant d'air chaud venant du foyer. La matière plus ou moins séchée est envoyée dans un second broyeur à cylindres et passe dans le second compartiment de la chambre muni d'une série de rouleaux en mouvement. La matière tombe ensuite sur un tamis d'où elle est ensachée. Les gaz chauds passent dans les compartiments de la chambre et dans une chambre à poussière avant de gagner la cheminée.

Séchoir à chicanes. — Cet appareil (fig. 135) se compose d'une colonne à section cylindrique ou rectangulaire dans laquelle se trouve une série de chicanes inclinées en sens inverse. Le phosphate est amené sur la plaque supérieure et tombe en glissant de plaque en plaque. Les gaz chauds, produits par un foyer situé à la base, suivent le chemin inverse du phosphate en le traversant.

Séchoir à plaques à flamme indirecte. — L'appareil se compose d'une série de foyers et de carneaux recouverts de plaques de fonte. Les gaz chauffent ces plaques, en passant dans les carneaux qui ont 20 mètres environ de longueur. Le phosphate est étendu sur l'aire de fonte sur une épaisseur de $0^m,08$ à $0^m,15$. La consommation en charbon varie de 5 à 12 p. 100 de la matière traitée.

Séchoir à tubes. — Dans ce séchoir, (fig. 137) les gaz produits dans un foyer passent dans des tubes horizontaux de 3 à 4 mètres de long ; les phosphates versés sur ces tuyaux s'émiettent passent entre leurs interstices et tombent dans des wagonnets. La matière doit être en grains assez fins et ne pas s'agglomérer par la chaleur.

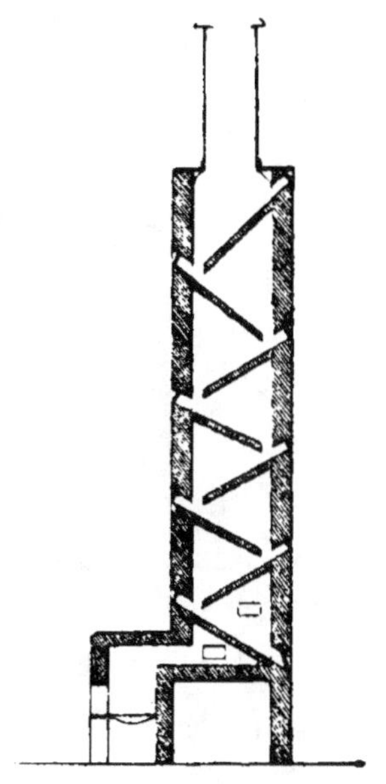
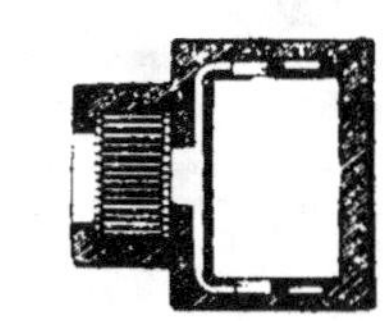

Fig. 135. — Séchoir à chicanes. — Élévation et plan.

Broyage. — La matière séchée est dirigée vers les appareils de broyage. Le choix d'un broyeur dépend de la dureté du produit, de la densité, du volume des fragments, du degré de finesse à obtenir. Pour un produit dur, dense et en morceaux plus gros que le grain de blé, on choisira des **broyeurs**

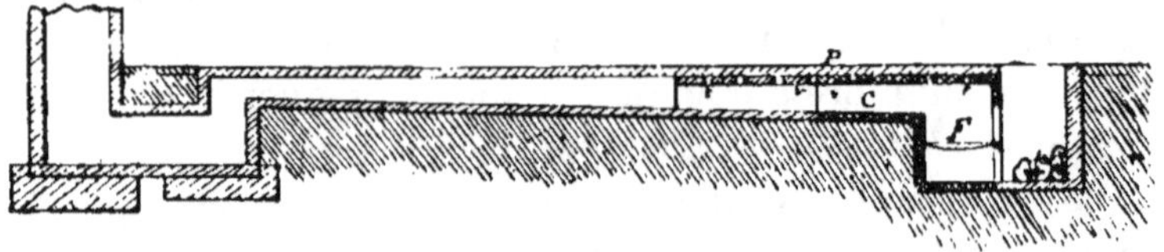

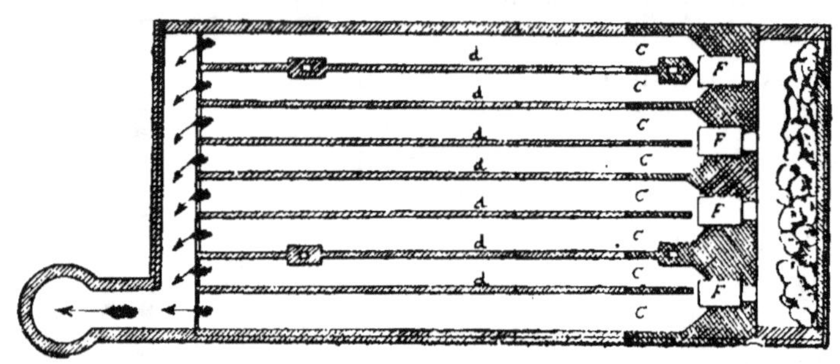

Fig. 136. — Séchoir à plaques. — Élévation et plan.

réduisant par projection pour obtenir une farine grossière

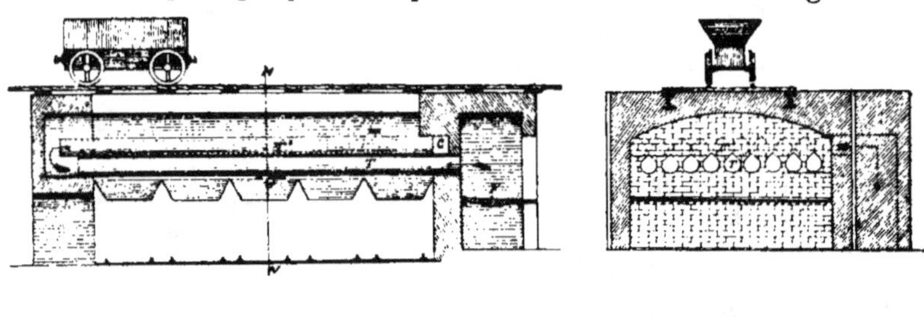

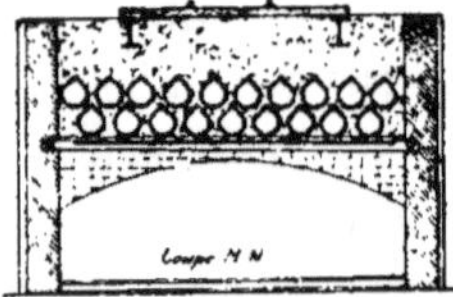

Fig. 137. — Séchoir à tubes. — Coupe longitudinale et coupes
transversales.

(moins de 75 p. 100 au tamis 17). Pour un produit tendre et
poreux, on prendra un appareil opérant par écrasement pour

obtenir plus de 75 p. 100 au tamis 17. Fréquemment on combinera deux appareils.

Le broyage et le tamisage des phosphates sont souvent faits ou complétés à l'usine à superphosphates. Nous examinerons à nouveau cette opération dans la fabrication des superphosphates, en indiquant les conditions que doit remplir le phosphate moulu.

Nous donnerons ici la description des appareils employés.

Désagrégateur Karr. — Le broyeur Karr (fig. 138) est formé de deux cages ou tambours tournant en sens inverse à des vi-

Fig. 138. — Broyeur Karr.
Le couvercle et le tronc d'alimentation sont enlevés.

tesses différentes. Ces cages sont formées d'un arbre horizontal, portant à l'extrémité la poulie réceptrice et vers le milieu un plateau muni de lignes annulaires de barreaux d'acier ; ces lignes s'emboîtent les unes dans les autres. Une enveloppe en tôle facilement démontable recouvre l'appareil. La matière est introduite d'une façon continue par une trémie disposée au centre de l'enveloppe. Projetée vers l'extérieur sous l'action de la force centrifuge, elle rencontre successivement les différents tambours, qui, tournant en sens inverse, lui font suivre un chemin en zigzag ; le broyage est ainsi produit, d'une part, par les chocs reçus au contact des broches, d'autre part, par le frottement qu'exercent entre eux les morceaux projetés avec force les uns contre les autres. La production de l'appareil est considérable par rapport à la puissance absorbée. L'appa-

reil ne donne qu'une désagrégation, non un broyage complet.
Il donne, au contraire, de bons résultats dans le broyage du
superphosphate.

Broyeur Vapart. — L'appareil est formé d'un arbre vertical

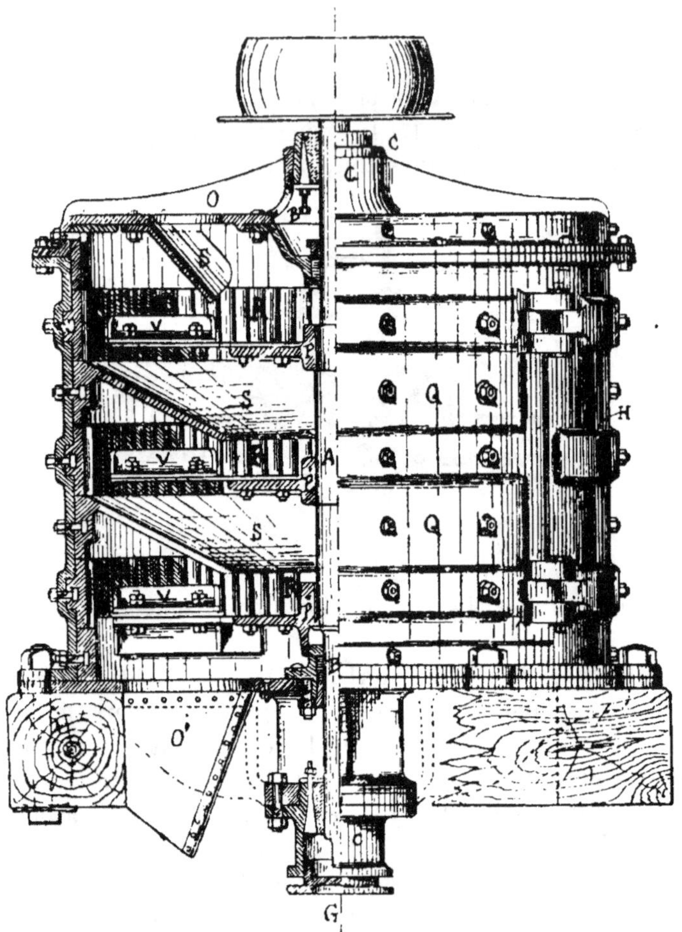

Fig. 139. — Broyeur Vapart. — Élévation.

(fig. 139) sur lequel sont fixés horizontalement 3 à 5 plateaux,
portant à leur surface supérieure des palettes disposées en
équerre, suivant les rayons. Des couronnes dentées se trouvent en face de chaque plateau. L'appareil est enfermé dans

un tambour en tôle retenant toute poussière. L'arbre central
est commandé à la partie supérieure par une poulie. La matière
à traiter est chargée par une ouverture supérieure, tombe sur
le premier plateau, s'y distribue entre les palettes, et est projetée par la rotation du système contre la première couronne
dentée où elle se brise. Elle tombe ensuite par un entonnoir
vers le centre du second plateau, pour être projetée contre la
deuxième couronne dentée, etc. L'appareil peut donner à
l'heure 3 à 5 tonnes de matière passant au tamis $0^{mm},32$.

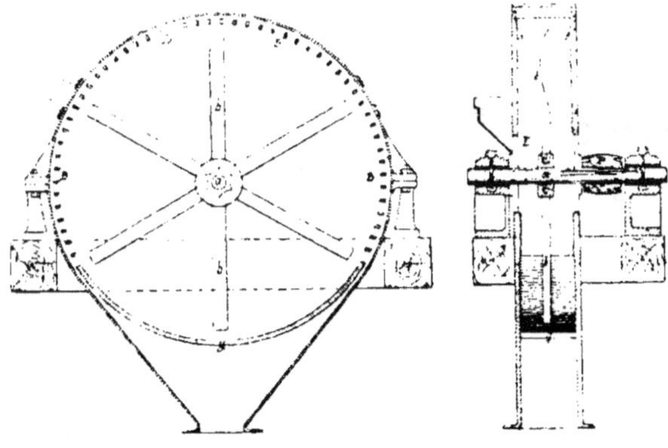

Fig. 140. — Broyeur Carter. — Élévation et coupe transversale.

Broyeur Carter. — L'appareil (fig. 140) se compose d'un
cylindre ou croisillon percuteur tournant à grande vitesse et
lançant la matière à broyer sur une plaque ou grille de
broyage formée de barreaux d'acier. La cage de broyage est
formée de deux parois latérales, pleines et cannelées, et d'une
enveloppe demi-cylindrique à grille. Quand la matière est réduite à une finesse suffisante, elle passe à travers les barreaux
de la grille et se présente sous forme pulvérulente avec plus ou
moins de gruaux. On peut broyer 2 à 3 tonnes de phosphate à l'heure, les deux tiers passant au tamis $0^{mm},32$.

Broyeur Jamart. — Cet appareil sert surtout à la préparation
des craies grises à envoyer au lavage. Il est formé d'un croisillon à cinq bras en fonte dure, fixé sur un arbre en acier tournant à l'intérieur d'une cage garnie de segments dentés, et

portant à la partie inférieure une grille à travers laquelle passe
la matière broyée. Ce broyeur permet de traiter 2 tonnes de
craie grise à l'heure.

Broyeur Bourdais. — Il se compose (fig. 142) de deux arbres,
l'un creux, l'autre plein, tournant à l'intérieur du premier.
L'arbre plein porte un plateau muni sur son pourtour de quatre
barreaux d'acier. L'arbre creux porte un tambour garni au
pourtour d'une tôle perforée, dont les trous varient suivant
la nature du minerai. Les deux arbres tournent dans le même

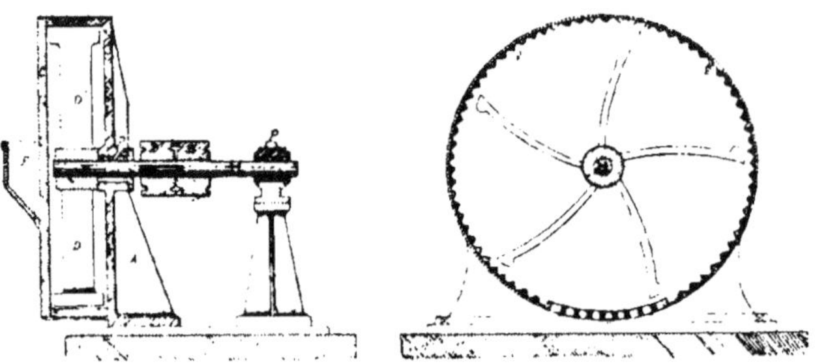

Fig. 141. — Broyeur Jamart. — Section transversale et d'élévation.

sens, mais à des vitesses très différentes. L'appareil est recouvert d'une enveloppe portant une ouverture latérale pour
l'entrée de la matière et un entonnoir inférieur pour la sortie
du phosphate broyé. L'appareil fonctionne avec le phosphate
et l'eau : la bouillie passe à travers les trous de la tôle perforée.

Cyclone pulvérisateur. — L'appareil (fig. 143) est formé de deux
moulinets à ailettes hélicoïdales tournant à grande vitesse et
logés dans une chambre de broyage. Ces moulinets produisent
deux violents courants d'air qui marchent en sens inverse. Si,
dans l'intervalle entre les moulinets, on projette la matière à
broyer, les fragments, violemment entraînés dans les deux sens,
s'entrechoquent et se broyent les uns contre les autres sans
user notablement l'appareil. La matière broyée est enlevée
par un ventilateur aspirant dont la force d'aspiration est
réglée suivant le degré de pulvérisation que l'on cherche. La
matière à traiter est concassée préalablement. Elle est chargée
dans des trémies portant des distributeurs à cannelures.

L'appareil permet de pulvériser 1 à 3 tonnes de phosphate à l'heure avec 10 p. 100 de refus au tamis $0^{mm},24$.

Broyeur Sturtevant. — L'appareil Sturtevant (fig. 144) est composé de deux couronnes cylindriques, placées au-dessous d'un tambour fixe pourvu d'une trémie d'alimentation. Le tambour porte sur sa périphérie intérieure un tamis à travers lequel la matière tombe dans une trémie inférieure. Les couronnes portent des plateaux ; le tout est fixé à deux arbres indépen-

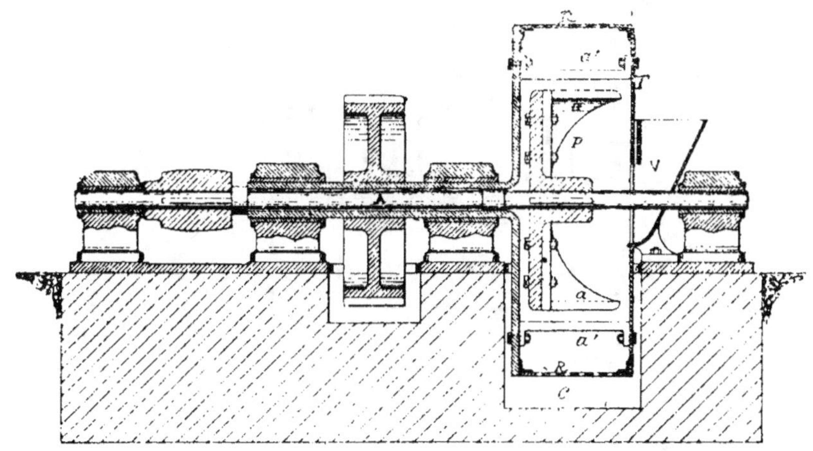

Fig. 142. — Broyeur Bourdais. — Coupe longitudinale.

dants, tournant en sens contraire. Le phosphate remplit constamment la trémie supérieure : arrivé dans la boîte centrale, il tend à se répandre dans les deux couronnes ; mais, en vertu de la force centrifuge développée par celles-ci, les fragments sont projetés dans des directions opposées, et le heurt est si violent que la matière se pulvérise. Les refus sont pulvérisés dans des meules horizontales. Cet appareil convient pour le broyage des phosphates industriels.

Broyeur à bocards. — Les bocards sont particulièrement employés pour le broyage des os dégraissés. Ils sont formés de pilons de 50 à 100 kilos, placés dans des mortiers garnis d'une grille à la partie inférieure et de tôle perforée sur les côtés. L'écartement des barreaux de la grille et la grandeur des trous des tôles déterminent la dimension des grains obtenus. Le mouvement des pilons se fait au moyen de cames montées sur un arbre horizontal. Une unité peut broyer 500 kilogrammes de matière à l'heure.

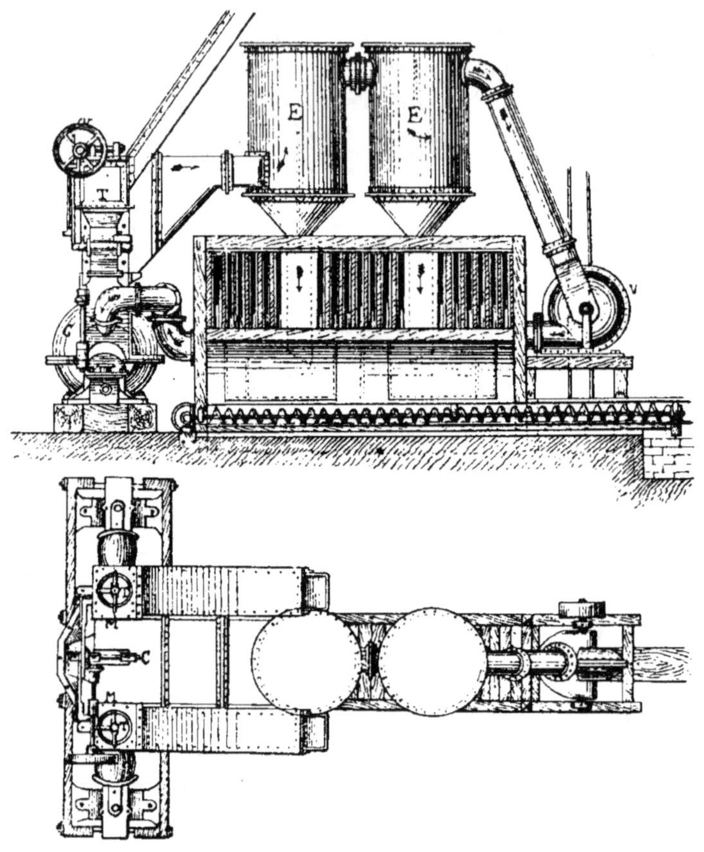

Fig. 143. — Installation de broyage par cyclone pulvérisateur. — Élévation et plan.

Moulin à cylindres horizontaux lisses ou dentés. — Ce moulin se compose d'une paire de cylindres lisses ou dentés, de même diamètre ou de diamètre différent, animés de vitesses différentes. L'arbre de l'un des cylindres porte la poulie réceptrice. Le mouvement est communiqué à l'autre cylindre par l'inter-

médiaire d'engrenages. Le cylindre non récepteur est pourvu
de ressorts qui permettent son écartement, lorsqu'un corps
très dur accompagne la matière à broyer. On peut superposer
plusieurs séries de cylindres. En général, ces appareils donnent
un rendement médiocre.

Fig. 144. — Moulin Sturtevant, type Open Door.

Moulin à disques dentés. — Le moulin se compose de
deux ou séries de deux cylindres superposés formés de disques
en acier garnis de pointes et d'anneaux intermédiaires, juxta-
posés de telle sorte que les dents de l'un des deux cylindres
correspondent aux anneaux de l'autre. Les cylindres sont
montés sur bâtis à ressort : une vis permet de régler l'écartement. Généralement, les cylindres sont animés d'une vitesse
différente qui permet un broyage plus complet. Un tel moulin
peut broyer jusqu'à 2 tonnes par heure.

Moulin Excelsior. — Le moulin Excelsior (fig. 146) se compose
de deux disques annulaires verticaux en fonte durcie, l'un fixé

au corps du moulin, l'autre sur un arbre horizontal tournant. Les disques portent sur leur partie plane des dents à sections triangulaire sdisposées en cercles concentriques. La matière à broyer tombe au centre de l'appareil et, par la force centrifuge développée, est rejetée entre les disques où elle est broyée. Elle est ensuite projetée vers la circonférence externe des disques en suivant les rainures radiales, avant de tomber dans la trémie. Les dents des disques s'usent assez rapidement et l'appareil demande beaucoup de force.

Fig. 145. — Broyeur à bocards à 4 flèches.

Meules verticales. — Le moulin (fig. 149) à meules verticales se compose de deux meules tournant sur un plateau circulaire autour d'un axe vertical. Les meules sont montées sur des axes horizontaux indépendants et reliés à un arbre vertical par une manivelle. La matière est broyée par écrasement et par frottement. Elle est ramenée sous les meules par des ramasseurs (fig. 150).

Moulin à meules horizontales. — Le moulin est formé de deux meules cylindriques en pierre meulière de 1^m,50 de diamètre, dont l'une est fixe (dormante ou gisante) et dont l'autre, montée sur un arbre vertical, est mobile (courante).

Les moulins à meule dormante supérieure, c'est-à-dire où la meule inférieure est mise en mouvement, sont employés pour les phosphates durs ; les moulins à meule dormante inférieure, c'est-à-dire où la meule supérieure est mise en mouvement,

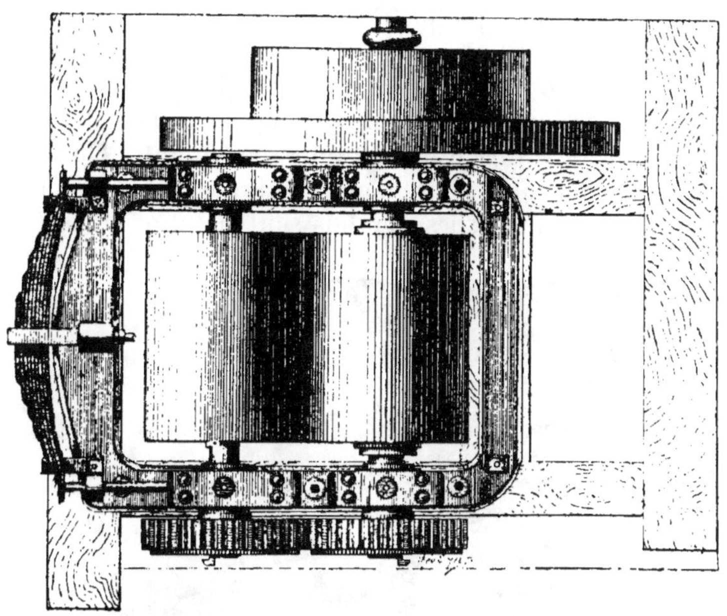

Fig. 146. — Moulin à cylindres horizontaux lisses. — Vue en plan.

Fig. 147. — Moulin à disques dentés.

pour les phosphates tendres. Le phosphate arrive par l'œillard central et sort par la périphérie. Les meules sont logées dans une cage en fonte. L'arbre central, monté dans une crapaudine, peut être déplacé pour le serrage des meules par une vis sans fin, combinée souvent avec un système de leviers. La meule courante tourne à raison de 120 tours par minute. Un moulin demande 20 chevaux pour moudre 5 tonnes de phosphate à l'heure. Généralement, les moulins sont montés en série : un

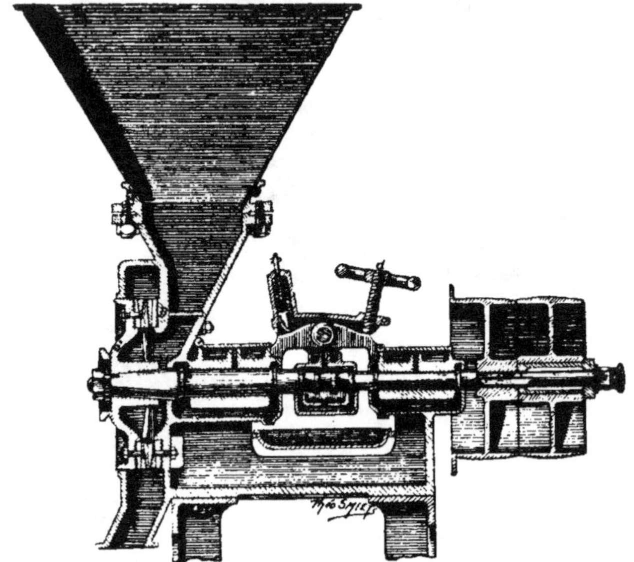

Fig. 147 *bis*. — Moulin Excelsior. — Coupe transversale.

moulin est au rhabillage et deux sont en marche. La commande se fait par engrenages.

Moulin à boulets ou à gobilles. — Cet appareil (fig. 151) est essentiellement composé d'un cylindre dans lequel s'effectue la mouture au moyen de boulets, ce cylindre tournant dans une enveloppe hermétiquement close qui recueille le produit et évite tout dégagement de poussière. Le cylindre est constitué de la façon suivante : deux flasques A, montées sur des moyeux B, clavetés sur l'arbre, sont garnies de blindages remplaçables C en métal spécial. Entre ces flasques sont pla-

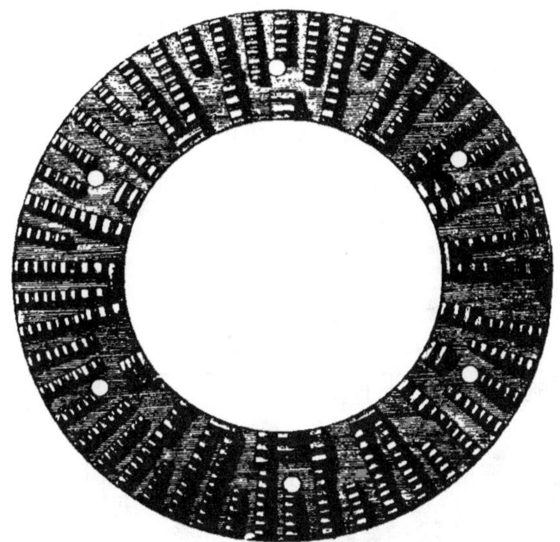

Fig 148. — Disque d'un moulin Excelsior.

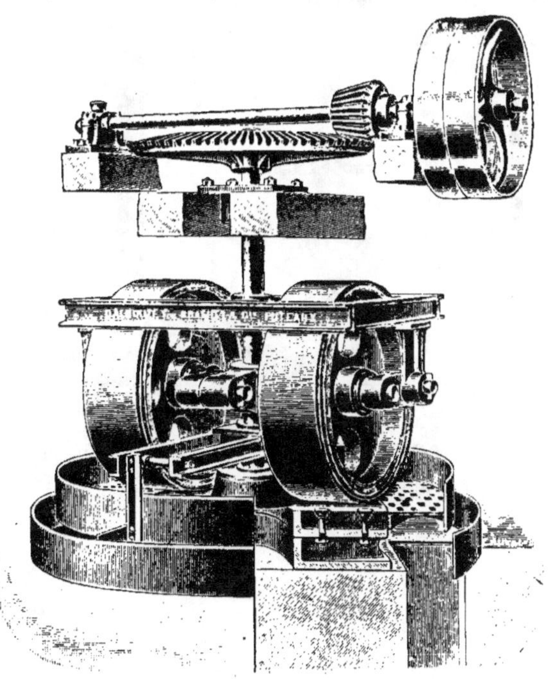

Fig. 149. — Moulin à meules avec crible à la périphérie.

cées des aubes D. Ces pièces sont perforées à leur partie antérieure E, et leur forme est telle qu'elle crée une chute entre
deux pièces consécutives. Il s'ensuit que, pendant la rotation, les
boulets qui sont placés à l'intérieur du tambour tombent d'une

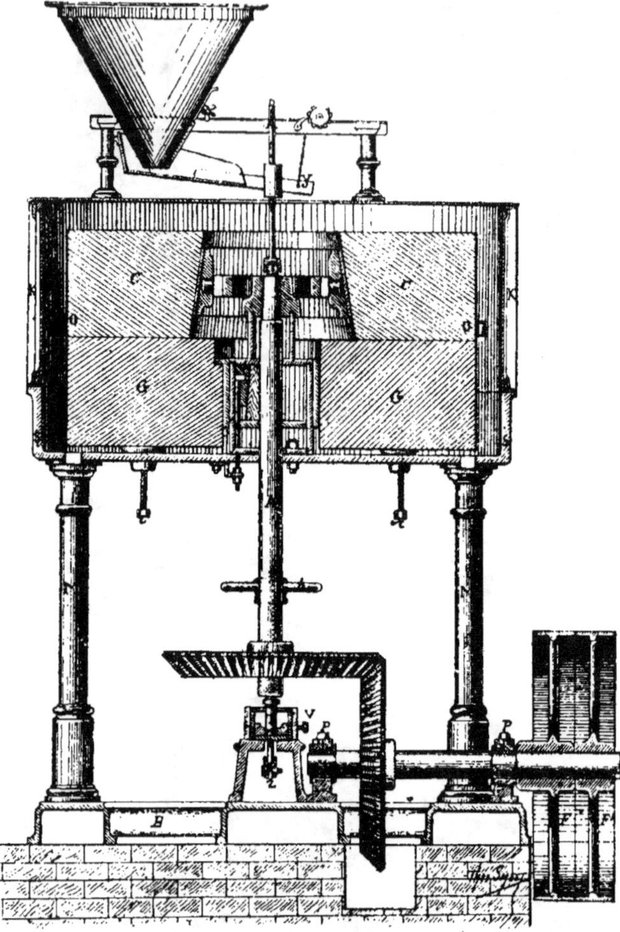

Fig. 130. — Moulin à meules horizontales. — Section verticale.

aube sur l'autre et roulent pendant l'intervalle compris entre
deux chutes. La mouture est ainsi effectuée en deux temps :
broyage par choc des boulets, pulvérisation par frottement.

La matière soumise à l'action des boulets traverse les

trous E et tombe sur une tôle perforée F, qui forme tamis de
protection en retenant les petits morceaux. La portion traversant la tôle F tombe sur les tamis extérieurs G dont la toile
métallique est choisie suivant la finesse à obtenir. La poudre,
traversant cette toile, arrive à l'entonnoir de décharge K. Les
refus des tôles F et des tamis G sont ramenés par les écrans I
dans l'intérieur du moulin, en traversant les fentes J et sont
soumis à nouveau à l'action des boulets. L'alimentation se fait

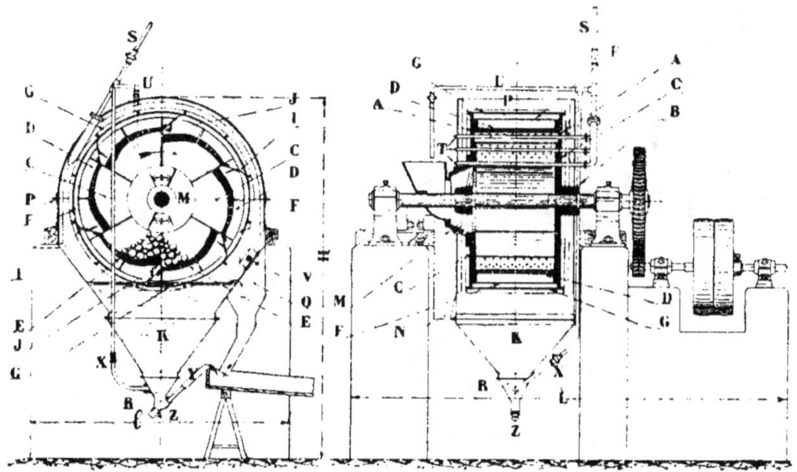

Fig. 151. — Moulin à boulets. Sections verticales face et côté.

par l'un des moyeux M qui présente des bras en hélice, qui
pendant la rotation de l'appareil amènent les morceaux à
l'intérieur à la façon d'une vis.

Dans certains cas particuliers, tels que le traitement des scories
de déphosphoration, des matières résiduelles non susceptibles
d'être broyées (fonte, acier) peuvent rester dans l'appareil.
Pour les éliminer, une des aubes porte une ouverture, fermée
en marche normale par un tampon plein ; ce tampon est remplacé par une grille de vidanges dont l'écartement des barreaux
est inférieur au diamètre des boulets : quelques tours du
moulin suffisent pour l'évacuation des matières étrangères.
L'enveloppe en tôle est reliée par une manche en toile à une
cheminée, qui permet de maintenir l'équilibre de pression

dans l'enveloppe et évite le dégagement des poussières. Le moulin à boulets peut être employé pour le broyage préalable. Un broyeur de 2 mètres de diamètre, recevant les morceaux concassés à la grosseur du poing, broye en vingt-quatre heures 7 tonnes, 5 de phosphate de Floride : la matière peut passer au tamis 70. La force demandée est de 20 chevaux.

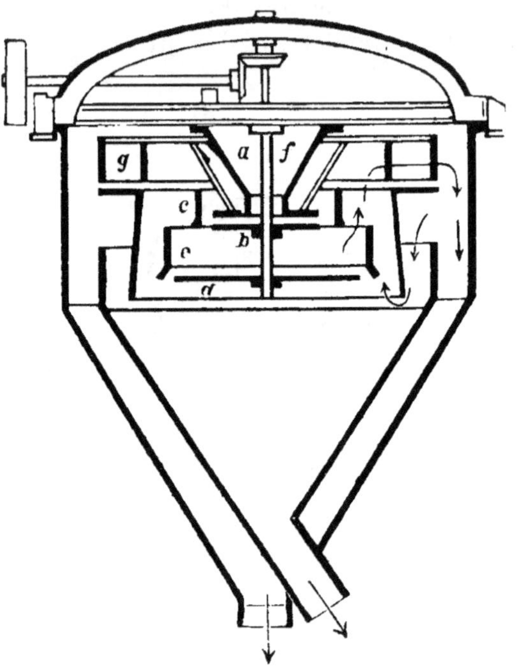

Fig. 152. — Coupe schématique d'un séparateur à air.

Le moulin de Freymuth est formé d'un cylindre tournant sur lui-même : la matière entre à une extrémité et sort broyée à l'autre extrémité. Les refus sont ramenés dans le travail.

Broyeur à boulets et séparateur à air Pfeiffer. — Le moulin à boulets a une grande puissance de travail, mais son rendement est limité par le tamisage simultané de la matière. Si l'on fait ce tamisage séparément, l'appareil peut donner un débit beaucoup plus grand. Dans l'appareil Pfeiffer (fig. 152), le moulin à boulets comporte des gradins étroits sans orifices ni fentes. La matière broyée passe par les orifices des gradins, pouvant être rétrécis à volonté. Une trémie recueille la matière broyée, l'amène dans un élévateur à godets, qui la conduit à un séparateur à air placé au-dessus du moulin. La farine est séparée des grains au moyen d'un courant d'air produit dans l'appareil même. Les grains retournent au moulin ; la farine est ensachée. Le séparateur est formé d'un ventilateur G et de plaques de distribution projetant la matière en tous sens. Le courant d'air traverse celle-ci de bas en haut, entraîne la farine dans le cône extérieur et laisse tomber les grains dans le cône intérieur. L'appareil est fermé et aucune poussière ne peut se dégager. Un obturateur permet de régler la force du courant d'air et par suite la finesse de la matière.

Moulin américain à pendule de Griffin. — Le moulin de Griffin (fig. 154) est formé d'un arbre vertical ou pendule, monté à articulation à la partie supérieure et libre à la partie inférieure. Il est animé d'un mouvement de rotation rapide au moyen d'une poulie à courroie supérieure. La partie inférieure porte un tambour qui constitue la masse pendulaire. La matière, introduite par une trémie latérale, est projetée par le tambour contre une paroi circulaire contre laquelle elle s'écrase. La farine qui en résulte est chassée par les ailettes au travers d'un tamis métallique pour être recueillie dans une trémie. Un semblable moulin demande 25 chevaux : l'arbre tourne à 200 tours. On peut compter un débit, par mètre carré de sur-

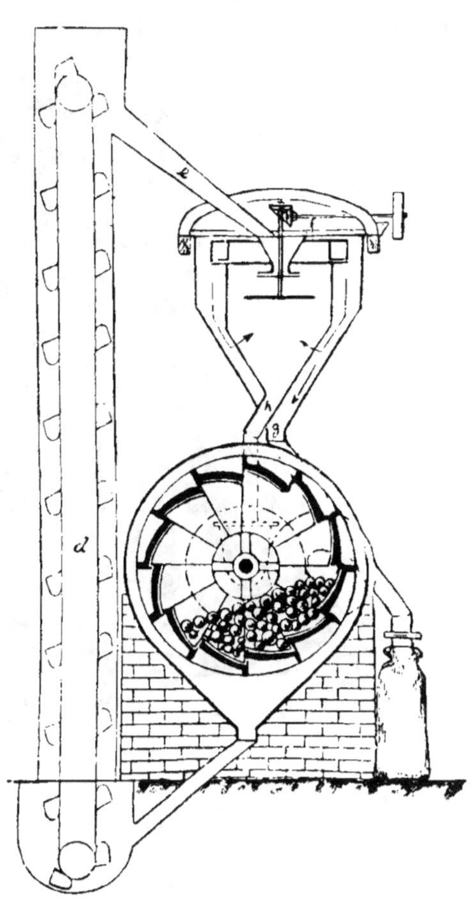

Fig. 153. — Installation d'un moulin à boulets avec séparateur à air.

face de tamis et par heure, de 1.500 kilos de phosphate de Floride et 3.000 kilos de phosphate de Caroline. On ne peut travailler que des phosphates secs.

Moulin à trois ou quatre pendules. — Il existe des types combinés formés de deux ou trois pendules à mouvement

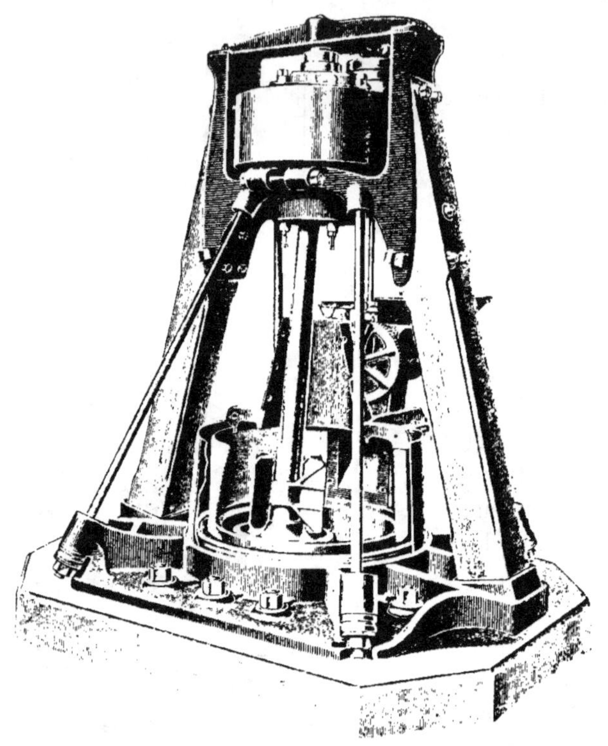

Fig. 154. — Moulin à pendule de Griffin.

analogue au régulateur des machines à vapeur. Le moulin à quatre pendules est connu sous le nom de moulin de Clark.

Moulin de Kent. — Dans ce moulin (fig. 155), le phosphate préalablement concassé entre par une trémie latérale sur les deux côtés supérieurs du moulin, où il est broyé entre trois rouleaux et un anneau de fer tournant à grande vitesse. Le tamisage a lieu séparément au moyen d'un séparateur à air Pfeiffer. Un système à ressort protège le moulin contre les à-coups en rendant élastique la partie extérieure.

Il convient de fournir au moulin à boulets des morceaux de phosphates préalablement concassés et ne dépassant pas la grosseur du poing. Le moulin de Griffin sera alimenté de morceaux de 10 millimètres environ, et le moulin de Kent de morceaux de 15 à 25 millimètres. En général, il sera bon de combiner le Griffin et le moulin à boulets. Le rendement sera

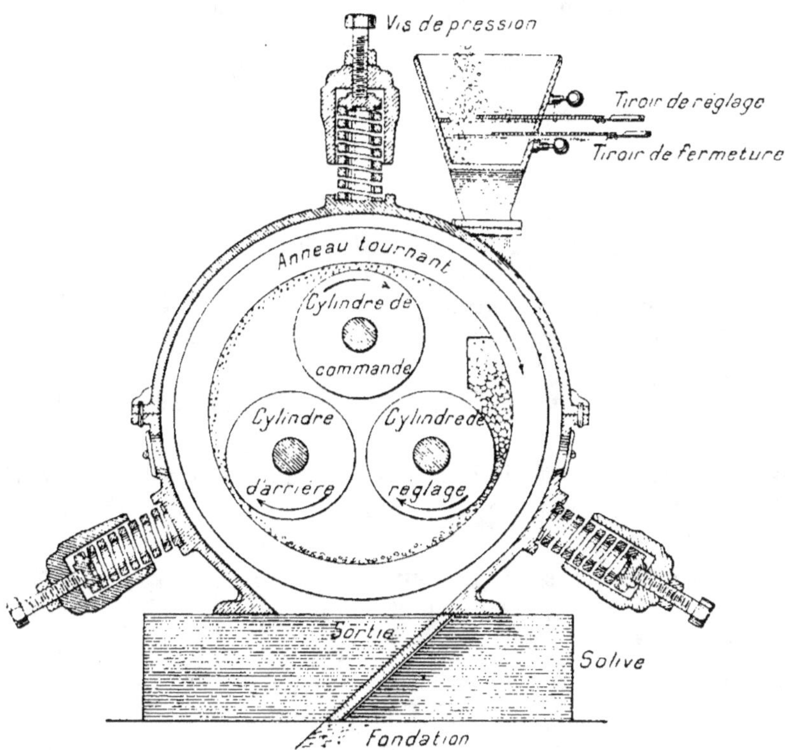

Fig. 155. — Moulin de Kent. — Section verticale.

augmenté et le produit final parfait. Avec une installation de force faite dans de bonnes conditions, on peut compter une dépense de 0 fr. 55 par tonne moulue avec le système à boulets, de 0 fr. 40 pour le moulin Griffin et de 0 fr. 15 pour le Kent. Mais il faut remarquer que le moulin à boulets est seul indiqué pour certains phosphates et pour les scories. Le moulin à pendule ne peut recevoir que des phosphates à moins de 1.5 p. 100 d'humidité ; le bruit fait par cet appareil est assourdissant, ce qui peut parfois être un inconvénient grave. Le moulin de Kent a une marche tranquille. Son montage ne demande pas de fondations importantes et il semble devoir être recommandé dans beaucoup de cas.

Tube broyeur ou tube Dana. — Cet appareil (fig. 156) est un appareil finisseur, permettant d'obtenir les plus grandes finesses. Il est constitué par un long cylindre animé d'un mouvement lent de rotation par couronne dentée, pignon et poulies. La paroi intérieure de ce cylindre est garnie de matériaux de grande dureté et facilement remplaçables

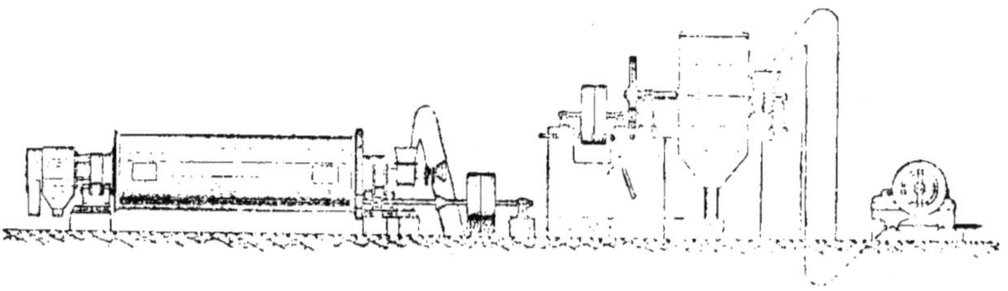

Fig. 156. — Montage d'un tube finisseur avec un moulin à boulets.

après usure. La matière arrive à une extrémité par un alimentateur automatique. La matière est broyée par les silex du cylindre et sort à l'autre extrémité en passant à travers des ouvertures ménagées sur le pourtour du tube.

Concasseurs. — La plupart des moulins ne peuvent pulvériser la roche phosphatée que lorsque celle-ci est réduite en fragments de la grosseur d'une noix. Cette roche doit donc subir au préalable l'action d'un concasseur.

Le rendement des concasseurs doit être en rapport avec le rendement des moulins.

Le concasseur à simple effet (fig. 157) peut avoir une ou deux mâchoires mobiles. Il se compose, dans le premier cas, d'un arbre sur lequel sont calés une poulie et un volant. La mâchoire commandée par une manivelle oscille et se rapproche de la mâchoire fixe. Le volume des morceaux concassés varie avec le rapprochement des deux mâchoires. L'appareil demande 8 à 10 chevaux pour broyer 5 à 8 tonnes par heure. Le concasseur à simple effet à double mâchoire mobile diffère du précédent en ce que la seconde mâchoire est mobile. Le concasseur à double effet possède une tige d'excentrique qui

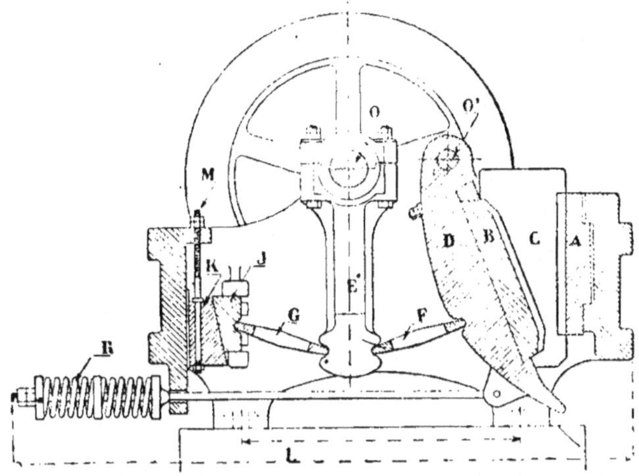

Fig. 157. — Concasseur à mâchoires

agit, non sur les plaques de pression, mais sur un levier à trois branches qui oscille autour d'un axe horizontal. Le

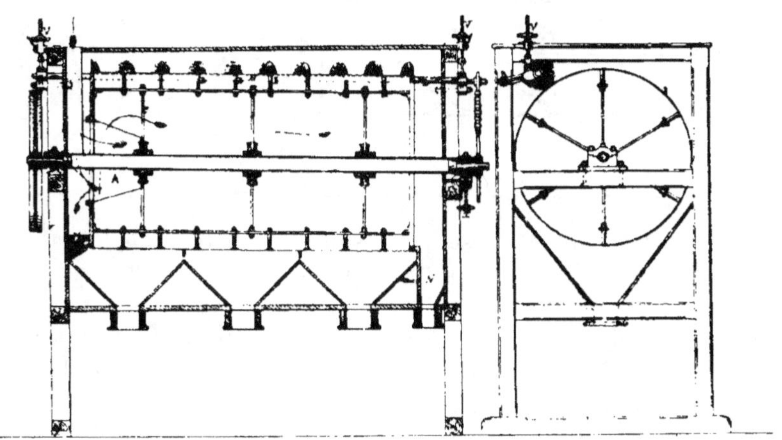

Fig. 158. — Blutoir cylindrique.

mouvement du levier à trois branches fait fléchir la mâchoire mobile deux fois à chaque tour. Cet appareil peut être constrait avec un jeu de leviers se rattachant à l'autre mâchoire et constituer ainsi un concasseur à double effet et à double mâchoire mobile.

Tamisage. — Les appareils employés sont les blutoirs et les tamis à secousses.

Le blutoir se compose d'un arbre en fer sur lequel sont montés des croisillons réunis par des fers U ou L ; le tout est recouvert d'une toile métallique.

Les toiles de blutoir ont généralement $0^m.175$, $0^m.20$, $0^m.24$, $0^m.28$ ou $0^m.32$.

Le tamis à secousses fait une séparation grossière. Il se compose d'un châssis recouvert de tôle perforée ou de toile, et animé de secousses par une excentrique. Le tamis fait 200 à 300 oscillations par minute.

ENRICHISSEMENT DES PHOSPHATES

L'enrichissement a donné lieu à beaucoup d'études et de recherches. Les procédés se divisent en procédés physiques ou

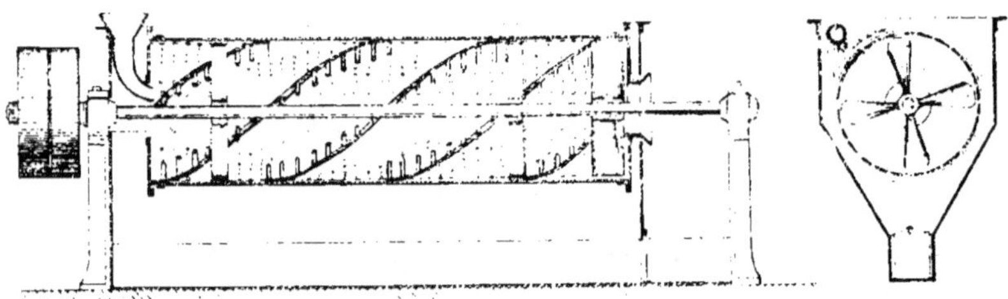

Fig. 159. — Trommel classeur. — Section longitudinale et coupe transversale.

mécaniques et en procédés chimiques ; ces derniers n'ont pas encore donné jusque maintenant de résultats satisfaisants, en raison du prix élevé des produits employés par rapport au produit traité.

Le produit sortant de la mine est broyé, si la gangue est dure, et est trituré si la gangue est simplement noduleuse, argileuse ou formée de silex.

On emploie dans la préparation préalable les lavoirs à bras, qui permettent une première séparation des nodules et de l'argile, les malaxeurs horizontaux qui permettent la désagrégation des phosphates argileux, les vis d'Archimède, les trommels débourbeurs qui permettent une désagrégation et un lavage méthodique. La matière étant broyée ou triturée, on en fait la séparation par les procédés suivants :

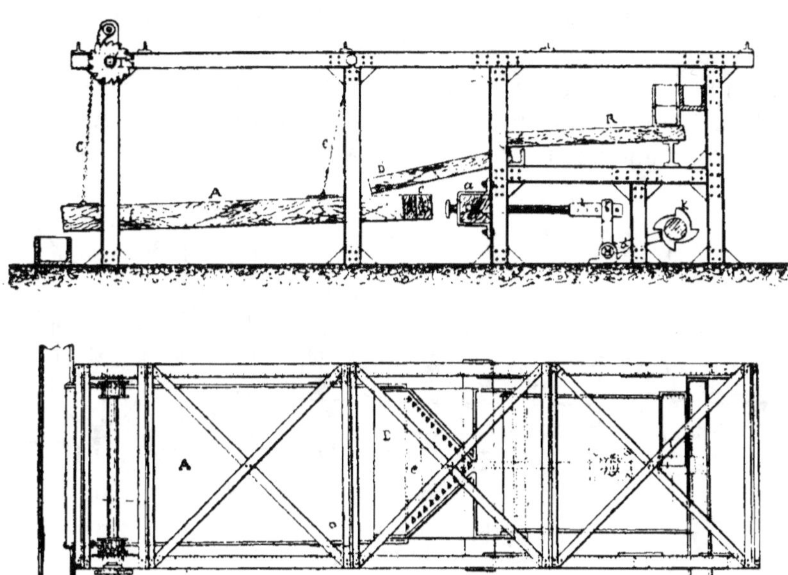

Fig. 160. — Installation d'une table à secousses. — Élévation et plan.

Séparation par volume. — *Grille.* — La grille se compose de barres de fer, rondes ou carrées, distantes de 1 à 16 millimètres suivant la composition du minerai. Ce dernier est amené sur la grille et le refus soumis à un courant d'eau vertical en même temps que remué à la main.

Trommel classeur. — Le trommel classeur (fig. 159) est un blutoir à toile métallique ou à tôle perforée en fer ou en cuivre. Le choix entre la toile et la tôle dépendra de la dureté et de l'aspérité du minerai. On dispose généralement d'une série de trommels, qui permettent de faire un classement aussi grand que l'on veut. Le diamètre des trous et des mailles varie de 1/2 à 10 millimètres, et la surface tamisante doit être de 1 mètre carré par tonne traitée et par heure.

Table à secousses. — La table à secousses (fig 160) est employée à l'enrichissement des phosphates sableux à gros grains et à grains moyens. La table est suspendue aux quatre coins par des chaînes qui permettent la modification de l'inclinaison. Le nombre des secousses sera d'autant plus grand que le phosphate sera plus fin : il varie de 15 à 80. Le gros grain est travaillé par secousses élastiques, et le grain fin par secousses sèches. L'amplitude de la secousse augmente avec la grosseur du grain : elle varie de $0^m,04$ à $0^m,17$. L'appareil ne marche

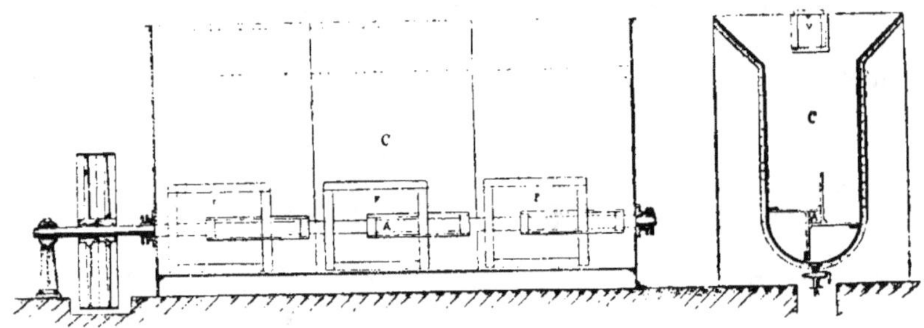

Fig. 161. — Laveur Fontaine.
Section longitudinale et coupe transversale.

que par intermittence : quand l'appareil est recouvert de 10 à 20 centimètres de matières enrichies, on arrête le mouvement et l'arrivée des eaux boueuses ; on décharge la table en la divisant en plusieurs numéros suivant la nature du produit.

Séparation par densité. — *Laveur Fontaine.* — Cet appareil intermittent est employé pour la craie grise : il est formé (fig. 161) d'une caisse semi-cylindrique dans laquelle tourne un arbre à croisillons. La craie broyée et tamisée est amenée dans le laveur. On évacue les eaux blanches jusqu'à obtenir une eau limpide. On peut traiter avec cet appareil 5 à 6 tonnes de matière brute.

Colonne Solvay. — Elle est formée (fig. 162) d'une caisse cylindrique de 4 mètres de haut, terminée inférieurement par un tronc de cône à robinet par lequel le phosphate enrichi s'écoule d'une façon continue. L'eau pure est envoyée dans l'intérieur du tuyau S P ; la boue phosphatée arive par le tuyau concentrique T. Les produits les plus légers, riches en carbonate de chaux, remontent la colonne et sortent par la rigole R. Les plus lourds, riches en phosphates, tombent au fond et sortent par le robinet K constamment entr'ouvert.

Spitzkasten ou classeur conique. — Cet appareil (fig. 163) se compose d'une caisse pointue en bois ou en fer, rectangulaire ou triangulaire. La matière arrive d'un côté et à la partie supérieure de la caisse. Les parties les plus denses se précipitent au fond et sont évacuées par un robinet. Les parties les plus légères sont entraînées par un courant ascensionnel produit par un courant d'eau. Les pyramides triangulaires sont particulièrement employées. Elles sont combinées en batteries de deux, trois et quatre classeurs.

Classeur Bouchez. — Cet appareil (fig. 164) est formé d'une cuve remplie d'eau et contenant une série de plaques inclinées percées de fentes vers la base. La craie délayée arrive au sommet de l'appareil, se répand sur les cloisons dirigées parallèlement à la longueur de la caisse et à cinq endroits percés de fentes. Les parties lourdes, riches en phosphates de chaux, se déposent les premières, traversent les trous des premières séries et se rassemblent dans les premiers collecteurs des vingt cloisons. Les parties les moins lourdes glissent le long des plateaux et vont dans d'autres collecteurs. L'appareil permet d'obtenir un bon enrichissement.

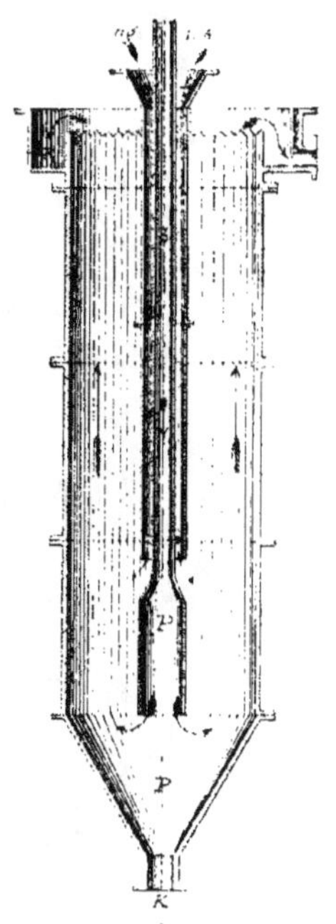

Fig. 162. — Colonne Solvay.

Classificateur ou Stromgerin. — Le classificateur (fig. 165) se compose d'une énorme caisse à section transversale triangulaire, de **12** mètres environ de longueur, et dont la hauteur est à l'entrée de $0^m,60$ et à la sortie de $0^m,60$. La caisse est divisée en

16 compartiments dans lesquels se dépose le phosphate. La

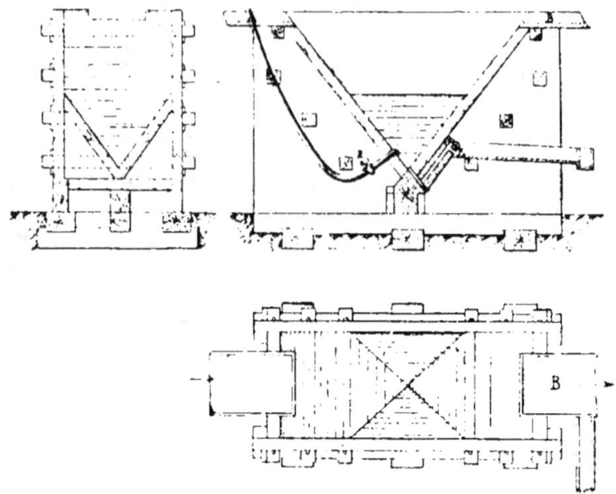

Fig. 163. — Spitzkasten.

matière légère est entraînée par l'eau qui tombe en déversoir à l'extrémité de l'appareil.

Crible continu. — Cet appareil se compose (fig. 167) d'une

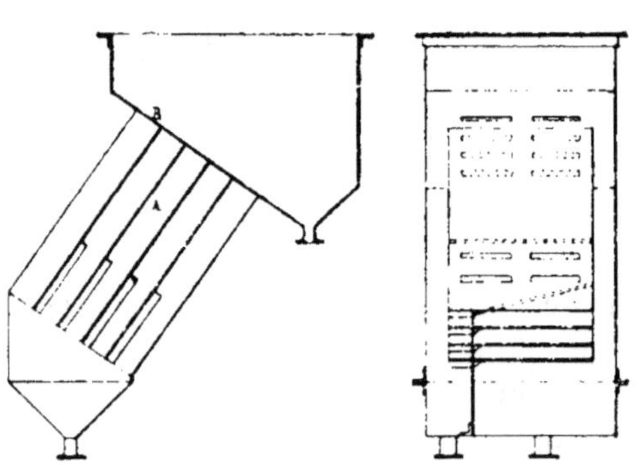

Fig. 164. — Classeur Bouchez. — Figure schématique.

caisse en tôle ou en bois divisée en deux parties: dans l'une se meut verticalement un piston. Dans l'autre, est fixée une grille sur laquelle se trouve déposé un lit de grenailles métalliques ayant une densité intermédiaire entre les deux éléments à séparer.

La matière la plus dense traverse la couche de grenaille et la grille et est séparée dans un bassin de dépôt. La matière de densité supérieure à la grenaille s'échappe par un tuyau dans un autre bassin de dépôt. La matière légère s'écoule par le bord de la caisse : elle est rejetée ou envoyée à l'enrichisseur de fines.

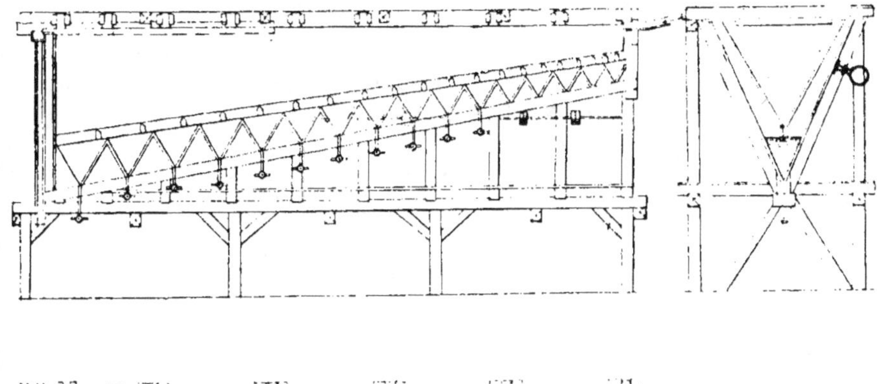

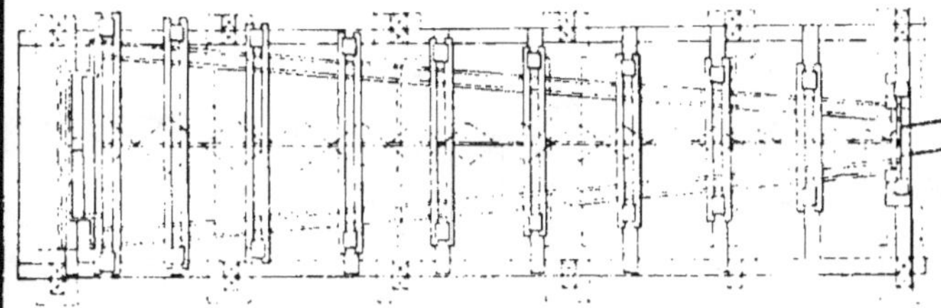

Fig. 165. — Classificateur simple. — Élévation, plan et coupe.

Dans le crible double, le produit léger passe sur un second crible semblable au premier.

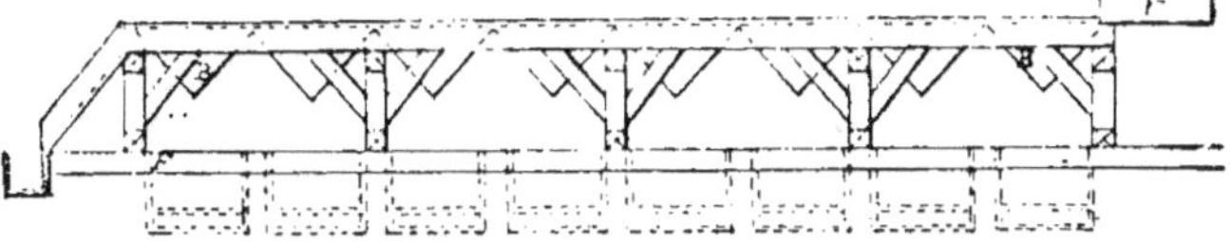

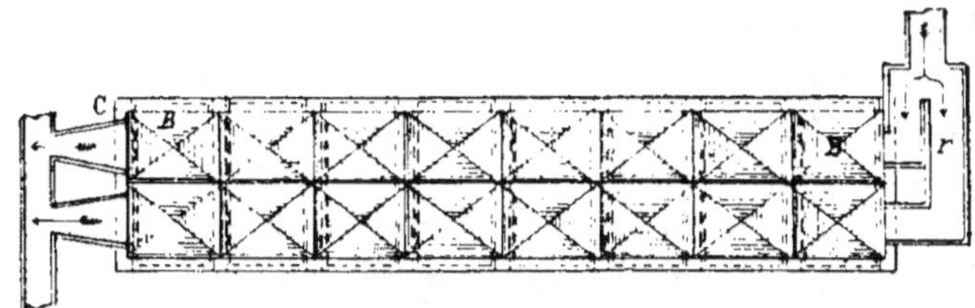

Fig. 166. — Classificateur double. — Coupe verticale et plan.

Dans le crible Castelnau (fig. 168), 7 ou 8 cribles sont réunis autour d'un piston central, qui donne l'impulsion à tous les cribles à la fois.

Table de Brünton. — L'appareil est formé (fig.169) d'une toile sans fin en caoutchouc reposant sur trois rouleaux. La matière boueuse, répartie sur la toile, reçoit un courant d'eau, qui entraîne la matière légère, tandis que la matière pesante est entraînée par la toile.

Classificateur Solvay. — Cet appareil (fig. 170) est formé d'une courroie caoutchoutée sur laquelle tombe la matière. Le

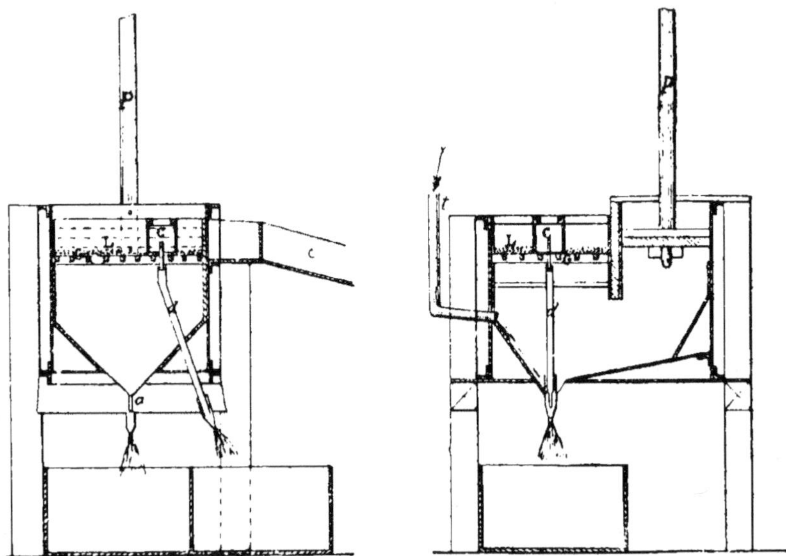

Fig. 167. — Crible simple continu. — Sections verticales.

phosphate, plus dense, est entraîné par la toile, qui est complètement immergée dans un compartiment, tandis que le carbonate reste dans la première partie de la caisse.

Décanteur Picard. — Il est formé d'une caisse hémicylindrique munie d'un agitateur à bras ou à serpentin pour injection d'eau, et pouvant basculer autour d'un axe horizontal. Le liquide boueux est introduit dans la caisse, laissé au repos, puis décanté ; il est agité de nouveau, laissé au repos, puis décanté, etc., six, sept ou huit fois. La craie à 30 peut être enrichie à 50.

Caisson et labyrinthe. — L'appareil est formé (fig. 171) de deux caisses de rinçage de 6 à 10 mètres de long, dont l'une est en remplissage et l'autre en vidange. Chaque caisse, qui porte un barrage à son extrémité, reçoit un courant d'eau, qui entraîne les parties fines dans une caisse inférieure ou labyrinthe de 30 mètres de long, garnie de chicanes, qui retient les parties mi-riches.

Table fixe circulaire à balais mobiles. — La matière boueuse (fig. 172) est distribuée sur une table conique établie dans un bassin. Un arbre central porte des balais, qui égalisent la matière et empêchent la formation de rigoles. La matière légère s'écoule rapidement et lorsque la couche phosphatée a 10 à 15 centimètres, on l'enlève à la pelle.

Table dormante. — L'appareil (fig. 173) est un plan incliné à rebords. La matière,

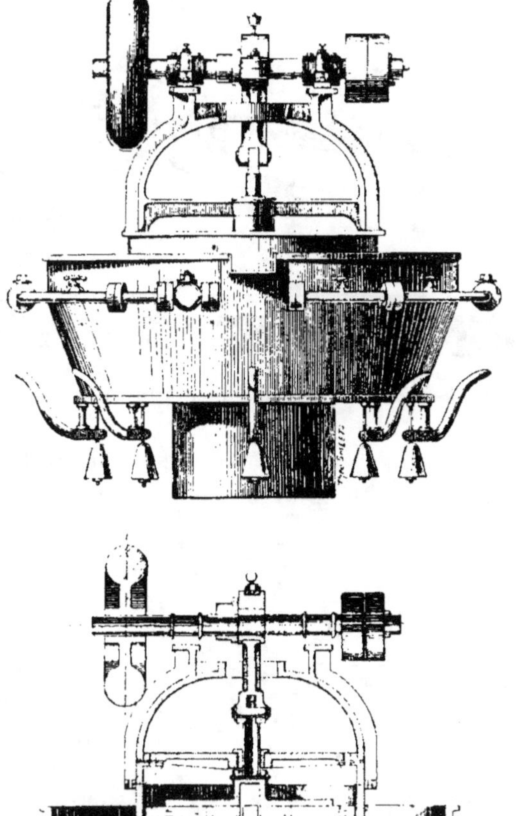

Fig. 168. — Crible Castelnau. — Élévation et coupe.

étant déposée sur la table et arrosée d'eau, on ouvre successi-vement trois fentes placées à une extrémité : le produit le plus

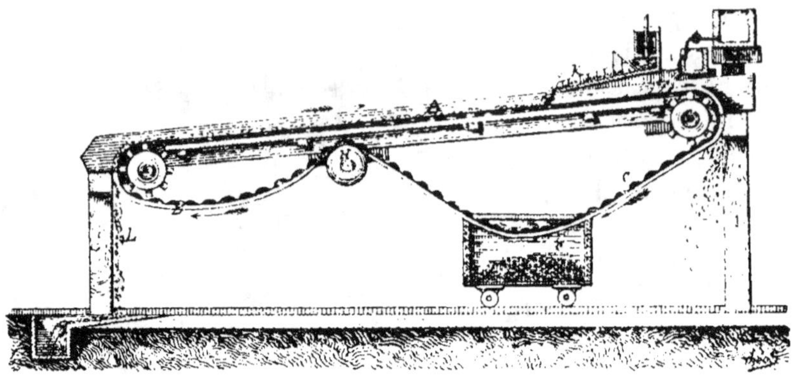

Fig. 169. — Table de Brünton. — Section longitudinale.

dense est resté sur la table ; le produit un peu moins dense, s'étant écoulé par la fente inférieure, est réuni dans un

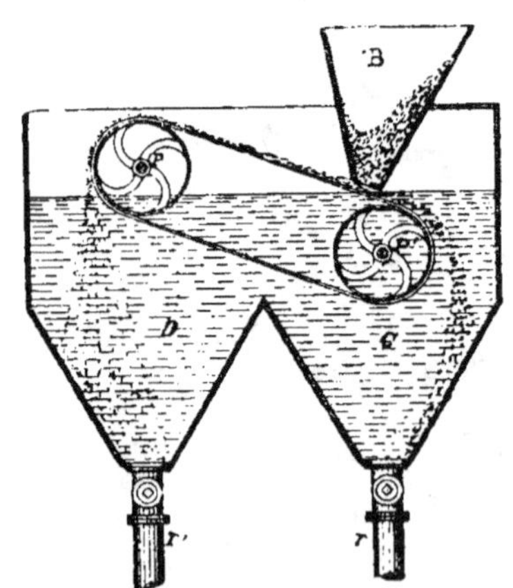

Fig. 170. — Classificateur Solvay. — Section transversale.

bassin ; le produit plus léger, s'étant écoulé par la fente au-dessus, dans un autre bassin, etc.

Table tournante. — L'appareil est formé (fig. 174) d'une table circulaire, légèrement inclinée sur l'horizontale, pouvant tourner autour d'un axe : la matière arrive sur une génératrice, se distribue uniformément sur la surface et est soumise à une série de courants d'eau disposés de manière à faire une classification successive et à nettoyer la table un peu avant la génératrice de distribution de la matière.

Table Linkenbach. — La matière boueuse (fig. 175) est distribuée sur une table légèrement conique. Un système d'arrosage mobile entraîne les matières et les classe suivant leur légè-

reté dans des bassins ; la table est nettoyée par des lances à
fort courantd'eau.

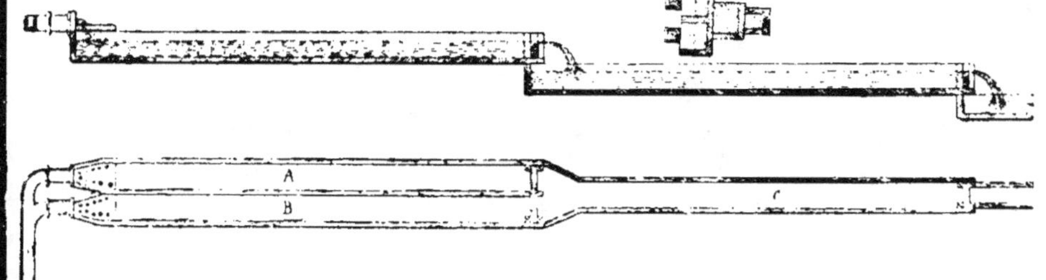

Fig. 171. — Caisson et labyrinthe.

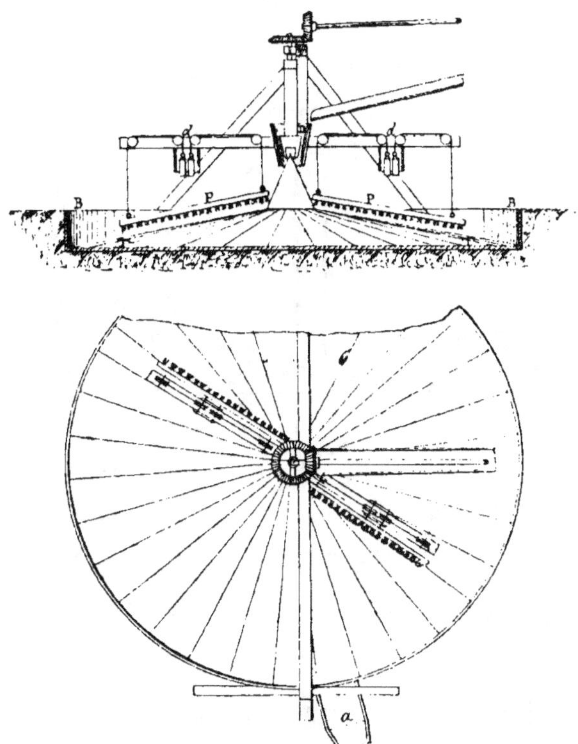

Fig. 172. — Table fixe circulaire à balais mobiles.

Enrichisseur Castelnau. — Le minerai (fig. 176) est répandu
sur une toile caoutchoutée sans fin, et soumis à un courant

16.

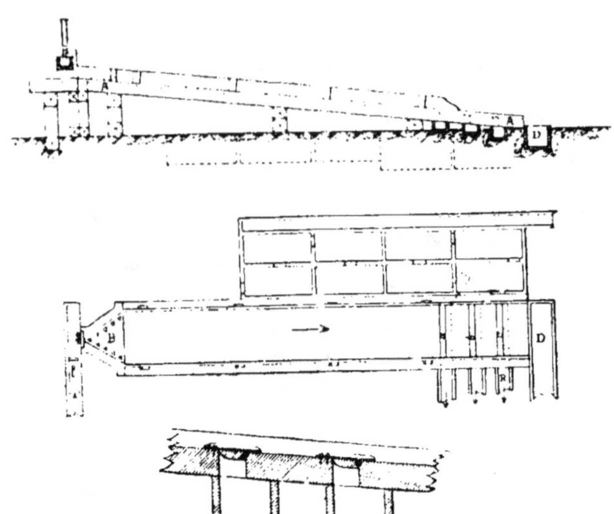

Fig. 173. — Table dormante. Élévation, plan et détails.

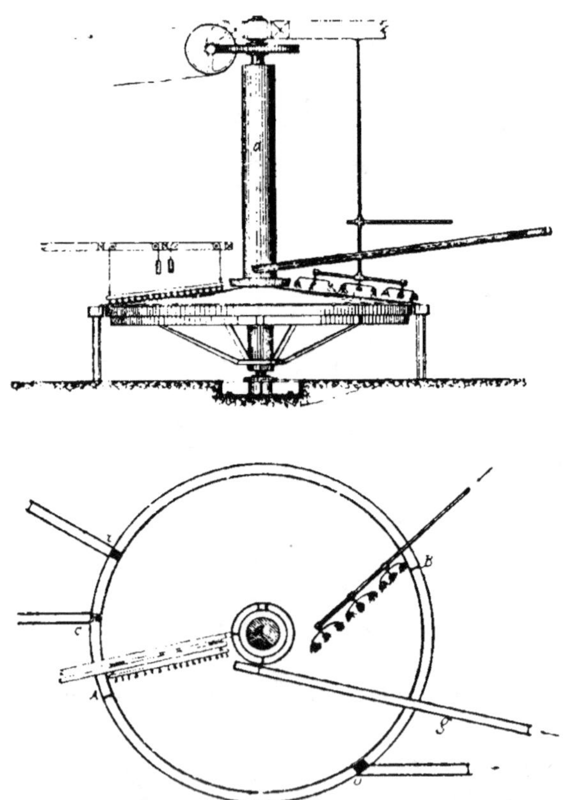

Fig. 174. — Table tournante. — Élévation et plan.

d'eau transversal. Un courant d'eau spécial balaye les dernières traces de minerai restant sur la toile.

Enrichissement par voie sèche. — *Triage et criblage.*
— Le triage à la main se fait sur toile sans fin. La claie, le billard peuvent être employées pour le criblage. La sépa-

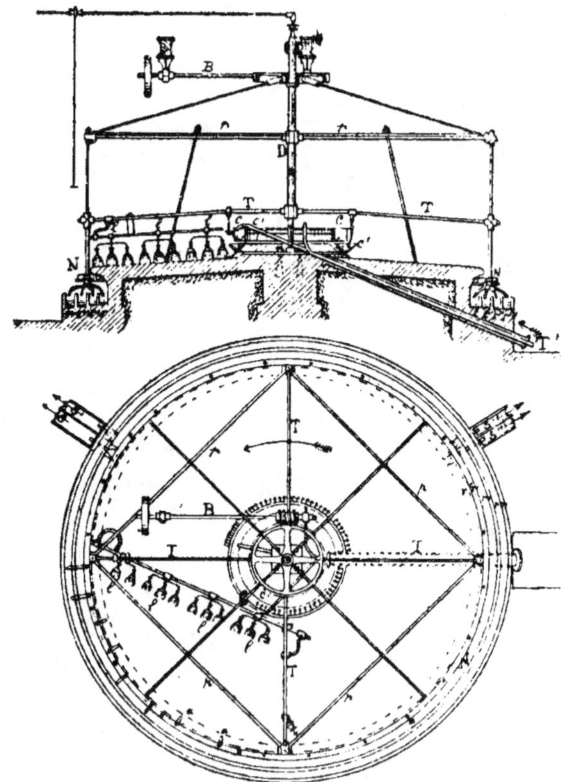

Fig. 175. — Table Linkenbach. — Coupe verticale et plan.

ration par volume s'obtient aussi au moyen d'une série de blutoirs de numéros différents.

Trieur à vent. — Un ventilateur lance un courant d'air dans un tube recevant à un certain niveau le produit tamisé. Il se fait une classification par densité des produits qui sont reçus dans des compartiments inférieurs.

Enrichissement chimique. — L'enrichissement chimique peut se faire en portant à une température élevée un mélange de phosphate de chaux, de silice et d'un fondant ; l'acide phosphorique est déplacé par la silice, et le phosphore distille en présence du charbon : il se forme un

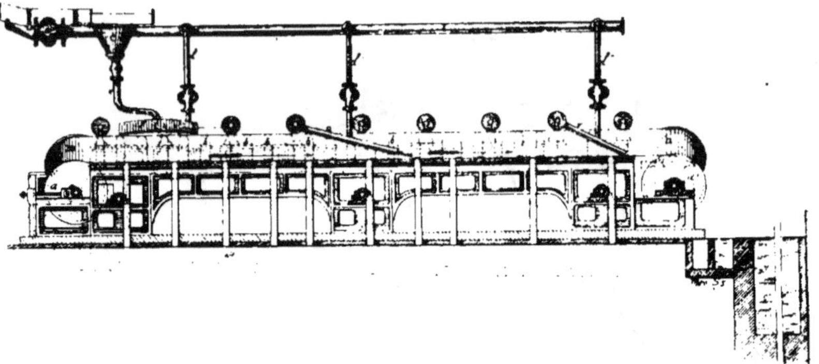

Fig. 175. — Enrichisseur Castelnau. — Section longitudinale.

silicate double de chaux et de la base ajoutée. Wöhler a conseillé d'opérer, sans fondant pour obtenir un silicate double. On peut employer comme fondant le carbonate de soude,

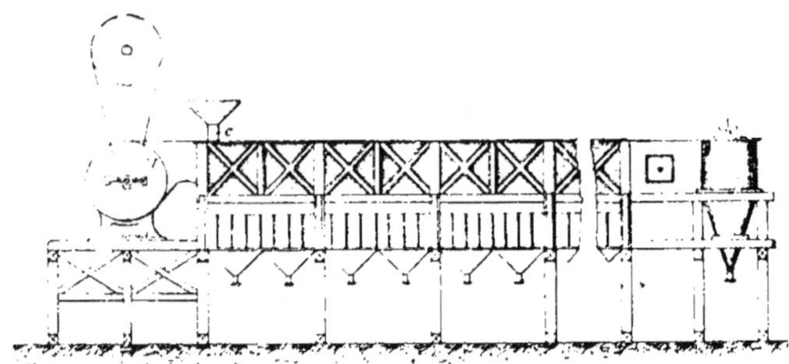

Fig. 177. — Trieur à vent. — Section longitudinale.

l'argile, le fer, etc. La calcination donne le phosphate tricalcique et permet d'éliminer la chaux venant du carbonate de chaux par un traitement subséquent.

Le traitement par l'acide chlorhydrique étendu transforme le carbonate en chlorure de chaux.

On a proposé l'acide carbonique sous pression pour transformer le carbonate insoluble en bicarbonate soluble dans l'eau, le soufre pour former un bisulfure de calcium et de l'oxygène.

On a indiqué de faire barboter le phosphate calciné dans de l'acide sufhydrique qui forme un sulfure éliminable ; de traiter le phosphate à l'acide sulfureux qui forme un sulfite ; de traiter le phosphate avec une solution de mélasse qui forme un sucrate décomposable par l'acide carbonique de la calcination.

Ces procédés ne sont pas appliqués en pratique.

LA PRODUCTION DES PHOSPHATES

L'apparition sur le marché des divers phosphates date en somme de soixante ans. Voici la chronologie de l'exploitation des phosphates :

1841. — Apparition du guano du Pérou.

1860. — Exploitation des nodules des grès verts. des Ardennes, de la Meuse, du Boulonnais. Importation des îles Baker et Howland en Angleterre et en Allemagne.

1861. — Exploitation de Caceres en Espagne.

1863. — Importation en Europe des phosphates de Sombrero et Malden, Enderberg et Strarbuck-Island.

1864. — Exploitation de la Lahn, en Allemagne.

1865. — Production des phosphates au Canada et en Norvège.

1867. — Exploitation de la Caroline du Sud.

1873. — Exploitation en Belgique du bassin de Mons.

1880. — Découverte des phosphates en Russie. Exploitation en France du Quercy et du Lot.

1886. — Apparition des phosphates de la Somme.

1889. — Exploitation des phosphates du bassin de Liége.

1890. — Exploitation de la Floride.

1893. — Découverte et exploitation des phosphates africains de l'Algérie.

1894. — Exploitation du Tennessee.

1898. — Constitution de la Société de Gafsa. Exploitation des phosphates tunisiens.

1900. — Exploitation de l'île Christmas.
1902. — Exploitation de Oceana.
1909. — Exploitation d'Angaur, et autres îles.
1910. — Exploitation de Makatea.

A l'origine, il y a un demi-siècle, en dehors de gisements de phosphorite sans importance industrielle durable, on ne connaissait guère que les phosphates verts de l'albien et du cénomanien, exploités en Angleterre et en France. Cette exploitation, qui s'était élevée à 80.000 tonnes par an en France et à 250.000 tonnes en Angleterre vers 1875, est aujourd'hui complètement arrêté chez nos voisins et ne donne plus chez nous que 8 à 10.000 tonnes. En 1886, les gîtes de la Somme firent leur apparition. A partir de cette époque, on trouve pour la production mondiale un premier chiffre d'ensemble de 850.000 tonnes, dans lequel la Caroline du Sud figure pour 450.000 tonnes, la France pour 184.000 et la Belgique pour 145.000. A partir de 1895, les statistiques annuelles se précisent. Nous les donnons plus loin.

La production mondiale. — L. Aguillon a donné les chiffres de la production mondiale durant les onze dernières années. Ces chiffres sont établis au moyen de statistiques officielles :

ANNÉES.	BELGIQUE.	FRANCE.	ALGÉRIE.	TUNISIE.	ÉTATS-UNIS.	ILES DU PACIFIQUE.	DIVERS.	TOTAUX.
1898.......	268 000	568 000	225 000	»	1 286 500	»	57 500	2 405 500
1899.......	307 000	647 000	233 000	63 000	1 576 500	»	43 100	2 869 600
1900.......	236 000	588 000	276 000	171 000	1 500 500	34 000	40 000	2 845 500
1901.	217 000	535 500	269 000	178 000	1 518 500	42 200	45 500	2 805 700
1902.......	292 000	544 000	261 000	263 500	1 550 500	87 000	54 000	3 052 600
1903.......	359 000	476 000	301 000	352 000	1 545 500	125 500	47 500	3 206 500
1904.......	357 000	423 500	345 000	456 000	1 863 000	148 000	67 500	3 660 000
1905.......	233 000	477 000	348 000	524 000	1 869 500	211 000	65 500	3 728 000
1906.......	211 000	469 500	340 500	752 000	2 028 000	240 000	66 000	4 107 000
1907.......	316 000	431 000	343 000	1 057 000	2 194 000	291 000	96 000	4 728 000
1908.......	300 000	400 000	360 000	1 258 000	2 500 000	300 000	100 000	5 218 000

La production mondiale à fin 1908 se répartissait de la manière suivante :

1° *Amérique.*

	Tonnes.	Tonnes.
Hard Rock pour l'Europe	627 335	
— pour l'Amérique	3 402	
Land Pebble pour l'Europe	470 186	
— pour l'Amérique	421 781	
River Pebble pour l'Amérique	5 255	
Tennessee	155 451	
Caroline du Sud	225 495	
Autres États	13 110	
Total pour l'Amérique		2 221 989

2° *Afrique.*

Algérie : Kouif	213 306	
— Kissa	32 220	
— Dyr	53 021	
— Tocqueville	24 720	
— Borg-R'Dir	38 623	
Total pour l'Algérie		361 890
Tunisie : Gafsa	898 957	
— Kalaa-es-Senam	164 776	
— Kalaa-Djerda	196 579	
— Floridienne	8 408	
— Bougamouch	1 300	
Total pour la Tunisie		1 270 020

3° *Océanie.*

Environ	375 000

4° *France.*

Tous titres (environ)	100 000

5° *Belgique.*

Phosphates et craies phosphatées (environ	300 000

6° *Divers pays.*

(Russie, Espagne, Norvège, Canada) guano phosphaté des Îles, etc.	85 000
Total général	5 013 899

La production française. — La production française tend à

diminuer au fur et à mesure que s'épuisent les gisements.
Voici le tableau de la production française en 1907, 1906, 1905 :

DÉPARTEMENTS.	1907 Poids en tonnes.	1906 Poids en tonnes.	1905 Poids en tonnes.
Aisne	44 944	42 450	80 970
Ardennes	3 500	3 500	5 420
Aveyron	500	1 000	»
Drôme	1 385	1 500	1 400
Gard	100	140	150
Haute-Garonne	350	400	700
Lot	7 613	6 576	7 000
Manche	1 400	1 500	1 500
Marne	70	75	100
Meuse	10 000	9 500	10 000
Oise	39 500	32 000	18 000
Pas-de-Calais	96 020	94 890	86 700
Basses-Pyrénées	450	125	525
Hautes-Pyrénées	135	135	140
Somme	226 370	266 145	255 500
Yonne	200	200	1 000
Totaux	432 237	457 136	469 105

La production algérienne et tunisienne. — Le développement de l'industrie des phosphates en Algérie-Tunisie a été
considérable dans ces dernières années. Voici, d'ailleurs, les
chiffres de cette production :

Années.	Algérie. Tonnes.	Tunisie. Tonnes.
1894	49 693	
1895	104 695	
1896	142 340	
1897	207 774	
1898	223 429	
1899	233 112	65 209
1900	235 817	171 288
1901	234 750	178 019
1902	248 254	266 553
1903	278 191	360 521
1904	301 891	457 133
1905	319 305	529 645
1906	285 875	748 303
1907	301 414	956 998
1908	298 547	1 270 020

La Société de Gafsa a une importance prépondérante, comme le montrent les chiffres suivants qui indiquent les quantités de phosphate expédiées annuellement :

1899	65 209 tonnes.
1900	171 288 —
1901	178 019 —
1902	263 482 —
1903	352 088 —
1904	455 797 —
1905	524 164 —
1906	593 006 —
1907	746 700 —
1908	899 315 —

Ces expéditions se font par Sfax.

La production américaine. — Nous donnons ci-après pour la Floride, la Tennessee et la Caroline quelques chiffres de production de phosphates :

Expéditions de Floride Hard Rock.

1890	11 206 tonnes.
1891	71 682 —
1892	180 013 —
1893	220 216 —
1894	304 079 —
1895	306 046 —
1896	322 871 —
1897	350 277 —
1898	360 505 —
1899	444 675 —
1900	348 556 —
1901	424 130 —
1902	492 610 —
1903	467 872 —
1904	494 044 —
1905	585 491 —
1906	565 953 —
1907	597 963 —
1908	630 737 —

Expéditions de Floride Land Pebble.

	Expéditions hors de l'Amérique. Tonnes.	Expéditions en Amérique. Tonnes.	Total. Tonnes.
1900	86 886	114 006	200 892
1901	113 777	159 817	273 574
1902	144 597	200 623	345 220
1903	152 961	157 015	309 976
1904	219 520	133 002	355 522
1905	238 668	166 317	404 985
1906	214 727	268 185	482 912
1907	296 918	267 784	564 702
1908	470 270	421 781	892 051

Production totale du Phosphate Rock en Tennessee.

Depuis la première opération en 1894 à la fin 1908.

Année	Tonnes.	Année	Tonnes.
1894	19 188	1902	390 799
1895	38 515	1903	460 530
1896	26 157	1904	530 571
1897	128 723	1905	482 859
1898	308 107	1906	547 977
1899	424 109	1907	638 612
1900	454 491	1908	455 431
1901	409 653		

Phosphate produit en Caroline du Sud, de 1867 à 1908.

Année	Tonnes.	Année	Tonnes.
1867	6	1889	541 645
1868	12 262	1890	463 998
1869	31 958	1891	475 506
1870	63 244	1892	394 228
1871	74 488	1893	502 564
1872	58 760	1894	450 108
1873	79 203	1895	431 975
1874	109 340	1896	402 423
1875	122 790	1897	358 280
1876	132 478	1898	399 884
1877	163 000	1899	356 650
1878	210 322	1900	329 173
1879	199 365	1901	321 181
1880	190 763	1902	313 369
1881	266 734	1903	258 540
1882	332 077	1904	270 806
1883	378 380	1905	270 225
1884	431 779	1906	223 675
1885	277 789	1907	257 221
1886	430 549	1908	223 495
1887	480 558	Total	12 138 454
1888	448 567		

Répartition mondiale des phosphates naturels (Aguillon) de 1898 à 1908.

	1898	1899	1900	1901	1902	1903	1904	1905	1906	1907	1908
France	642 500	775 000	716 000	704 500	765 000	706 000	754 500	847 500	877 000	977 500	1 106 000
Allemagne	284 500	350 000	358 500	343 500	423 600	425 500	462 000	485 000	465 000	614 000	770 500
Angleterre	323 500	398 000	315 000	365 000	360 000	364 000	383 000	429 000	437 000	505 000	529 500
Autriche-Hongrie	10 500	7 000	18 000	17 000	29 000	32 000	48 000	60 000	78 000	71 500	?
Belgique	193 000	230 000	177 000	198 500	275 000	350 000	356 000	252 000	227 000	266 000	?
Espagne	6 000	4 000	14 000	16 000	22 500	28 500	24 500	42 000	49 000	93 000	?
Hollande	77 000	111 500	86 000	106 500	122 000	116 500	156 500	160 500	152 500	159 000	?
Italie	76 000	108 000	140 000	168 000	187 000	218 000	252 000	253 000	331 000	443 500	590 500
Autres pays d'Europe	83 500	46 000	45 000	47 500	72 000	93 000	114 000	110 000	110 500	163 000	?
Afrique	500	100	»	200	100	3 000	3 500	500	4 000	5 000	?
Amérique	669 500	802 000	882 000	810 000	758 000	807 000	1 025 500	950 000	1 448 500	1 212 500	4 365 000
Asie et Océanie	9 500	37 500	34 000	29 000	39 000	63 000	82 500	138 000	196 500	213 500	?
La répartition totale et mondiale a été évaluée à.	2 405 500	2 869 600	2 845 000	2 805 700	3 052 000	3 206 500	3 660 000	3 728 000	4 077 000	4 728 000	5 218 000

LES PHOSPHATES AGRICOLES

On désigne sous le nom de phosphates agricoles les phosphates employés comme engrais sans transformation chimique préalable. Ils sont toujours de dosage peu élevé, et leur transformation par l'acide sulfurique serait peu économique. Tous les gisements de phosphates industriels donnent des phosphates agricoles provenant des parties plus pauvres de la carrière ou des résidus d'enrichissement. Mais il existe des exploitations qui ne peuvent donner que des produits pauvres, dont assez souvent la qualité agricole a été reconnue.

Phosphates du Cambrésis, de l'Oise et de la Somme. — Les gisements de ces régions fournissent à l'agriculture des phosphates pour emploi direct, titrant 10 à 20 p. 100 d'acide phosphorique.

Phosphates des Ardennes. — Les Ardennes, la Marne, la Meuse, qui expédiaient autrefois en grande quantité les phosphates des grès verts dans les régions de l'Ouest, ont actuellement une production nulle.

Lot et Pyrénées. — Les phosphorites du Lot ont eu autrefois une certaine importance. Les phosphates noirs des Pyrénées sont encore un peu exploités.

LE COMMERCE DES PHOSPHATES

Les phosphates bruts se vendent au titre en acide phosphorique. Les produits sont classés en catégories dont la teneur varie ordinairement de 5 en 5 unités :

Phosphates.	50 55	Phosphates.	60 65	Phosphates.	70 75
Phosphates.	55 60	Phosphates.	65 70	Phosphates.	75 80

Le contrôle ou titre est des plus importants. Il est toujours prévu par le contrat de vente, qui est fait sur la base de l'unité d'acide phosphorique. La prise d'échantillon demande à être faite soigneusement. L'analyse est faite sur le produit ramené à sec. On pèse la marchandise à l'arrivée et on en déduit l'humidité. La tolérance dans l'humidité varie de 3 à 5 p. 100. Les phosphates pour la fabrication des supers sont

dits loyaux et marchands, quand 95 à 98 passent au tamis 60.
Le dosage du fer et de l'alumine est fait suivant la méthode
ou par le chimiste indiqué dans le contrat. La garantie en
fer et alumine varie suivant la richesse du phosphate et sa
provenance.

Les phosphates européens sont vendus à l'unité par tonne
de 1.000 kilogrammes moulus et en sacs. Les sacs sont payés,

Fig. 178. — Exploitation phosphatière africaine de Tebessa. La gare
de Sidi Ferandy.

fournis ou loués par l'acheteur. Les phosphates américains
sont vendus en roche, séchés, non moulus et en vrac. Les prix
s'entendent à l'unité par tonne de 1015 kilogrammes.

Les phosphates agricoles se vendent aux cent kilos logés.
Les conditions de paiement général des phosphates sont à
30 jours sans escompte. Les prix varient pour une même
teneur suivant la provenance, et pour une même provenance
ils varient avec la teneur. Le prix peut varier de 0 fr. 35 pour
le 40/45 des craies lavées françaises jusqu'à 0 fr.825 pour le
hard rock 77/80, et même 0 fr. 925 pour le 80/85. Ces
prix s'entendent à l'usine ou caf dans un même port.

Fig. 179. — L'exploitation du Kouif. Les plates-formes de séchage.

Fig. 180. — Exploitation du Kouif algérien. La gare d'expédition.

Le phosphate est une marchandise de trafic mondial. Les prix varient toujours dans une proportion simultanément analogue. Voici, à titre d'exemple, les cours moyens des phosphates africains 58 63 dans un port d'Europe, dans les dix dernières années :

		PRIX de l'unité.	PRIX de la tonne à 60 p. 100.
1898	1er semestre..........	»	»
	2e —	0,58	34,80
1899	1er semestre..........	0,61	36,60
	2e —	0,64	38,40
1900	1er semestre..........	0,62	37,20
	2e —	0,60	36,00
1901	1er semestre..........	0,53	31,80
	2e —	0,51	30,60
1902	1er semestre..........	0,50	30,00
	2e —	0,49	29,40
1903	1er semestre..........	0,48	28,80
	2e —	0,47	28,20
1904	1er semestre..........	0,47	28,20
	2e —	0,46	27,60
1905	1er semestre..........	0,45	27,00
	2e —	0,45	27,00
1906	1er semestre..........	0,47	28,20
	2e —	0,57	34,20
1907	1er semestre..........	0,65	39,00
	2e —	0,70	42,00
1908	1er semestre..........	0,60	36,00
	2e —	0,56	33,60

Dans le cours d'un quart de siècle, sous l'influence des nouvelles exploitations, le cours des phosphates dans son ensemble a baissé de plus de 50 p. 100.

La pratique de traiter à livrer sur plusieurs années au cours du jour de la passation du marché se répand de plus en plus. Tout le trafic est facilité par suite de l'absence de toute taxe douanière.

La production et la consommation se suivent et s'accommodent l'une avec l'autre, et il semble que les prix normaux actuels doivent tendre plutôt vers une baisse légère au fur et à mesure du développement des exploitations existantes.

LE SUPERPHOSPHATE DE CHAUX

Historique de l'industrie des superphosphates. — L'industrie des superphosphates prit naissance en Angleterre et en Allemagne. Lorsque Liebig eut montré, vers 1840. l'utilité de la désagrégation des phosphates et de leur traitement par l'acide sulfurique, des fabriques s'établirent au voisinage des centres industriels pouvant fournir l'acide sulfurique impur provenant de l'industrie minière. La matière première était constituée avec cet acide par les poudres d'os, les guanos, quelques phosphates et le noir animal.

En 1843, Lawes et Gilbert établirent une usine à Deptford et traitèrent un mélange de poudre d'os et de coprolithes.

En 1846, J. Muspratt, de Liverpool, établit la première usine importante. La première usine francaise, fondée par Rohart, date de 1850. Des fabriques se créèrent vers la même époque en Allemagne, qui en comptait 12 en 1860, en même temps que l'Angleterre produisait plus de 300.000 tonnes de superphosphate.

Les premières fabriques de superphosphate étaient d'une rusticité toute primitive : un hangar servait à emmagasiner le phosphate brut ; un autre, dont le toit était percé d'ouvertures pour l'échappement des gaz, à attaquer le phosphate par l'acide ; un troisième, à conserver le superphosphate avant la vente. Dans le deuxième hangar, se trouvaient un récipient à acide doublé de plomb, des bacs de mesure et des fosses en briques réfractaires goudronnées où se faisait l'attaque. Quelques pioches, quelques pelles, des brouettes et des tamis formaient l'outillage. On remplaça bientôt les fosses en briques par des cuves en fontes à paroi épaisse : on mettait dans la fosse une quantité déterminée d'acide à 52° ou 56° Baumé. Le phosphate, pesé et mis en tas à proximité de la fosse, était jeté peu à peu dans celle-ci, pendant qu'un ouvrier remuait la masse par une rable de fer. La masse mise dans le troisième hangar était tamisée après trois ou quatre semaines. L'attaque bien faite donnait un tamisage sans résidu et un superphosphate sec. Un broyeur à main servait au broyage du phosphate et à la mouture du superphosphate. On employait à ce moment comme phosphate le noir animal, les guanos de Backer, Malden, Jarvis, etc., et ceux de Méjillones, employés vers 1870. Ces produits étaient assez fins. Mais, en raison des inconvénients rencontrés au tamisage, il fallut bientôt employer les meules, cylindres et bocards.

Lors de l'apparition, après 1870, des phosphates américains du Canada, de la Caroline, d'Aruba, de la Norvège, on reconnut que l'attaque était d'autant plus complète que la marchandise était plus finement broyée : on employa les moulins à cylindre, les concasseurs, les tamis. On travaillait trois mois au printemps et trois mois à l'automne, et, jusqu'en 1880, le travail était empirique. Mais bientôt on recourut à une fabrication rationnelle, et chaque usine eut un chimiste.

Avec les phosphates du Canada, en raison des vapeurs chlorées et fluorées, on fut amené à adopter des appareils mécaniques faisant l'opération en vase clos, malaxeurs, encore employés aujourd'hui.

Les phosphates de Floride, particulièrement durs à attaquer, demandèrent l'installation des chambres, où la réaction se complète après un temps plus ou moins long. Vers 1890, en même temps que les appareils de manipulation et de broyage se développent, on absorbe les produits chlorés et fluorés par des dispositions appropriées. Les broyeurs modernes s'installent à partir de 1895 ; les broyeurs de superphosphate ne sont plus suffisants et, pour obtenir un produit sec, on imagine les étuves, on essaye le séchage avec la poudre d'os, etc. On vit bientôt que la siccité d'un super dépend moins de sa teneur en eau que de sa teneur en acide libre.

À l'heure actuelle, on peut obtenir avec un traitement mécanique approprié un superphosphate de bonne qualité. La rétrogradation est de mieux en mieux connue, et les chimistes conduisent le travail d'une manière exclusivement scientifique.

La matière première de la production de l'acide sulfurique est la pyrite à 50 p. 100 de soufre. Le procédé des chambres a reçu, dans ces dernières années, de nombreux perfectionnements, en même temps que le procédé de contact tend à se développer de plus en plus.

L'industrie de l'acide sulfurique et celle du superphosphate sont étroitement liées et constituent aujourd'hui une des plus importantes branches de l'industrie chimique.

THÉORIE DE LA SOLUBILISATION

On désigne sous le nom de superphosphate le produit obtenu quand on attaque les phosphates naturels par l'acide sulfurique. Un phosphate naturel peut contenir :

Du phosphate tribasique de chaux ;

Du phosphate de magnésie ;

Du carbonate de chaux ;

Des silicates divers ;

Des oxydes de fer ;

Des oxydes d'alumine ;

Des fluorures ;

Des substances organiques.

Il y a donc lieu d'envisager l'action de l'acide sulfurique sur ces composés divers.

Phosphate tricalcique. — L'acide sulfurique transforme le phosphate tricalcique en phosphate monocalcique soluble dans l'eau, suivant la formule :

$$(PO^4)^2 Ca^3 + 2 SO^4 H^2 + 5 H^2O = (PO^4)^2 Ca H^4 . H^2O) + 2 SO^4 Ca , 2 H^2O.$$

L'acide sulfurique employé doit donc être dilué d'une certaine quantité d'eau : les deux produits obtenus, phosphate monocalcique et sulfate de chaux, sont hydratés ; l'eau permet la cristallisation de ces deux sels. En diluant le mélange, elle permet également une réaction complète sur toutes les parties de la matière première.

La formule donnée plus haut semble être une formule condensée, et la réaction s'effectue en deux parties : dans la première, il se forme de l'acide phosphorique libre et du plâtre et un tiers du phosphate tricalcique reste inattaqué :

$$3(PO^4)^2 Ca^3 + 6 SO^4 H^2 + 12 H^2O = 4 PO^5 H^3 + (PO^4)^2 Ca^3$$
$$+ 6 SO^4 Ca , 2 H^2O :$$

dans la seconde, l'acide phosphorique libre formé agit sur
le tiers du phosphate non attaqué et donne du phosphate
monocalcique :

$$4\,PO^4H^3 + (PO^4)^2Ca^3 + 3\,H^2O = 3(PO^4)^2CaH^4, H^2O.$$

La première réaction est plus rapide que la seconde, car
l'acide phosphorique est plus faible que l'acide sulfurique.

Si on traite le phosphate tricalcique par une quantité
insuffisante d'acide sulfurique, on obtient le phosphate bicalcique :

$$(PO^4)^2Ca^3 + SO^4H^2 + 6\,H^2O = 2\,PO^4CaH, 2\,H^2O + SO^4Ca, 2\,H^2O.$$

qui peut être également divisé en deux parties ; dans la première, il se forme du sulfate monocalcique :

$$(PO^4)^2Ca^3 + 2\,SO^4H^2 + 3\,H^2O = (PO^4)^2CaH^4, H^2O + 2\,SO^4Ca, 2\,H^2O;$$

le phosphate monocalcique se combine ensuite avec le reste
du phosphate tricalcique :

$$(PO^4)^2CaH^4, H^2O + (PO^4)^2Ca^3 + 7\,H^2O = 4\,PO^4CaH, 2\,H^2O;$$

la seconde partie est plus lente que la première ; le phosphate
acide est moins énergique que l'acide sulfurique.

Si on traite le phosphate tricalcique par une quantité
d'acide sulfurique en excès, on obtient l'acide phosphorique

$$(PO^4)^2Ca^3 + 3\,SO^4H^2 + 6\,H^2O = 3\,PO^4H^3 + 3\,SO^4Ca, 2\,H^2O.$$

Cet acide phosphorique forme des grumeaux, rend le superphosphate humide et presque inépandable.

Phosphates de magnésie. — La magnésie se rencontre parfois
dans les phosphates naturels sous forme de phosphate basique
ou neutre. L'acide sulfurique donne avec le phosphate basique
le phosphate monomagnésien :

$$(PO^4)^2Mg^3 + 2\,SO^4H^2 + 16\,H^2O = (PO^4)^2Mg, H^4, 2\,H^2O$$
$$+ 2\,SO^4Mg, 7\,H^2O.$$

Avec le phosphate bimagnésien on obtient :

$$2\,PO^4MgH + SO^4H^2 + 9\,H^2O = (PO^4)^2MgH^4, 2\,H^2O + SO^4Mg, 7\,H^2O.$$

Le phosphate monomagnésien n'est ni hygrométrique, ni décomposé par l'eau.

Carbonate de chaux et de magnésie. — Beaucoup de phosphates renferment du carbonate de chaux ; quelques-uns seulement, ceux de Floride par exemple, renferment du carbonate de magnésie.

Dans l'attaque à l'acide sulfurique, le carbonate de chaux est dissous le premier : il se forme du plâtre et il se dégage de l'acide carbonique :

$$CO^3Ca + SO^4H^2 + H^2O = SO^4Ca , 2H^2O + CO^2.$$

Avec le carbonate de magnésie, on obtient le sulfate de magnésie et de l'acide carbonique :

$$CO^3Mg + SO^4H^2 + 6 H^2O = SO^4Mg , 7 H^2O + CO^2.$$

Les deux réactions précédentes sont deux réactions énergiques dégageant beaucoup de chaleur, qui réchauffe la masse, et de l'acide carbonique qui la soulève, facilite les autres réactions et, la rendant poreuse, facilite la dessiccation. Il ne faut pas toutefois que la proportion de carbonate soit trop considérable : elle entraînerait alors une formation exagérée de sulfate et une dépense d'acide. La proportion de carbonate ne doit pas dépasser 50 p. 100. Les phosphates ne contenant pas de carbonate donnent une réaction difficile et lente, et le produit obtenu est difficile à sécher. On ajoute parfois au phosphate, lors du broyage, des craies phosphatées, pour remédier à ces inconvénients.

Fluorure de calcium. — La plupart des phosphates contiennent du fluorure de calcium. L'acide sulfurique décompose ce sel et donne du fluorure d'hydrogène gazeux, qui agit sur la silice pour donner du fluorure de silicium. Les deux réactions sont :

$$CaFl^2 + SO^4H^2 + 2H^2O = SO^4Ca , 2H^2O + 2HFl$$

et

$$SiO^2 + 2CaFl^2 + 2SO^4H^2 + 2H^2O = SiFl^4 + 2SO^4Ca , 2H^2O.$$

Le fluorure de silicium se décompose en présence de l'eau pour donner de l'acide hydrofluosilicique et de la silice :

$$3 SiFl^4 + 4 H^2O = 2 SiFl^6H^2 + SiO^2 + 2H^2O.$$

L'acide hydrofluosilicique agit sur les silicates de chaux et d'alumine pour donner des fluorures d'aluminium ou de calcium et de l'acide silicique. D'après Braun, la moitié du fluor reste dans les phosphates et la moitié se dégage à l'état de gaz. D'après Oit, un tiers du fluor reste à l'état de fluorure de calcium. D'après Klippert, 50 p. 100 du fluor se dégagent à l'état de gaz, 30 p. 100 ne sont pas attaqués et 20 p. 100 sont absorbés mécaniquement par la masse sous forme de $Si\,Fl^6H^2$. La teneur des phosphates en fluorures est très variable :

PHOSPHATE.	FLUOR.
	P. 100.
Coprolithes	1,5
Staffelites	1,6
Phosphorites de Podolie	3,4
Phosphate Estramadure	3,3
— Caroline	1,5
Guano du Pérou	0,05—0,20
— de Malden	3,2
Phosphate de Curaçao	2,85
— Clipperton	1,87
— Aruba	2,1
— Kried Belg.	2,4
— Christmas	»
— Redonda	»
— Floride	3,88—5,3
— Algérie	3,7
— Gafsa	3,3
— Senam	3,7
— Océan	2,2
— Nauru	2,0
Farine d'os	0,52
Noir animal	0,84 + 1,09

Silicates. — Les phosphates naturels contiennent des silicates de chaux et d'alumine : SiO^3Ca pour les phosphates belges et $(SiO^3)^3Al^2$ pour les phosphates de Floride par exemple. Les silicates calcaires des phosphates d'Algérie sont décomposables par l'acide sulfurique. L'acide silicique dans cette réaction donne une masse gélatineuse :

$$SiO^3Ca + SO^4H^2 + 2H^2O = SO^4Ca\,.\,2H^2O + SiO^3H^2$$

et

$$(SiO^3)^3Al^2 + 3SO^4H^2 + 12H^2O = (SO^4)^3Al^2\,.\,18H^2O + 3SiO^3H^2.$$

Les silicates d'alumine non attaqués absorbent de l'acide et sont peu à peu décomposés. Les phosphates contenant du fluorure de calcium peuvent donner :

$$SiO^2 + 4HFl, CaO + 4SO^4H^2 + 2H^2O = SiFl^4 + 4(SO^4Ca, 2H^2O),$$

et le fluorure de silicium donne avec l'eau :

partie $3SiFl^4 + 4H^2O = 2SiFl^6H^2 + SiO^4H^4$
partie $SiFl^4 + 3H^2O = 4HFl + SiO^3H^2.$

L'acide fluorhydrique donne ensuite :

$$2HFl + SiFl^4 = SiFl^6H^2.$$

Fer. —Les phosphates de Tennessee, Caroline et Belgique renferment du fer à l'état de phosphate, d'oxyde libre, de sulfure, ou à l'état élémentaire. Les phosphates à protoxyde (Floride, Tennessee, Caroline) sont noirs ou gris.

Les composés du fer subissent une attaque très variable de la part de l'acide sulfurique, suivant la forme du phosphate et la concentration de l'acide :

$$Fe^2O^3 + 2SO^4H^2 = (SO^4)^3Fe^2 + 3H^2O$$
$$3PO^4Fe + 3SO^4H^2 = (PO^4)^3FeH^6 + (SO^4)^3Fe^2$$
$$4PO^4Fe + 3SO^4H^2 + 9H^2O = 2PO^4H^3 + (SO^4)^3Fe^2, 9H^2O.$$

Mais, en présence du monophosphate de chaux, on observe bientôt une réaction donnant un précipité gélatineux, une partie du fer reste inattaquée :

$$(PO^4)^2CaH^4, H^2O + (SO^4)^3Fe^2 + 5H^2O = 2(PO^4Fe, 2H^2O$$
$$+ SO^4Ca, 2H^2O + 2SO^4H^2$$
$$SO^4H^2 + (PO^4)^2CaH^4, H^2O + H^2O = SO^4Ca, 2H^2O + 2PO^4H^3$$
$$2PO^4Fe, 2H^2O + 4PO^4H^3 = 2(PO^4)^3FeH^6 + 4H^2O.$$

2 p. 100 d'oxyde de fer dans le phosphate sont sans inconvénient : avec une dose suffisante d'acide et une mise en tas de faible épaisseur, le sulfate formé reste soluble. Une proportion de 3 p. 100 de fer commence à donner des pertes d'acide soluble.

Alumine. — Le phosphate d'alumine n'exerce guère d'influence dans la rétrogradation. L'alumine n'est soluble dans l'acide qu'après calcination :

$$Al^2O^3 + SO^4H^2 = (SO^4)^3Al^2, 3H^2O$$
$$4 PO^4Al + 3 SO^4H^2 = 2(PO^4)^3AlH^6 + SO^4{}^3Al^2$$
$$2 PO^4Al + 3 SO^4H^2 + 18 H^2O = 2 PO^4H^3 + (SO^4)^3Al^2, 18 H^2O.$$

Le sulfate d'alumine ne réagit pas si rapidement sur le phosphate monocalcique que le sel de fer. Le phosphate d'alumine est, d'ailleurs, soluble dans l'acide phosphorique.

Les silicates d'alumine peuvent être, au contraire, la source de rétrogradation, quand il n'y a pas décomposition par l'acide phosphorique :

$$(SiO^3)^2Al^2 + 2 PO^4H^3 = 2 PO^4Al + 3 SiO^3H^2.$$

Autres substances minérales. — L'oxyde de manganèse (Floride), l'oxyde de chrome (Algérie) les oxydes de titane n'ont qu'une influence secondaire en raison de leur faible proportion. L'iode, contenu sous forme d'iodure de calcium dans certains phosphates, donne à la température ordinaire :

$$CaI^2 + SO^4H^2 = SO^4Ca + 2 HI,$$

et, si la température s'élève, l'iode est mis en liberté :

$$2 HI + SO^4H^2 = I^2 + SO^2 + 2 H^2O.$$

Substances organiques. — Des substances organiques d'origine végétale ou animale se rencontrent dans certains phosphates. L'acide sulfurique carbonise ces substances.

TRAITEMENT DES PHOSPHATES PAR L'ACIDE CHLORHYDRIQUE OU L'ACIDE AZOTIQUE

Le traitement du phosphate tricalcique par l'acide chlorhydrique donne du phosphate monocalcique. Mais l'opération donne lieu à la formation de chlorure de calcium, hygrométrique, rendant humides les superphosphates et nuisible en outre à la végétation. On ajoute toutefois dans certains cas 10 p. 100 d'acide chlorhydrique à l'acide sulfurique employé :

$$(PO^4)^2Ca^3 + 4 HCl + H^2O = (PO^4{}^2CaH^4, H^2O) + 2 CaCl^2.$$

En présence d'acide sulfurique, le chlorure de calcium est

transformé en plâtre et acide chlorhydrique qui concourt à la solubilisation.

Le traitement à l'acide azotique, qui n'est pas intéressant à cause du prix de cet acide, donnerait :

$$(PO^4)^2Ca^3 + 2AzO^3H + H^2O = (PO^4)^2CaH^4,H^2O + 2AzO^3)^2Ca.$$

Les produits de la réaction, phosphate monocalcique et nitrate de chaux, seraient évidemment des substances nutritives de premier ordre.

QUANTITÉS D'ACIDE SULFURIQUE ET D'EAU NÉCESSAIRES POUR SOLUBILISER UNE QUANTITÉ DONNÉE DE PHOSPHATE BRUT

L'analyse du phosphate brut indique la teneur en phosphate tricalcique, en carbonate de chaux, en phosphates de fer et d'alumine, en fluorures, en silicate et en matières organiques. Pour obtenir une solubilisation complète, il faut tenir compte des réactions indiquées au paragraphe précédent. L'équation :

$$(PO^4)^2Ca^3 + 2SO^4H^2 + 5H^2O = (PO^4)^2CaH^4,H^2O + 2SO^4Ca,2H^2O$$

permet de calculer les quantités d'acide sulfurique et d'eau qui sont nécessaires pour solubiliser une quantité déterminée de phosphate tricalcique. Les poids moléculaires indiquent que 310 parties de $(PO^4)^2Ca^3$ réagissent sur 196 parties de SO^4H^2 et 90 parties d'eau. Or, 98 parties de SO^4H^2 contiennent 80 parties de SO^3 et 196 parties de SO^4H^2 contiennent 160 parties de SO^3. Par conséquent, on peut dire que 310 parties de $(PO^4)^2Ca^3$ réagissent sur 160 parties de SO^3 et 126 parties de H^2O, ou encore que 1 partie de $(PO^4)^2Ca^3$ réagit sur 0,516 partie de SO^3 et 0,406 partie de H^2O, ou sur $0,516 + 0,406 = 0,922$ partie de SO^4H^2. Comme 0,922 partie de SO^4H^2 contiennent 0,516 partie de SO^3, une partie en contient 0,559. L'acide à 56 p. 100 de SO^3 est, d'après les tables, l'acide à 1,60 de densité ou à 54° Baumé. Si l'acide employé contient x parties de SO^3, on emploiera $\dfrac{100 \times x}{0,516}$ pour solubiliser 100 parties de phosphate tricalcique. Il y a lieu d'ajouter l'eau nécessaire quand l'acide est trop concentré.

Mais, si on se limitait à la quantité d'acide indiquée par la formule ci-dessus, on n'aurait qu'un produit médiocre en supposant même l'attaque parfaite. En présence de l'eau, la solution de phosphate monocalcique n'est pas stable, et il resterait du phosphate bicalcique. On est donc amené à augmenter la dose d'acide pour empêcher la précipitation de se produire ; et on va jusqu'à employer deux molécules et demi d'acide sulfurique à 53° pour une d'acide phosphorique.

Détermination empirique et chimique. — 1° On emploie 1^{kg}.200 d'acide sulfurique à 50° Baumé pour un kilogramme de phosphate de chaux tribasique, et on ajoute 1,6 partie d'acide pour le carbonate de chaux :

2° On emploie 1,2 partie d'acide à 50° Baumé pour 2 parties de chaux du phosphate, et on ajoute l'acide pour les carbonates et les sesquioxydes ;

3° On sature les carbonates, les sesquioxydes et la chaux indiqués à l'analyse jusqu'à formation de phosphate monocalcique ;

4° Gruber, calculant sur le phosphate seul, indique que les phosphates à 80 p. 100 de phosphate de chaux demandent 1,20 d'acide à 53° ; les phosphates à 75 p. 100 de phosphate de chaux demandent 1,30 d'acide à 53° ; les phosphates au-dessous de 75 p. 100 de phosphate de chaux, demandent 1,50 d'acide à 53° ;

5° On fait une analyse complète et on calcule l'acide pour chaque élément d'après les formules vues plus haut ;

Voici, pour quelques phosphates courants, les quantités d'acide à employer

DÉSIGNATION.	Teneur en Ca3P2O8.	Teneur en Fe2O3 + Al2O3.	Teneur en CaCO3.	Parties d'acide.	Degrés B.
	P. 100.	P. 100	P. 100.		
Cendres d'os..............	82,1	0,3	4,4	95	52
Guano de Malden..........	72,4	0,3	12,5	82	60
Phosphate d'Aruba	78,6	3,8	4,2	100	52,5
— de Curaçao......	88,0	0,1	7,0	105	50
Coprolithes de Podolie......	74,7	5,0	4,7	120	50
Phosphate de Caroline......	56,0	2,8	12,0	100	50
— du Canada	76,8	3,3	6,6	110	55
— de la Somme....	67,0	3,8	10,2	105	51
— de Liège...... ..	55,5	3,6	16,8	105	50
— de Ciply.........	40,7	2,3	41,8	131	49
— —	48,2	1,7	35,6	125	49
— —	53,8	1,3	34,2	130	49
— —	57,4	0,8	29,1	125	49
— de la Floride.....	78,0	2,0	4,4	110	50
— Pebbles.........	68,0	1,8	6,3	100	50
— de Peace River...	61,7	2,9	8,4	95	50
— du Tennessee....	80,5	3,4	5,2	110	50
— —	69,9	2,3	6,0	105	50
— d'Algérie........	58,2	0,5	20,8	110	50
— —	65,0	0,6	16,0	100	52
— de Gafsa.........	59,6	1,7	9,7	100	50
Guano de Clipperton	78,7	0,1	6,7	100	52
— du Pérou...........	26,2	0,5	1,8	25	60
	P2O5 P. 100.				
Phosphate précipité.........	32,0	»	»	55	60
Poudre d'os dégraissés à vapeur..................	22,0	0,4	5,2	70	50
Poudre d'os dégélatinés.....	31,0	»	»	74	55

6° Sorel conseille de traiter 20 grammes de phosphate finement pulvérisé par 40 grammes d'acide sulfurique à 53°, soit 20 grammes de SO^4H^2, pendant deux heures au bain-marie, à une température de 50° à 60°, dans une fiole jaugée de 1 litre. Au bout de ce temps, on laisse refroidir et on complète le volume. On prélève 50 centimètres cubes représentant un gramme de phosphate et un gramme d'acide, on étend d'eau, on filtre et on lave. Cela fait, on verse dans le liquide clair une solution de soude normale jusqu'à apparition de précipité.

On connaît ainsi approximativement la quantité d'acide

ajouté en excès, et par suite la quantité d'acide strictement nécessaire à employer ;

7° On détermine la quantité d'acide à employer et la concentration de celui-ci par des essais de solubilisation. Les essais de solubilisation se feront chaque fois que l'on recevra une quantité importante de phosphates dont on ignore la manière de se comporter. On emploie la quantité de phosphate nécessaire à remplir la chambre à superphosphate. Le malaxage à l'acide sulfurique se fait dans les conditions de la pratique. On ne doit pas opérer sur des quantités de phosphates réduites, car les réactions sont différentes dans ce cas. On doit employer une quantité d'acide supérieure à celle donnée par le calcul de 5 p. 100 par exemple, et on s'en tient à la quantité qui aura donné les meilleurs résultats. Le superphosphate doit être relativement poreux et sec quand il est refroidi. Après chaque essai, on dose l'acide phosphorique libre, l'acide phosphorique soluble dans l'eau et l'acide phosphorique insoluble.

LA RÉACTION DE L'ACIDE SULFURIQUE SUR LE PHOSPHATE

Quand on analyse le produit de la réaction de l'acide sulfurique sur un phosphate, aussitôt l'attaque effectuée, on trouve beaucoup d'acide phosphorique libre, tandis qu'il reste du phosphate et parfois du carbonate inattaqué. Il convient de remarquer que l'on a à traiter une combinaison plus ou moins cristallisée de phosphate tricalcique avec du fluorure de calcium. Aussi les différents phosphates présentent-ils suivant leur nature une résistance différente depuis les guanos roches et les cendres d'os éminemment attaquables jusqu'aux cristaux d'apatite qui sont les plus réfractaires. De plus, les premières quantités de sulfate de calcium formées enrobent une partie des grains de phosphates et les protègent temporairement. L'action de l'acide sulfurique resté inutilisé se porte donc sur une partie de la matière, et en particulier sur les premières parties déjà attaquées. En outre, à la température de 80°, le phosphate bicalcique hydraté se décompose en acide phosphorique et phosphates monocalcique et bicalcique mélangés ou combinés avec du tricalcique. Le phosphate monocalcique est lui-même très instable en solution chaude.

L'acide phosphorique libre doit prédominer au début de la réaction, tant qu'il y a de l'acide sulfurique en excès. Mais une fois l'acide sulfurique employé, l'acide phosphorique seul libre réagit sur les matières inattaquées. Aussi, si on prélève des échantillons au bout d'un quart d'heure, une heure, trois heures, six heures, un jour, etc., on voit que la proportion d'acide libre va constamment en décroissant, tandis qu'il se forme une quantité de plus en plus grande de phosphate monocalcique. Si bien qu'après complète dessiccation et refroidissement, ce qui exige deux ou trois jours, on ne trouve plus que des traces d'acide libre, des quantités très faibles de phosphates inattaqués, et presque tout le phosphate est transformé en phosphate monocalcique.

Avec les apatites cristallisées, la réaction a lieu comme ci-dessus, pour la première partie; mais la seconde phase est très lente, car l'acide phosphorique est moins énergique que l'acide sulfurique. De plus, l'acide phosphorique attire l'humidité de l'air, s'étend et s'appauvrit d'autant. La masse devient un peu boueuse, et il faut un long laps de temps pour que l'attaque devienne complète. Il convient pour ces phosphates d'employer deux molécules un quart ou deux molécules et demi d'acide sulfurique pour une molécule d'acide phosphorique, en plus de ce qu'il convient pour la destruction du carbonate et du fluorure de calcium. Il faut réunir en grande masse la matière attaquée, afin qu'une température convenable et l'absence d'humidité de l'air favorisent la marche de la seconde phase.

Si les matières sont fines et très faciles à attaquer, la température s'élève beaucoup et peut atteindre 150° quand on opère sur de grandes masses. Dans ce cas, le sulfate de chaux reste anhydre et de l'eau se dégage en abondance. Puis, quand la température s'abaisse, il n'y a plus assez d'eau pour permettre la cristallisation simultanée du phosphate acide et du plâtre. Le phosphate acide ne peut se former ; le phosphate bicalcique hydraté, qui demande encore plus d'eau, ne se produit plus. La réaction s'arrête et on a une masse boueuse chargée d'acide phosphorique, où il n'y a plus d'acide sulfurique, mais où il reste beaucoup de phosphate tricalcique inaltéré. Quand les phosphates sont trop facilement attaquables, on ne doit pas les réduire en poudre très fine, le tamis 80 est suffisant ; on emploiera aussi de l'acide étendu. Il en sera de même pour les phosphates calcaires ; avec un acide concentré, l'attaque est trop rapide, et on ne peut modérer l'élévation de la température ; une partie de la matière fait prise avant que le mélange de l'acide et de la poudre soit intime.

En définitive, un excès d'acide donne un produit boueux par suite de la présence d'acide phosphorique libre. Un défaut d'acide en présence de phosphates difficilement attaquables se traduit par la présence de phosphate tricalcique inaltéré.

Solubilisation. — Les phosphates minéraux laissent toujours dans les superphosphates une quantité d'acide insoluble :

Gafsa	1,7 p. 100
Floride	0,5 à 1 p. 100
Pebble	1,4 p. 100
Algérie	0,7 —
Tennessee	2,1 —

Les phosphates d'os sont solubilisés à peu près complètement. Les phosphates humides et ceux difficiles à solubiliser demandent de l'acide plus fort que ceux qui sont secs ou riches en carbonate de chaux : ces derniers se traitent très bien avec de l'acide froid ; les premiers, au contraire, avec de l'acide chaud. L'acide à 54° Baumé et l'acide des chambres à 52° Baumé (SO⁴H²,3H²O) semblent mieux convenir que l'acide à 50° à l'obtention de l'acide phosphorique soluble.

LE BROYAGE DES PHOSPHATES

Certains phosphates sont livrés à l'état moulu ; d'autres sous forme de morceaux de la grosseur du poing. Le broyage du phosphate est une opération très importante. Le degré de finesse de la matière première a, en effet, une grande influence sur la solubilisation par l'acide sulfurique. Pour que celle-ci soit complète, la mouture doit être parfaite : pour l'apatite, pour le phosphate de Floride, le refus en grains fins ne doit pas dépasser 15 p. 100 au tamis 100 et les grains doivent passer au tamis 70. Pour les phosphates de Caroline, d'Algérie, et les phosphates à carbonate de chaux, le refus peut atteindre 25 p. 100 au tamis 100 et ils doivent passer au tamis 60. Les guanos et les phosphates d'os, par suite de leur capillarité, permettent à l'acide sulfurique une pénétration à l'intérieur des grains ; ils doivent passer au tamis 50.

Le degré d'humidité des phosphates doit être faible. Pour obtenir un bon broyage, le phosphate de Floride ne doit pas contenir plus de 2 p. 100 d'humidité, les phosphates algériens et océaniens plus de 5 p. 100. Si le phosphate a été mouillé au cours du transport ou dans le magasin, il convient de le mélanger en certaines proportions à un phosphate plus sec et de même nature ou de le sécher. Le séchage peut se faire sur des plates-formes de fer chauffées par les gaz des chaudières ou au moyen de tourailles à feu de coke, à rigoles circulaires coniques formées par un corps de chauffe fixe et des calottes mobiles (Pfeiffer).

Le broyage s'effectue dans des appareils très divers que nous avons vus dans l'industrie des phosphates.

L'ACIDE SULFURIQUE POUR L'INDUSTRIE DES SUPERPHOSPHATES

Dans une installation complète, l'acide sulfurique est fabriqué sur place. Pour les petites usines, l'acide est reçu dans des wagons-citernes que l'on vide dans des réservoirs spéciaux au moyen de siphons, brise-jets, monte-acides, etc. L'acide sulfurique en vrac est aussi transporté par bateau.

Le jaugeage de l'acide sulfurique se fait dans un récipient en plomb portant une échelle graduée, et un tube indicateur extérieur pour contrôler plus facilement l'acide ; il se fait aussi par pesée au moyen de bascules pour liquide spéciales.

Si l'on dispose d'acide à 60°, on doit abaisser le titre à 50-54° avant l'introduction dans le jaugeur.

Dans les usines importantes et faisant une fabrication continue du superphosphate, on emploie, comme jaugeur la chaîne à godets ou le flotteur-régulateur, formé d'un balancier commandant un flotteur et une soupape à boulet. L'acide passe dans la bâche, lorsque la soupape se lève et découvre le

Fig. 181. — Dans une usine d'acide sulfurique. — Partie supérieure d'une tour de Glover.

tuyau T. Pour faire varier le débit du robinet R, on diminue ou on augmente la pression sur ce robinet, en lestant plus ou moins le flotteur F et en faisant varier ainsi le niveau dans la bâche d'alimentation.

PRATIQUE DE LA SOLUBILISATION

I. Malaxage et malaxeurs. — L'attaque des phosphates au moyen de l'acide sulfurique se fait par malaxage continu ou par malaxage discontinu.

Dans les deux cas, le mélange est opéré au moyen d'un arbre en acier muni de palettes en fonte disposées en hélice,

Fig. 182. — Dans une usine d'acide sulfurique. — Les fours à main.

Fig. 183. — Dans une usine d'acide sulfurique. — Les fours
mécaniques.

pleines ou ajourées. L'attaque des pièces mécaniques des malaxeurs varie avec le degré de dilution de l'acide et le degré

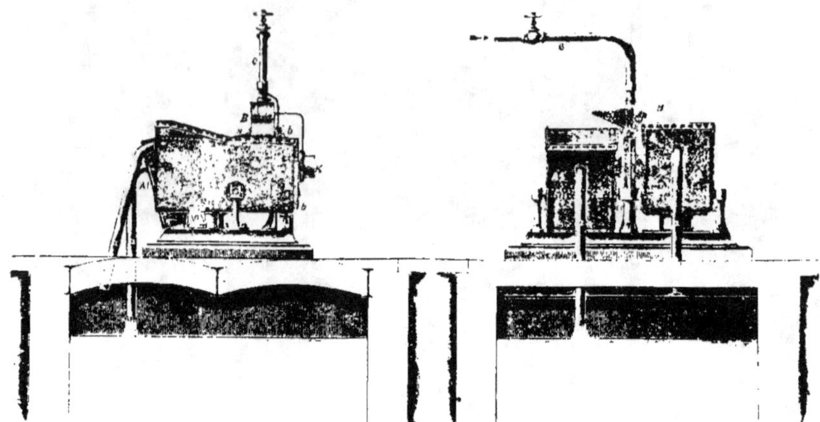

Fig. 184. — Mesurage de l'acide. — Les bacs jaugeurs à déversement.

de mouture du phosphate. L'enveloppe des malaxeurs est en fonte ; elle est parfois protégée par une garniture réfractaire,

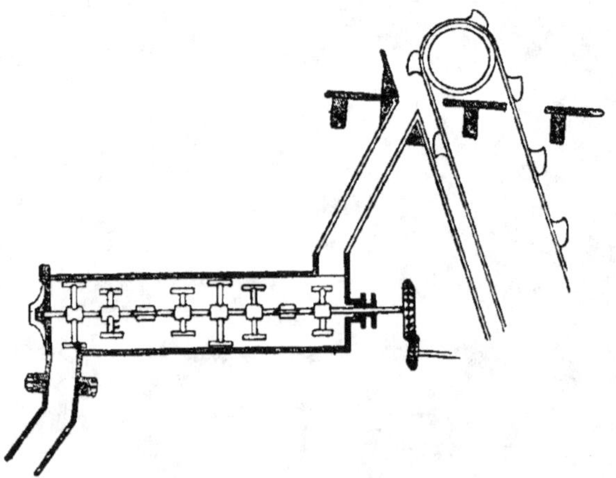

Fig. 185. — Coupe schématique d'un malaxeur horizontal continu.

inutile d'ailleurs, quand on emploie les fontes blanches ou les fontes d'acier peu attaquables.

Malaxeur continu. — Le malaxeur à axe horizontal ou légèrement incliné se compose d'un cylindre de fonte de 2 mètres à $2^m,50$ de longueur et $0^m,45$ à $0^m,90$ de diamètre. L'arbre horizontal, garni de palettes, malaxe et transporte le superphosphate d'une extrémité à l'autre. En tête de l'appareil se trouve un distributeur de phosphate, et un distributeur d'acide. Les deux matières se trouvent en contact dans le malaxeur, s'y mélangent intimement et atteignent en quelques minutes l'extrémité opposée, où elles tombent par un tuyau dans les chambres à superphosphates. Ce malaxeur continu convient

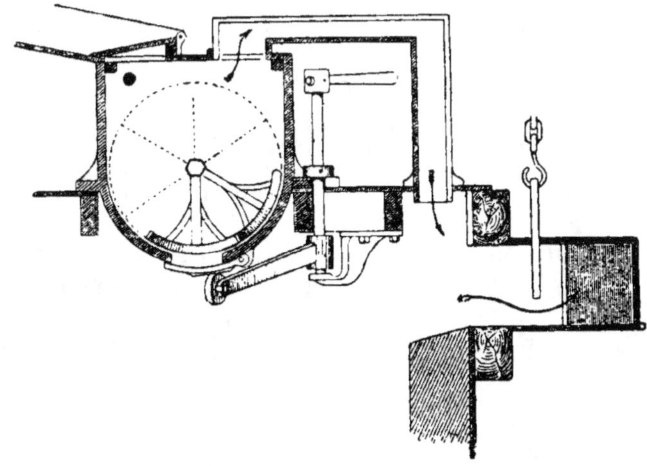

Fig. 186. — Coupe transversale d'un malaxeur horizontal.

aux grandes usines qui traitent une grande qualité de phosphates de composition identique ; il nécessite des réglages ennuyeux à chaque changement de composition des phosphates.

Malaxeur discontinu. — Les malaxeurs discontinus sont verticaux ou horizontaux.

Le malaxeur vertical se compose d'une cuve ovoïde de $1^m,60$ de hauteur et de $1^m,20$ de diamètre supérieur, garnie d'un couvercle supérieur et de deux portes de vidange inférieures à levier, avec système à contrepoids, qui permettent de déverser la masse dans une chambre ou cave de réaction. La cuve est en fonte d'acier résistante à l'action de l'acide. L'arbre vertical, dont elle est munie intérieurement, porte des palettes

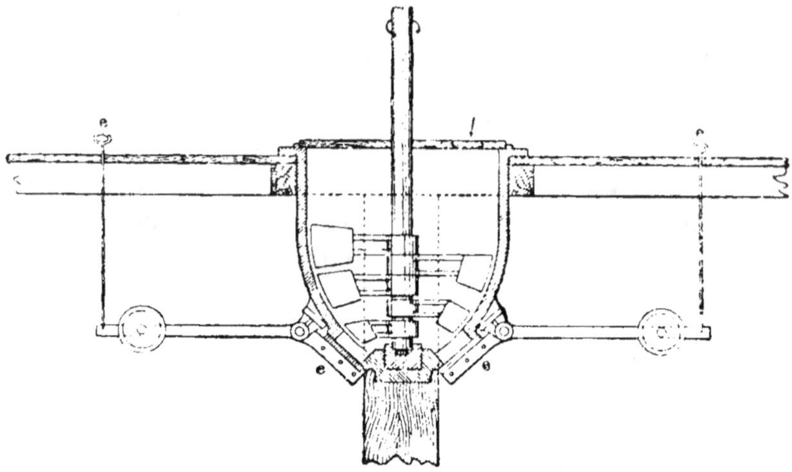

Fig. 187. — Malaxeur vertical. — Coupe passant par l'axe.

hélicoïdales, qui, par rotation du système à soixante tours, triturent et mélangent intimement la masse. L'acide et le phosphate sont versés simultanément. La charge du malaxeur est de 220 à 250 kilogrammes.

On peut encore employer des malaxeurs cylindriques verticaux de 1^m,50 de diamètre et 2 mètres de hauteur, terminés par une calotte tronconique aboutissant à l'obturateur : ces malaxeurs sont employés avec des phosphates ne faisant pas trop vite prise.

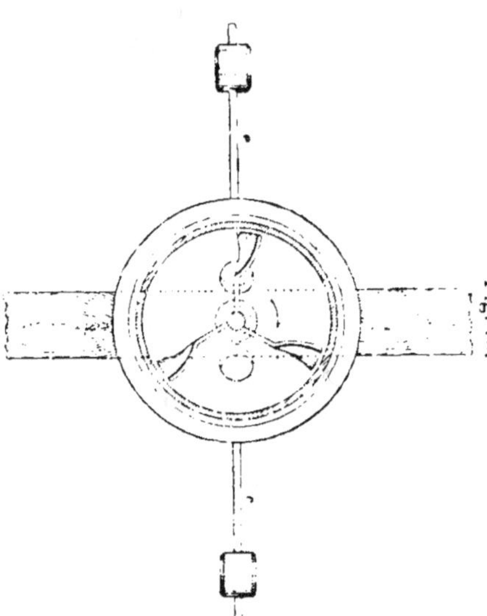

Fig. 187 *bis*. — Malaxeur vertical. Vue en plan.

Le malaxeur horizontal, formé des mêmes organes que le

malaxeur continu,
porte à chaque extré-
mité ou à la partie
centrale des portes de
vidange aboutissant
aux tuyaux de con-
duite aux chambres.

Dans les malaxeurs
discontinus, on com-
mence par projeter un
peu de phosphate, puis
on fait arriver l'acide
d'une façon continue
pendant qu'on intro-
duit le restant de phos-
phate, et on laisse
marcher l'agitateur le
temps nécessaire à par-
faire le mélange. Ces
malaxeurs exigent une
grande attention, car,
avec des phosphates à
prise rapide, le mala-
xeur peut se trouver
arrêté et la vidange
rendue pénible.

Les malaxeurs con-
tinus ou discontinus
sont munis d'un tuyau
communiquant avec
un ventilateur pour
l'évacuation du gaz.

**II. Chambres de
réaction.** — La ma-
tière fluide, sortant du
malaxeur, tombe dans
de grandes chambres
ou caves de réaction.

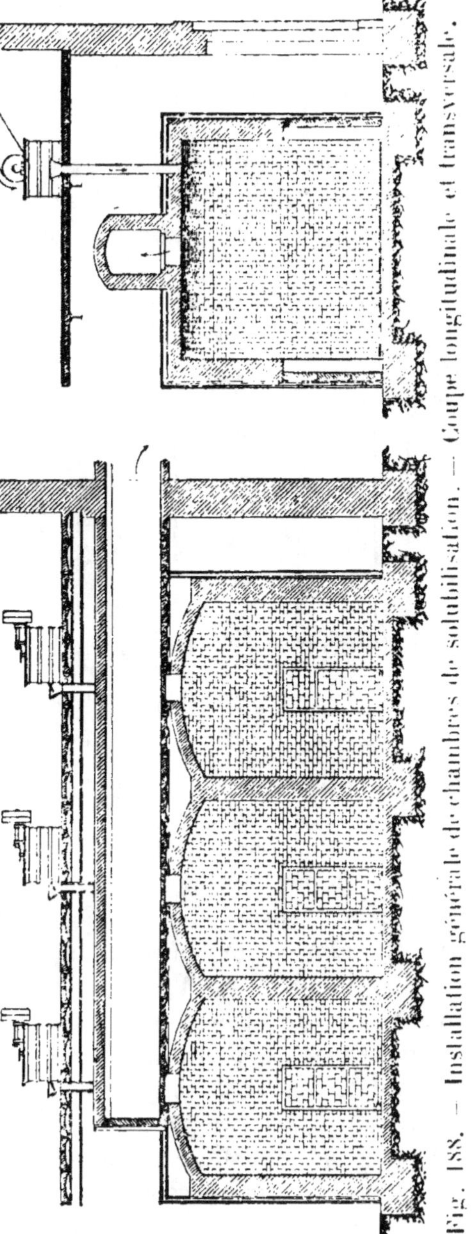

Fig. 188. — Installation générale de chambres de solubilisation. — Coupe longitudinale et transversale.

18.

La chambre est rectangulaire, trapézoïdale ou cylindrique, suivant le mode de vidange adopté. Quand les chambres sont au-dessus du sol, on peut les construire en maçonnerie, ou en bois résineux, en pitchpin, par exemple : elles sont doublées alors d'une maçonnerie de briques, jointes au ciment et fortement goudronnées. Les portes sont en bois ou en fer doublées de briques ; ces portes sont d'ailleurs consolidées par des traverses, pour résister à la poussée de la matière au cours de la réaction.

Les chambres en maçonnerie sont formées de murs de deux briques, recouverts intérieurement d'un revêtement

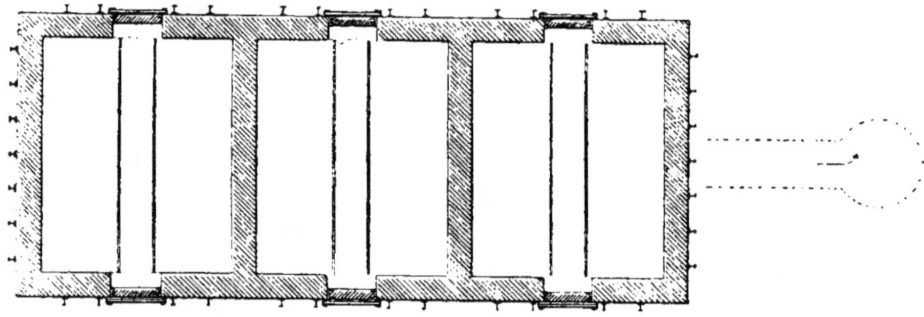

Fig. 189. — Installation générale de chambres de solubilisation.
Plan.

résistant à l'action de l'acide : ces murs sont consolidés extérieurement par des fers à T recouverts de peinture pour les protéger des vapeurs acides.

Les chambres établies en sous-sol, plus justement dénommées caves, sont en maçonnerie. Il convient de ménager deux chambres pour un malaxeur, et chaque chambre doit correspondre au travail d'une journée. On installe aujourd'hui dans les grandes usines quatre chambres contiguës et on place le malaxeur sur le point de croisement. Les chambres ont une capacité de 100 à 200 tonnes. La longueur et la largeur varient le plus souvent entre 5 et 10 mètres, de telle manière que le phosphate ne peut faire prise avant de s'être étalé. La partie supérieure des chambres communique avec un aspirateur qui fonctionne pendant le remplissage et pendant la vidange.

Vidange des chambres de réaction. — La vidange des

chambres de superphosphate s'effectue souvent encore d'une manière primitive. Le superphosphate est chargé dans la trémie d'un élévateur, ou dans des wagonnets d'un demi-mètre cube environ, qu'on vide dans la trémie de l'élévateur ou qu'on élève à la partie supérieure d'un magasin au moyen d'un monte-charge pour les déverser sur le tas.

Le premier perfectionnement introduit pour la vidange fut

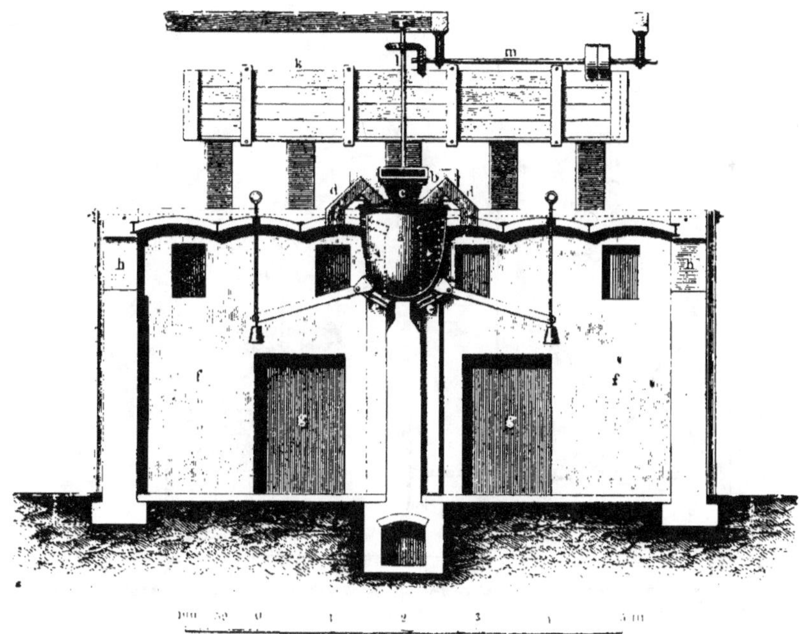

Fig. 190. — Installation d'un malaxeur au-dessus de chambres de réaction.

l'installation, au-dessous des chambres, de caniveaux où une courroie sans fin, de 0^m,50 de largeur environ, reçoit le superphosphate par des ouvertures ménagées dans le plancher et fermées par des couvercles de fer, pour les déverser dans la trémie d'un élévateur à godets larges qui vide la matière sur le tas.

Le vidange de la chambre est un travail pénible à cause de la chaleur et des gaz dégagés. Le superphosphate doit être extrait quand il est encore chaud, afin que la vapeur se dégage

quand on remue la masse. Exposé à l'air sec, le superphophate
bien fabriqué se réduit en miettes ; le superphosphate mal
fabriqué contient des grumeaux qui ne se délitent pas et qui
sont formés de phosphate non attaqué recouvert d'acide
phosphorique libre. On sépare ces grumeaux au moyen d'un
tamis et on les sèche au four.

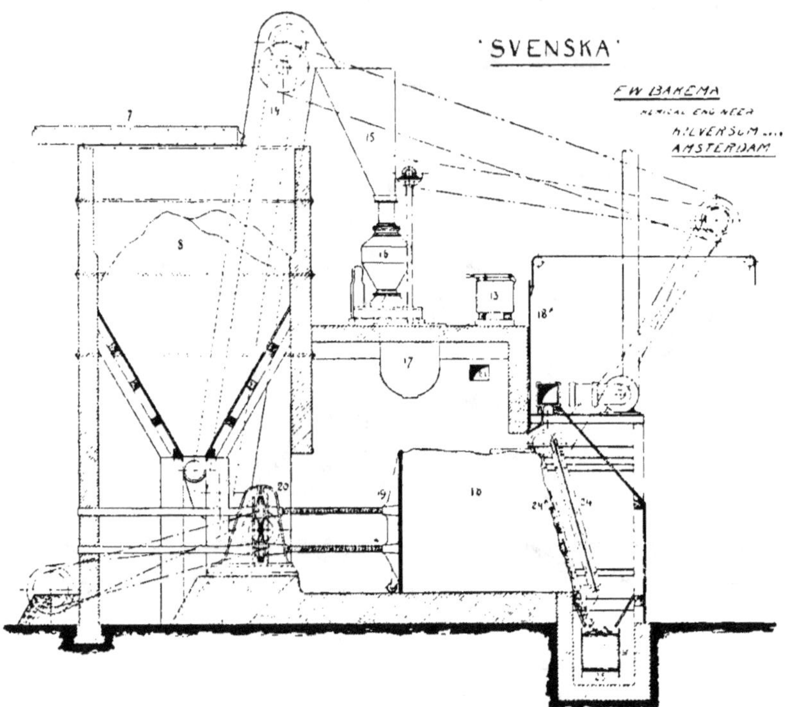

Fig. 191. — Installation générale d'une chambre de réaction avec
défourneuses, type Svenska. — Coupe verticale.

La vidange des chambres au moyen d'appareils mécaniques
permet d'éviter le travail manuel difficile du superphosphate
récemment fabriqué.

Défourneuse automatique Svenska. — La fosse (fig. 191) a
les dimensions habituelles. Seules, ses parois sont déviantes,
de sorte que la coupe horizontale de la fosse serait celle d'un
trapèze. La sortie du superphosphate se fait par la poussée
lente du piston 19 formant paroi d'un côté de la fosse. Dès le

premier déplacement du piston et grâce aux parois déviantes,
le super se détache des parois latérales et tout frottement contre
ces parois est éliminé. Il ne reste que le frottement sur le fond
de la fosse ; or, le superphosphate glisse facilement sur ce fond
qu'il graisse pour ainsi dire, et la force totale prise par l'appareil pousseur est de 2 à 3 chevaux. L'installation mécanique
20 est formée de quatre vis telles que la friction des vis de
gauche est neutralisée par celle des vis de droite.

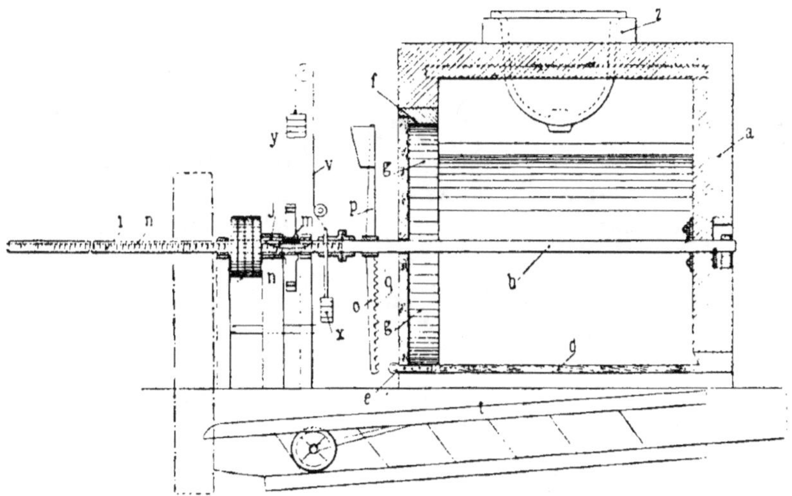

Fig. 192. — Défourneuse Benker et Hartmann. — Coupe verticale.

La vidange de la fosse se fait en mettant en marche le
piston ; le gâteau de super avance vers l'appareil de découpage 24, formé de deux ou trois fils d'acier fixés à deux chaînes
Ewart marchant sur des roues dentées placées sur le côté,
qui divisent le superphosphate en petits blocs, qui tombent
sur le transporteur 25 et sont envoyés à l'appareil désinté-
grateur. Les fils d'acier sont changés après découpage d'environ mille tonnes de phosphates. Les organes de l'appareil
sont à l'abri de toute attaque acide. Ils se conservent en bon
état.

Défourneuse Benker et Hartmann. — La fosse à super (fig. 192) a
comporte des parois latérales intérieures *b*, disposées en gradins

renversées à leur partie supérieure, de manière à donner au

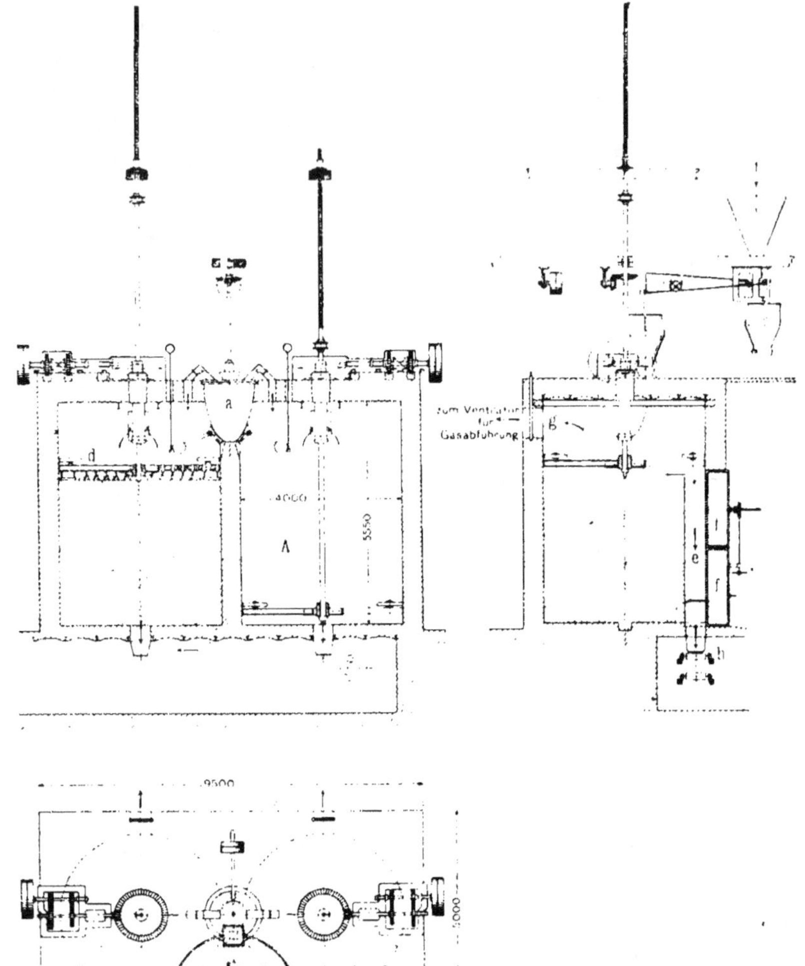

Fig. 193. — Appareil Hövermann. — Coupe verticale, plan et coupe
de côté de l'installation complète.

bloc final une forme sensiblement cylindrique. Le sol de la
fosse est percé en son milieu d'une ouverture longitudinale c,

recouverte par un coin en bois *d*, dont l'une des extrémités est munie d'un anneau de manœuvre *e*. L'ouverture circulaire *f* de la fosse est fermée par une porte *g* en deux parties. La fosse est traversée par un arbre *h*, pouvant coulisser sur des paliers et solidaire d'un arbre fileté *i*. La roue dentée *r* peut être rendue solidaire de l'arbre *i* au moyen d'un ergot *m*. Sur l'arbre sont clavetés deux bras, l'un muni de dents, l'autre d'une sorte de pelle ou cuiller *s*. Un transporteur *t* est disposé au-dessous de *c*. Une bande d'étoffe *v* recouvre l'arbre *i*, quand celui-ci pénètre dans la fosse.

La vidange de la fosse se fait en retirant le coin *d* et en enlevant la porte *g*. L'arbre *h i* est mis en rotation. Les bras découpent la masse qui tombe sur le transporteur *t*. Lorsque toute la matière a été réduite en fragments et évacuée par le transporteur, on renverse le sens de rotation des arbres jusqu'à ce que les bras *o, p* soient sortis de la fosse ; on replace la glissière *d* et la porte *g*. Le dispositif est de construction simple et économique.

Vidange mécanique système E. Wenk. — Le système Wenk est analogue au précédent ; il comporte l'installation de récipients cylindriques logés dans les chambres à superphosphate actuellement en usage. Le dispositif de déchargement est formé d'un chariot portant un moteur électrique qui donne le mouvement à un grattoir, dont l'avancement est relativement lent et le retour rapide. Le grattoir est formé d'une série de couteaux montés sur porte-couteaux. La matière, enlevée par la rotation du grattoir. passe par une fente dans la trémie traversant le compartiment d'un bout à l'autre.

Appareil Hövermann. — La fosse de réaction (fig. 193) est une tour cylindrique en briques de 5 à 6 mètres de hauteur et de 2 à 4 mètres de diamètre, fermée à son sommet et munie de deux orifices, l'un pour la coulée, l'autre pour l'échappement des vapeurs qui vont se refroidir et se condenser dans une colonne à pluie d'eau. La chambre peut contenir une coulée de 30 à 50 tonnes de superphosphates. Sur l'une des génératrices de ce cylindre vertical existe une gaine extérieure verticale 2, qu'une paroi mince, étanche, sépare de la masse coulée.

Quelques heures après la coulée, alors que le superphosphate

s'est pris en masse friable plus ou moins poreuse et humide,
on commence le défournement mécanique. A cet effet, on met
en mouvement la râpeuse à axe vertical dont les couteaux ou
raclettes chicanés couvrent successivement toute la surface
du gâteau du superphosphate. Pendant la coulée, la partie
tranchante de ce hâchoir est maintenue immobile à la partie
supérieure sous le couvercle de la tour. Son axe vertical tra-

Fig. 194. — Vue d'une installation Milch.

versant ce couvercle est formé d'une vis dont la longueur est
égale à la hauteur de la tour. Quand, au moyen d'une poulie,
on met en rotation la râpeuse, celle-ci descend à chaque révo-
lution de la hauteur d'un pas de vis et attaque le gâteau de
superphosphate en le grattant ou en le pelant à sa partie
supérieure. Les pelures sont conduites à la périphérie de la
surface jusqu'à rencontrer la gaine verticale 2 dont on a ouvert
la paroi qui la séparait du gâteau cylindrique. Le superphosphate tombe dans cette gaine, au bas de laquelle une chaîne à
godets le saisit. Le défournement dure environ trois heures.

La tour vidée, le hâchoir est remonté en changeant le sens du mouvement de la poulie de commande.

Défourneur Milch. — La fosse de coulée (fig. 194) est un

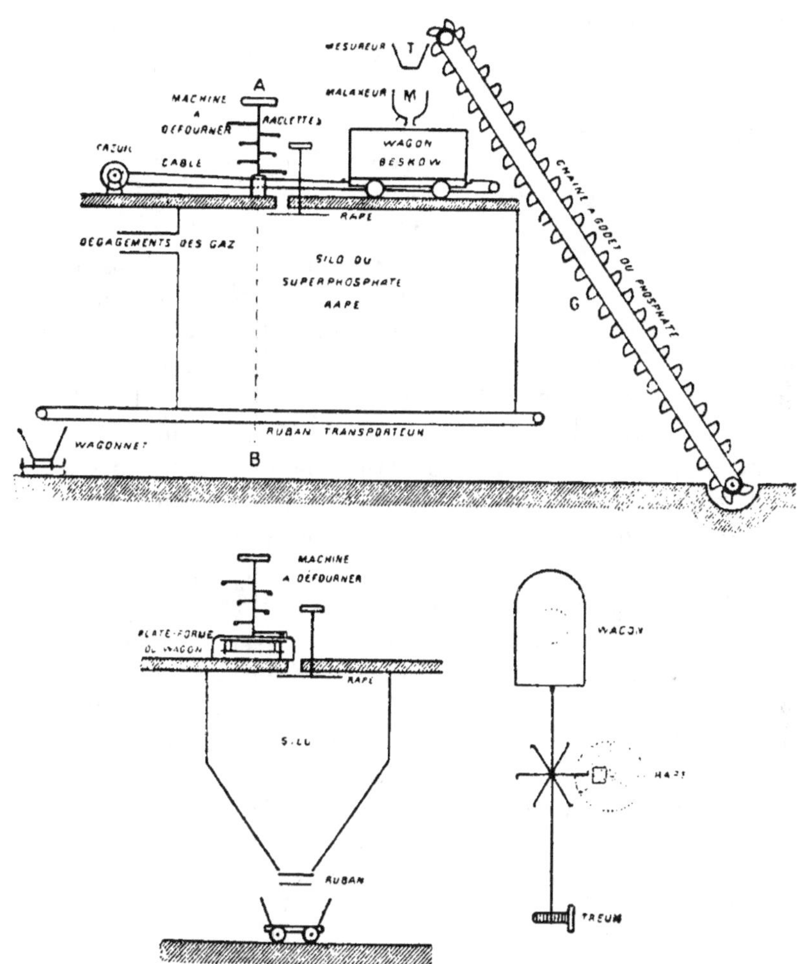

Fig. 195. — Installation Beskow. Coupes schématiques.

cylindre de fonte horizontal pouvant contenir 30 tonnes de superphosphate. Le cylindre est monté sur galets à l'aide desquels il peut se mouvoir longitudinalement. La partie supérieure de la surface du cylindre est formée de plaques mobiles, de même que la partie inférieure diamétralement opposée. Ces plaques sont en place pendant la coulée, à l'exception d'une seule par où entre la masse malaxée. Quand le superphosphate a pris consistance, le cylindre est mis en mouvement à l'aide de deux longues vis de rappel RR tournant dans des oreilles venues de fonte à droite et à gauche de sa surface extérieure. Le fond du cylindre enlevé, la surface du superphosphate ainsi mise à nu se trouve en contact avec une machine à râper à axe horizontal. Le superphosphate tombe dans une gaine inférieure située au droit du hâchoir. Le cylindre progresse jusqu'à ce que le fond vienne frôler la râpeuse ; le cylindre vide est ramené en arrière en faisant tourner la vis de rappel en sens inverse.

Appareil Beskow. — Le superphosphate (fig. 195) tombe dans un grand wagon rectangulaire à face verticale arrondie, pouvant contenir 30 à 60 tonnes. Ce wagon à parois de bois et à plate-forme de fonte est surmonté d'un couvercle mobile à joints hydrauliques percé d'une ouverture pour laisser passer la bouillie du malaxeur situé au-dessus, et d'une cheminée d'appel pour les vapeurs. Le malaxage de 50 tonnes dure deux heures et demie.

Après la prise en masse du gâteau, environ deux heures après la fin du malaxage, on enlève le couvercle et trois des parois du wagon, celle du fond et deux latérales. La masse se présente sous forme de gâteau reposant sur une plate-forme. Un câble tire le wagonnet et le gâteau arrive à la machine à découper composée d'un arbre vertical armé de longs bras horizontaux, à raclettes. La rotation de l'arbre est combinée avec la vitesse du treuil qui commande l'amenée du wagon, de façon que la surface raclée du gâteau soit d'environ 2 centimètres d'épaisseur. Les tranches enlevées sont entraînées par la plus inférieure des raclettes vers une gaine verticale située sur le côté de la machine. Un retour du câble ramène le wagonnet à sa place primitive, et l'ensemble de l'appareil est placé sous une hotte de ventilation enlevant les vapeurs.

Appareil Allegri. — L'appareil Allegri consiste en une sorte de soc animé d'un mouvement horizontal, et qui parcourt d'une extrémité à l'autre la chambre à superphosphate, en découpant une mince tranche de celui-ci et le déversant à l'extrémité dans un transporteur approprié. L'appareil Allegri permet d'extraire 20 tonnes à l'heure avec une force de 4 chevaux.

III. Évacuation des gaz de réaction. — Le traitement des phosphates par l'acide sulfurique donne lieu à un dégagement de vapeurs délétères qui peuvent causer des dommages aux environs des usines, si on ne les épure pas. Le traitement le plus général consiste à les faire passer dans une tour de lavage au moyen d'un ventilateur. Dans les carneaux communiquant avec les chambres à superphosphate, une partie

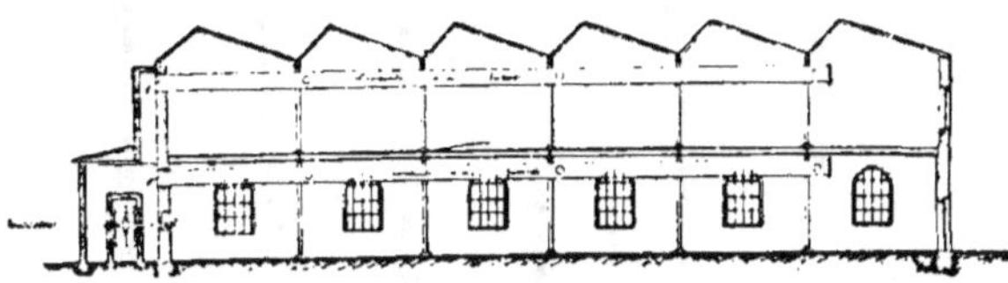

Fig. 196. — Coupe longitudinale d'une usine à superphosphates. Enlèvement des gaz délétères.

des vapeurs se condense ; il se forme un dépôt de silice gélatineuse provenant de la décomposition du fluorure de silicium par la vapeur d'eau. Les carneaux sont nettoyés au moyen d'un jet d'eau sous pression.

Les vapeurs aspirées sont refoulées par un ventilateur dans une tour de lavage de 8 mètres de hauteur environ, garnie de grilles de bois disposées en chicanes et d'une couche de coke supérieure de 1 mètre d'épaisseur. Un tourniquet hydraulique arrose le coke et les grilles. Les gaz sont épurés par l'eau avant de sortir à la partie supérieure. Au lieu d'une tour de lavage, on peut employer des compartiments communiquant les uns avec les autres, dans lesquels des pulvérisateurs en ébonite projettent de l'eau. Sept à huit compartiments sont disposés les uns à côté des autres. Les ventilateurs employés pour l'évaluation des gaz sont protégés contre l'attaque des vapeurs acides ; ils sont calculés pour évacuer les gaz des caves au moment du remplissage. L'acide silicique des chambres est séparé de l'acide hydrofluosilicique ; on emploie ce dernier à la fabrication de fluosilicates employés dans l'industrie.

SÉCHAGE DU SUPERPHOSPHATE

Les superphosphates provenant des phosphates contenant
au moins de 8 à 10 p. 100 de carbonate de chaux, pauvres en

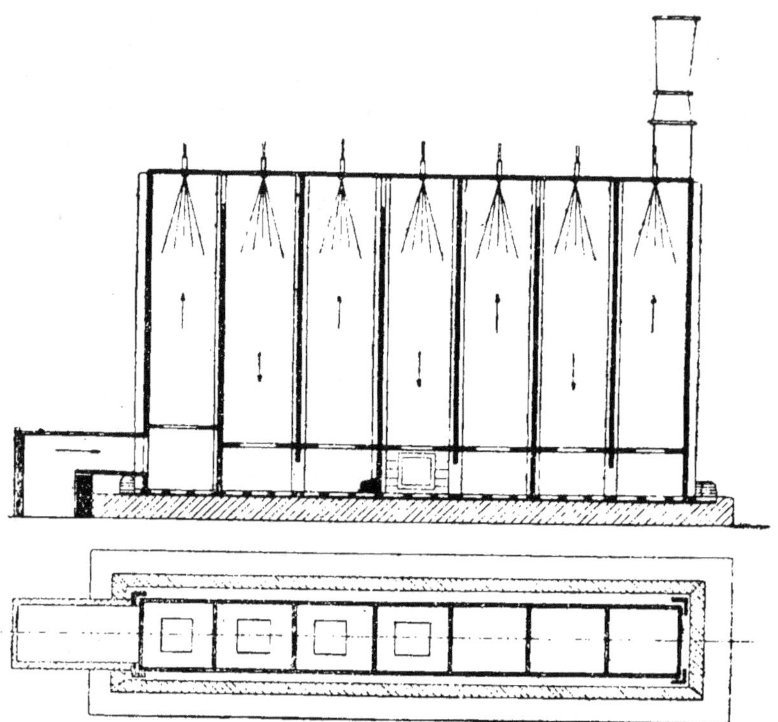

Fig. 197. — Installation général pour récupération des gaz, type
Benker et Hartmann. — Coupe verticale et plan.

fer et en alumine, sont ordinairement secs après un séjour
convenable dans les chambres de réaction et les magasins.
Il n'en est pas de même avec des supers provenant de phosphates siliceux ou riches en fer et en alumine. L'humidité d'un
superphosphate dépend de sa teneur en eau et de la proportion
d'acide sulfurique libre. On peut sécher le superphosphate
de trois manières :

1° En éliminant l'eau qu'il contient par chauffage. A partir de 105°, le phosphate monocalcique subit les réactions suivantes :

$$2\,(PO^4)^2CaH^4 . H^2O = P^2O^7Ca^2 + 2PO^4H^3 + 3H^2O$$
$$P^2O^7Ca^2 + 2PO^4H^3 = 2P^2O^7CaH^2 + H^2O$$
$$4(PO^4)^2CaH^4 . H^2O = 3P^2O^7Ca^2H^2 + (PO^4)^2Ca + 9H^2O.$$

A 260°, il y a transformation en métaphosphate :

$$(PO^4)^2CaH^4, H^2O = (PO^3)^2Ca + 3H^2O.$$

D'après Stoklasa, chauffé à 100°, le phosphate monocalcique perd :

En 10 heures.................... 1,83 p. 100 d'eau.
En 20 heures.................... 2,46 — —
En 30 heures.................... 3,21 — —
En 50 heures et plus.......... 6,43 — —

2° En absorbant une partie de l'acide phosphorique libre par des matières ne contenant pas de P^2O^5, telles que le plâtre, qui combine l'eau chimiquement, la tourbe, les sciures de bois, la terre d'infusoires ;

3° En combinant une partie de l'acide phosphorique libre à des substances ne contenant pas de P^2O^5 comme la chaux, ou à des substances contenant P^2O^5 comme la poudre d'os ou es phosphates algériens.

I. **Séchage physique.** — Le séchage doit éliminer, non l'eau de constitution, mais l'eau d'hygroscopicité. A 80°, le phosphate monocalcique donne avec l'eau du phosphate bicalcique et de l'acide phosphorique qui peut réagir sur le fer. A 100°, le phosphate d'alumine et le phosphate de fer deviennent insolubles dans le citrate. A partir de 160°, la perte de la valeur marchande d'un superphosphate, par suite de la formation de composés insolubles, peut être élevée. Dans les sécheurs, l'air chaud introduit vers 200° donne finalement une température variant de 80° à 150°, limites qu'on peut estimer convenables. Les modifications subies par un superphosphate porté à ces températures ne diminuent pas la valeur fertilisante.

Séchoir à wagonnets. — Ce séchoir, autrefois très utilisé, est formé d'un couloir de 20 mètres environ, chauffé par un foyer placé à une extrémité, envoyant de l'air chaud à des ouvertures pratiquées dans le plancher et éliminant les gaz de combustion par une cheminée placée à l'autre extrémité. Le superphosphate est étalé sur des claies métalliques, portées par des wagonnets à ranchers, accrochés l'un à l'autre. Le séjour d'un wagonnet dans le séchoir est de deux heures. La main-d'œuvre nécessaire et le séchage irrégulier ont fait abandonner ce procédé presque d'une manière générale.

Séchoir tourelle à étages à jalousies. — La chambre de séchage est formée d'étages constitués par des plaques de tôle gou-

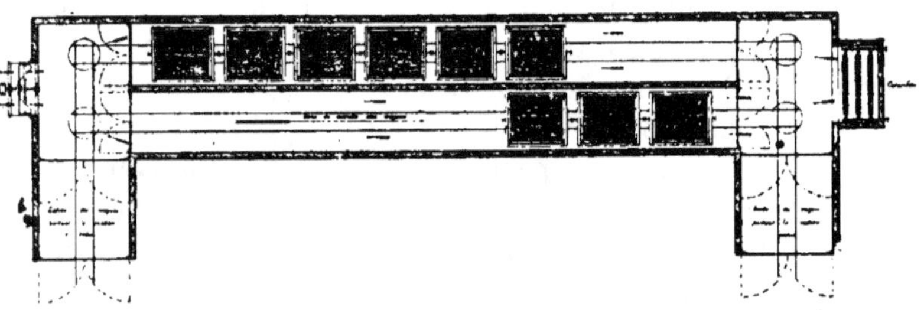

Fig. 198. — Élévation et plan d'un séchoir à wagonnet.

dronnée disposées en forme de jalousies, pouvant tourner autour d'une arête, jusqu'à l'angle de glissement du superphosphate. Les étages sont succesivement vidés au moyen d'un levier. Un foyer inférieur assure le chauffage. On peut compter une dépense de $1^{kg},5$ de coke pour 100 kilogrammes de matières. Des entrées d'air froid sont ménagées pour régler la température.

Séchoir tourelle à étages à transporteurs. — Chaque étage est formé d'un transporteur horizontal constitué par des plaques entraînées par une chaîne et portées par des galets intermédiaires. Les étages de rang pair marchent dans un sens et les étages de rang impair en sens contraire. Les gaz chauds produits par un foyer à coke circulent entre les transporteurs.

Séchoir Lutjens. Machine à râper. — Les procédés de broyage, tels que le passage au broyeur Carr, etc., et le tamisage

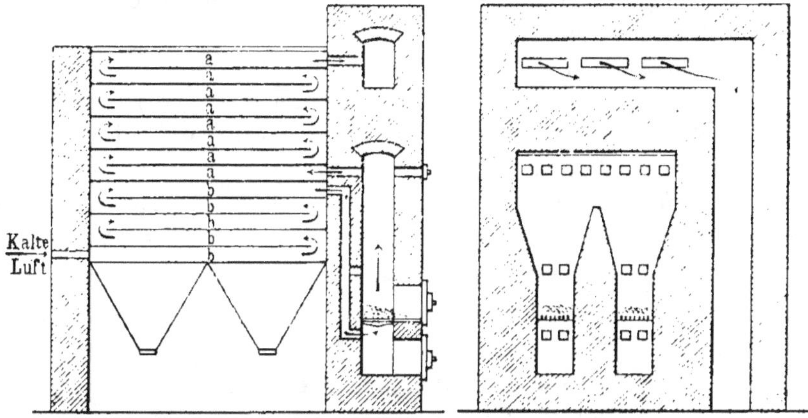

Fig. 199. — Séchoir à étages, type à deux foyers. Coupes verticales de face et de côté.

ne peuvent être appliqués au superphosphate frais, parce

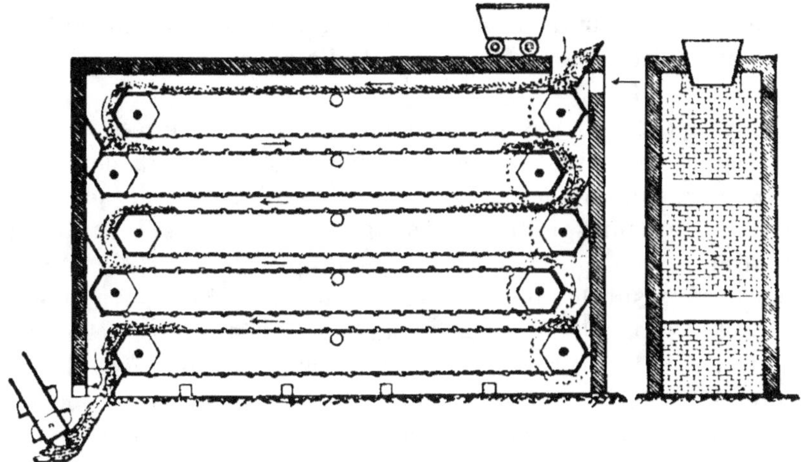

Fig. 200. — Séchoir à étages à transporteurs. — Coupes verticales.

qu'ils le rendent gluant. Mais, si le superphosphate est découpé en tranches très fines, il se transforme immédiatement en poudre. Dans le procédé Lutjens, le superphosphate est amené, par un système de transporteurs, de la chambre dans une trémie qui le déverse dans un tambour armé de couteaux : ce tambour est formé d'un disque et d'un anneau de 1 mètre de diamètre, entre lesquels sont disposés tangentiellement, à des distances déterminées, des lames de couteaux en acier recouvrant des ouvertures de sortie du superphosphate achevé. Seize lames de ce genre passent devant l'ouverture de la trémie à une vitesse de trois cents tours par minute. Les tranches produites sont très fines et ne se tassent pas en

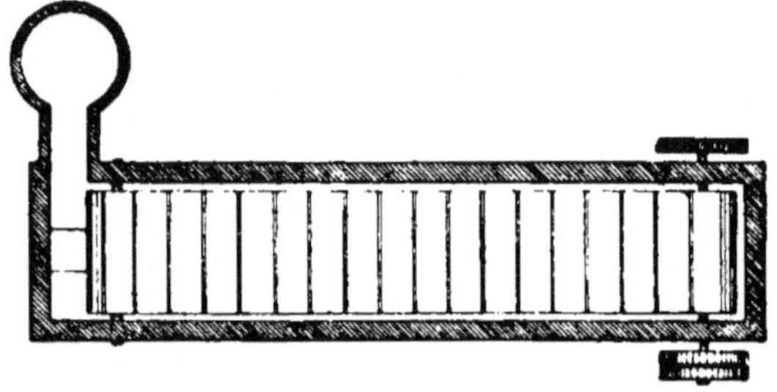

Fig. 201. — Séchoir à étages à transporteurs. — Plan.

s'accumulant, mais se pulvérisent. La division de la matière est aussi facilitée par le courant d'air produit par le tambour.

La râpe projette dans une chambre haute et aérée le superphosphate émietté ou l'envoie au séchoir. Dans la chambre, un courant d'air très vif est produit de bas en haut pendant que le superphosphate s'égrène de haut en bas, si bien que la matière, amenée à la râpe à 90°, n'a plus que 30° à 35°, quand elle arrive sur le sol. De plus, la même opération a enlevé environ 3 p. 100 d'humidité au super. Un superphosphate, qui contient encore 15 p. 100 d'humidité et qui sort de cet appareil, a le même aspect que tel autre qui sort d'un séchoir à feu et qui contient 10 à 12 p. 100 d'eau. Le superphosphate, accumulé dans la chambre, est laissé un jour environ ; la cristallisation du sulfate de chaux se fait : on évite toute prise en bloc en vidant mécaniquement le silo et en transportant le super dans un magasin, où il conserve sa forme pulvérulente, même s'il est accumulé en tas de 6 à 7 mètres.

La râpe Lutjens est souvent complétée par un séchoir spécial. Le superphosphate, coupé en tranches très fines, tombe dans une auge supérieure de séchage où il est exposé de toutes parts à l'action de l'air chaud ; celui-ci traverse complètement la matière et la rend friable. De l'auge supérieure, le superphosphate tombe dans une seconde auge placée au-dessous, où le séchage est complété par un courant d'air froid sous pression, qui ramène le produit à la température de 40° environ. Le superphosphate est alors tamisé ; il peut être immé-

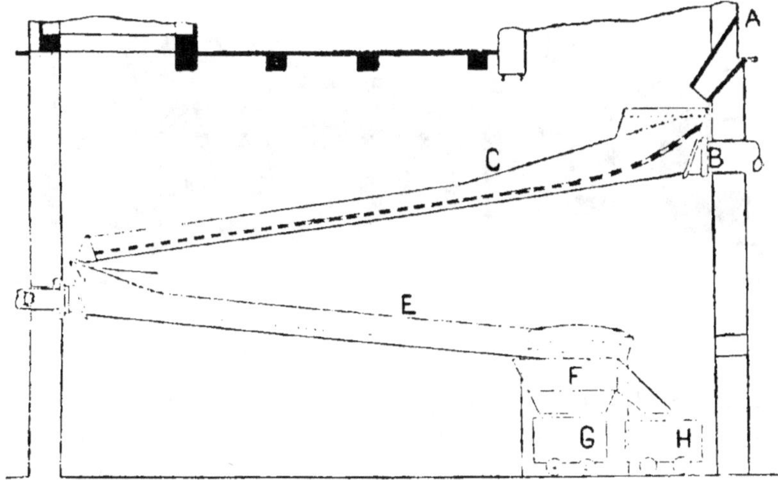

Fig. 202. — Installation de tamisage et de râpage Lütjens. — Coupe verticale.

diatement expédié. Le traitement par l'air froid a pour effet non seulement d'empêcher la masse de se prendre en grumeaux, mais il prévient en même temps la rétrogradation. L'installation fournit par heure 20 tonnes de super. Elle consomme un quintal de coke par 10 tonnes, en enlevant 5 p. 100 d'humidité. Le procédé permet de fournir en vingt-quatre heures un superphosphate prêt pour l'expédition.

Séchoir Zimmermann. — Dans cet appareil, une série d'étages, formés de plaques de tôle ou de tamis, reposent sur des traverses et sont animés de secousses par manivelles. Le tout est situé dans une tourelle de 8 mètres de hauteur.

chauffée au coke. Le super ne reste exposé que pendant deux minutes à la chaleur d'un feu très vif ; il s'échauffe à 80° et perd ainsi 5 à 6 p. 100 d'eau. Un four Zimmermann de 50 mètres carrés dessèche en vingt-quatre heures 4 wagons de superphosphate. La dépense de force motrice pour secouer les plaques est de 3 chevaux, et la dépense de coke de 500 kilogrammes en vingt-quatre heures. Les gaz de la combustion et les gaz acides se rendent dans une chambre à poussière avant de passer dans une tour de condensation, et de là dans la cheminée d'évacuation.

Fig. 203. — Séchoir Möller et Pfeiffer.

Séchoir Möller et Pfeiffer. — Ce séchoir est du type à tambour. Le superphosphate est déversé par un élévateur dans la trémie du tambour. Un fort courant d'air le saisit et le projette dans le tambour. Le superphosphate soumis à un refroidissement énergique gagne l'extrémité du tambour, par suite de la rotation et de la position inclinée de celui-ci. La matière tombe dans une fosse, d'où un transporteur l'emmène au magasin. L'air chaud, dégagé du tambour, n'est pas saturé d'humidité : il est repris par un exhausteur, mélangé de nouveau avec les gaz du foyer et avec une quantité d'air voulue, et employé de nouveau à la dessiccation. On ne laisse échapper que l'air nécessaire à la bonne marche de l'appareil ; quand la saturation des gaz est atteinte, on renouvelle entièrement l'air.

II. Addition de substances inertes. — L'addition de plâtre, de tourbe, de terre d'infusoires, ne présente rien de particulier. Il faut seulement avoir soin de faire un mélange bien homogène.

III. **Addition de substances pouvant réagir**. — Les principales substances employées pour sécher les superphosphates sont la poudre d'os et les phosphates.

Addition de poudre d'os. — La poudre d'os finement moulue est ajoutée au super, suivant la proportion d'acide libre. On mélange ordinairement 1 p. 100 de poudre. Le superphosphate set étalé et saupoudré ; la masse est abandonnée après le mélange, vingt-quatre heures à elle-même, avant l'expédition. La poudre d'os rend le super facilement conservable et ne le durcit pas pendant la conservation.

Addition de phosphate. — On peut mélanger au superphosphate des phosphates algériens ou tunisiens en proportion variable suivant la proportion d'acide phosphorique libre du super. Le mélange se fait au moyen de broyeurs-tamiseurs. L'addition de phosphate convient aux supers destinés à un emploi **rapide**. Il peut, en effet, y avoir durcissement du tas, quand la conservation est de quelque durée,

L'addition de noir animal, de poudre d'os, de phosphate, peut être combinée suivant les circonstances pour obtenir un produit de titre et de pulvérulence déterminée.

BROYAGE ET TAMISAGE DU SUPERPHOSPHATE

Le superphosphate séché et refroidi passe à l'atelier de broyage. Parmi les appareils utilisés pour ce broyage, le désagrégateur Carr est le plus employé.

A la sortie des broyeurs, le superphosphate est repris par une chaîne à godets et conduit aux blutoirs ou aux tamis. Les blutoirs sont formés de cylindres à six pans à grilles ou à toiles, à espaces de 4 à 2 millimètres. Le refus des blutoirs est ramené à l'appareil de broyage. Les tamis sont généralement des tables à secousses garnies de toile.

Le produit bluté ou tamisé est repris par une vis sans fin ou un transporteur qui l'amène à une chaîne à godets la montant dans les appareils d'ensachage, si la vente est immédiate, ou dans les transporteurs, qui le déversent dans le magasin. Ce dernier est généralement construit en bois goudronné, solidement étançonné.

Si le super est à l'état pulvérulent, on se contente de le tamiser sans le broyer. Les refus du tamis seuls sont passés au broyeur.

L'élévateur, le broyeur et le tamis peuvent être montés sur un châssis en fer, mobile sur galets. Cette disposition permet d'accéder aux divers tas de superphosphates qui peuvent être formés au cours d'une saison.

EXPÉDITION DES SUPERPHOSPHATES

Le superphosphate des magasins est ensaché dans des toiles d'expédition à la main ou à la machine. Le réglage des sacs à

Fig. 204. — Expédition du superphosphate.

la main se fait de plus en plus rare, alors que l'ensachage par bascule automatique se répand de plus en plus. Les sacs sont cousus à la main ; parfois, ils sont noués au moyen d'un fil de chanvre. Ils sont étiquetés et souvent plombés.

Les sacs sont de 50, 75 ou 100 kilogrammes. Les dimensions les plus courantes sont les suivantes :

Sacs de 50 kilogrammes, 50 sur 85 à 90 centimètres :

Sacs de 75 kilogrammes, 55 sur 100 à 110 centimètres ;

Sacs de 100 kilogrammes, 60 sur 110 à 120 centimètres.

50 centimètres est une dimension minima en largeur pour un emplissage facile. Les toiles sont, en général, en jute des

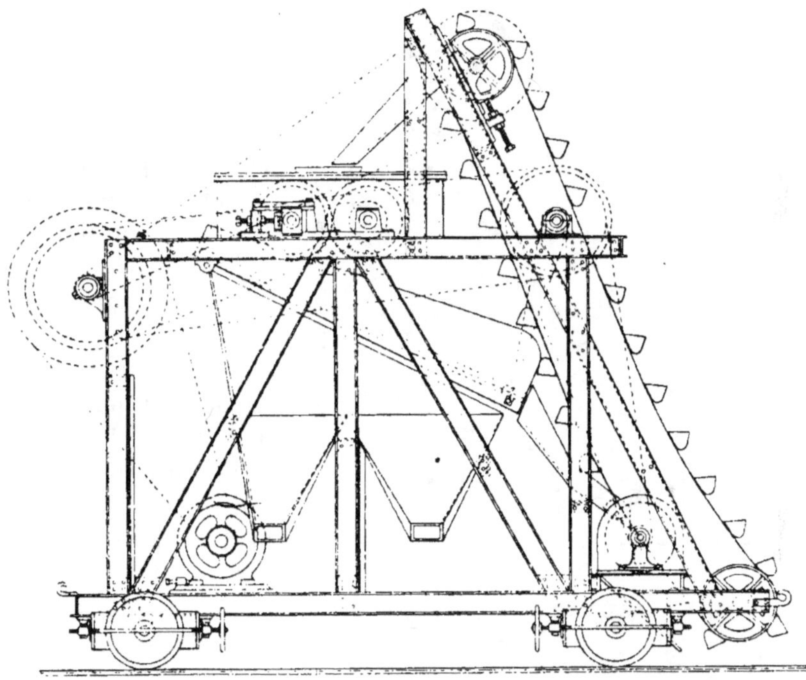

Fig. 205. — Ensacheuse mobile à superphosphate.

Indes. Elles sont fournis par des fabricants spéciaux qui se chargent de poser dans de bonnes conditions la marque de l'usine ou de la société en encre grasse, noire ou rouge. La plupart des usines à super possède un magasin à sacs muni d'une machine à marquer. Les toiles usagées provenant d'autres industries, telles que toiles à café, à riz, à sucre, ne sont pas à conseiller en général. L'emballage joue un tel rôle, en effet, près du consommateur, qu'on a presque toujours

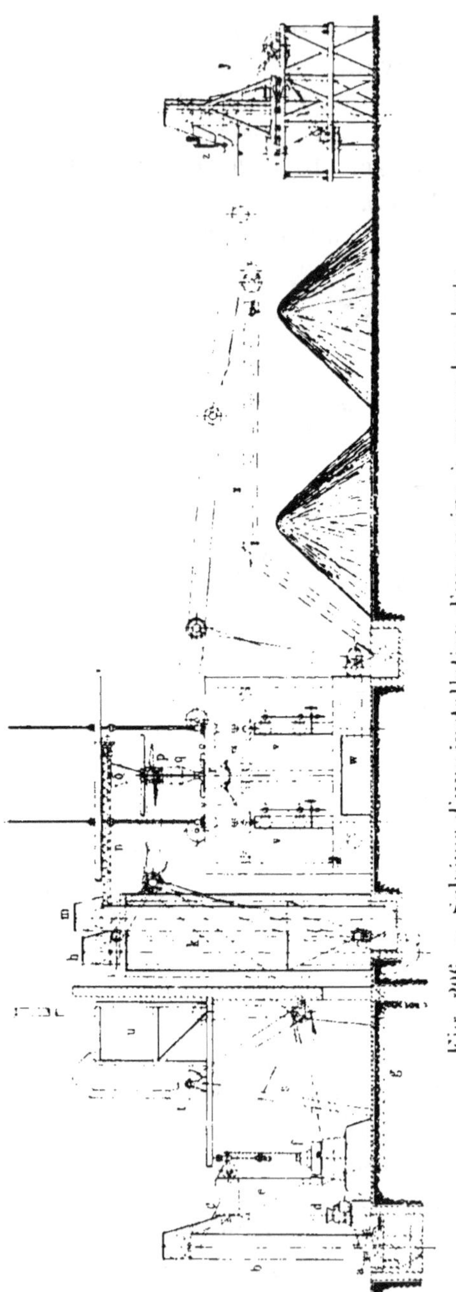

Fig. 206. — Schéma d'une installation d'une usine à superphosphate.

intérêt à se servir de toiles neuves. Les sacs portent comme marque la firme du fabricant, le nom du superphosphate, la teneur en acide phosphorique.

L'expédition du superphosphate se faisant dans un délai très court, quelques mois au printemps, quelques mois à l'automne, les appareils doivent être disposés pour une manipulation rapide, non en rapport avec la capacité productive de l'usine. L'expédition prompte des ordres doit être la principale préoccupation du directeur de l'usine et toutes dispositions doivent être prises pour l'assurer, même si l'on doit ralentir la fabrication elle-même.

RÉTROGRADATION DES SUPERPHOSPHATES

On désigne sous

le nom de *rétrogradation* d'un superphosphate la différence entre le titre commercial constaté immédiatement après la fabrication et le titre commercial constaté après conservation en magasin, rapporté au même taux d'humidité. Les superphosphates ne conservent pas tous en magasin leur teneur en phosphate soluble dans l'eau, ni même leur teneur en phosphate soluble dans le citrate d'ammoniaque. On a donné parfois à la première perte le nom de *réduction* et à la seconde celui de *rétrogradation*. Les deux pertes ont la même cause, l'existence de sesquioxydes attaquables par les acides.

Debray, en 1860, Picard, Mosfit, en 1873, Joulie et Millot étudièrent cette question de rétrogradation.

Essais de Joulie. — D'après Joulie, la rétrogradation doit être attribuée aux trois causes suivantes :

1° Saturation de l'acide phosphorique primitivement libre par le carbonate de calcium non attaqué ;

2° Réaction de l'acide phosphorique libre sur le phosphate tricalcique non attaqué ;

3° Dédoublement du phosphate monocalcique, par suite du desséchement de la matière.

Les deux premières causes signalées par Joulie ne peuvent tenir qu'à l'emploi d'une quantité trop faible d'acide sulfurique, en admettant qu'elles se vérifient d'une manière générale. En ce qui concerne la troisième cause, Joulie, comme Elenmeyer, a observé que le phosphate monocalcique n'est stable vis-à-vis de l'eau qu'en présence d'un excès d'acide phosphorique d'autant plus grand que la température est plus élevée.

Essais de Millot. — 1° Millot constata que, pour les phosphates de chaux exempts de sesquioxydes et facilement attaquables, il n'y a pas de rétrogradation quand on traite une molécule de phosphate par deux molécules d'acide. Il se forme un équilibre dû à la présence de l'eau de cristallisation.

On n'obtient que du phosphate soluble, même avec des matières très calcaires, si l'acide est employé en quantité suffisante, la matière rendue bien fine et le carbonate de chaux réparti d'une manière homogène.

2° Millot remarqua que les phosphates de chaux exempts de sesquioxydes, mais difficilement attaquables par les acides faibles, ne comportent pas de rétrogradation; mais l'attaque est très lente et le résidu insoluble est du phosphate tricalcique.

3° Millot montra que les phosphates à gangue attaquable étant soumis à l'action de l'acide, la gangue cède plus ou moins lentement du sesquioxyde de fer et d'alumine qui se combine à une partie de l'acide phosphorique libre pour donner un phosphate insoluble dans l'eau. Si on ajoutait un excès d'acide, on aggraverait le mal. Ainsi, en présence d'un excès d'acide sulfurique, le fer de la gangue est attaqué par l'acide phosphorique libre ; quand il n'y a pas excès d'acide, l'oxyde ferrique réagit sur le phosphate acide, le décompose en enlevant de l'acide phosphorique.

4° Enfin, si l'on considère des phosphates à gangue ferrugineuse ou alumineuse, facilement attaquable, on trouve que la rétrogradation croît encore avec la dose d'acide employée, mais plus lentement que dans le cas précédent, si l'alumine domine et si le taux de sesquioxyde de fer ne dépasse pas 3,5 p. 100. Mais si la dose d'alumine est trop élevée, on a des phosphates qui ne sèchent pas, même si on emploie un grand excès d'acide, par suite de l'existence de phosphate d'alumine qui conserve un état pâteux.

Les phosphates à gangue ferrugineuse sont donc, en principe, dangereux ; toutefois, si la quantité de sesquioxyde de fer n'est pas trop élevée, l'inconvénient est moindre. On peut, en effet, avoir, avec des quantités faibles de sesquioxydes, les réactions suivantes :

$$3SO^4H^2 + 3PO^4Fe^2 + 2Ca\,H = (PO^4)^2Fe^2 + 3SO^4Ca + 2PO^4H$$
$$\text{et}\quad 3SO^4H^2 + 3PO^4Al^2 + 2Ca\,H = (PO^4)^2Al^2 + 3SO^4Ca + 2PO^4H$$

On admet qu'il ne faut pas dépasser 4 p. 100 de sesquioxyde dont 1,5 d'oxyde ferrique.

On doit employer la quantité d'acide sulfurique nécessaire pour décomposer le carbonate et le fluorure de calcium, plus celle qui correspond à deux molécules d'acide sulfurique pour une molécule d'acide phosphorique et ajouter la quantité d'acide nécessaire pour transformer en sulfate neutre les sesquioxydes attaquables.

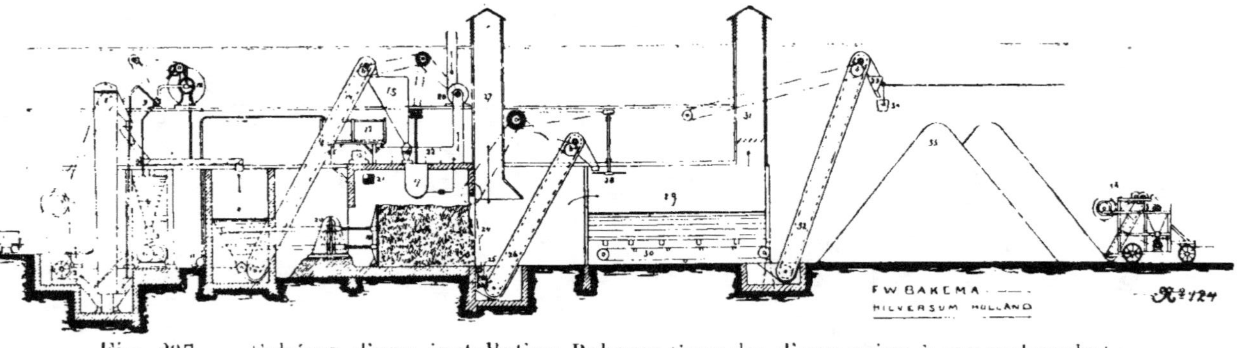

Fig. 207. — Schéma d'une installation Bakema-Svenska d'une usine à superphosphate.

1, Wagonnet : 2, Broyeur ; 3, Moulin : 4, Chaine à godets ; 5, Tamis : 6, Trémie; 7, Vis d'Archimède : 8, Silo à phosphate moulu : 9, Ventilateur (dépoussiérage) ; 10, Collecteur de poussière : 11, Pompe centrifuge à acide; 12, Réservoir à acide ; 13, Mesureur à acide sulfurique : 14, Élévateur spéciale à phosphate moulu : 15, Trémie : 16, Bascule spéciale; 17, Malaxeur ; 18, Gâteau de souper : 19, Piston en fonte; 20, Engrenage ; 21, Ventilation : 22, Condensation ; 23, Ventilateur : 24, Gratteurs « Svenska » : 25, Transporteur : 26, Élévateur à souper : 27, Ventilation : 28, Râpeuse ; 29, Silo à souper : 30, Transporteur horizontal : 31, Cheminée en bois ; 33, Trémie; 34, Monorail (wagonnet) : 35, Super en magasin : 36, Machine à ensacher avec bascules.

Essais de Smethan. — D'après Smethan, il y a une différence entre les oxydes de fer et d'alumine. 1 p. 100 d'oxyde
de fer fait rétrograder environ deux parties de phosphates de
chaux. Le fer peut former deux combinaisons insolubles : le

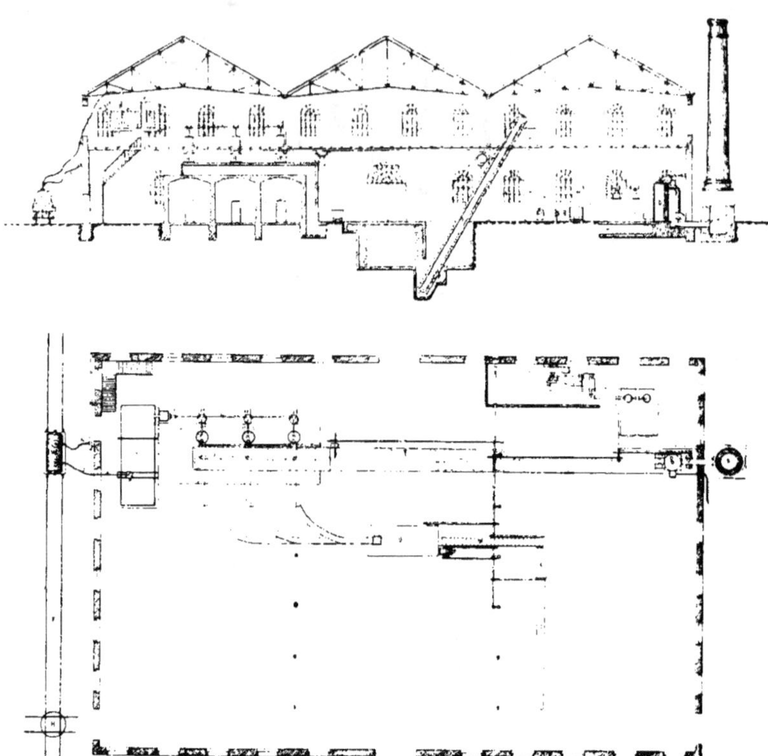

Fig. 208. — Élévation et plan d'une usine à superphosphate.

monodiferriphosphate et le ditriferriphosphate. L'oxyde
d'alumine ne fait rétrograder que son propre poids de phosphate (théoriquement, il devrait faire rétrograder trois fois
son poids). L'alumine forme le monodiphosphate d'alumine.

Dans les pebbles et les river phosphates de Floride, l'oxyde
d'alumine prédomine ; le rapport de l'alumine au fer est de 1
à 0,4.

Les phosphates de fer et d'alumine ne sont solubles qu'en
proportion très faible dans les solutions d'acides organiques

à 1 p. 100 ; le phosphate de fer y est presque insoluble. Le sol n'étant pas plus acide que ces solutions organiques artificielles, on peut admettre que les phosphates de sesquioxydes restent insolubles dans le sol.

Rétrogradation du phosphate soluble dans le citrate. — Certains phosphates perdent en magasin, non seulement leur solubilité dans l'eau, mais aussi une partie de leur solubilité dans le citrate ammoniacal. Les phosphates basiques de fer deviennent insolubles dans le citrate alcalin quand ils renferment du peroxyde de fer. Si donc la gangue est riche en oxyde ferrique, facilement attaquable par les acides faibles, l'attaque lente de cet oxyde par l'acide phosphorique et même par le phosphate monocalcique donnera un superphosphate accusant une perte progressive, du moment que la dose de sesquioxyde de fer dépassera 5 p. 100.

La présence de l'alumine présente moins d'inconvénients tant qu'on opère à la température ordinaire ; mais à 100°, les phosphates d'alumine deviennent particulièrement insolubles dans le citrate. Si donc on opère sur des phosphates à gangue alumineuse attaquable, on fera l'attaque par de l'acide sulfurique peu concentré, pour éviter une trop grande élévation de température, et on refroidira la masse obtenue en l'étalant en couche mince. Le produit reste souvent pâteux et la dessiccation artificielle demande les plus grandes précautions.

Pour parer à ces inconvénients, on peut calciner les phosphates contenant du fer et de l'alumine, pour rendre peu attaquables les sesquioxydes. On peut aussi noyer ces phosphates dans des phosphates calcaires pour diminuer le pourcentage de sesquioxydes.

Si l'on est obligé de sécher artificiellement les superphosphates, il faut éviter toute température qui rendrait insolubles dans le citrate les phosphates de fer et d'alumine.

Les recherches de Schucht et l'influence de la pression. — D'après Schucht, la rétrogradation s'effectue sous l'influence de causes diverses physiques et chimiques. L'élévation de température et la pression, qui règnent dans les tas de superphosphates, paraissent en être les raisons dominantes. La température peut s'élever jusqu'à 100° sans nuire au superphosphate friable pulvérulent ; et jusqu'à 50°, sans nuire au superphosphate pâteux. Les températures supérieures sont nuisibles.

Le superphosphate en tas est formé de couches peu serrées, et les granules, au début, n'ont qu'un contact léger, superficiel. Mais, au fur et à mesure que l'épaisseur de la couche augmente, la matière se tasse en raison de son propre poids et de la durée du contact. Les particules se collent en une masse compacte, et il s'établit entre elles des réactions chimiques plus rapides dans le superphosphate humide et chaud que

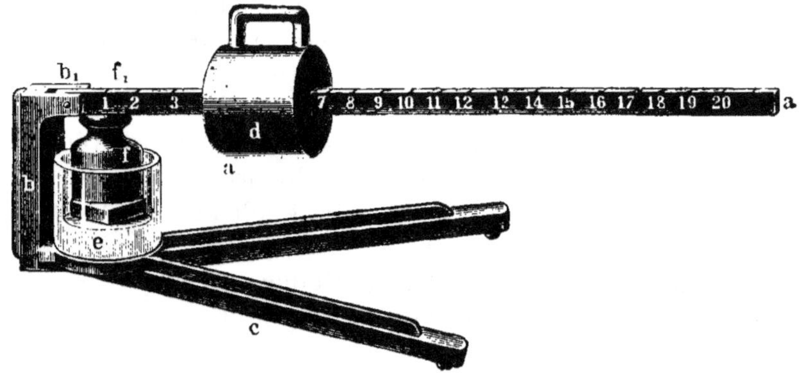

Fig. 209. — Appareil Schucht pour l'essai de la rétrogradation du superphosphate.

dans le superphosphate séché et refroidi. La cristallisation du sulfate de chaux s'achève dans le superphosphate en tas.

Le phosphate de chaux se combinant avec les sulfosesquioxydes forme du sulfate de chaux, et l'acide phosphorique libre agit sur les silicates.

On ne pourrait guère, d'après cette théorie, empêcher les réactions de la rétrogradation. Un mauvais superphosphate sera séché aussi complètement que possible et emmagasiné froid. La matière sera conservée en couche peu épaisse au début, en la répartissant sur tout l'espace disponible. Les grumeaux seront séparés et serviront à faire des engrais composés.

Méthode Schucht pour la détermination de la rétrogradation.

— L'appareil de Schucht (fig. 209) se compose d'un levier gradué a sur lequel se trouve un curseur mobile du poids de 15 kilogrammes. Ce levier est mobile autour d'un point d'appui b, fixé sur une fourche c. Un vase très solide e, en porcelaine, à fond plat, est destiné à recevoir le superphosphate que l'on y comprime au moyen du tampon f, fixé sur le levier. On met dans le vase en porcelaine 100 grammes de superphosphate avec 25 grammes d'eau chaude. On broye le mélange au pilon. On vaporise au bain-marie l'eau en excès et on met le vase sous le tampon de la presse, qui comprime le contenu. On maintient la pression vingt-quatre heures à 50-70°. Dans le superphosphate ainsi traité, on dose l'eau, l'acide phosphorique soluble et l'acide phosphorique libre. Les mêmes dosages ont été faits sur le superphosphate original. En comparant les deux analyses, on a une base d'appréciation de la rétrogradation.

Cette méthode ne résoud pas la question de la rétrogradation, mais elle permet de se faire une idée de la rétrogradation d'un superphosphate donné. Gruber a montré, en effet, qu'elle donne des résultats concordants avec les essais obtenus par l'analyse directe sur le tas après conservation.

LE COMMERCE DU SUPERPHOSPHATE

La base de vente des superphosphates minéraux est l'acide phosphorique soluble, eau et citrate. En Angleterre et en Allemagne, on dose séparément l'acide phosphorique soluble à l'eau et l'acide phosphorique soluble au citrate.

Le taux minimum d'humidité est souvent exigé par l'acheteur. On se tiendra à la dose d'humidité, qui permet un épandage facile. Les superphosphates sont livrés en sacs perdus coûtant 0 fr. 30 à 0 fr. 40, suivant le prix des jutes.

Les producteurs français ont eu une entente plus ou moins ouverte en vue de la réglementation de la vente ou tout au moins du maintien des prix. Cette entente n'est plus que partielle depuis quelques années : elle est dirigée par la Société de Saint-Gobain, le plus grand producteur français de superphosphates, et elle consiste plutôt dans le renouvellement de conditions de vente que dans un syndicat au sens propre du mot.

LA PRODUCTION DU SUPERPHOSPHATE

On peut évaluer la production mondiale du superphosphate d'après la production des phosphates. Cette évaluation est évidemment approximative. La production des phosphates s'élève à environ 5 millions de tonnes, et une tonne de phosphate, mélangée à une tonne d'acide sulfurique à 52° Baumé, donne 1.800 kilogrammes de superphosphate. La production mondiale du superphosphate serait donc de $5 \times 1,8 = 9$ millions de tonnes.

En France, l'importation des phosphates s'est élevée, en 1908, à 764.380 tonnes. La production a atteint 400.000 tonnes dont on peut retirer 200.000 tonnes employées pour usage direct. L'exportation a atteint 71.248 tonnes. La production du superphosphate serait dès lors de $(764.380 + 200.000 - 71.248) \times 1,8 = 1.607.637$ tonnes.

Les importations de superphosphate se sont élevées, à 117.017 tonnes et les exportations à 197.862 tonnes en 1908 en France.

D'après Tib. Collot, la production mondiale des superphosphates serait la suivante :

	QUANTITÉ de phosphate travaillée.	QUANTITÉ de superphosphate produite.
	tonnes.	tonnes.
France.........	893 380	1 608 084
Allemagne.........	770 500	1 386 900
Angleterre.........	526 500	947 700
Italie.........	600 000	1 080 000
Belgique.........	300 000	540 000
Hollande.........	170 000	306 000
Espagne.........	100 000	180 000
Autriche-Hongrie.........	100 000	180 000
États-Unis.........	1 305 000	2 349 000
Pays divers.........	234 620	422 316
Total mondial.........	5 000 000	9 000 000

FABRICATION DU SUPERPHOSPHATE DOUBLE

Dans la fabrication du superphosphate double, on remplace l'acide sulfurique employé pour le superphosphate ordinaire par l'acide phosphorique concentré :

La réaction :

$$(PO^4)^2Ca^3 + 4\ PO^4H^3 + 3\ H^2O = 3\ (PO^4)^2CaH^4, H^2O$$

montre qu'une partie de phosphate de chaux réagit sur 1,265 partie de PO^4H^3, ce qui correspond à 2,036 parties d'acide à 45° Baumé.

Pour déterminer la quantité d'acide phosphorique à employer, il faut tenir compte de la réaction précédente et de la réaction de l'acide sur le carbonate de chaux, sur le fer et l'alumine, etc. Avec le carbonate de chaux, on obtient :

$$CO^3Ca + 2\ PO^4H^3 = (PO^4)^2CaH^4 . H^2O + CO^2.$$

Le fer et l'alumine donnent les composés :

$$3\ P^2O^5, Fe^2O^3, 6\ H^2O$$
$$3\ P^2O^5, Al^2O^3, 6\ H^2O.$$

Les multiplicateurs sont donc :

Pour le phosphate tricalcique.............. 0.81
Pour l'oxyde ferrique..................... 2,66
Pour l'oxyde d'alumine.................... 4.13
Pour le carbonate de chaux............... 1.42

Les phosphates qui conviennent à la solubilisation par l'acide phosphorique, sont les sables phosphatés, et les phosphates riches en carbonate, tels que ceux de la Somme.

Pratique de la réaction. — Le degré de concentration de l'acide phosphorique varie de 48° à 56° Baumé. Le malaxage s'effectue de la même manière et avec les mêmes appareils que lorsque la solubilisation se fait à l'acide sulfurique. Le malaxage exige une durée de quinze à vingt-cinq minutes. La masse est coulée dans des chambres. Elle demande assez longtemps pour faire prise, car, l'acide phosphorique étant plus faible que l'acide sulfurique, les réactions se font avec plus de lenteur. Le superphosphate double est laissé quelques jours dans les caves avant d'être broyé et mis en magasin. Le superphosphate double est formé de phosphate monocalcique et d'acide phosphorique libre, avec quelques impuretés. Il est moins facile à sécher que le superphosphate ordinaire. Pour obtenir un séchage convenable, on fait passer à travers la matière une grande quantité d'air à une température uniforme dépendant de la nature du superphosphate, ne dépassant en aucun cas 170°.

L'acide phosphorique employé dans cette industrie est obtenu en traitant un phosphate finement moulu par l'acide sulfurique qui forme un sulfate de chaux que l'on sépare par filtration de l'acide phosphorique que l'on concentre.

SUPERPHOSPHATE TRIPLE

La fabrication du superphosphate triple consiste à brasser de l'acide phosphorique concentré avec de la chaux hydratée, du carbonate de chaux finement moulu ou du phosphate de chaux précipité.

La masse se solidifie immédiatement. Le produit est séché et titre 48 à 50 p. 100 d'anhydride phosphorique. 100 parties d'acide phosphorique concentré, titrant de 48 à 50 p. 100 d'anhydride, réagissent sur 20 à 23 parties de chaux hydratée. L'acide employé est très pur, et le malaxage doit être fait d'une manière parfaite.

Le procédé n'est guère appliqué en pratique.

PHOSPHATE PRÉCIPITÉ MINÉRAL

L'acide phosphorique dilué, résultant de l'attaque des phosphates par l'acide sulfurique, est reçu dans des cuves à agitateurs tournant à 10 ou 15 tours par minute. On fait arriver un lait de chaux à 15° Baumé. Pour obtenir un précipité à l'état bibasique, le lait de chaux s'écoule lentement et est arrêté avant neutralisation. Le lait de chaux est soigneusement criblé. Après précipitation, la solution phosphatée est envoyée aux filtres-presses, d'où l'on retire le phosphate précipité. Celui-ci est soumis à une dessiccation modérée.

La fabrication précédente est basée sur la formule :

$$2\,PO^4H^3 + (PO^4)^2CaH^4 + 3CaO = 4\,PO^4CaH + 3H^2O.$$

SUPERPHOSPHATES DIVERS

Le phosphate de soude PO^4Na^2H n'est pas employé comme engrais.

Superphosphate de potasse. — On peut saturer la potasse par l'acide phosphorique, mais on peut aussi mettre en présence le sulfate de potasse et l'acide phosphorique :

$$SO^4K^2 + PO^4H^3 = SO^4KH + PO^4KH^2.$$

Le phosphate de potasse ainsi obtenu contient 25 p. 100 d'acide phosphorique et 25 p. 100 de potasse.

Superphosphate d'ammoniaque. — On peut faire réagir l'ammoniaque provenant des eaux ammoniacales sur l'acide phosphorique. Le produit obtenu PO^4AmH^2 contient 25 p. 100 d'acide phosphorique et 10 p. 100 d'azote.

Superphosphate ammoniaco-magnésien. — Le phosphate ammoniaco-magnésien renferme 50 p. 100 d'acide phosphorique et 10 p. 100 d'azote ammoniacal. On le produit par l'action du phosphate de magnésie sur une solution ammoniacale quelconque.

On peut aussi obtenir le phosphate de magnésie par l'action de l'acide phosphorique sur le carbonate de magnésie.

LES OS ET LE SUPERPHOSPHATE D'OS

Les os des vertébrés, à la suite des divers traitements qu'on leur fait subir, donnent naissance aux produits suivants :

Os verts ;

Poudre d'os dégraissés ;

Poudre d'os dégélatinés ;

Phosphate d'os précipité ;

Noir animal ;

Cendre d'os ;

Superphosphate d'os.

Composition des os. — Les os sont formés d'éléments

organiques et d'éléments minéraux. Les matières organiques
sont l'osséine et la matière grasse. L'osséine, qu'on peut
obtenir en traitant un os par l'acide chlorhydrique, se dissout dans l'eau sous pression ou dans une lessive diluée
de potasse.

La solution d'osséine refroidie se prend en masse et est
vendue dans le commerce sous le nom de gélatine. La teneur
des os en matière grasse est de 10 à 12 p. 100. La composition
des os varie avec leur nature (os durs ou os spongieux), avec
les actions qu'ils ont subies, avec les fermentations qui les ont
plus ou moins altérés. On peut admettre, pour les os d'usines,
la composition approximative suivante :

```
Humidité............................................  12
Matière organique..................................  28
Phosphate tribasique de chaux et magnésie...  44
Graisse............................................  10
Carbonate de chaux, etc............................   5
                                                    ———
                                                    100
```

Les os fossiles ont une composition encore plus variable.

Conservation et concassage des os. — On évite
autant que possible la pourriture des os, qui dégage des
odeurs insupportables et de l'azote (plus de 0,5 p. 100). Les
tas sont parfois dans ce but arrosés de solutions antiseptiques.

Les os frais de cuisine contiennent parfois jusque 20 à
25 p. 100 d'humidité. Les os secs renferment 8 à 10 p. 100
d'eau. Les os de cuisine, formés d'os de bœuf, veau et mouton,
sont frais, secs ou fusés.

Les os de cheval donnent une graisse et une colle de qualité
inférieure.

Les os terrés, provenant d'os ayant séjourné plus ou moins
longtemps en terre, ont une couleur bistre.

Les têtes, dentelles et cornillons sont séparés. Les os sont
classés et triés à leur réception. Le triage se fait au moyen
de tables à secousses qui séparent la terre et les cailloux. Les
cornes, verres et ferrailles sont séparés à la main, sur la table
à secousses, ou sur une toile sans fin alimentant le concasseur.
Ce dernier est précédé d'un séparateur électro-aimant rete-

nant les parties métalliques ayant échappé au triage à main.

Les appareils employés pour concasser les os sont à marche lente ou centrifuge. Généralement, on combine deux appareils : le premier est dégrossisseur, et le second finisseur.

Le broyeur Carr, le moulin à disques dentés sont très employés. Nous les avons vus dans le broyage des phosphates.

Moulin à noix. — Les deux parties triturantes ont la forme d'un tronc de cône ; l'une, mobile et pleine, appelée noix ; l'autre, fixe et concentrique à la première, appelée couronne. Les parties travaillantes de la noix et de la couronne sont

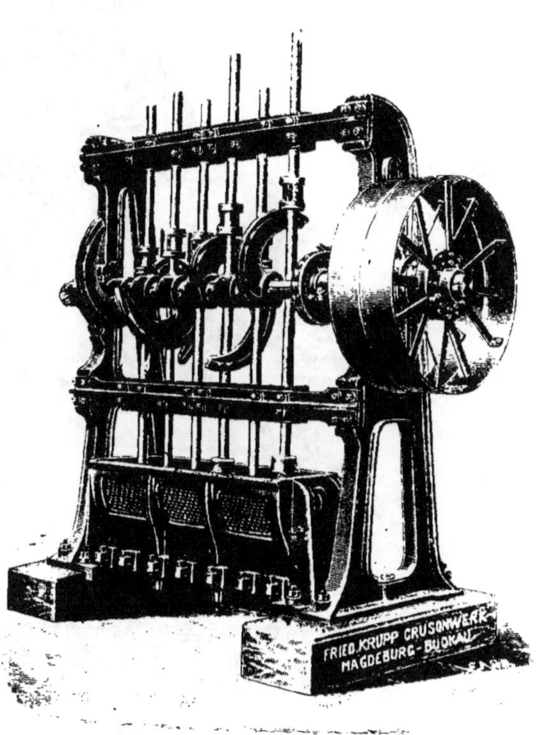

Fig. 210. — Broyeurs à bocards.

cannelées en fonte coulée en coquille. La noix peut se déplacer verticalement sur l'arbre de rotation et régler ainsi la grosseur des fragments. Au-dessus de la noix, une pièce en acier, appelée briseur, est fixée sur l'arbre : elle prépare les fragments avant de les introduire entre les surfaces triturantes. Un moulin de $0^m,65$ de couronne produit environ 2.500 kilogrammes d'os broyés à l'heure et demande une force de 4 chevaux.

Broyeur Weidknecht. — L'appareil est formé d'un arbre horizontal portant à ses deux extrémités deux poulies par lesquelles le mouvement lui est communiqué. Cet arbre porte

Fig. 211. — Moulins à disques dentés.

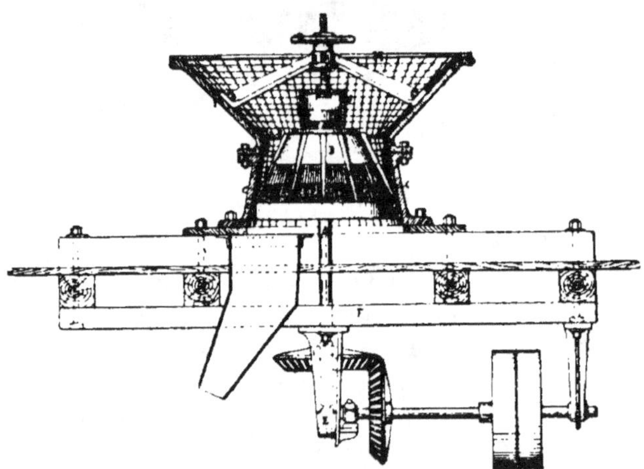

Fig. 212. — Coupe verticale d'un moulin à noix.

une série de marteaux mobiles qui frappent à la **volée** la matière à broyer. Le produit, après avoir subi les coups de mar-

teaux, passe au travers d'une grille en acier inclinée. Le refus
est projeté sur le plafond de l'appareil et les gros morceaux
sont retenus par une barre fixe appelée parachoc. Les marteaux
peuvent osciller autour de leur axe, lorsqu'ils rencontrent un
corps dur, difficile à broyer.

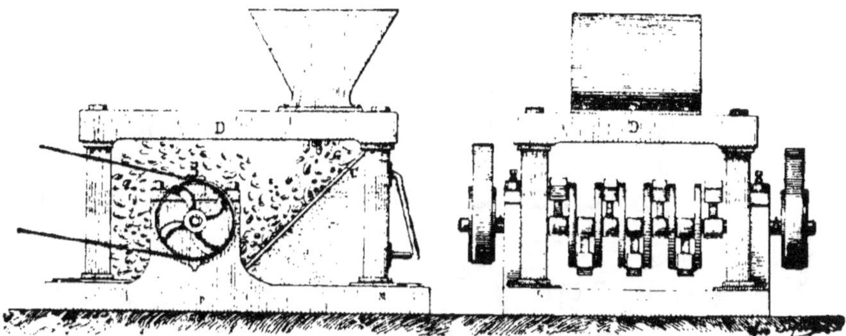

Fig. 213. — Broyeur Weidknecht.

Les os verts doivent être au moins réduits en poudre pour
être employés en agriculture. Pour faire disparaître la graisse
et le tissu organique qui protègent les os de toute décomposition dans le sol, on les traite des diverses manières suivantes.

POUDRE D'OS DÉGRAISSÉS

Le dégraissage des os se fait physiquement ou chimiquement.

Dégraissage physique. — Les os verts, concassés en
morceaux de la grosseur d'une noix, sont placés dans des
paniers percés de trous et soumis à l'action de l'eau bouillante ou à l'action de la vapeur. La graisse fluidifiée est recueillie dans un double fond ; la graisse surnage à la surface du
liquide ; il est facile de la recueillir.

L'extraction à la vapeur enlève, non seulement la graisse,
mais une partie de l'osséine, qu'on recueille sous forme de
gélatine. Il est vrai que souvent le dégraissage est combiné
avec la dégélatinisation.

Dégraissage chimique. — Le dégraissage chimique des

os se fait en employant les dissolvants de la graisse, tels que benzine, sulfure de carbone, éther de pétrole, etc. On obtient un rendement plus élevé en suif, on conserve intégralement l'osséine, et la poudre d'os obtenue est riche en azote. Les os concassés sont placés dans une cuve à double paroi appelée autoclave. Ils sont soumis à une dessiccation pour enlever toute trace d'humidité qui diminuerait le pouvoir du dissol-

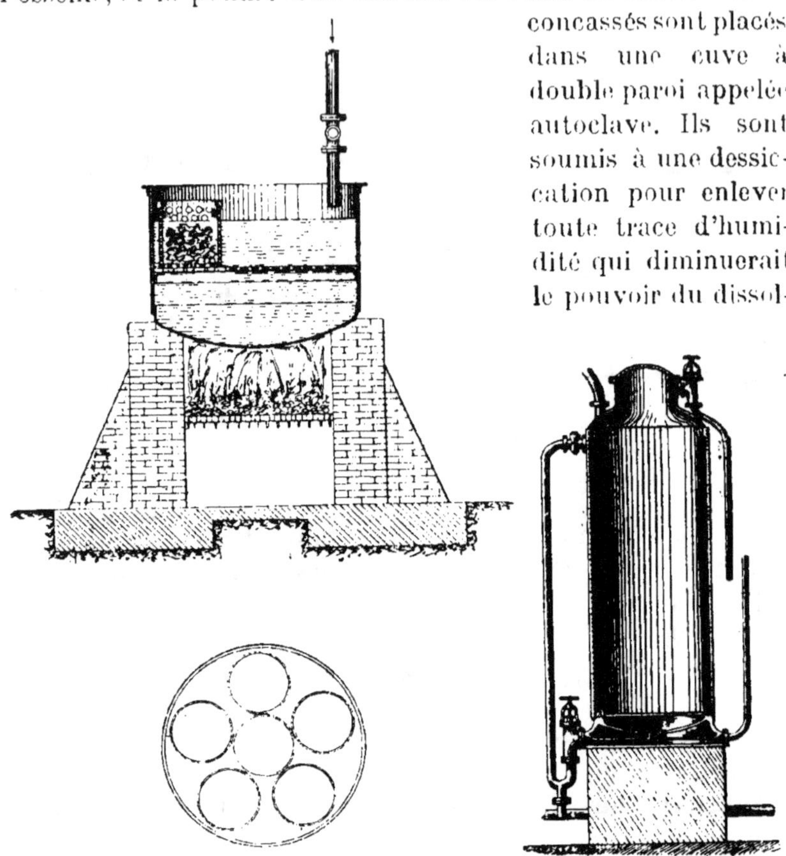

Fig. 214. — Dégraisseur à double fond.

Fig. 215. — Autoclave. — Coupe verticale.

vant. Le dissolvant est ensuite admis sur les os ; il dissout la graisse, puis est envoyé à la distillation qui sépare le dissolvant de la graisse. Les os sont ensuite desséchés par une injection de vapeur dans le faux fond. Cet étuvage chasse les derniers restes de dissolvant. Les os sortant de l'appareil ne contiennent plus guère que 1 p. 100 de graisse.

Les os dégraissés sont ensuite réduits en poudre fine. Ils ont à peu près la composition suivante :

Eau....................................	6	à 10
Azote..................................	3,5	à 4
Acide phosphorique.....................	20	à 26
Potasse................................	0.2	à 0.3
Chaux	30	à 32
Magnésie...............................	1	à 1,5

La conservation de la poudre d'os est à éviter ; il se produit des fermentations qui causent des pertes d'ammoniaque. Souvent on arrose les tas de solutions antiseptiques.

POUDRE D'OS DÉGÉLATINÉS.

La poudre d'os dégélatinés est le résidu de la fabrication de la gélatine. Elle ne contient que de l'acide phosphorique.

L'extraction de la gélatine se fait par simple ébullition ou au moyen de la vapeur.

Dégélatinisation par ébullition. — Les os bruts ou verts sont concassés, comme il a été indiqué plus haut. La poudre est placée dans une chaudière, qu'on peut passer dans un fourneau, et recouverte d'eau. On chauffe une douzaine d'heures à l'ébullition et on laisse

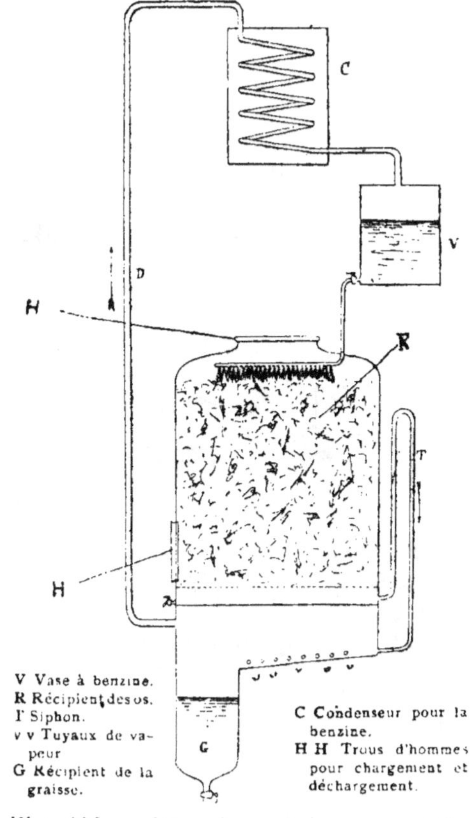

V Vase à benzine.
R Récipient des os.
I' Siphon.
v v Tuyaux de vapeur
G Récipient de la graisse.

C Condenseur pour la benzine.
H H Trous d'hommes pour chargement et déchargement.

Fig. 216. — Dégraissage des os par la benzine.

refroidir. On décante et on fait une seconde extraction au moyen d'eau fraîche. Les os épuisés sont broyés et livrés au commerce.

Dégélatinisation par la vapeur. — Les os verts concassés sont introduits dans un panier cylindrique qui peut être

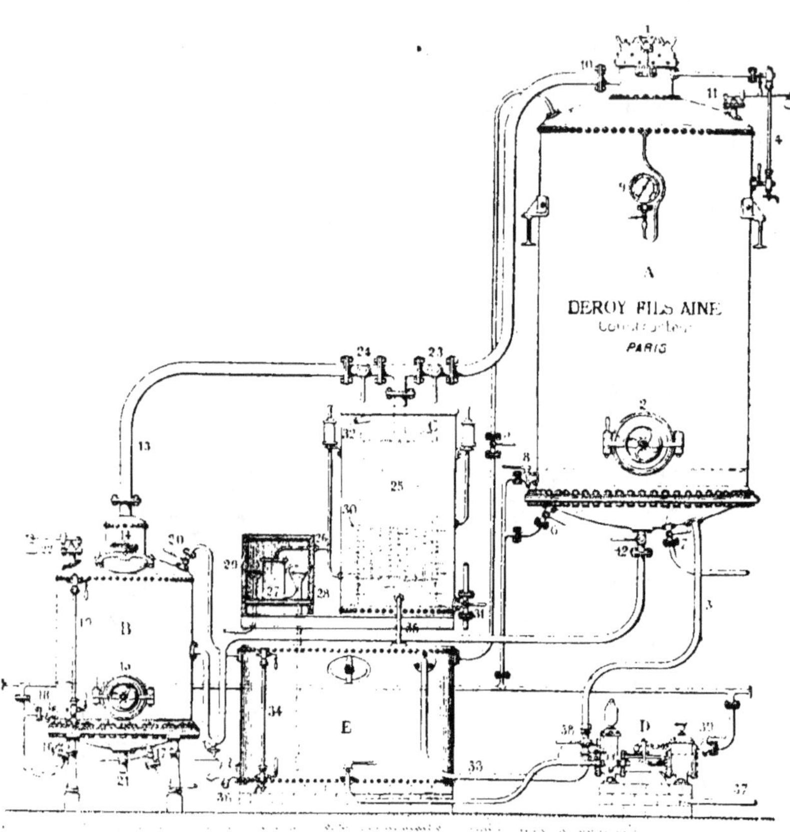

Fig. 217. — Appareil Deroy pour le dégraissage des os par la benzine de pétrole.

placé dans un autoclave. Au début de l'opération, la graisse est fluidifiée et s'écoule avec l'eau de condensation. La pression de la vapeur peut atteindre deux à trois atmosphères. Elle transforme l'osséine en gélatine, qui est recueillie et rend les os épuisés plus cassants et plus friables. 100 kilogrammes

d'os verts donnent environ 65 kilogrammes d'os dégélatinés,
dont la composition peut varier dans les limites suivantes :

Eau	6	à 12
Sable	1	à 3
Phosphate de chaux	60	à 70
Carbonate	3	à 6
Azote	0,9	à 1,8

La poudre d'os dégélatinés sert en agriculture comme engrais,
ou en industrie comme matière
première dans la fabrication des
superphosphates d'os.

NOIR ANIMAL

Le noir animal, employé comme
engrais, est la matière qui pro-

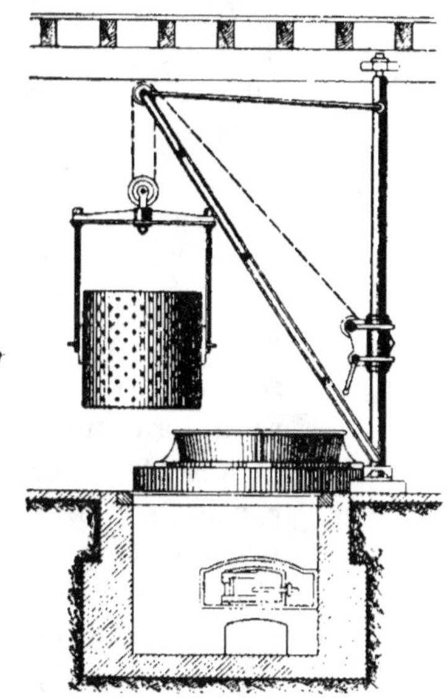

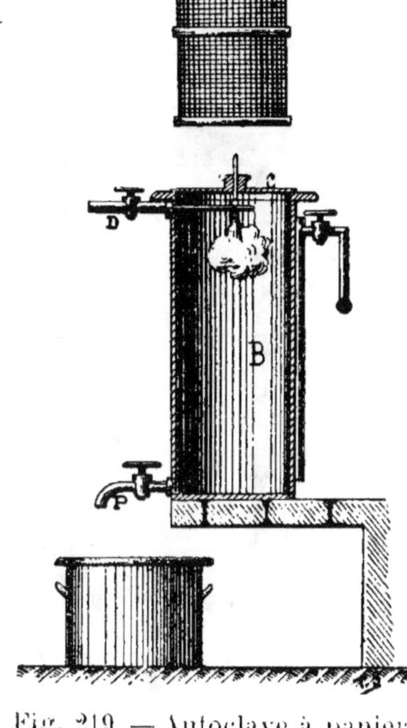

Fig. 218. — Chaudière pour la
dégélatinisation par ébullition.

Fig. 219. — Autoclave à paniers
pour os. — Coupe verticale.

vient des raffineries de sucre ou des glucoseries, quand son
pouvoir décolorant est épuisé.

Le noir animal neuf est le résidu de la calcination des os verts en vase clos. C'est un mélange de charbon et de phosphate de chaux, qui, nouvellement calciné, possède un pouvoir décolorant très énergique.

Un bon noir de raffinerie doit être bien calciné, de teinte mate, happer à la langue, être très poreux et peu dense. Le noir trop peu calciné est brun roux ; le noir trop calciné est gris blanchâtre. Le noir vierge renferme, d'après Charpentier :

    Phosphate de chaux   75
    Carbonate   9
    Sulfure de chaux   4
    Sulfure de fer   3
    Carbone   9

La décoloration des jus ou sirops se fait dans des filtres à noir. Quand ce dernier a perdu ses qualités décolorantes et absorbantes, il est dégraissé et revivifié. Le dégraissage est un lavage à l'eau qui se fait dans le filtre à noir. La revivification, qui rend au noir ses propriétés décolorantes, se fait par fermentation de la masse en tas ou dans des citernes, par lavage à l'eau ou par lavage à l'eau acidulée. Des laveurs (Barbet Klusemann, etc.), le noir est envoyé au four à revivifier (Derrieu, Lecointe, Schreiber, Crespel-Delize, etc.).

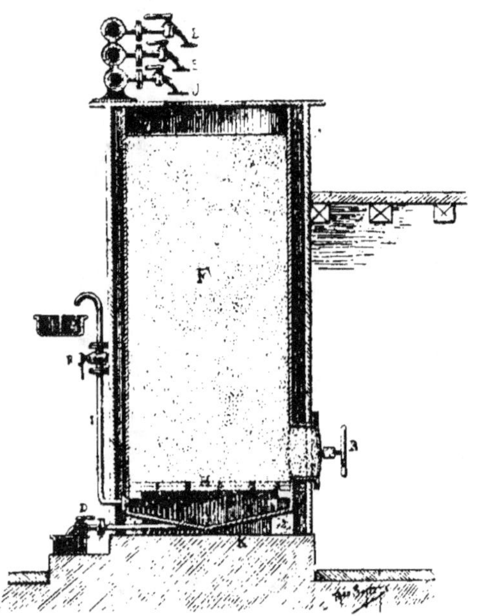

Fig. 220. — Filtre à noir animal
Coupe verticale.

Un noir de bonne qualité peut être revivifié vingt à vingt-cinq fois. Quand il est épuisé, il a la composition suivante :

        Phosphate de chaux............... 65 à 75 p. 100
        Carbonate....................... 15 à 25   —
        Eau et azote.................... 5 à 10   —

Il est finement moulu et livré à l'agriculture, ou employé dans l'industrie des superphosphates.

CENDRES D'OS

Les cendres d'os résultent de la calcination des os des ruminants, qui forment des gisements assez considérables le long de la chaîne des Andes de l'Amérique du Sud. Les os provenant de l'abatage des animaux ont servi de combustible dans certaines régions, et les cendres ont été accumulées près de certaines habitations. Ces cendres, dont Bobierre avait donné la composition suivante :

        Charbon et matière organique......... 3 à 3,5
        Silice............................... 2 à 8,5
        Phosphate de chaux et de magnésie.... 66 à 78,2
        Carbonate de chaux................... 10 à 9,8

sont épuisées aujourd'hui.

PHOSPHATE DE CHAUX OU PHOSPHATE D'OS PRÉCIPITÉ

L'extraction de la gélatine par l'action des acides minéraux

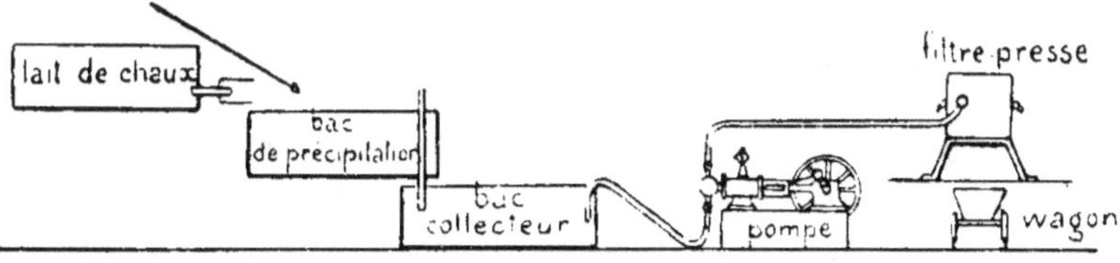

Fig. 221. — Préparation du phosphate de chaux précipité. Installation schématique.

laisse comme résidu une liqueur phosphorique qui, par addition de chaux, donne du phosphate précipité.

360 — ENGRAIS PHOSPHATÉS.

Le phosphate de chaux précipité ou phosphate de chaux bibasique est donc un sous-produit de la fabrication de la gélatine. Les os, préalablement dégraissés, sont traités dans des cuves en bois par de l'acide chlorhydrique étendu à 5° Baumé. L'acide dissout la matière minérale de l'os et la matière animale reste insoluble et conserve la forme de l'os. L'opération se fait méthodiquement, la liqueur passant sur une série de cuves dans lesquelles elle rencontre des os de moins en moins dissous. La liqueur reste en contact deux ou trois jours avec les os.

$$PO^4{}_2Ca^3 + 6\ HCl = 3CaCl^2 + 2PO^4H^3$$
$$CO^3Ca + 2\ HCl = CaCl^2 + H^2O + CO^2$$

On doit employer un peu plus d'acide chlorhydrique que la quantité calculée d'après les deux réactions précédentes. En général, on compte 80 à 90 kilogrammes d'acide chlorhydrique pour transformer 100 kilos d'os verts.

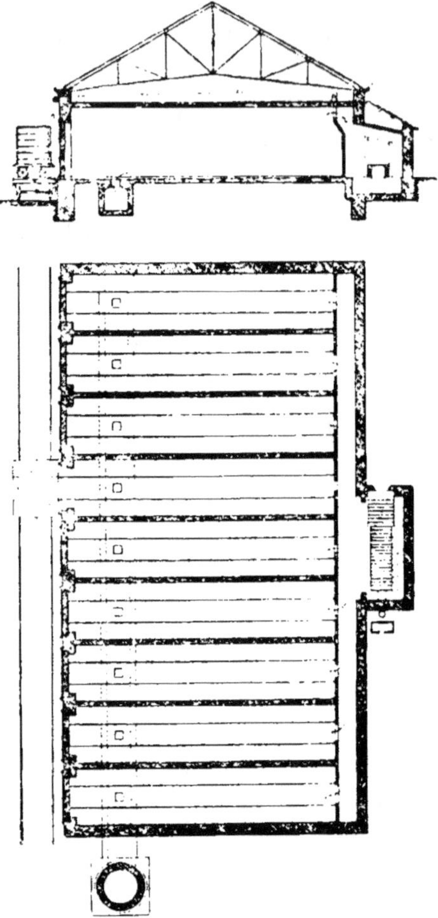

Fig. 222. — Séchoir à phosphate précipité. — Coupe et plan.

L'osséine est lavée, puis transformée en gélatine. Les liqueurs soutirées des cuves marquent 20° environ ; elles sont reçues dans des bacs en bois, où l'on précipite l'acide phospho-

rique par un lait de chaux. Pour précipiter le phosphate bicalcique, on ajoute du lait de chaux en quantité juste suffisante
pour neutraliser exactement l'acide chlorhydrique libre et
pour former le phosphate bicalcique ; la liqueur surnageante contient en dissolution le chlorure de calcium. L'addition de lait
de chaux se fait en quantité telle que la liqueur reste acide ;
après précipitation, on filtre et le précipité de phosphate bicalcique est envoyé dans un filtre-presse. Un lavage à l'eau et à la
vapeur débarrasse le phosphate du chlorure de calcium. Les
tourteaux extraits sont séchés à une température de 60°. Ils
se transforment en poudre fine et friable contenant 30 à
40 p. 100 de P^2O^5, soluble dans l'acide citrique.

Le phosphate monocalcique formé par les réactions :

$$CO^3Ca + 2PO^4H^3 = (PO^4)^2CaH + H^2O + CO^2$$
$$(PO^4)^2Ca^3 + 2PO^4H^3 = (PO^4)^2CaH + 2PO^4Ca$$
$$PO^4CaH + PO^4H^3 = (PO^4)^2CaH^4$$

est transformé dans la fabrication par l'addition de chaux
d'après la réaction :

$$(PO^4)^2CaH^4 + CaO = 2PO^4CaH + H^2O.$$

On ajoute donc une molécule de chaux par molécule de
phosphate monocalcique, sans compter la chaux nécessaire
à la neutralisation de l'acide chlorhydrique libre.

SUPERPHOSPHATE D'OS

Les os, préalablement concassés et dégraissés, sont réduits
en poudre à l'aide d'un broyeur à boulets, d'un broyeur à
percussion ou d'un broyeur Carr. La poudre obtenue est passée
au tamis 50, et les refus retournent au broyeur.

On mélange ensuite la poudre d'os avec la quantité voulue
d'acide sulfurique dilué, en se servant des mêmes appareils
malaxeurs que ceux qui sont utilisés dans la fabrication des
superphosphates minéraux.

L'acide sulfurique, réagissant sur la matière organique, forme
une masse visqueuse qui s'oppose à la dessiccation du superphosphate. Cet inconvénient n'existe pas quand les os ont été
dégraissés et dégélatinés ; dans ce cas, le superphosphate ne

contient pas d'azote. On peut obtenir un superphosphate sec en saupoudrant la matière d'une substance pulvérulente, ou en solubilisant incomplètement la poudre d'os, en employant seulement les deux tiers ou les trois quarts de l'acide sulfurique qui serait nécessaire pour obtenir une solubilisation complète.

En général, l'acide sulfurique atteint 40 à 50 p. 100 du poids des os. Les superphosphates obtenus se sèchent spontanément et, au bout d'un mois environ, les réactions sont terminées ; l'engrais peut être expédié après avoir été sommairement concassé dans un broyeur Carr à faible vitesse.

Lorsque les superphosphates proviennent d'os verts, ils contiennent 2 à 4 p. 100 d'azote et 10 à 12 p. 100 d'acide phosphorique sous une forme essentiellement assimilable. On les vend d'après leur teneur en acide soluble à l'eau et acide soluble au citrate.

SCORIES DE DÉPHOSPHORATION

Le travail de l'aciérie. — Le minerai de fer, transporté à l'usine, est fondu dans un haut fourneau au milieu de lits de coke et, suivant la nature du minerai, de lits de matières calcaires ou siliceuses, qui constituent la castine ou l'erbue. Par suite de désoxydation et de carburation partielle du minerai, on obtient de la fonte et, comme résidu, une matière plus légère, surnageante, constituant le laitier, qui renferme les impuretés combinées avec la castine. Les gaz, qui s'échappent par suite de cette désoxydation, sont recueillis, et leur chaleur est utilisée pour chauffer l'air entrant dant le haut fourneau à 750° ou pour produire de la vapeur.

La fonte obtenue a la composition suivante par exemple:

Fer	91,20 p. 100
Carbone	3,60 —
Phosphore	2,75 —
Magnésie	2,20 —
Silicium	0,25 —

La préparation de l'acier fondu se fait par différents procédés : Bessemer et Thomas, Martin, fusion au four électrique.

Le procédé Thomas fournit les scories employées comme
engrais.

L'affinage de la fonte, d'après le procédé Bessemer, est
produit par l'oxygène de l'air que l'on insuffle à travers la
fonte, préalablement amenée à l'état liquide. Pour que le
métal reste liquide pendant toute la durée de l'affinage, il faut
que la fonte contienne des aliments oxydables dont la combus-

Fig. 223. — Vue extérieure d'une mine de fer.

sion dégage une quantité de chaleur considérable. L'opération
dans le procédé Bessemer est effectuée dans une cornue ou
convertisseur garnie de matières réfractaires siliceuses. Dans
ces conditions, la scorie, qui se forme par union des produits
de la combustion avec le garnissage du four, est nettement
siliceuse et ne peut dissoudre de phosphore, l'acide phosphorique étant réduit immédiatement par le métal. L'élément
combustible à utiliser est donc le silicium. Les fontes destinées à être traitées par garnissage siliceux (procédé Bessemer

acide), doivent contenir 1 à 2 p. 100 de silicium. Le manganèse peut également jouer le rôle de combustible : il diminue la proportion de fer oxydé. Le phosphore ne doit exister qu'à l'état de traces, puisqu'il se retrouve presque intégralement dans le métal. Le soufre doit être en faible proportion, car il ne s'élimine que partiellement. Suivant la température et la

Fig. 224. — Vue générale d'une aciérie avec ses hauts fourneaux.

rapidité du soufflage, l'oxydation se porte plus rapidement sur l'un ou l'autre des éléments combustibles. En général, on a un départ rapide du silicium et du manganèse au début de l'opération ; puis la vitesse d'oxydation de ces éléments diminue, tandis que celle du carbone augmente. La durée de l'opération est réglée empiriquement pour chaque nature de fonte. L'aspect de la flamme à la sortie du convertisseur permet de suivre l'élimination des divers éléments. Thomas et Gilchrist ont montré, en 1878, qu'on pouvait utiliser dans le

procédé Bessemer des fontes phosphoreuses en employant un
garnissage basique à base de dolomie et en ajoutant de la
chaux dans le convertisseur. Il se forme une scorie qui con-

Fig. 225. — Ouverture d'un haut fourneau et coulée de la fonte.

tient une faible proportion de silice et qui retient l'acide
phosphorique sans que celui-ci soit réduit par le fer
métallique. Cette réduction n'est arrêtée qu'autant que le fer
est à peu près décarburé ; elle reparaît dès qu'on introduit du
carbone dans le métal ou que la proportion de silice dans le

laitier dépasse 20 p. 100 environ. Les fontes employées dans le
procédé Bessemer basique ou procédé Thomas ne doivent donc
pas contenir de silicium en proportion notable, car le phos-

Fig. 226. — Dans une aciérie. — Vidange de scories en fusion d'un
convertisseur dans un wagonnet transporteur.

phore joue le rôle de combustible pour élever la température.

Les fontes Thomas contiennent généralement moins de 0,8
p. 100 de silicium, 2 à 2,5 p. 100 de phosphore et 1,3 à 2 p. 100 de
manganèse. L'élimination du carbone, du silicium et du man-

ganèse commence dès le début ; celle du phosphore n'a lieu que lorsque le carbone a été en majeure partie éliminé. Pour assurer l'élimination complète du phosphore, on prolonge le soufflage pendant quelques instants après que le carbone a presque complètement disparu. C'est pendant cette période de sursoufflage que le phosphore passe dans la scorie et peut ne

Fig. 227. — Vue d'ensemble des moulins à boulets dans une aciérie (Atelier des scories).

subsister dans le métal qu'à l'état de traces. L'opération Bessemer acide dure de dix à quinze minutes et donne un déchet de 12 p. 100 en moyenne. L'opération Bessemer basique dure de quatorze à vingt minutes et donne un déchet de 14 p. 100 environ. Dans les deux cas, le métal après soufflage retient en dissolution une certaine quantité d'oxyde de fer. On l'élimine par une addition de ferro-manganèse.

Travail des scories. — L'affinage de la fonte étant terminé, ce qu'on remarque à l'aspect des gaz qui se dégagent par la partie supérieure du convertisseur, on incline celui-ci sur son axe, on arrête le courant d'air, et on verse la scorie liquide surnageant le métal dans un wagonnet métallique en forme de caisse et contenant une certaine quantité de silice pure finement pulvérisée. Le doids des scories contenues dans

Fig. 228 — Dans une aciérie. — Déchargement d'un bloc de scories brutes.

un de ces wagonnets peut atteindre plus de 5 tonnes. Ces derniers sont transportés dans la salle des scories, où a lieu le refroidissement facilité par des arrosages.

Le broyage des scories au moyen de broyeurs cylindriques ou de meules a présenté de grandes difficultés, en raison de la présence de grains d'acier plus ou moins volumineux qui détérioraient rapidement les appareils. La séparation des morceaux métalliques au moyen de séparateurs magnétiques ou électromagnétiques était incomplète. Depuis 1890, on se sert du broyeur à boulets en acier forgé. L'appareil est toujours combiné avec une chambre à poussière, vidée tous les huit à quinze jours. On obtient environ 1 partie de poussière pour 100 de poudre fine. Les blocs de scories sont d'abord brisés à la main à l'aide de masses. Les morceaux sont concassés et le

Fig. 229. — Atelier des scories. — Le premier concassage au marteau.

fer est séparé à la main. Les fragments de scories sont alors déversés dans le moulin à boulets où ils sont réduits en poudre fine passant au tamis 100. La poudre est ensachée dans des toiles de 100 kilogrammes.

Généralement, le broyage des scories est fait par des industriels vendeurs de scories. et non par les maîtres de forge. Les scories sont livrées par ces derniers en blocs ou en coulée. Les scories en blocs sont obtenues quand on les laisse se refroidir dans les wagonnets qui les reçoivent du convertisseur; les blocs se détachent de la plate-forme des wagonnets. Les scories en coulée sont obtenues quand on les déverse sur le sol ; le refroidissement est plus rapide dans ce cas. Les scories en blocs sont plus friables que les scories en coulée.

Composition des scories. — Reis a établi le tableau suivant de la composition des scories et de leur résistance au broyage :

DÉSIGNATION.	1 Scories de coulée, de couleur brune foncée, dures et difficiles à broyer.	2 Scories en blocs, grises, lamellaires, friables et faciles à broyer.	3 Scories en blocs, gris ardoise, fermes et faciles à broyer.	4 Scories en blocs, grises, fermes, boursouflées, moins faciles à broyer.	5 Scories en coulée, brun foncé, dures, cassantes, difficiles à broyer.	6 Scories en blocs, brunes, cassantes, dures, difficiles à broyer.	7 Scories en blocs, grises, grumeleuses et faciles à broyer.
Acide silicique..	6,77	16,41	6,69	4,88	8,07	6,00	7,07
Acide phospho-rique	16,92	11,75	17,75	19,25	18,48	18,39	22,50
Alumine	1,68	1,58	0,95	0,59	1,40	1,37	0,89
Oxyde de fer....	0,96	10,41	5,70	5,14	3,45	2,87	5,27
Protoxyde de fer.	10,77	10,55	10,65	12,49	10,13	11,43	6,49
Oxyde de manga-nèse	51,00	31,00	48,42	48,17	46,47	50,77	47,36
Chaux	7.16	14,91	7.71	6,23	9,35	7,28	7,81
Magnésie	3,01	2,08	2,05	2.38	2,03	1,57	1,67
Broyage	difficile.	facile.	facile.	moins facile.	difficile.	difficile.	facile.

D'après ces chiffres, la composition chimique des scories n'influe que faiblement sur leurs propriétés physiques. Leur teneur en oxyde de fer, au contraire, augmente leur résistance au broyage comme le montre le tableau suivant :

Fig. 230. — Dans une aciérie. — Vue de convertisseurs.

SCORIES.	OXYDE DE FER.	PROTOXYDE DE FER.	RAPPORT DE $Fe^2O^3 : FeO$.	BROYAGE.
1	0,96	10,77	1 : 11,2	Difficile.
2	10,41	10,55	1 : 1,0	Facile.
3	5,70	10,65	1 : 1,9	—
4	5,14	12,49	1 : 2,5	Moins facile.
5	3,45	10,13	1 : 3,0	Difficile.
6	2,87	11,43	1 : 4,0	—
7	5,27	6,49	1 : 1,2	Facile.

Quand le protoxyde de fer domine, les scories sont dures et difficiles à broyer. Quand l'oxyde de fer est en proportion prépondérante, les scories sont généralement plus faciles à broyer. L'arrosage des scories à l'eau peut provoquer des explosions. Il demande certaines précautions. Toutefois il ne modifie nullement la composition chimique de l'engrais. Quand on introduit un jet de vapeur ou d'air dans les scories liquides, au moment où elles sont éliminées du convertisseur, les scories deviennent friables.

Les scories en blocs sont vendues aux usines de broyage sur la base de leur teneur en acide phosphorique. La vente des scories broyées se fait d'après leur teneur en acide phosphorique avec la garantie de solubilité de 75.

Production et commerce des scories. — La statistique des scories de déphosphoration est difficile à établir avec précision. Une tonne d'acier obtenue par le procédé Thomas produit 250 kilogrammes de scories. On peut, d'après cette base et la production de l'acier basique, donner les chiffres suivants :

ANNÉES.	BELGIQUE.	FRANCE.	ALLEMAGNE.	ANGLETERRE.	AUTRICHE-HONGRIE.	TOTAUX.
1892	15 000	»	500 000	100 000	38 500	747 500
1899	»	94 000	1 000 000	131 000	62 500	1 500 000
1907	325 000	134 000	1 804 000	96 000	»	2 600 000 ?

L'Amérique ne produit pas de fontes au convertisseur Thomas.

Le titre des scories varie de 10 à 18 p. 100 d'acide phosphorique. Le dosage moyen le plus ordinairement livré est le 14/16 qui peut renfermer en chiffres ronds :

Fig. 231. — Partie inférieure des moulins à oublets d'un atelier de scories.

Acide phosphorique	14,50
Chaux combinée à l'acide phosphorique et à la silice	40,00
Chaux caustique	10,00
Protoxyde de fer	15,00
Silice	10,00
Magnésie	3,00
Alumine, oxyde de fer, etc	7,50
	100,00

Les scories sont achetées avec une garantie de solubilité de 75 p. 100 dans le réactif de Wagner.

Les producteurs de scories basiques sont, pour la plupart,

unis en un syndicat, qui règle les prix et les conditions de livraison en Europe.

Nature des scories. — Les scories de déphosphoration se présentent sous forme de fragments noirâtres, plus ou moins volumineux, mélangés de fer. Les scories se délitent à l'air en absorbant l'humidité et l'acide carbonique. Dans les parties poreuses des scories, on rencontre des cristaux, prismes rhombiques et aiguilles monocliniques de couleur grise, bleue ou brune, composés surtout de phosphate de chaux tétrabasique $P^2O^9Ca^4$. La formule du tétraphosphate, qui correspond à l'acide phosphorique octobasique, serait :

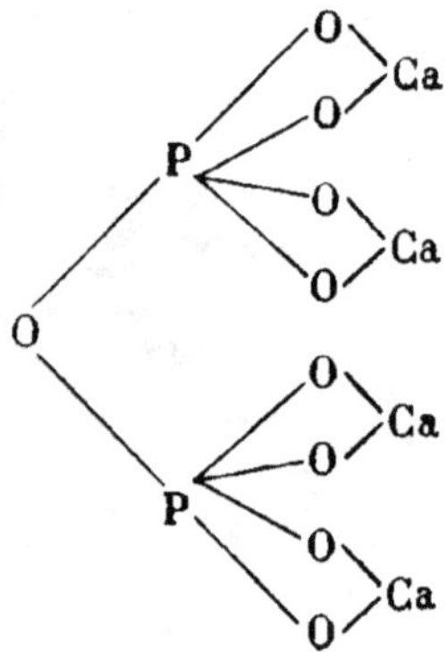

Carnot a trouvé des cristaux de silicophosphates de chaux de formule P^2O^5, SiO^2, $3CaO$.

De plus, Stead et Ridsdale ont trouvé dans les scories des cristaux, aiguilles brunes ou incolores de ferrite et d'aluminate de chaux, et des cristaux bleus de formule.

$$8P^2O^5, 8\ SiO^2, 36\ CaO, FeO, Al^2O^3.$$

Hilgenstock a montré que les tablettes rectangulaires se forment d'abord ; puis apparaissent les aiguilles brunes hexagonales, et enfin, quand la masse devient riche en silice, il se forme les cristaux bleus brillants.

PHOSPHATE PALMAER

Un nouvel engrais phosphaté a vu le jour en Suède dans ces dernières années. Le produit n'est pas nouveau à proprement

parler : c'est du biphosphate de chaux pur, dit phosphate précipité ; mais le mode de fabrication du Dr Palmaer, professeur
à l'Institut industriel de Stockholm, permet de traiter des phosphates très pauvres et impurs, tels que ceux qui se trouvent en
Suède.

Ce phosphate, auquel M. Hjalmar de Feilitzen a donné le

Fig. 232. — Chargement de scories brutes dans les ateliers de
scories. — Moulins à boulets.

nom de son inventeur, Palmaerphosphat, est obtenu de la
manière suivante :

Une solution de chlorate ou de perchlorate de soude est
soumise à l'électrolyse dans un appareil spécial ; à l'anode, il
se produit de l'acide chlorique ou de l'acide hyperchlorique,
suivant la nature du sel employé. A la cathode, il se forme de
l'hydrate de soude.

On fait agir, sur le phosphate brut, le liquide acide obtenu à
l'anode, qui le dissout. (Il n'est pas nécessaire de pulvériser

finement le phosphate brut, où il peut se trouver des fragments mesurant 5 centimètres.)

A la solution saturée de phosphate, on ajoute de la dissolution alcaline de la cathode, jusqu'à ce que la réaction du mélange soit faiblement acide : le biphosphate se précipite sous forme de poudre blanche cristalline. On sépare par filtration le biphosphate de la petite quantité de phosphate acide dissous dans la liqueur, et l'on dessèche le produit. Le rendement en biphosphate est presque théorique : moins de 1 p. 100 de l'acide phosphorique de la matière première reste dans la dissolution. La chaux existant dans le liquide filtré est alors transformée en hydrate, qui se précipite par l'addition du liquide résiduaire alcalin à la cathode, et l'excès de chaux est transformé en carbonate par un courant d'acide carbonique.

La solution, qui consiste alors en chlorate et perchlorate régénérés, s'écoule dans l'électrolyseur, et, après électrolyse, sert à traiter de nouvelles quantités de phosphate. L'opération est donc continue sans pertes sensibles de chlorate ou de perchlorate.

L'engrais phosphaté ainsi obtenu renferme 36 à 38 p. 100 d'acide phosphorique, dont 95 p. 100 solubles au citrate. Il contient donc de 34 à 36 p. 100 d'acide phosphorique parfaitement assimilable. Voici l'analyse complète du produit qu'a publié le professeur G. Söderbaum, de Stockholm :

Perte au feu	25,31
Insoluble dans les acides	0,89
Silice	0,59
Acide sulfurique	0,70
Acide phosphorique	39,02
Oxyde de fer	1,92
Chaux	30,52
Magnésie	0,70
Perte (alcalis)	0,35
	100,00

Le procédé Palmaer présente, d'après l'auteur, les principaux avantages suivants :

1° Il rend possible l'utilisation des phosphates bruts à bon marché, à titre très bas en acide phosphorique, que ne peut pas utiliser la fabrication des superphosphates ;

2º Il donne, avec une matière première à bas titre, un phosphate renfermant de 34 à 36 p. 100 d'acide phosphorique ;

3º Les frais de transport, par kilogramme d'acide phosphorique dans le produit fabriqué, ne s'élèvent ainsi qu'à la moitié environ de leur coût dans les superphosphates ;

4º L'acide phosphorique de l'engrais ne subit pas de rétrogradation ;

5º Le phosphate brut n'a pas besoin d'être finement broyé;

Fig. 233. — Ateliers des scories. — Mise en sacs des scories à la partie inférieure des broyeurs.

6º Par suite de sa finesse, le phosphate Palmaer peut être épandu facilement.

En tas, il ne se pelote pas, même lorsqu'il devient humide.

Il n'attaque pas les sacs.

Les abondants dépôts d'apatite de Bamble, en Norvège, ont déjà été utilisés à titre d'essai pour la préparation en grand de ce phosphate.

LES SUPERPHOSPHATES
ET LES PROCÉDÉS SCHLŒSING

Il y a deux procédés Schlœsing, nettement distincts l'un de l'autre, mais qui, en Tunisie, par suite des conditions spéciales, sont en quelque sorte liés l'un à l'autre.

L'invention principale de Schlœsing consiste dans la fabrication industrielle de l'acide chlorhydrique au chlorure de magnésium.

Le principe sur lequel est basée la fabrication de l'acide chlorhydrique au moyen de chlorure de magnésium, sous l'action de la vapeur d'eau et de la chaleur, est très connu.

L'originalité du procédé Schlœsing consiste à se servir de l'eau de mer, ou plutôt des eaux mères des marais salants.

La composition de l'eau de mer, variable d'ailleurs suivant le climat, est, par exemple, la suivante par litre : chlorure de sodium, $29^{gr},4$; chlorure de magnésium, $3^{gr},4$; sulfate de magnésie, $2^{gr},5$; sulfate de chaux, $1^{gr},9$; chlorure de potassium, $0^{gr},5$; carbonate de chaux, $0^{gr},2$; oxyde de fer, $0^{gr},003$; bromure de sodium, $0^{gr},5$.

Dans le procédé Schlœsing, on ajoute à cette eau une certaine quantité de chlorure de chaux pour transformer le sulfate de magnésie en chlorure. La solution ainsi obtenue est évaporée spontanément, et la concentration peut être poussée au delà de celle des eaux mères des marais salants, sans devenir trouble, à cause de la formation des sulfates de magnésie, de soude et de potasse. Ainsi concentrée, la solution peut contenir, sur 100 parties d'eau, 30 parties de chlorure de magnésium, et 4 de chlorure de potassium. Après cette évaporation, la solution est placée sur le feu. Mais, comme le chlorure de potassium forme avec le chlorure de magnésium un sel double non décomposable sous l'influence simultanée de la vapeur d'eau et de la chaleur, on ajoute à la solution, avant de la placer sur le feu, une certaine quantité d'eaux mères calculée pour que son sulfate de magnésie soit équivalent en quantité au chlorure de potassium contenu dans la solution elle-même, et cela afin que, dans les opérations suivantes, le chlorure de potassium soit transformé en sulfate de potasse.

On chauffe donc la solution jusqu'à ce que la plus grande partie du sel marin et du sulfate de potasse soit précipitée. Cela fait, la solution est filtrée et de nouveau évaporée jusqu'à ce que sa constitution soit celle d'un chlorure de magnésium avec la quantité voulue d'eau de cristallisation. À ce moment, en additionnant de la magnésie, on précipite le chlorure, qui prend l'aspect granuleux, sous forme d'un oxychlorure magnésien, sans qu'il soit nécessaire de pousser plus loin la concentration de la solution.

Ensuite, en faisant passer dans l'oxychlorure ainsi obtenu un courant de gaz chauds provenant d'une source quelconque, on décompose le chlorure de magnésium en magnésie et acide chlorhydrique.

Comme on le voit, la magnésie agit ici comme catalyseur, ce qui rend très intéressant le procédé dont nous parlons au point de vue économique.

En réalité, la déshydradation ci-dessus ne peut fournir la quantité de vapeur d'eau nécessaire à la décomposition intégrale du chlorure de magnésium ; mais l'inventeur, par une disposition spéciale du four de calcination inventé par lui, surmonte cette difficulté.

Tel est, en peu de lignes, l'exposé de ce qu'on peut appeler le principal procédé Schlœsing.

L'inventeur croit donc avoir trouvé le moyen de préparer industriellement en Tunisie l'acide chlorhydrique. Et sa réputation indiscutable oblige d'être optimiste à ce point de vue.

En dotant notre pays d'un acide fort, l'inventeur lui procure le même bienfait que s'il le dotait d'un combustible à bas prix.

De plus, il donne à l'industrie du sel en Tunisie une valeur que celle-ci n'a pas encore.

Arrivons maintenant à ce qu'on peut appeler le second procédé Schlœsing. Toutefois, avant d'en parler, nous croyons utile de rappeler en quelques mots le principe qui sert de base à la fabrication des superphosphates. Le but de cette fabrication est de transformer un composé de phosphate insoluble (phosphate tricalcique) en un composé soluble. Pour cela, on peut faire usage d'un des trois acides suivants : sulfurique, chlorhydrique, nitrique. Dans l'industrie, on se sert seulement du premier ; et cela, non seulement parce que l'usage des deux autres est plus coûteux, mais surtout parce qu'en adoptant l'acide sulfurique, on obtient, grâce au sulfate de chaux qui se forme, un produit sec, tandis qu'en employant les deux autres acides, on obtient un produit boueux. En outre, en employant l'acide chlorhydrique, le chlorure de chaux qui se forme rend le superphosphate caustique, et par suite nuisible pour les plantes. Ce n'est que dans la fabrication du phosphate précipité, quand la matière première est le phosphate d'os, qu'on fait usage de l'acide chlorhydrique.

La seconde invention de Schlœsing consiste dans la fabrication du phosphate précipité minéral, en partant comme matière première du phosphate minéral, et en remplaçant, soit partiellement. soit totalement. soit dans les produits obtenus, soit dans les dissolutions résiduelles, la chaux par la magnésie. De sorte que. non seulement les inconvénients ci-dessus, quand on fait usage de l'acide chlorhydrique, sont éliminés, mais que l'on peut avoir à volonté un engrais phosphaté à base de chaux seule, ou à base de chaux et de magnésie mêlées dans les proportions voulues, ou à base de magnésie seule.

Pour cela, l'inventeur se sert du sulfate de magnésie des eaux mères des marais salants.

La solution finale contient à l'état de chlorure de magnésium tout ce qui a été mis en œuvre. Aussi, en se servant de cette solution pour avoir, par le procédé sus-indiqué, de l'acide chlorhydrique, la méthode Schlœsing pour la préparation du phosphate précipité, au moyen de l'acide chlorhydrique lui-même, présente, outre les avantages cités ci-dessus, celui de récupérer l'acide employé.

LES ENGRAIS POTASSIQUES

LA POTASSE DANS LES ROCHES

A la surface du sol, de nombreuses roches renferment de la potasse. Clarke et Vogt estiment même à 2,35 p. 100 la teneur moyenne en cet élément de l'écorce terrestre. Hugo Erdmann indique de son côté la teneur de 2,4 p. 100.

Parmi les roches formant pour ainsi dire la source primitive de la potasse, nous citerons :

1° *Minéraux entrant dans la composition des roches du groupe feldspath.* — L'*Orthoclase*, ou feldspath de potasse avec la variante *sanidine*, qui renferme 64,72 p. 100 de silice, 18, 35 p. 100 d'alumine, et 16, 93 p. 100 de potasse K^2O. La formule chimique est $K^2Al^2Si^6O^{16}$, et le poids spécifique de 2,571. L'orthoclase entre dans la composition des granites, syénites, porphyres, gneiss, etc.

Le *Microcline*, feldspath triclinique, de composition chimique et de poids spécifique analogue à l'orthoclase.

2° *Minéraux entrant dans la composition des roches du groupe silicate.* — La *Nepheline*, avec sa variante *élaolithe*, qui renferme 41, 24 p. 100 de silice, 35,26 p. 100 d'alumine, 17, 04 p. 100 de soude et 6,46 p. 100 de potasse K^2O. La formule chimique est $Na^2K^2Al^2Si^2O^8$, et le poids spécifique varie entre 2,58 et 2,64. La nepheline entre dans la composition des roches éruptives volcaniques telles que phonolithe, quelques basaltes, basanite, téphrite et laves. L'élaolithe existe en Norvège, Groënland, Oural, etc.

La *Leucite*, du système rhombique, qui renferme 55 p. 100

de silice, 23,5 p. 100 d'alumine, 25,5 p. 100 de potasse K^2O. La formule chimique est $K^2Al^2Si^4O^{12}$, et le poids spécifique varie de 2,45 à 2,50. La leucite existe en gros cristaux dans les laves du Vésuve, les Apennins, Aquapendente, Viterbo, Roca Moufina, au lac Laacher, à Kairserstuhl, etc. Elle forme une partie des basaltes, basanite, téphrite, phonolithe et laves de la Bohême, du Rhœn, de la Sardaigne et du Wyoming.

3° *Minéraux entrant dans la composition des roches du groupe mica.* — Les micas sont des silicates d'alumine et de potasse ou de soude renfermant de la magnésie, caractérisés par leur aspect feuilleté. Le *mica potassique* ou *muscovite* avec la variante *sericite*, qui renferme 46 à 48 p. 100 de silice, 31 à 36 p.100 d'alumine, 9 à 11 p. 100 de potasse K^2O, un peu d'oxyde de fer et de fluor. La formule chimique est $H^4K^2(Al^2)^3$ Si^6O^{24}, et le poids spécifique varie de 2,76 à 3,1.

Le mica potassique entre dans la composition des roches micacées, phyllites, gneiss, sables, argiles et grauwackes.

La forme *sericite* renferme 11.67 p. 100 de potasse K^2O et a pour poids spécifique 2,80.

Le *mica magnésien*, *meroxène* ou *biotite*, brun ou noir, renferme 10 à 30 p. 100 de magnésie, 1 à 13 p. 100 d'oxydes de fer, 11 à 20 p. 100 d'alumine, 38 à 43 p. 100 de silice et 5 à 11 p. 100 de potasse K^2O. Le poids spécifique de cette roche varie de 2,8 à 3,2.

Quelques granites, gneiss et porphyres renferment de la biotite.

La *phlogopite* et la *lepidomelane* à 9-10 p. 100 de potasse sont deux variantes du mica magnésien.

La *zinnwaldite* renferme du fluor, du lithium, des oxydes de fer et environ 10 p. 100 de potasse K^2O. Le poids spécifique est de 2,86 à 3,2.

La *lépidolithe* est une variante qui renferme également environ 10 p. 100 de potasse K^2O.

Les minéraux que nous venons d'énumérer sont disséminés à la surface du globe :

1° Dans les roches éruptives, granite, syénite, porphyrite, diabase, basalte ;

2° Dans les schistes cristallins, gneiss, granulite, micas ;

3° Dans des roches sédimentaires à éléments cristallins, sable, argiles, muschelkalk, craies, etc. ;

4° Dans les roches sédimentaires fines, sables, lœss, argiles, etc.

Le traitement de ces minéraux en vue de l'obtention de sels de potasse immédiatement solubles et assimilables n'a pas été trouvé jusqu'ici. La potasse se trouve dans ces roches sous forme de silicate; il conviendrait d'obtenir une forme chlorure, sulfate, carbonate ou autre, soluble dans l'eau.

Le procédé de Lawrence consiste à réduire en poudre le minerai chauffé, à l'étonner par l'eau froide, à mélanger la masse pulvérisée avec de la paille ou de la sciure de bois. Le tas formé est arrosé avec de l'urine et laissé à lui-même plusieurs mois. On moule la masse en briquettes avec une bouillie de chaux, et on calcine le tout. La chaux forme un silicate insoluble et la masse reprise par l'eau donne la potasse.

Le procédé de Ward consiste à calciner les feldspaths avec 8 à 10 p. 100 de fluorure de calcium et du carbonate de chaux. On reprend par l'eau, et un courant de gaz carbonique précipite la silice du silicate de potassium.

On peut encore former avec le felsdpath et de la chaux un mélange que l'on calcine. La matière pulvérisée est ensuite traitée en vase clos à l'eau sous pression. Le liquide après refroidissement est traité par l'acide carbonique qui précipite la silice et l'alumine, mais laisse en dissolution les alcalis.

LES SELS DE POTASSE EMPLOYÉS
EN AGRICULTURE

En dehors des sels complexes retirés des mines à potasse ou provenant du traitement des cendres, l'agriculture emploie des sels purs, chlorure et sulfate de potasse. Le carbonate de potasse, en raison de sa valeur industrielle, n'est guère employé comme engrais.

Chlorure de potassium. — On trouve ce sel à l'état naturel à Stassfurt, à Kalusz, etc., soit à l'état de chlorure simple à peu près pur ou sylvine, soit à l'état de combinaison avec le chlorure de magnésium (carnallite), ou le chlorure ferreux (douglasite).

Les eaux de mer en contiennent 0^{gr},5 à 0^{gr},7 par litre.

Actuellement, tout le chlorure de potassium est extrait des mines de Stassfurt ou de Kalusz. Le sel est incolore, cristallisé, dans le système cubique. Sa formule est KCl = 74,60. Sa densité est de 1,99. Il est inaltérable à l'air et n'absorbe pas l'humidité. Chauffé, il décrépite. Il fond au rouge à 738°.

La solubilité du chlorure de potassium dans l'eau est d'environ 280 grammes par litre d'eau à 0°, et elle double à 100°.

Le chlorure de potassium est un sel très stable. L'oxygène est sans action, même au rouge sombre. La dissolution est décomposée par les acides bromhydrique et iodhydrique. Les acides sulfurique et phosphorique le décomposent et mettent l'acide chlorhydrique en liberté.

Sulfate de potassium. — On rencontre ce sel dans les mines de Stassfurt à l'état de combinaison avec le sulfate ou le chlorure de magnésium ou le sulfate de calcium.

La formule SO^4K^2 correspond à un poids moléculaire de 174,36. Le sel SO^4K^2 est anhydre, cristallisant en prismes orthorhombiques; il décrépite avec la chaleur et fond à 1073°. D'après Blarez, la dissolution dans l'eau répondrait à la formule :

$$S_{0°}^{30°} = 8,5 + 0,12\,t.$$

Le sulfate anhydre résiste à la chaleur jusqu'au delà de son point de fusion. Il peut être réduit vers 500° par l'hydrogène. Le charbon, le fer, le soufre, le sel ammoniac réagissent au rouge. Avec l'acide fluorhydrique, il donne un fluosulfate.

Le sulfate acide de potassium, SO^4KH = 136,21 n'est pas employé en agriculture.

Carbonate de potassium. — Ce sel, de formule CO^3K = 138,30, est employé dans l'industrie à de nombreux usages. Il forme une grande partie des cendres et des salins de betteraves. Sa valeur le fait employer en industrie et rarement en agriculture comme engrais.

Sels doubles. — Les gisements de Stassfurt fournissent de nombreux sels doubles que nous examinerons plus loin.

Sources de la potasse. — L'eau de la mer et les cendres de végétaux sont les sources actuelles des sels de potasse, utilisées en industrie et en agriculture. Tous les végétaux renferment de la potasse, qui se trouve concentrée dans les cendres, lorsqu'on incinère les plantes.

Les sources de potasse peuvent être classées de la manière suivante :

1° *Les cendres de bois.* — Les forêts de l'Amérique et de la Russie ont fourni de grandes quantités de sels de potasse ;

2° *Les cendres de varechs.* — En Bretagne, Écosse et Norvège, l'incinération des plantes marines donne du chlorure et du sulfate de potassium, du carbonate de potasse et de l'iode ;

3° *Les salins de betteraves*, provenant de l'incinération des vinasses de distillerie de mélasse ;

4° *La potasse du suint*, provenant du traitement des eaux de lavage des toisons de moutons ;

5° *Les salins de mer*, produit de la concentration des eaux de mer dans les marais salants du Midi de la France ;

6° *Le salpêtre du Bengale*, provenant du lessivage des terres de l'Inde à la surface desquelles vient s'effleurir pendant les mois de sécheresse du nitrate de potasse impur ;

7° *Les gisements de Stassfurt*, la seule source importante de potasse pour l'agriculture ;

8° *Les mines de Kalusz*, amas de sels renfermant 8 à 10 p. 100 de potasse et donnant 12 à 15.000 quintaux par an ;

9° *Les mines d'Alsace*, dont on parle depuis quelques années.

POTASSE DES CENDRES VÉGÉTALES

Lorsque l'on incinère un végétal, les matières organiques qu'il contient se réduisent en eau, gaz carbonique et azote, et les matières minérales se combinent avec une partie de ces produits pour former les cendres, poudre blanche, grise, noire ou rougeâtre. La partie soluble est formée de sels alcalins et, pour les végétaux terrestres surtout, de carbonate de potasse. Cette potasse se trouvait dans le végétal, combinée aux acides malique, tartrique, oxalique, etc., et la combustion a formé du carbonate. Dans les végétaux marins, les cendres renferment beaucoup de carbonate de soude.

Les bases contenues dans les cendres sont : la potasse, la soude, la chaux, les oxydes de fer, de manganèse, etc. Les acides combinés sont : l'acide carbonique, l'acide phosphorique, l'acide sulfurique et le chlore, la silice. Les cendres représentent 1 à 3 p. 100 en général du poids des plantes sèches. Mais la proportion peut s'élever jusqu'à 12 p. 100 pour certaines espèces.

Proportion des cendres dans les différentes parties des végétaux. — La quantité de cendres donnée par un végétal varie avec l'espèce du végétal, le terrain sur lequel il s'est développé et les conditions atmosphériques de l'année.

Proportion des cendres de quelques végétaux (SOREL).

PLANTES.	CENDRES.
	P. 100.
Herbacés.	
Chara fœtida............................	54,6 à 68,4
Fucus nodosus........	16,2 à 18,4
Equisetum arvense......................	19,0
Alopecurus pratensis...................	7,8
Bromus erectus........................	5,2
— mollis.........................	5,8
Holcus lanatus........................	6,4
Phleum pratense.......................	5,3
Poa annua.	2,8
Carex acuta...........................	3,7
Eryophorum vaginatum..................	2,8
Juncus communis......................	3,7
Arenaria media	27,9
Asparagus officinalis...................	6,0 à 6,7
Agrostemma githago....................	13,2
Anthemis arvensis.....................	9,7
Achillea mille folium..................	13,5
Centaurea cyanus......................	7,3
Cychorium intybus.	15,7
Chrysanthemum segetum	8,5
Leontodum taraxacum	8,9
Brassica campestris....................	7,3
— napus.........................	4,4
— oleifera	12,2
Calunna vulgaris......................	6,3
Mercurialis perennis	13,1
Ajuga reptans.........................	9,4 à 10,4
Medicago sativa.......................	10,1
Pisum sativum	8,0
Trifolium pratense.....................	8,1 à 8,8
Linum usitatissimum...................	2,3 à 4,1
Chelidonium majus	6,8
Plantago lanceolata....................	8,7
Prinula farinosa.......................	8,6
Gallum mollugo.......................	7,4
Atropa belladona......................	12,5
Ligneux.	
Fagus silvatica........................)	0,57 0,40 1,06
Quercus pedunculata...................)	3,3 2,03 1,65
Carpinus betulus ....)	0,87 1,62

Proportion des cendres de quelques végétaux (SOREL) *(Suite).*

PLANTES.	CENDRES.
	P. 100
Ligneux.	
Betula alnus	0,68 1,38
Betula alba	0,99 0,85 0.3
Tilia europæa	5,0
Juglans regia	3,0
Œsculus hippocastanum	3,3
Alnus incana	2,0 à 2,6
Prunus mahaheb	1,6
Vitis vinifera	3,7 2,5
Abies excelsa	0,25
— pectinata	0,28
— sylvestris	1,1 à 2,9
Pinus sylvestris	0,63 à 0,90 0,85 à 1,04
Pinus abies	1,02

Proportion de cendres dans les diverses parties d'un même végétal (SOREL).

PLANTES.	TRONC.	ÉCORCE.	RACINES.	FEUILLES.
Prunus avium	1,3	10,4	»	»
— mahaheb	1,6	11,2	»	»
Betula alba	0,3	1,3	»	»
Œsculus hippocastanum	0,2	2,8	»	»
Juglans regia	3,3	6,6	»	»
Citrus aurantium	3,0	6,4	»	13,7
Beta vulgaris	2,7	»	7,1	17,9
Cynara scolymus	4,4	»	11,2	28 3
Cichorium intibus	»	»	3,6	15,7

La combustion des végétaux en vue d'en retirer les cendres et par suite la potasse n'a plus sa raison d'être dans un pays pourvu de moyens de communication. Pour préparer le sol à la culture dans les pays neufs, on aura encore recours à ce moyen, tout au moins lorsqu'il sera impossible d'exporter le bois.

Dans les pays où l'on alimente les foyers au moyen de parties végétales, la production des cendres peut être élevée. En Galicie et dans quelques provinces de la Russie, on brûle la paille. En Hongrie, en Pologne, en Russie, en Suède, en Norvège, on brûle les arbres. Les États-Unis ont longtemps fourni une grande quantité de potasse provenant du défrichement par le feu des forêts de Pensylvanie, Ohio, Indiana, etc.

Composition chimique des cendres. — La composition chimique des cendres végétales varie avec l'espèce botanique, avec la nature du terrain, et la partie de la plante considérée.

Au point de vue commercial, les cendres sont intéressantes par leur teneur en carbonate de potassium ; les fruits et les graines riches en acides minéraux sont les moins avantageux. Les tissus ligneux sont préférables aux feuilles et aux écorces, qui eux-mêmes sont préférables aux fruits et aux graines :

ANALYSES DE BERTHIER.	PARTIES SOLUBLES			
	CO_2	SO_3	HCl	SiO_2
Bois de charme	»	»	»	»
Charbon de charme	4,43	1,30	0,83	0,18
— de hêtre	3,65	1,19	0,85	0,16
Bois de chêne	2,88	0,97	0,01	0,02
Charbon de chêne	4,39	0,90	0,02	0,15
Écorce de chêne	1,45	0,37	0,04	0,05
Bois de tilleul	2,96	0,81	0,19	0,17
— de bouleau	2,72	0,37	0,03	0,16
— d'aulne	»	1,24	0,06	»
— de sapin	7,66	0,80	0,08	0,26
Charbon de sapin	7,34	3,75	»	1,09
Bois de pin	2,89	1,67	0,92	0,18
— de mûrier	5,82	2,09	1,01	»
— de noyer	3,11	0,78	0,08	0,08
Sureau	7,71	2,06	0,13	0,06
Paille de blé	traces	0,20	1,31	3,53
Tiges de pommes de terre	0,26	0,97	0,50	»
Fougères	4,35	1,62	3,19	»

ANALYSES DE HIRTWIG.	PARTIES SOLUBLES			
	K_2CO_3	Na_2CO_3	$NaCl$	K_2SO_4
Bois de hêtre	11,72	12,56	traces	3,49
Aiguilles de sapin		10,72		1,95
Tiges de fèves	13,32	16,06	0,28	3,24
— de pois	4,16	8,27	4,63	10,73
— de pommes de terre	»	»	»	»

DANS L'EAU.			PARTIES INSOLUBLES DANS L'EAU.							
K^2O.	Na^2O.	Total.	CO^2.	P^2O^5.	SiO^2.	CaO^3.	MgO.	Fe^2O^3.	MnO.	Total.
»	»	19,22	26,92	8,11	4,05	31,31	6,33	1,30	2,76	80,78
9,12	2,14	18,00	24,43	7.22	3,20	35,75	5,70	0,08	5,70	82,08
10,45		16,30	27,53	4,77	4,85	35,66	5,86	1,25	3,77	83,70
8,11		12,00	34,99	0,71	3,36	48,41	0,53	»	»	88,00
9,43		15,50	26,91	6,27	1,52	39,95	7,15	0,09	2,60	84,49
4,33		6,25	37,32	»	1,03	47,78	0,75	»	6,98	93,86
6,55		10,80	35,75	2,51	1,80	46,50	1,97	0,09	0,54	89,20
12,72		16,00	26,04	3,61	4,62	43,85	2,52	0,42	2,94	84,00
»		18,80	25,17	6,25	4,06	40,76	2,03	2,92	»	81,20
16,80		25,70	17,17	3,14	5,97	29,72	3,28	10,53	4,48	74,30
15,32	22,55	50,00	10,75	0,90	6,50	13,60	4,35	11,15	2,75	50,00
4,41	3,53	13,60	32,77	0,91	4,19	38,51	9,56	0,09	0,36	86,40
13,16	2,91	25,00	31,75	1,36	2,19	34,85	3,48	0,38	0,98	75,00
11,27		15,40	32,33	4,19	3,67	37,06	3,84	3,50	»	84,60
21,54		31,50	22,06	5,83	2,25	34,57	1,76	0,08	1,26	68,50
5,05		10,10	»	1,08	73,36	5,72	»	2,42	0,25	89,90
2,47		4,20	»	»	»	»	»	»	»	95,80
19,84		29,00	17,96	5,68	15,48	30,39	0,50	0,50	0,50	71,00

DANS L'EAU.		PARTIES INSOLUBLES DANS L'EAU.								
$KSiO^2$.	Total.	CaO^3.	MgO.	$Ca^3(PO^4)^2$.	$Mg^3(PO^4)^2$.	$Fe^2(PO^4)^2$.	Al^2O^3.	MnO^2.	SiO^2.	Total.
»	27,77	49,54	7,74	3,22	2,92	0,74	1,51	1,59	4,87	72,23
3,90	16,57	63,22	1,86	6,35		0,88	0,71	»	10,31	83,32
»	32,90	39,50	1,92	6,43	6,66	3 49		»	7,97	65,97
»	27,81	47,80	4,05	5,15	4,37	0,90	1,20	»	8,71	72,18
»	6,97	48,68	3,75	6,73		1,31	2,75	»	29,81	93,03

Cendres de bois de Russie. — Les débris d'abatage et d'équarrissage des arbres, les menues branches, copeaux et flaches, etc., sont laissés sur le sol pendant un an, de manière à être transformés et à rendre la combustion lente et moins dangereuse. On les réunit en tas ou en fosses auxquelles on met le feu.

Cendres d'herbes de Russie. — Dans le Caucase, on traite les déchets de la culture du tournesol, du sarrasin, des herbes diverses. La surface ensemencée en tournesol dans la région de Kouban est énorme, et les déchets de battage de cette plante alimentent 18 fabriques de potasse dont 5.160.000 kilogrammes environ vont à l'exportation.

Composition de la potasse de Russie.

Carbonate de potasse	69,61
Carbonate de soude	3,09
Sulfate de potasse	14,11
Chlorure de potassium	2,09
Eau	8,82
Acide phosphorique, chaux, silice	2,28
	100,00

Cendres de bois de Pologne. — Dans une fosse, sur le fond de laquelle on a réservé un certain espace au moyen de grilles de fer, on dépose des débris de bois. On allume et on modère la combustion par une lessive de cendres. On ajoute du bois et on continue la combustion jusqu'à ce que la fosse soit pleine. On enlève les grosses impuretés et on laisse refroidir la masse de cendres qui se prend en bloc. On brise et on met les blocs en tonneaux. C'est la potasse bleue de Pologne.

Cendres d'Autriche. — Les arbres ne sont abattus que quand ils sont entrés en pourriture sèche. On allume par des trous pratiqués de distance en distance et remplis de copeaux. La combustion se développe peu à peu et l'arbre est réduit en cendres.

Composition de la potasse de Toscane.

Carbonate de potasse...................... 74,1
Carbonate de soude........................ 3,01
Sulfate de potasse 13,47
Chlorure de potassium.................... 0,95
Eau.. 7,28
Acide phosphorique, chaux, silice.......... 4,19
                                          —————
                                          100,00

Cendres de Norvège. — Les arbres morts et déchets de toute sorte sont brûlés dans des fosses. Les cendres, criblées et arrosées, sont disposées sur des couches de bûches régulièrement alternées. La combustion du bois entraîne la fusion des cendres, qui s'agglomèrent et se colorent en gris ou en bleu foncé : ce sont les ocras.

Cendres de lies de vin. — Après la fermentation, les dépôts sont recueillis et pressés. Les tourteaux séchés au soleil sont brûlés sur une aire plate. 100 kilogrammes de levure sèche peuvent donner 17 kilogrammes de potasse.

Potasse d'Amérique. — L'incinération des bois défrichés donne la potasse pearl ash. Les cendres sont lessivées et la masse évaporée dans des chaudières donne le black salt. Celui-ci est calciné, repris par l'eau, et évaporé ; il donne le white salt. La calcination sur un four à réverbère donne la potasse pearl ash, qui contient 60 à 70 p. 100 de potasse.

Composition de la potasse d'Amérique.

SUBSTANCES.	PEARL ASH.	ROUGE.
Carbonate de potasse..........	71,38	68,04
Carbonate de soude............	2,31	5,85
Sulfate de potasse............	14,38	15,32
Chlorure de potassium........	3,64	8,15
Eau..........................	4,56	»
Acide phosphorique, chaux, silice....................	3,73	2,64
	100,00	100,00

Raffinage des cendres. — *Tamisage.* - - Les cendres sont tamisées pour les débarrasser du charbon et des cailloux.

Lessivage. — Cette opération se fait dans des cuviers en bois montés sur axe horizontal. La rotation du système permet la vidange des résidus. La filtration se fait sur un lit de paille disposé sur un système à claire-voie. Le lavage est méthodique et l'eau pure pour le cuvier 1 ou les lessives plus ou moins concentrées pour les autres cuviers restent quatre heures en con-

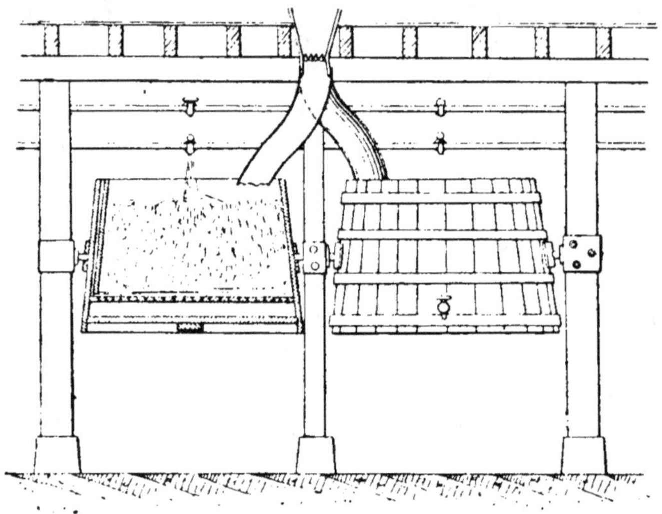

Fig. 234. — Bacs pour le lessivage des cendres.

tact avec les cendres. Le résidu du lessivage sert comme amendement.

Evaporation. — La liqueur marquant 12 à 15° Baumé, plus ou moins colorée, est évaporée dans une chaudière jusque dépôt de sel fortement coloré ou jusque consistance sirupeuse. La masse est ensuite passée dans un four et concentrée jusqu'à contenir 6 à 12 p. 100 d'eau.

Calcination. — Le salin est envoyé dans un four à réverbère à voûte élevée, chauffée au bois. La masse est divisée en grumeaux de petites dimensions, et la calcination est poussée jusqu'à disparition complète de points noirs. La potasse concassée est retirée du four : c'est la potasse pearl ashes.

POTASSE DES CENDRES DE VARECHS

Les plantes marines, les varechs en particulier, donnent par incinération des cendres renfermant une grande quantité de potasse. L'industrie des cendres de varechs pour l'extraction de la potasse, du brome et de l'iode, autrefois très prospère sur les côtes de l'Atlantique en France et en Angleterre, a beaucoup perdu de son importance. L'extraction des sels minéraux, l'industrie des salins ont rivalisé avec avantage avec les petites usines le plus souvent mal outillées : il reste cependant quelques

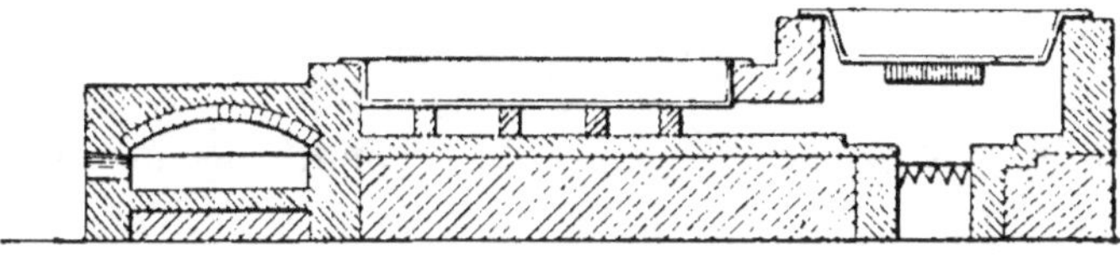

Fig. 235. — Coupe verticale d'un four pour la concentration du salin.

établissements en Normandie, Bretagne et Vendée et en Angleterre, Écosse et Irlande.

Les varechs. — On distingue : 1° les varechs de grands fonds, *fucus digitatus, fucus vesiculosus, fucus saccharinus.* Ces varechs à grosse tige, ramifiés, sont arrachés par grosse mer et amenés sur les rivages en masses énormes. Leur teneur en iode est élevée ;

2° Les varechs du littoral, croissant sur les rochers peu profonds : *fucus nodosus, fucus serratus, fucus filum.* Ces varechs sont moins riches en iode que les précédents. La récolte en est réservée en France aux riverains. Elle se fait à deux époques de l'année ;

3° Les varechs de fonds moyens :

Fucus stenobolus, à long pédoncule riche en iode (2 p. 100);

Fucus stenophyllus, fucus saccharina, renfermant de la mannite, *fucus bulbosus.*

Récolte des varechs. — A la suite des grandes marées et des tempêtes, les flots apportent sur les grèves des masses de fucus. Les riverains réunissent, au moyen de rateaux, les plantes qu'ils peuvent atteindre. Ces fucus sont mis à sécher, réunis en tas, et conservés jusqu'au mois d'août, où se fait l'incinération. Les eaux de pluie lavent ces plantes exposées à l'air ; les sels contenus à leur surface et une partie de ceux renfermés dans les cellules sont perdus.

Incinération. — L'incinération des varechs se fait sur le rivage dans des fosses garnies de pierres. Au fur et à mesure que la combustion avance, on ajoute de nouvelles quantités de matières, et on évite une température trop élevée qui volatiliserait des composés alcalins et réduirait les sulfates à l'état de sulfites et de sulfures. Quand la fosse est pleine, on brasse la masse pour achever la combustion ; la masse est fondue en partie, on la met en tas qu'on recouvre de terre.

Ce procédé d'incinération primitif est loin d'être parfait : il est toutefois conservé en raison des conditions précaires de cette industrie.

Composition des cendres. — La composition des cendres de goémons est très variable avec l'espèce botanique, le lieu de croissance, la quantité de sels de mer restés sur les plantes, l'action de la pluie, de la température, le mode d'incinération, comme le montrent les analyses suivantes (Marchand) :

	SILI-QUOSUS.	VESI-CULOSUS.	SERRATUS.	SACCHA-RINUS.	DIGITATUS.	SACCHA-RINUS. (Witting)
K^2O	15,15	6,07	7,54	7,93	6,62	12,14
Na^2O	15,23	19,94	27,99	23,76	25,82	16,19
CaO	9,95	14,20	9,21	10,76	9,74	16,71
MgO	7,42	6,25	4,18	5,14	5,85	10,96
$Fe^2O^3 + MgO^2$	2,35	1,08	0,68	0,95	0,22	0,80
Cl	32,62	25,39	26,05	28,13	32,37	0,66
I	0,66	0,72	0,83	2,73	5,35	0,73
Br	0,64	0,60	1,01	0,25	0,77	»
P^2O^5	2,90	2,17	2,32	4,20	3,05	1,59
SO^3	17,59	25,58	18,24	19,01	12,35	18,07
CO^2	1,67	2,63	5,67	2,58	2,77	23,35
SiO^2	1,48	2,55	1,30	1,11	3,02	»
	107,66	107,18	105,02	106,55	107,93	102,10
O à retrancher	8,44	5,82	6,02	6,55	7,96	0,24
	99,22	101,36	99,00	100,00	99,97	101,86

Traitement des cendres. — Les cendres sont concassées, puis soumises à un lavage méthodique qui sépare les sulfates et les chlorures.

1° Les petites eaux des opérations précédentes sont d'abord utilisées à ce lessivage. La solution obtenue titre 16° Baumé. Elle renferme des iodures, des chlorures et du carbonate de soude. Ces eaux sont concentrées à 35° ; le sel marin est recueilli. Par refroidissement, elles abandonnent le chlorure de potassium. Les eaux mères, reprises et concentrées à 45°, donnent à nouveau le sel marin. Par cristallisation, elles donnent ensuite le chlorure de potassium. Enfin la cristallisation est poussée à 55°. Les deux chlorures obtenus sont lavés : on sépare les iodures et purifie les sels.

2° On fait un lavage à l'eau pure, qui dissout les sulfates. La solution à 8° Baumé est concentrée par l'ébullition jusque 28° ou 30° Baumé. Les cristaux très fins de sulfate se déposent. A 30°, le chlorure de sodium cristallise. Les lessives sont alors envoyées dans des cristallisoirs où se dépose un mélange de sulfate de potasse et de soude que l'on peut séparer.

Les eaux mères à 55° contiennent des iodures de potasse et de soude, du sel marin, du sulfate et du carbonate de soude, etc. Ces eaux servent à la fabrication de l'iode.

Raffinage des sels de potasse provenant des cendres. — Les salins renferment, à côté des sels de potasse, des sels de soude. Un raffinage méthodique permet de les séparer. Nous décrirons plus loin le raffinage des salins de mélasse, qui, en raison de leur composition, sont les plus complexes à traiter.

POTASSE EXTRAITE DES MÉLASSES
DE BETTERAVES

La racine de betterave sucrière ou de distillerie contient une quantité importante de matières minérales. La betterave fraîche en contient 1 à 5 p. 100 ; les sels alcalins dominent et pour 100 de cendres on trouve :

    40 à 50 p. 100 de potasse ;
    19 à 20   —   de soude ;
    15 à 30   —   de chlorures alcalins ;
    6 à 12   —   d'acide phosphorique ;
    Un peu d'acide sulfurique et de bases alcalino-terreuses.

Les quantités et les proportions de potasse et de soude varient suivant les terrains et le mode de culture; mais en général les variétés riches en sucre sont riches en potasse et moins riches en soude.

Dans le travail des betteraves à la diffusion, les sels de potasse sont solubilisés comme le sucre et les autres matières diffusibles. Les opérations de la sucrerie éliminent les sels de chaux, de magnésie, la silice, l'acide phosphorique, etc.; mais les sels de potasse et une certaine quantité de matières organiques restent dans le travail et se concentrent finalement dans la mélasse.

D'après Saillard, les mélasses françaises contiennent généralement 45 à 46 p. 100 de sucre et on obtient environ $3^{kg},8$ de mélasse par 100 kilogrammes de betteraves quand on fait sucre blanc et mélasse.

Dans les mélasses, il y a environ 10 p. 100 de cendres sulfuriques industrielles, lesquelles représentent les $\frac{9}{10} = 11,11$ p. 100 de cendres sulfuriques pesées à la balance. (En pratique, on multiplie ces dernières par 1,9 pour les porter dans le bulletin d'analyse).

Quant aux cendres sulfuriques pesées à la balance, elles contiennent pour 100 grammes (moyenne de 15 analyses faites par Saillard sur des mélasses de l'année 1910-1911) :

Potasse	43	p. 100
Soude	6	—
Magnésie	0,10	—
Chaux	1,2	—
Acide phosphorique	0,4	—
Fer et alumine	0,9	—
Silice et silicates	0,6	—

La mélasse qui provient des sucreries est livrée aux distilleries de mélasse. Elle est légèrement acidifiée par SO^4H^2, dénitrée à l'ébullition, étendue d'eau, et soumise à la fermentation alcoolique. Le moût distillé laisse de la vinasse à 4° Baumé, qui renferme les sels de la mélasse et ceux de la levure.

Traitement de la vinasse. — On sature les acides libres par une addition de craie et on évapore l'eau pour calciner le résidu. La mélasse contient environ 80 grammes de matières sèches par litre, soit 25 grammes de cendres. Pour évaporer l'eau, on aura donc recours à la combustion des matières organiques.

Procédé Porion (fig. 236). — Le four Porion fut longtemps seul employé, il est encore installé dans beaucoup d'usines. La coupe ci-contre montre en *a* le four à incinérer et en *c* la grille de combustion ; en *d*, la chambre d'évaporation de la vinasse. Celle-ci est maintenue à un niveau constant et projetée dans la direction des foyers par deux arbres horizontaux à quatre

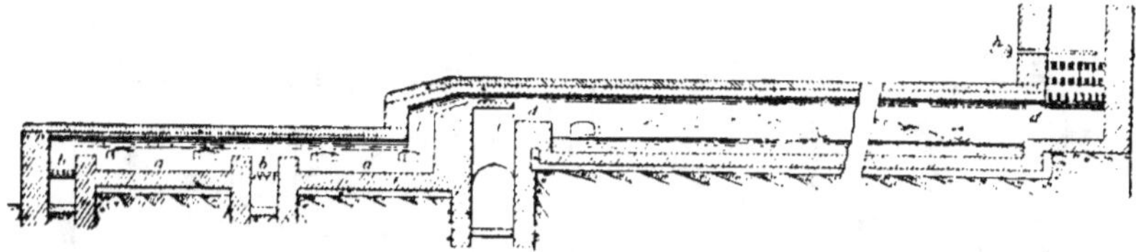

Fig. 236. — Coupe verticale et longitudinale d'un four Porion.

séries de palettes en fonte plongeant de 3 à 4 centimètres dans le liquide. La projection de ce dernier dans le courant d'air chaud le concentre rapidement. Les gaz qui entrent dans la chambre *d* à 500° en sortent saturés de vapeur d'eau à 80°. La vinasse, concentrée dans cette chambre à 25° Baumé, est envoyée dans le four à incinérer où elle se boursoufle et s'enflamme ; on la brasse au moyen de ringards. Quand un échantillon délayé dans l'eau donne un filtrat incolore, on met la matière en tas et l'incinération s'achève : de cette manière les nitrates ne sont pas détruits et les sulfures sont formés en minimes quantités.

Le four Porion est économique en combustible, mais les gaz mis en liberté dégagent une odeur désagréable et donnent un abondant dégagement de noir de fumée. Ils entraînent aussi des matières salines.

Procédé par le vide. — La concentration de la vinasse se fait aujourd'hui dans des appareils à triple et à quadruple effet, du même genre que ceux employés en sucrerie. La vinasse concentrée à 25° Baumé dans le dernier corps tubulaire est envoyée dans une chaudière plate en tôle, établie au-dessus des fours à incinérer. Elle se concentre à 30°-32° Baumé, puis passe dans les fours. Les fours sont accouplés : un est en feu et l'autre en défournement ou en chargement. Les gaz dégagés servent à chauffer les chaudières qui fournissent la vapeur à l'appareil à vide, aux appareils de distillation et de rectification de la fabrique d'alcool.

Le salin obtenu est gris noir, poreux, boursouflé. Il ne doit pas présenter de parties frittées, ni de parties trop rouges lorsqu'il a été brûlé et que le sulfate de fer s'est oxydé.

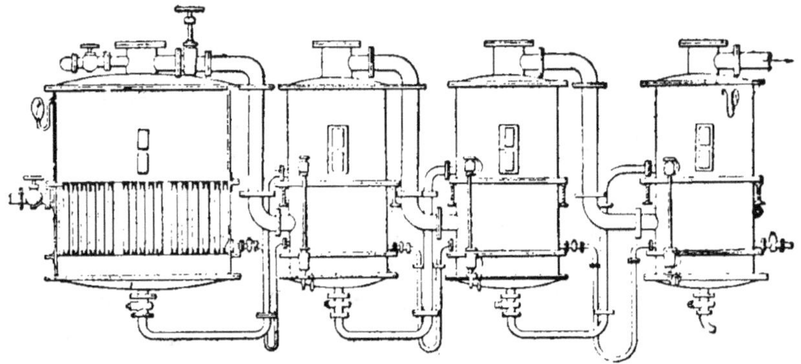

Fig. 237. — Concentration de la vinasse par le vide. — Appareil à quadruple effet.

Raffinage des salins. — Dans le raffinage, on évite la formation du carbonate double de potasse et de soude, qui se forme à froid, en maintenant la température toujours au-dessus de 40°.

Le salin concassé est soumis à un lessivage méthodique dans une batterie de 6 à 8 cuves contenant 1,500 kilogrammes de sels environ. Le résidu est formé de :

Carbonates alcalins	0	à 1,5
Carbonate de calcium	35	— 60
— de magnésium	3	— 5
Phosphate de calcium	0	— 6
Acide sulfurique	2	— 7
Sulfure de calcium	5	— 20
Silice combinée	1	— 2
Sesquioxyde de fer et alumine	1,5	— 15
Sable	0	— 0,5
Charbon	15	— 30

La dissolution obtenue marque 27° Baumé ; on la concentre à 30° Baumé. Le sulfate de potasse mélangé à environ 20 p.100 de carbonate de potasse cristallise ; on le recueille et on l'égoutte. La concentration est poussée à 40° ; le sulfate continue à se déposer. On laisse refroidir la masse qui abandonne des cristaux cubiques qu'on recueille et qu'on met à égoutter, et qui renferment 90 p. 100 de chlorure de potassium.

On concentre ensuite les eaux mères à 48° Baumé. Le carbonate de soude se dépose de plus en plus impur. On décante le liquide dans des cristallisoirs, où se dépose le carbonate double de potasse et de soude : CO^3K^2, $2CO^3Na^2$, $12H^2O$.

L'eau mère est évaporée : le sel déposé est calciné ; on dissout de nouveau ; les matières organiques se séparent de l'oxyde de fer ; on recalcine. La potasse finalement obtenue représente 20 p. 100 de la masse environ et renferme :

Carbonate de potasse pur.............. 95 p. 100
Carbonate de soude................... 2 —
Chlorure et sulfate de soude.......... 3 —

Sulfate et chlorure sont parfois lavés avant d'être livrés au commerce.

Le carbonate double est traité par une quantité d'eau bouillante suffisante pour dissoudre le carbonate de potassium. On évapore la solution et on obtient ainsi un carbonate très pur.

POTASSE EXTRAITE DES SALINS DE LA MER.

En moyenne, un mètre cube d'eau de mer renferme :

Chlorure de sodium......... 26   à 31   kilogrammes.
Chlorure de magnésium..... 3   à 7   —
Sulfate de magnésium....... 0,5 à 0,6   —
Sulfate de calcium.......... 0,14 à 0,6   —
Chlorure de potassium...... 0,01 à 0,1   —
Bromure de sodium......... 0,5 à 0,6   —

Les principaux centres d'extraction du sel de l'eau de mer par évaporation spontanée sont : en Portugal, Saint-Ubes, Alcacer de Sal, Setubal, Oporto ; en Espagne, sur les deux côtes ; en France, sur la côte méditerranéenne et sur les bords des étangs de Berre, sur la côte atlantique ; en Autriche sur la côte dalmate.

En étendant l'eau de mer en couches minces sur de vastes surfaces, elle se concentrera et déposera successivement les matières dissoutes ou les produits de leurs réactions réciproques.

La densité de l'eau de mer sur la côte méditerranéenne est de 3°,5 Baumé. L'eau concentrée à 7°1 B se trouble légèrement et laisse déposer le carbonate de calcium et le peroxyde de fer hydraté. A 15° B, ce dépôt est terminé et l'eau réduite à 223 litres. A 16°,75 B, le sulfate de calcium hydraté commence à se précipiter, et cette précipitation continue jusqu'à 30°,2 B. A 26°,5 B, le liquide est réduit à 90 litres et il s'est séparé par litre 1gr,58 d'oxyde de fer, de carbonate et de sulfate de chaux.

De 25° à 26°,5 B, il s'est déjà formé un léger dépôt de sel et le mètre cube initial a fourni 2kg,100 de sel. Le dépôt s'accentue jusqu'à 28°-29° B, et l'eau réduite à 36 litres a laissé déposer 20 kilogrammes de sel. A 28°,5 B, le bromure de sodium commence à cristalliser ; à 30° B, les sels magnésiens commencent à apparaître. L'eau marquant 34°-35° Baumé renferme encore du chlorure de sodium, des sulfates alcalins, des sels de potassium et de magnésium, des iodures et des bromures. Cette eau sert à la fabrication des sels de potasse.

Méthode Balard. — L'eau mère obtenue à 35° Baumé, conservée dans des citernes, était exposée en hiver à une température de 6° et déposait du sulfate de magnésie hydraté $SO^4Mg,7H^2O$. Enfin, l'été suivant, une nouvelle concentration se produisait et il se déposait un chlorure double de potassium et de magnésium, que l'on pouvait traiter.

Méthode Merle. — L'eau mère est concentrée à 28° Baumé puis refroidie à — 2° ou — 3°. Il se dépose du sulfate de soude hydraté $SO^4Na^2,10H^2O$. Les eaux mères sont concentrées à 36° B. Le chlorure de sodium se dépose. Les eaux mères sont refroidies et évaporées sur des aires : il se dépose la carnallite $KCl,MgCl^2, 6H^2O$ qui, traitée par la moitié de son poids d'eau froide, séparait à l'état cristallisé la majeure partie du chlorure de potassium. Ce procédé est relativement coûteux en raison du charbon employé.

Méthode Giraud. — Les eaux sont concentrées à 28°. Exposées sur des aires, elles laissent déposer un sel mixte, sulfate de magnésium et chlorure de sodium, par suite du jeu de l'échauffement du jour et du refroidissement de la nuit. Ces dépôts sont traités d'une manière spéciale. Les eaux sont évaporées à 35°-37° et donnent le sel d'été où se trouve préci

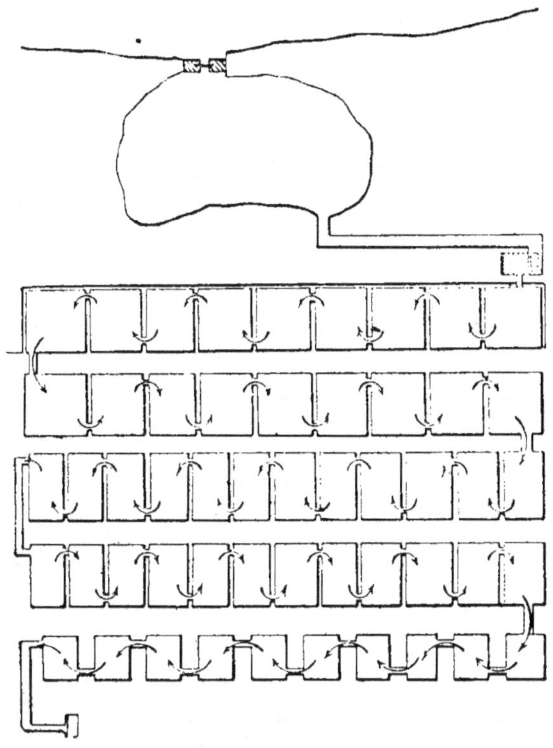

Fig. 238. — Plan schématique d'une saline du Midi.

pité le potassium sous forme de kaïnite $SO^4K^2, SO^4Mg, MgCl^2, 6H^2O$ et de carnallite $KCl, MgCl^2, 6H^2O$. Ce sel d'été est dissous dans l'eau portée à 90°-100° ; par refroidissement, on obtient la schönite $SO^4K^2, SO^4Mg, 6H^2O$, et le chlorure de magnésium reste en dissolution. La schönite, reprise par une quantité insuffisante d'eau chaude, se dédouble et donne par cristallisation la moitié de son sulfate de potassium, tandis qu'il reste en dissolution le sel $SO^4K^2, 2SO^4Mg$ qui, traité par un excès de chlorure de potassium, laisse déposer tout son sulfate de potasse seul ou mélangé de carnallite :

$$SO^4K^2, 2SO^4Mg + 4\,KCl = 3\,SO^4K^2 + 2\,MgCl^2$$
$$SO^4K^2, 2\,SO^4Mg + 6\,KCl = 3\,SO^4K^2 + 2\,(KCl.\,MgCl^2).$$

L'eau mère donne encore du sulfate de soude, un peu de chlorure de sodium et, par addition de chlorure de magnésium, un peu de carnallite que l'on dédouble.

POTASSE DU SUINT

Sur le dos des moutons, la laine est chargée de poussières, de sueur, de matières sébacées formées de graisses ou savons

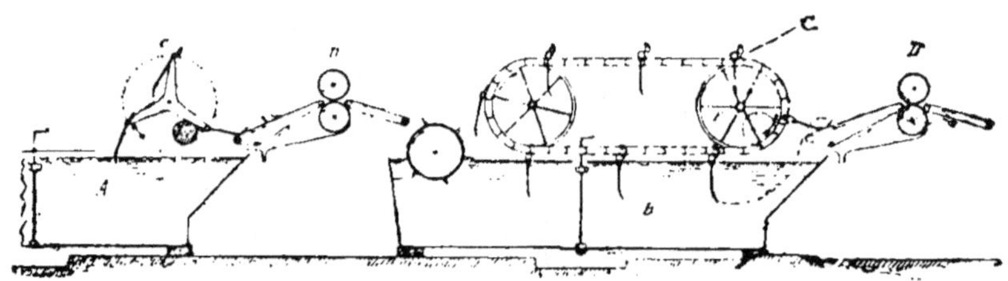

Fig. 239. — Lavage de la laine.

A. bacs de trempage ; B. bacs de lavage à eau de savon ; D, rouleaux essoreurs.

à base de potasse. Certaines toisons rendent 30 à 40 p. 100 au lavage ; d'autres, plus grossières, jusque 70, et 80 p. 100. En moyenne, le rendement est de 50 p. 100.

Le suint est constitué par des savons solubles dans l'eau à base de potasse, des corps gras peu saponifiables, peu solubles dans le sulfure de carbone, composés d'acides palmitique, stéarique, oléique, de cholestérine et de céristine.

Le lavage de la laine se fait en deux phases :

1° On élimine les poussières, la terre, les corps solubles dans l'eau : c'est le désuintage ;

2° On élimine les corps gras insolubles dans l'eau : c'est le dégraissage, qui se fait au sulfure de carbone ou aux benzines légères.

Désuintage. — L'opération se fait sur l'animal ou sur la toison séparée. Le lavage à dos, qui s'opère en faisant passer les moutons dans des citernes où ils sont frottés jusqu'à propreté, est imparfait et mauvais pour la santé des animaux.

Le lavage de la laine coupée s'opère de diverses manières :

1º *Appareil Flush.* — La laine et l'eau chauffée à 50º suivent un chemin opposé dans un tuyau elliptique coudé.

2º *Lavage méthodique.* — On dispose de 4 bacs communiquant par une pompe. La laine épuisée est en contact avec

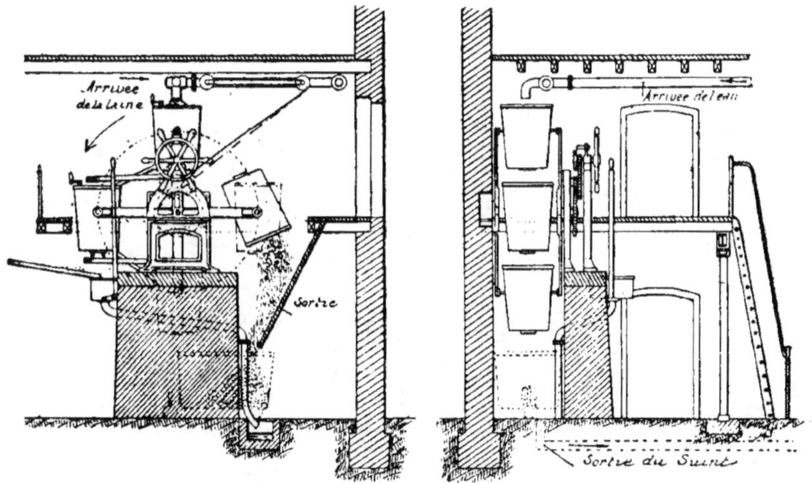

Fig. 240. — Appareil à désuinter Paillet (élévation et vue de côté).

l'eau pure, qui passe ensuite dans les trois autres pour atteindre une concentration de 13º Baumé et renfermer 180 à 200 grammes de matières solides par litre.

3º *Appareil Paillet.* — Cet appareil à lavage méthodique se compose de 4 cuves montées sur tourillons, placées en croix et pouvant tourner. L'eau pure est amenée sur la laine sur le point d'être déchargée dans la trémie. Elle passe ensuite dans les trois autres cuves, la dernière venant d'être remplie de laine fraîche. Les cuves pivotent alternativement autour des positions d'emplissage et de vidange.

4º *Appareils Richard Lagerie.* — L'appareil Richard Lagerie nº 1 est formé de 4 bacs mobiles au-dessous de bacs à eau. Une pompe établit la circulation d'un bac inférieur n° *n* avec un bac supérieur n° *n* +1.

L'appareil Richard Lagerie n° 2 est tel que la laine amenée sur une toile sans fin légèrement inclinée se déplace avec elle. L'eau tombe par en haut en sens inverse du déplacement de la laine.

Eaux de désuintage. — Les eaux de désuintage marquant 13° Baumé sont un mélange de savons de potasse et d'acétates,

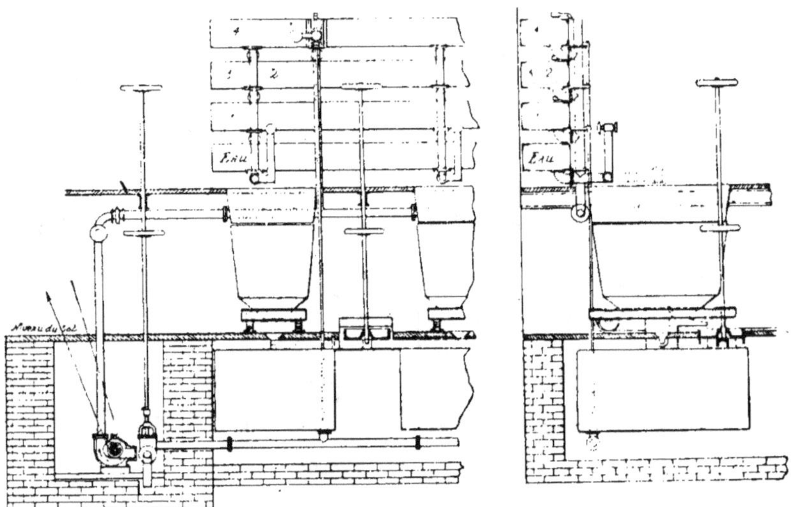

Fig. 241. — Appareil à désuinter Richard.

propionates, butyrates, etc. On peut traiter les eaux pour obtenir la matière grasse ou la potasse.

Pour obtenir la potasse, on évapore la masse jusqu'à consistance sirupeuse et on la fait tomber dans des fours où elle s'enflamme. Le salin obtenu renferme du carbonate de potasse, du sulfate de potasse et un peu de soude.

La concentration peut se faire dans des bâches en tôle placées au-dessus du foyer à combustion et communiquant latéralement entre elles et avec le four par des tuyaux à robinets. La concentration est poussée à 43° Baumé. La masse envoyée sur le four s'enflamme et laisse le salin.

Le raffinage du salin se fait comme il a été indiqué pour le salin de vinasses de betteraves.

LE SALPÊTRE DU BENGALE

Dans la province de Behar faisant partie du district du Bengale dans les Indes, comme dans les provinces de la côte Nord-Ouest, il s'est accumulé une certaine quantité de salpêtre par suite de toute absence de pluie et de la présence de potasse et d'azote non absorbées par les plantes. On dissout le salpêtre réparti dans les terres les plus riches, évapore la solution et fait

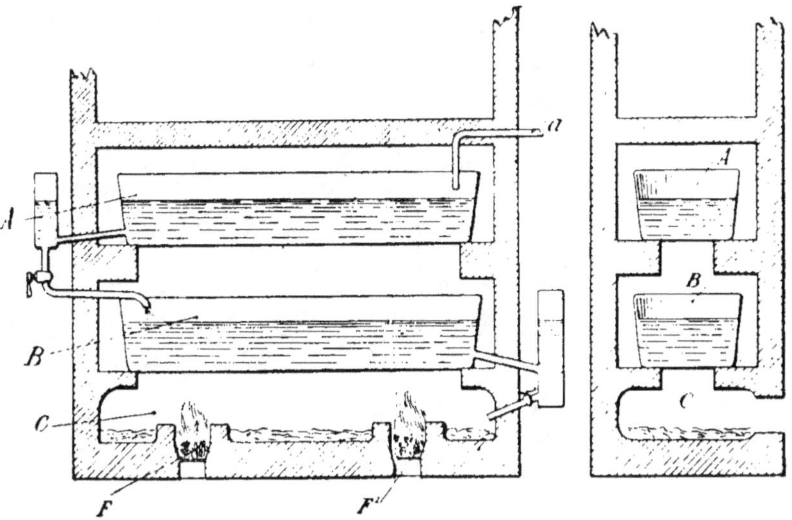

Fig. 242. — Évaporation et combustion des eaux de suint.

a, arrivée des eaux de suint; A, Bac d'évaporation t. 90; B, bac d'ébullition t. d. 100; C, four de combustion, densité des jus à peu près 1,50; FF', foyers.

cristalliser le nitrate de potasse avec 20 p. 100 environ de sels de soude, qu'il est facile d'éliminer. L'exportation du sel a lieu par Calcutta pour l'Angleterre, la Chine et l'Amérique. La production annuelle est très variable ; elle peut atteindre 6 à 10.000 tonnes par an.

LES GISEMENTS DE STASSFURT

Historique de l'exploitation de la potasse à Stassfurt. — La ville de Stassfurt est située au sud-ouest de

Magdebourg, sur la Bode, en Allemagne. L'industrie du sel
dans cette ville remonte à une époque reculée, probablement
même à une époque antérieure à Charlemagne, qui y tint une

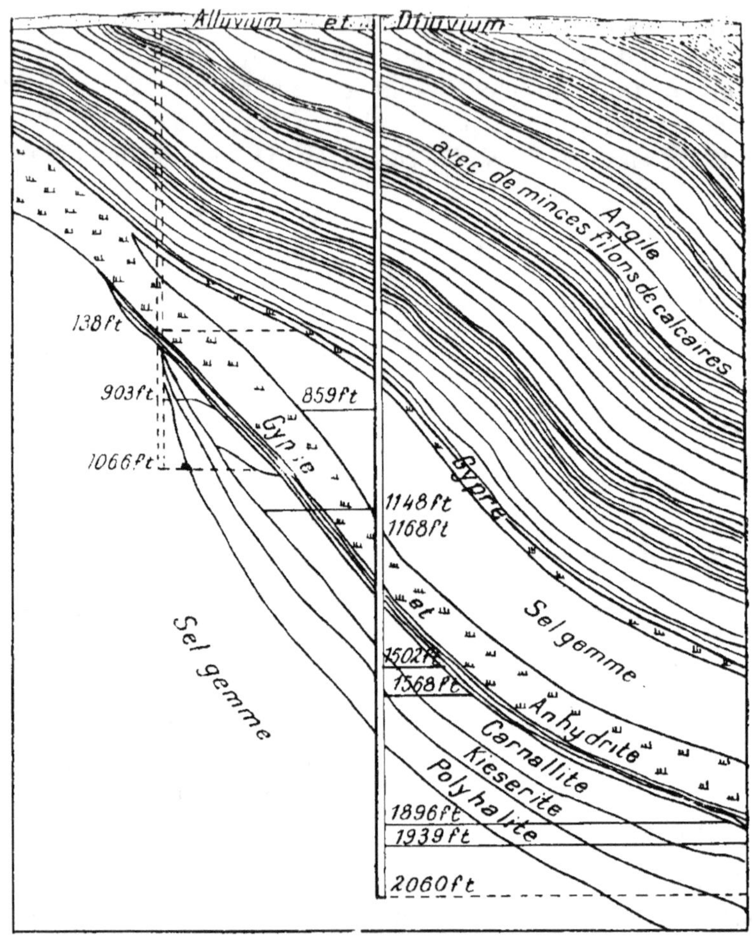

Fig. 243. — Section schématique des gisements de la mine
Ludwig II.

assemblée en 806. L'histoire de l'industrie du sel peut être
divisée en deux périodes : la première s'étend depuis l'origine
de la ville jusqu'en 1839, époque des premiers sondages ; et la
seconde, de 1839 à nos jours.

Jusqu'en 1452, la saline se trouva sur la Sulze, près de Alt-Stassfurt. Des mouvements souterrains dévièrent alors les eaux vers Neu-Stassfurt, où des puits furent creusés. Les eaux salées étaient concentrées dans des kots, d'où le nom de kötners donnés aux saulniers. Les kots, qui appartenaient à la famille régnante d'Anhalt, furent donnés en apanage, et, en 1514, il y avait 65 propriétaires unis en une sorte de corporation. La prospérité de l'industrie à Stassfurt alla grandissant, jusqu'à la fin du XVIIIe siècle, époque à laquelle l'Electeur de Saxe créa

Fig. 244. — Vue extérieure d'une exploitation de potasse allemande.

une saline à Dörrenberg. La concurrence et la rareté du bois employé au chauffage rendirent l'industrie précaire : les établissements furent vendus au roi, moyennant 255.000 marks. Les guerres de l'Empire ne permirent guère le développement de l'industrie ; mais l'exploitation fut continuée après 1815 jusqu'à 1839, sur les mêmes bases que précédemment.

On eut à ce moment l'idée de rechercher la matière qui alimentait les sources salées : on avait bien commencé des sondages à Stassfurt en 1731, mais on ne dépassa pas 180 mètres, en raison des difficultés techniques rencontrées. En 1839, on reprit les sondages et on arriva à la profondeur de 306 mètres en 1843. Après avoir traversé une couche de marne de 6 mètres, on rencontra une couche de sel de 325 mètres, dont les échantillons indiquèrent à l'analyse la présence de sulfate de calcium, de chlorure de potassium, de chlorure de magnésium et de chlorure de sodium. On avait en vue, à ce moment, l'extraction du sel marin, et les impuretés trouvées découragèrent les chercheurs. Le gouvernement prussien commença, en 1851, à forer le puits de la Heydt, et, en 1852, celui de Manteuffel. En novembre 1856, on trouva le sel à 256 mètres ; on fora jusqu'à 334 mètres et on réunit les deux puits par un travers-banc. Les couches de sel bigarré riches en potassium, qui se trouvaient au-dessus du sel marin, furent bientôt exploitées quand on en connut la valeur. Le gouvernement de Anhalt imita, en 1857, le gouvernement prussien et creusa à Leopoldshall un puits de 155 mètres. On avait rencontré le sel à 144 mètres et on avait foré jusqu'à 314 mètres.

La nappe de sel ainsi découverte s'étend sur 1.400 kilomètres carrés. Elle est inclinée à 30° en Prusse et à 44° en Anhalt. La partie Nord-Ouest est large ; la zone Sud-Est est plus étroite et s'arrête aux coteaux de Magdeburg. Le sel gemme est recouvert par les résidus d'évaporation des eaux mères du sel marin, qui s'est avancé des rives vers le milieu du lac. Les couches potassées sont donc d'autant plus profondes que l'on s'approche de la zone de la plus grande profondeur.

Les limites du bassin potassique semblent être données par les points suivants : Halle, Eisenach, Heldburg, Cassel, Göttingen, Sigmundshall, Einigkeit, Magdeburg.

De nombreuses mines furent commencées vers 1890 et 1900, quand on constata le développement de l'emploi agricole de la potasse. Nous examinerons les sociétés exploitantes dans un autre chapitre.

LES SELS DES MINES

Les sels de déblais ou Abraumsalz. — Pour atteindre le sel gemme, il est nécessaire de traverser des couches supérieures de couleur bariolée qu'on avait crues inutilisables. Rejetées d'abord, ou employées à combler des galeries, elles furent utilisées en 1861, après les études de Rose, Reichardt, Bischof. Ce dernier auteur divise le banc salin, puissant de 490 mètres, en quatre étages au point de vue de la composition chimique :

1º L'étage inférieur, ou région de l'anhydrite, constitue une couche de 330 mètres environ, formée de bancs de sel gemme pur avec des lits d'anhydrite, indiquant probablement l'invasion successive de la mer ;

2º Le second étage, ou région de la polyhalite, puissant de 62 mètres, est formé de sel gemme pur, renfermant un peu de sels de magnésium et de potassium avec des lits de polyhalite ;

3º Le troisième étage, ou région de la kiésérite, puissant de 56 mètres, contient, à côté des bancs de sel gemme, principalement des sulfates ;

4º L'étage supérieur, ou région de la carnallite, de 42 mètres d'épaisseur, est formé d'un mélange de sel gemme avec des composés magnésiens et potassiques. Il est en pleine exploitation depuis 1863.

Les dimensions données précédemment ont trait au gisement de Stassfurt ; celui de Leopoldshall présente quelques différences. Au reste, les régions ne sont pas absolument tranchées.

Les analyses suivantes indiquent les compositions des divers étages :

	SEL MARIN.	ANHYDRITE.	POLYHALITE.	KIÉSÉRITE.	CARNALLITE.	TACHYDRITE.
	p. 100	p. 100	p. 100	p. 100	p. 100	p. 100
Région de l'anhydrite (330 m.)...	95, 5	4, 5	»	»	»	»
— de la polyhalite (62 m.),...	91, 5	0, 66	6, 63	»	»	1, 51
— de la kiésérite (56 m.)....	65, 0	2, 00	»	17. 0	13. 0	3, 00
— de la carnallite (42 m.)...	25, 0	»	»	16. 0	55, 0	4, 0
Ensemble (490 m..)......	85, 0	3, 77	0, 80	3, 3	6, 2	1, 0

Région de l'anhydrite. — Les lits d'anhydrite sont appelés par les mineurs Jahresringe, ou anneaux annuels ; ils sont parallèles, épais de 1 à 2 centimètres, et divisent la masse de sel en tranches de 5 à 10 centimètres, parfois de 16 centimètres. Ils sont colorés en gris par une matière bitumeuse. Le sel gemme se présente en masses cristallines, incolores, rendues souvent nébuleuses par des inclusions d'anhydrite ou de gypse. Dans les régions de la polyhalite et dans celle de la carnallite, le sel gemme est coloré en bleu ou en rose par des matières hydrocarbonées. On trouve surtout le sel rose à Leopoldshall.

Région de la polyhalite. — La polyhalite est un sulfate triple de calcium, de potassium et de magnésium hydraté $2SO^4Ca, SO^4Mg, SO^4K^2 + 2H^2O$. Elle forme des bandes de 1 à 3 centimètres ou des rognons dans le sel gemme. La surface extérieure des bandes est foliacée : le sel gemme est ainsi divisé en couches de 5 à 10 centimètres. La polyhalite est parfois teintée par des matières organiques brunes : elle est décomposée par l'eau qui dissout les sulfates de magnésium et de potassium.

Région de la kiésérite. — La kiésérite $SO^4Mg + H^2O$ forme des bancs d'une épaisseur de 2 à 30 centimètres, grenus et compacts, blancs ou colorés en rouge par de l'oxyde de fer. Exposée à l'air, la kiésérite attire l'humidité, durcit, puis se change en sulfate de magnésie à 7 molécules d'eau.

Région de la carnallite. — La carnallite est un chlorure double de potassium et de magnésium hydraté $KCL, MgCl^2 + 6H^2O$. Elle est rarement incolore ou blanche ; elle est grise ou colorée en rouge par des oxydes de fer. La carnallite rouge, cristalline, de densité 1,61, est déliquescente et laisse du chlorure de potassium comme résidu. Des substances terreuses et du chlorure de calcium et de sodium sont souvent mélangées ; parfois on y trouve du soufre, de la silice et de l'anhydrite avec des matières organiques.

La sylvine ou chlorure de potassium KCl est blanche à Leopoldshall, bleuâtre à Stassfurt. Elle se présente à l'état isolé, rarement cristallisé, en blocs atteignant parfois 30 kilogrammes.

La tachydrite a pour formule $CaCl^2, 2MgCl^2 + 12H^2O$. C'est un sel déliquescent, se présentant en strates de 5 à 10 centimètres contre le toit du gisement. La tachydrite est plus ou moins rougeâtre et d'aspect savonneux. Elle absorbe l'humidité et se dissout avec dégagement de chaleur.

La stassfurtite ou boracite de formule $2B^4O^{15}Mg^3,MgCl^2$ a un aspect dense à Stassfurt (stassfurtite) et cristallisé à Luneburg (boracite). Elle forme des rognons dans les couches supérieures et des lits dans la kiésérite. Dans la carnallite, les rognons peuvent atteindre 20 à 30 kilogrammes. La stass-

Fig. 245. — Puits de prospection avec machine à forer.

furtite est blanche, crayeuse, jaune, grise, verte ou brune. Bischof a indiqué une stassfurtite ferrugineuse ayant pour formule $B^4O^{15}Mg^3$, $B^4O^{15}Fe^3$, $MgCl^2$. La stassfurtite se conserve sous l'eau.

La kaïnite a pour formule $SO^4K^2,SO^4Mg,MgCl^2 + 6H^2O$. Elle se trouve au toit du gisement au-dessus de la carnallite. Elle est abondante à Leopoldshall, où elle se présente sous forme de sel grenu, parfois jaune ou blanc, mélangé de gypse, d'anhydrite ou de quartz. La kaïnite se dissout dans l'eau en formant SO^4Mg, $SO^4K^2 + 6H^2O$ à côté de quantités variables de sulfate de magnésium, de chlorures de magnésium, de sodium et de potassium.

La reichardtite SO^4Mg, $7H^2O$ se trouve au toit du gisement sous une épaisseur de 2 à 3 centimètres. C'est un corps dur, gris, d'éclat vitreux, à structure foliacée ou grenue.

La schönite SO^4K^2, $SO^4Mg + 6 H^2O$, qui se forme par l'action de l'eau sur la kaïnite, a été trouvée à l'état natif.

A côté de ces sels qui forment la masse du gisement, on trouve un peu de soufre, des pyrites de fer, des bromures et quelques sels de métaux rares.

Sorel a donné le tableau suivant des propriétés de tous ces corps :

NOM.	SYNONYMES.	FORMULE.	COMPOSITION.		DENSITÉ.	SOLUBILITÉ à 18°C dans 100 d'eau.
Anhydrite.....	Karnsténite.	$CaSO^4$	100	$CaSO^4$	2,968	0,20
Boracite.......	....	$2 Mg^3B^4O^{13}, MgCl^2$	89,39 / 10,61	$Mg^3B^4O^{13}$ / $MgCl^2$	2,95	Très peu soluble.
Carnallite.....	Karsténite.	$KCl, MgCl^2, 6 H^2O$	26,76 / 34,50 / 38,74	KCl / $MgCl^2$ / H^2O	1,618	64,5
Fer spéculaire.	....	Fe^2O^3	100	Fe^2O^3	3,35	Insoluble.
Glauberite.....	Brongnartite.	$CaSO^4, Na^2SO^4$	48,87 / 51,13	$CaSO^4$ / Na^2SO^4	2,73	Décomposé.
Kaïnite........	....	$K^2SO^4, MgSO^4, MgCl^2 + 6 H^2O$	36,34 / 25,24 / 18,95 / 19,47	K^2SO^4 / $MgSO^4$ / $MgCl^2$ / H^2O	2,138	79,56
Kiésérite......	Martinsite.	$MgSO^4 + H^2O$	87,10 / 12,90	$MgSO^4$ / H^2O	2,517	40,90
Polyhalite.....	....	$2 CaSO^4, MgSO^4, K^2SO^4 + 2 H^2O$	45,18 / 19,93 / 28,90 / 5,99	$CaSO^4$ / $MgSO^4$ / K^2SO^4 / H^2O	2,720	Décomposé.
Reichardtite...	....	$MgSO^4 + 7 H^2O$	48,78 / 51,22	$MgSO^4$ / H^2O	1,70	60,32
Schönite.......	Pikromérite.	$K^2SO^4, MgSO^2 + 6 H^2O$	43,48 / 29,85 / 26,97	K^2SO^4 / $MgSO^4$ / H^2O	»	»
Stassfurtite....	....	$2 Mg^3B^4O^{13}, MgCl^2$	89,39 / 10,61	$Mg^3B^4O^{13}$ / $MgCl^2$	2,91	Peu soluble.
Sel gemme.....	....	$NaCl$	100	$NaCl$	2,91	36,20
Sylvine........	Leopoldite Schätzellite Hovélite.	KCl	100	KCl	2,025	34,5
Tachydrite.....	....	$CaCl^2, 2 MgCl^2 + 12 H^2O$	21,50 / 36,98 / 41,52	$CaCl^2$ / $MgCl^2$ / H^2O	1,671	160,3

TRAITEMENT DES SELS BRUTS

Traitement de la carnallite. — La carnallite est parfois vendue directement à l'agriculture ou à l'industrie.

A la mine, elle est employée à la fabrication du chlorure de de potassium. Les sels sortant du puits sont triés à la main, de manière à séparer les sels potassiques de la plus grande partie du sel gemme. La masse triée a approximativement la composition suivante :

Carnallite	55 à 60 p. 100
Sel marin	20 à 25 —
Kiésérite	15 à 20 —
Anhydrite, stassfurtite et fer spéculaire	1 à 3 —

Un second triage élimine les kaliumabfallsalz qui ont pour composition :

Carnallite	16,0
Sel marin	75,0
Kiésérite	7,5
Sable et argile	1,0
Anhydrite	0,5

La carnallite à 50-60 p. 100 de pureté ne contient que 14 à 18 p. 100 de potassium. Le traitement que l'on fait subir au sel repose sur ce fait que la carnallite est notablement plus soluble dans l'eau que la kiésérite et le sel marin, surtout dans une petite quantité d'eau chaude. La dissolution détermine une décomposition de la carnallite, et par refroidissement il cristallise du chlorure de potassium, puis du sel marin, puis du chlorure de magnésium. La première eau mère est reprise et évaporée ; on précipite ainsi la plus grande partie du sel marin, du sulfate de magnésium et du sulfate de potassium. La liqueur concentrée et purifiée donne par refroidissement du chlorure de potassium, avec plus ou moins de chlorure de magnésium. Un nouveau traitement à l'eau bouillante du résidu de la solution évaporée donne du chlorure de potassium très pur, et il ne reste dans les eaux mères que 1 à 2 p. 100 de ce sel.

En définitive, on a obtenu les divers produits suivants :

1° Les résidus laissés dans les chaudières de dissolution consistant en kiésérite et en sel gemme, qui servent à la fabricatio n des sulfates de sodium, de magnésium et au lavage de la kiésérite ainsi qu'à l'extraction de l'acide borique ;

2° Le chlorure de potassium de premier jet qui est séparé des sels mélangés et vendu comme sel à 80-85°, ou qui sert à la fabrication du sulfate de potassium ;

3° Les sels séparés dans la concentration des premières eaux mères, qui sont vendus comme engrais ;

4° Le chlorure de potassium, de deuxième extraction, qui titre 90 à 98 p. 100 ;

5° Les dernières eaux mères, qui servent à la fabrication du chlorure de magnésium et du brome, mais dont on rejette la majeure partie.

En résumé, des 16 p. 100 de chlorure de potassium contenu dans la carnallite, on ne retire au maximum que 11,5 parties, soit 66 p. 100. Il en reste 2 à 3 p. 100 dans les résidus du premier lavage, 2 à 3 p. 100 dans les sels déposés à la cristallisation et 1 p. 100 dans les dernières eaux mères.

100 kilogrammes de chlorure de potassium proviennent donc de 800 kilogrammes de sel brut.

Pratique de la fabrication. Dissolution des sels. — Les sels concassés dans des appareils à mâchoire sont déversés dans des chaudières cylindriques de 3 à 4 mètres de hauteur et de 1^m,50 à 2 mètres de diamètre, soit d'une capacité de 30 à 60 mètres cubes. Les chaudières sont en tôle, enveloppées de calorifuge et munies d'un faux fond, au-dessous duquel un tuyau de vapeur perforé sert au chauffage. La cuve est remplie d'eau mère que l'on porte à 100-110° et dans laquelle on fait

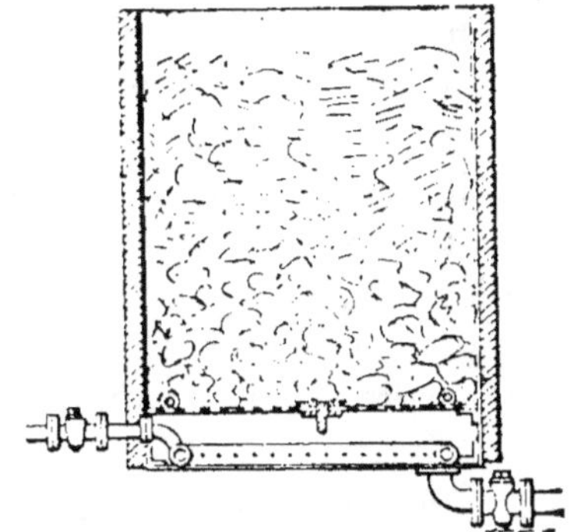

Fig. 246. — Bacs à dissoudre le chlorure de potasse.

tomber 3 à 5 tonnes de sel brut. Il convient d'employer pour la dissolution, non de l'eau pure, mais de l'eau chargée de chlorure de magnésium. L'excès de chlorure de magnésium à employer varie avec la richesse que l'on se propose d'obtenir, c'est-à-dire suivant qu'on a pour but de fabriquer du sel de premier jet ou de la carnallite artificielle destinée à un second traitement. Une solution saturée à chaud de chlorure de magnésium peut dissoudre beaucoup de chlorure de potassium et précipiter celui-ci sous forme de carnallite : une solution obtenue en traitant, à 110°, 15 parties de sel brut par 100 parties des dernières eaux mères, marque 34°,4 Baumé, et dépose du sel double. Si l'on veut passer par la production de la carnallite artificielle et obtenir des sels riches, on emploiera les eaux mères finales et un excès de sel brut, pour augmenter la teneur en chlorure de magnésium : la carnallite se dissout dans ce liquide et cristallise presque intégralement par refroidissement ; elle est presque pure de chlorure de sodium et de sulfate. En dissolvant la carnallite artificielle dans un peu d'eau chaude et laissant cristalliser, on obtient un chlorure de potassium à très haut titre. La liqueur restante, mise à évaporer, laisse déposer de la carnallite qui est traitée de même.

Le procédé que nous venons de décrire est souvent remplacé par le procédé suivant : on emploie à la dissolution les premières eaux-mères, mélangées au liquide provenant du second lavage du sel brut, aux eaux d'égouttage et à de l'eau, et on traite 100 kilogrammes de sel brut par mètre cube de ce mélange. On fait la dissolution à 110°. On arrête le chauffage et on laisse le liquide s'éclaircir. La densité passe de 33° Baumé à 31° Baumé. On fait couler la dissolution dans les cristallisoirs. Le sel brut restant dans la chaudière de dissolution est formé de sel marin, de kiésérite, de stassfurtite, d'anhydrite, d'argile, de sable et d'un peu de sel de potassium ; on l'épuise à chaud pour extraire du chlorure de potassium en employant l'eau juste suffisante pour couvrir le sel. La dissolution clarifiée sert au traitement initial des sels bruts. Le résidu restant dans la chaudière représente 30 à 50 p. 100 du sel brut mis en œuvre. Parfois le résidu est soumis à un deuxième lavage. Il est ensuite traité comme kiésérite ou employé à la fabrication du sulfate de soude.

Sorel a donné les compositions suivantes :

Eaux provenant de la première dissolution.

	32o-33o B	104o-110oC
Chlorure de potassium.....	11,50	12,07
— de sodium........	4,92	2,59
— de magnésium....	20,01	21,05
Sulfate de magnésium......	2,44	2,45
Eau....................	61,13	61,84

Eau de la deuxième attaque.

	31o-32o B	100o C	
Chlorure de potassium......	7,46	6,99	5,64
— de sodium........	11,01	14,88	16,02
— de magnésium.....	11,86	7,02	7,30
Sulfate de magnésium......	6,11	6,70	5,13
Eau....................	63,36	64,41	65,91

Résidu séché à l'air.

Chlorure de potassium......	5,08	8,09	6,86
— de sodium........	50,07	43,94	45,80
— de magnésium.....	2,59	4,40	3,50
Sulfate de magnésium......	29,65	30,96	29,46
Sulfate de calcium......... }	8,50	5,85	{ 4,46
Matières insolubles......... }			{ 4,05
Eau.................	4,11	6,76	5,87

Cristallisation. — Les solutions de sel sont abandonnées deux ou trois jours au refroidissement dans des bacs rectangulaires en tôle, de 0^m,5 à 2 mètres de profondeur. Les bacs plats laissent le liquide refroidir plus vite, mais donnent de petit cristaux et plus de dépôts impurs de fonds. Les dépôts de sel de fond contiennent 50 à 60 p. 100 de chlorure de potassium contre 60 à 70 p. 100 pour les autres parties. Après deux ou trois jours, l'eau mère est séparée et sert aux nouvelles dissolutions. Le sel cristallisé est mis à égoutter, puis claircé et essoré les eaux de lavage ne peuvent servir qu'au traitement du sel brut.

Composition de la première eau mère.

	30o5-32oB	16o-31oC	
Chlorure de potassium.....	6,42	5,86	4,09
— de sodium.......	2,06	2,87	1,74
— de magnésium ...	19,98	20,95	20,49
Sulfate de magnésium......	3,10	2,80	2,98
Eau....................	68,44	67,52	70,70

Cristaux non lavés.

Chlorure de potassium......	57.86	56,13	54,46
— de sodium........	24,75	25,42	20,64
— de magnésium....	5,44	6,34	6,70
Sulfate de magnésium......	1,34	1,48	1,92
Eau	10,61	10,63	16,28

Concentration des eaux mères. — La concentration des premières eaux-mères se fait dans de longues chaudières en tôle

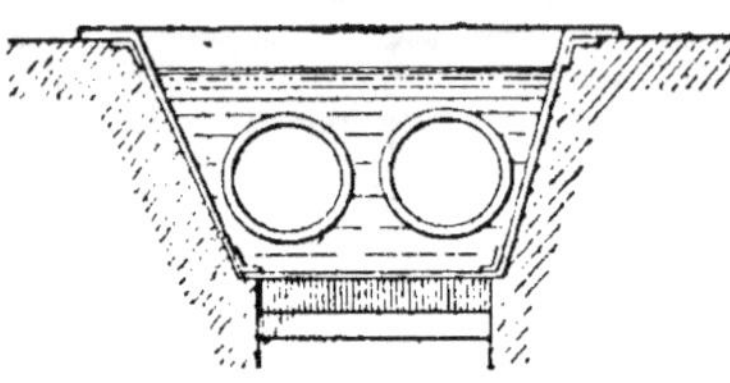

Fig. 247. — Coupe transversale d'une chaudière de concentration.

(section trapézoïdale et à chauffage par foyer extérieur ou par bouilleurs intérieurs. Si l'on ne pousse pas le feu trop vivement, il n'y a pas de danger que les dépôts salins adhèrent et fassent brûler la tôle. Les chaudières sont alimentées au fur et à mesure que la concentration se produit, jusqu'à ce que les liquides marquent 35°5 Baumé en été et 35° Baumé en hiver. Pendant la concentration, une partie du chlorure de sodium et du sulfate de magnésium se précipitent.

La liqueur s'éclaircit dans un bac de dépôt, puis va aux cristallisoirs. La chaudière est nettoyée et les dépôts calcinés et vendus comme engrais.

Cristallisation de la carnallite artificielle. — La solution concentrée reste environ trois jours dans les cristallisoirs. Comme elle est très chargée de chlorure de magnésium, elle ne laisse pas cristalliser du chlorure de potassium, mais de la carnallite. On obtient ainsi une seconde eau-mère et un sel que l'on met à égoutter pour le dissoudre ensuite.

La carnallite ainsi obtenue a pour composition moyenne :

Chlorure de potassium....	19,13	20,15	15,78	⎫
— de magnésium ..	24,66	25,97	20,29	⎬ Carnallite.
Eau............	27,70	29,17	21,84	⎭
Chlorure de sodium......	6,34	12,32	9,34	
— de magnésium..	4,14	1,38	7,88	
Sulfate de magnésium....	1,47	3,11	2,99	
Eau	16,56	7,88	20,88	
	71,49	75,29	58,91	

Il ne reste dans l'eau-mère que 0,5 à 2 p. 100 de chlorure de potassium. Cette dernière eau-mère, avant d'être éliminée, passe dans des bassins de dépôt où elle abandonne encore des sels riches en carnallite. La carnallite artificielle ainsi obtenue est décomposée par dissolution incomplète et fournit un chlorure de potassium à haut titre. On emploie pour la dissolution 3 parties d'eau et 1 partie d'eau-mère, et on traite 1.000 kilogrammes de matières par 20 mètres cubes de liquide bouillant. Après lavage on obtient un sel à 98 p. 100. On le

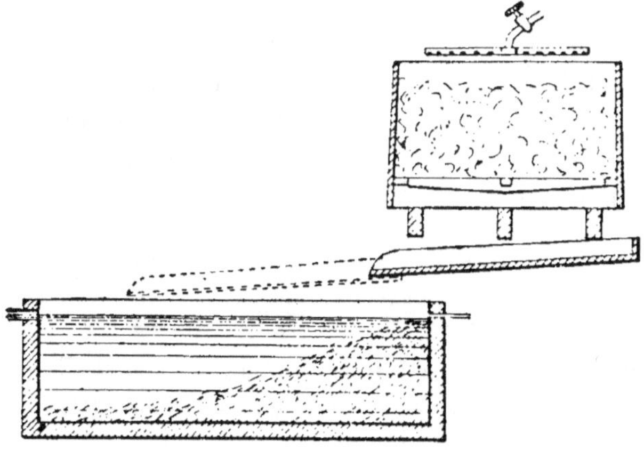

Fig. 248. — L'extraction de la kiésérite. — Chaudières de dissolution.

dessèche dans des fours à réverbère, chauffés de telle manière que la température des gaz ne dépasse pas 300°. Le sel reste fin et ne se fritte pas. On dessèche aussi le sel en l'étendant sur des plaques chauffées indirectement par la vapeur et sur lesquelles le sel est remué par un agitateur mécanique.

Travail de la kiésérite. — La kiésérite contient 40 p. 100 d'anhydride sulfurique. Elle se transforme en présence de l'eau froide en une poudre fine, alors que les sels qui l'accompagnent se dissolvent dans l'eau.

Les résidus encore chauds provenant de la dissolution de la carnallite brute sont jetés immédiatement dans une lessivoir quadrangulaire dont le fond est constitué par une grille à barreaux distants de 1 centimètre. On évite ainsi que la kiésérite fixe l'eau au contact de l'air et se transforme en sulfate de magnésium à 7 molécules d'eau qui est très soluble. Le lessivoir repose au-dessus d'un bac plat, muni d'un trop-plein déversant dans une gouttière inclinée formant crible à fils de 3 millimètres d'écartement. Un tuyau perforé projette l'eau sur la masse saline et, à mesure que celle-ci se dissout, la grille retient les parties les plus grossières, anhydrite, boracite, stassfurtite et sable. Les parties dissoutes traversent la grille et le crible pour tomber dans un réservoir en tôle ou en maçonnerie. La kiésérite, étant plus dense que des limons entraînés, s'amasse au fond du réservoir, tandis que les parties argileuses sont déversées par un trop-plein. La boue de kiésérite est ramassée, égouttée rapidement et mise en forme. Le sel s'hydrate et fait prise par cristallisation en donnant des pains solides en quelques heures dont la composition moyenne est environ de :

Sulfate de magnésium..	59,90	59,40	58,64
— de calcium	8,89	2,4	58,93
Chlorure de sodium....	2,17	1,37	1,99
Insoluble...............	12,71	10,43	8,51
Eau	16,33	26,32	24,93

La kiésérite sert à la fabrication du sulfate de magnésium.

Le sulfate de sodium est préparé aux dépens du chlorure de sodium et du sulfate de magnésium.

La dernière eau mère de la fabrication du chlorure de potassium sert de matière première pour la fabrication du chlorure de magnésium.

Préparation du sulfate de potassium. — La kaïnite $SO^4K^2,SO^4Mg,MgCl^2+6H^2O$, abandonnée à l'air ou traitée par l'eau, se décompose en sulfate double de potassium et de magnésium et en chlorure de magnésium. Il se vend une grande quantité de sel double pour emploi direct en agriculture.

On a essayé d'obtenir le sulfate de potassium en traitant des mélanges de kaïnite, de carnallite et de sel gemme. Mais le traitement est difficile, et on préfère obtenir le sulfate par double décomposition au moyen de la kiésérite.

Quand on fait réagir une solution chaude de kiésérite sur le chlorure de potassium, on constate la réaction suivante :

$$2\,KCl + 2SO^4Mg + 6H^2O = SO^4K^2,\ SO^4Mg,\ 6H^2O + MgCl^2.$$

Le sel double obtenu est vendu à l'agriculture ou employé à la préparation du sulfate. On peut le décomposer partiellement en le traitant par une faible quantité d'eau chaude et en faisant cristalliser. La moitié du sulfate de potassium se sépare, tandis qu'il reste en dissolution un autre sel double $SO^4K^2, 2\,SO^4Mg$. Ce sel est décomposé par le chlorure de potassium :

$$SO^4K^2.\,2\,SO^4Mg + 4\,KCl = 3\,SO^4K^2 + 3\,MgCl^2.$$

Fig. 249. — Atelier du chlorure de potassium.

Il faut donc employer 4 molécules de chlorure de potassium. Si on employait 6 molécules, il se formerait du sulfate de potassium et de la carnallite.

Toutefois jusqu'ici, le sulfate de potassium obtenu par double décomposition ne peut guère soutenir la concurrence du sel obtenu par l'action de l'acide sulfurique sur le chlorure de potassium.

Sels bruts et sels raffinés. — Les matières retirées de la mine sont ou concassées et moulues et livrées telles quelles au commerce sous le nom de sels bruts, ou servent à la préparation des sels raffinés ou concentrés ; nous donnons ci-après la composition des sels bruts ou naturels et des sels concentrés et raffinés :

LA PRODUCTION DES SELS DE POTASSE EN ALLEMAGNE

L'arrondissement d'Hildesheim vient en tête au point de vue de l'exploitation de la potasse, puis l'arrondissement de Lùneburg, celui de Hanovre et enfin celui de Cassel.

La production des sels bruts de potasse du rayon dit de Stassfurt était de 2.293 tonnes en 1861. Elle est montée à 6.090.439 tonnes en 1908, après avoir crû progressivement durant toute la période intermédiaire, comme le montre le tableau suivant (p. 427) :

Composition des sels potassiques, bruts ou naturels.

NOM DES SELS.	SULFATE DE POTASSE.	CHLORURE DE POTASSIUM.	SULFATE DE MAGNÉSIE.	CHLORURE DE MAGNÉSIUM.	CHLORURE DE SODIUM.	SULFATE DE CHAUX.	INSOLUBLE.	EAU.	TENEUR EN POTASSE PURE.	
									MOYENNE.	GARANTIE.
Kaïnite........	—	23,0	14,5	12,4	34,6	4,7	0,8	12,8	12,5	12,4
Hartsalz........	—	21,2	35,1	—	32,5	6,0	—	5,3	13,3	12 4
Sylvinite.......	1,5	26,3	2,4	2,6	56,7	2,8	3,2	4,5	17,4	12,4
Carnallite.......	—	15,5	12,5	21,4	22,5	1,9	0,5	26,1	9,8	9,0

Composition des sels potassiques, concentrés et raffinés.

NOM DES SELS.	SULFATE DE POTASSE.	CHLORURE DE POTASSIUM.	SULFATE DE MAGNÉSIE.	CHLORURE DE MAGNÉSIUM.	CHLORURE DE SODIUM.	SULFATE DE CHAUX.	INSOLUBLE.	EAU.	TENEUR EN POTASSE PURE.	
									MOYENNE.	GARANTIE.
Sulfate de potasse. { 96 p. 100............	97,2	0,3	0,7	0,4	0,2	0,3	0,2	0,7	52,7	51,8
90 —	90,6	1,6	2,7	1,0	1,2	0,4	0,3	2,2	49,9	48,6
Sulfate double de potasse et de magnésie................	50,4	—	34,0	—	2,5	0,9	0,6	11,6	27,2	25,9
Chlorure de potassium. { 90 à 95............	—	91,7	0,2	0,2	7,1	—	0,2	0,6	57,9	56,8
80 à 85	—	83,5	0,4	0,3	14,5	—	0,2	1,1	52,7	50,5
70 à 75............	1,7	72,5	0,8	0,6	21,2	0,2	0,5	2,5	46,6	44,1
Sel de potasse.... 20 p. 100......	2,0	31,6	10,0	5,3	40,2	2,1	4,0	4,2	21,0	20,0

Quantités totales de sels bruts extraits des gisements de Stassfurt depuis qu'ils sont exploités (en tonnes de 1 000 kilogr.

ANNÉES.	CARNA-LITE.	KIÉSÉRITE.	SYLVINITE.	HART-SALZ et KAÏNITE.	TOTAL.
1861............	2 293	—	—	—	2 293
1862	19 727	20	—	—	19 747
1863............	58 304	68	—	—	58 372
1864............	115 409	89	—	—	115 498
1865............	87 671	75	—	1 314	89 060
1866............	135 554	414	—	5 808	141 776
1867............	141 604	114	—	8 976	151 722
1868........	167 337	1 418	—	10 772	179 527
1869........	211 884	227	—	16 857	228 968
1870............	268 226	71	—	20 301	288 598
1871............	335 945	47	—	36 582	372 574
1872............	468 538	23	—	18 067	486 628
1873........	441 079	8	—	6 101	447 188
1874............	414 961	16	—	9 753	424 730
1875............	498 737	5	—	24 124	522 866
1876............	563 669	145	—	47 938	581 752
1877............	771 819	152	—	35 477	807 448
1878............	735 750	520	—	34 004	770 274
1879............	610 427	761	—	50 207	661 395
1880........	528 212	893	—	139 491	668 596
1881............	744 726	2 082	—	158 330	905 138
1882........	1 059 300	4 658	—	148 477	1 212 435
1883........	950 203	11 791	—	228 817	1 190 811
1884............	739 959	12 389	—	217 107	969 455
1885............	644 710	11 970	—	272 370	929 050
1886........	698 229	13 918	—	247 327	959 474
1887............	840 207	14 186	—	237 629	1 092 022
1888............	849 603	10 754	2 220	375 574	1 238 151
1889............	798 721	9 354	28 329	362 611	1 199 015
1890............	838 526	6 951	31 917	401 871	1 279 265
1891............	818 862	5 816	32 661	512 494	1 360 833
1892............	736 751	5 783	32 669	585 775	1 360 978
1893............	794 660	4 807	39 140	689 994	1 538 601
1894............	851 339	3 865	63 495	729 301	1 648 000
1895............	782 944	3 012	76 097	669 532	1 531 585
1896............	856 223	2 841	90 390	833 025	1 782 479
1897............	851 272	2 619	84 105	1 012 186	1 950 182
1898............	990 998	2 444	94 270	1 120 616	2 208 328
1899............	1 317 948	2 066	100 653	1 063 195	2 483 862
1900............	1 697 803	2 047	147 791	1 189 394	3 037 035
1901............	1 860 489	2 335	190 034	1 432 136	3 484 694
1902............	1 705 665	1 821	188 821	1 354 528	3 250 835
1903............	1 844 037	1 553	196 140	1 582 867	3 624 597
1904	1 911 166	1 056	234 455	1 906 823	4 053 500
1905............	2 239 710	2 731	230 621	2 405 536	4 878 598
1906............	2 263 197	9 191	284 944	2 754 021	5 311 353
1907............	2 534 789	10 360	304 143	2 788 973	5 638 265
1908.	3 500 635	(tous autres sels que la kaïnite)		2 589 804	6 090 439

Le syndicat de la potasse Sociétés et Usines. — Les exploitations minières, qui se sont occupées de l'extraction de la potasse, ont été en augmentant en nombre et en importance durant ces quarante dernières années. La nécessité d'écouler un stock important de produits auraient bientôt occasionné une concurrence ruineuse, et un syndicat fut créé en 1879.

La première convention fut mise sous une forme vraiment syndicale en 1884. En 1889 et en 1900, diverses dispositions furent adoptées pour renouveler l'entente. A fin 1908, celle-ci fut dénoncée, mais une loi intervint en décembre 1909, qui fixa les conditions de fonctionnement du Cartell de la potasse ou Kalisyndicat, qui comprend en août 1911 les 76 exploitations suivantes :

Exploitations.	Quotité de production et de vente.
Stassfurt	20,86
Leopoldshall	25,36
Westeregeln	20,86
Neu-Stassfurt	20,86
Aschersleben	20,86
Ludwig II	12,54
Vienenburg	20,86
Bernburg	20,86
Thiede	11,02
Wilhelmshall	20,00
Glückauf	18,48
Hedwigsburg	16,35
Burbach	13,83
Carlsfund	13,84
Beienrode	13,71
Asse	13,21
Salzdetfurt	18,48
Hohenzollern	13,40
Jessenitz	12,49
Justus	13,17
Kaiseroda	13,78
Einigkeit	14,67
Hohenfels	15,17
Bleicherode	14,03
Mansfeld	13,06
Alexandershall	13,78
Wintershall	13,78
Johannashall	11,84
Heldburg	10,89

Grossherzog von Sachsen................ 13,78
Desdemona........................... 13,18
Sigmundshall........................ 13,20
Rennenberg.......................... 14,86
Rossleben........................... 15,37
Friedrich Franz..................... 13,53
Frisch Gluck........................ 13,36
Sollstedt. 15,37
Bernterode.......................... 13,94
Günthershall........ 12,56
Thuringen. 12,53
Heldrungen II....................... 11,34
Krugershall......................... 10,89
Usines de potasse de Nordhausen........ 11,39
Ludwigshall......................... 11,01
Grand-duc Wilhelm Ernst............. 14,01
Hildesia.. 13,94
Friedrichshall...................... 11,76
Teutonia............................ 12,16
Siegfrid I.......................... 12,56
Deutschland......................... 12,56
Hattorf............................. 11,78
Neubleicherode...................... 12,53
Honsa Silberberg.................... 12,56
Herman II........................... 11,01
Salzmünde........................... 11,01
Walbeck............................. 11,76
Immenrode........................... 12,16
Riedel.............................. 12,86
Adler............................... 10,90
Hugo................................ 12,86
Alter-Nordstern..................... 10,90
Siegfried-Giesen.................... 10,90
Saxe-Weimar......................... 12,53
Volkenroda.......................... 10,90
Heiligenroda........................ 12,86
Gluckauf-Sarstedt.... 10,90
Rostenberg.......................... 10,90
Nuchof-Fulda........................ 12,16
Amélie.............................. 13,94
Gluckauf-Bebra...................... 10,89
Hadmersleben........................ 3,83
Weidtmannshall...................... 3,95
Usines de Halle..................... 3,47
Güsten.............................. 11,76
Niedersachsen....................... 3,95
Heringen............................ 4,35

                                    ————————
                                    1 000,00

LA CONSOMMATION DES SELS DE POTASSE

La consommation des sels de potasse est très variable suivant les pays. La France consomme une quantité relativement grande de kaïnite ; mais le pays qui fait la plus abondante consommation des sels bruts comme des sels concentrés est le pays d'origine lui-même, l'Allemagne. L'Amérique du Nord importe de plus en plus de sels de potasse et la part prise par les États-Unis dans les Sociétés productrices allemandes suscite encore aujourd'hui des difficultés dans le Kalisyndicat.

Nous donnons ci-après quelques statistiques de consommation pour les sels concentrés et pour les sels bruts :

Consommation du chlorure de potassium dans les différents pays.
Chlorure de potassium à 80 p. 100 en quintaux de 100 kilos.

	1907.	1908.	1909.	1910.	1911.
Allemagne.........	1 024 242	1 052 805	1 013 107	1 431 506	1 100 162
Autriche..........	57 508	60 746	57 911	57 032	48 063
Suisse............	15 365	15 880	14 576	24 326	21 702
Angleterre........	99 872	82 974	99 863	110 697	106 305
Écosse............	34 557	41 157	35 809	43 288	38 064
Irlande...........	3 800	5 600	7 130	9 650	8 700
France............	240 477	275 723	314 578	380 002	398 660
Belgique	117 673	103 798	130 286	102 052	101 728
Hollande	16 713	19 527	24 973	16 902	13 219
Italie............	59 566	56 815	70 025	68 989	76 204
Suède et Danemark.	30 507	36 916	32 436	38 762	38 563
Russie............	16 281	19 968	22 145	23 763	30 659
Amérique du Nord.	1 118 523	1 040 476	1 358 132	2 200 931	2 268 684
Espagne..........	51 970	49 745	67 778	98 710	128 875
Portugal.........	7 736	5 206	7 612	10 057	12 328
Balkans	12	9	7	1 073	3 489
Amérique centrale.	205	428	875	1 889	3 736
Indes Occ.........	1 613	571	408	381	146
Amérique du Sud.	2 312	2 574	1 501	2 289	10 499
Afrique...........	3 179	4 302	4 817	7 431	8 873
Asie.............	5 117	5 332	8 320	9 449	12 479
Australie.........	5 248	4 691	4 032	3 254	2 461
	2 912 476	2 885 243	3 276 321	4 342 433	4 433 569

Consommation du sulfate de potasse dans les différents pays.
Sulfate de potasse à 90 p. 100 en quintaux de 100 kilos.

	1907.	1908.	1909.	1910.	1911.
Allemagne.........	31 894	28 205	27 350	28 498	23 278
Autriche..........	21	42	»	103	367
Suisse............	395	328	652	935	937
Angleterre........	50 437	47 408	53 420	56 767	70 187
Écosse	1 404	1 220	1 391	319	842
Irlande...........	2 300	2 450	3 770	4 200	3 850
France	41 608	61 096	72 190	113 789	142 842
Belgique..........	5 736	5 289	10 055	12 238	9 872
Hollande	10 248	8 657	9 493	6 822	8 022
Italie........	28 189	27 305	36 386	49 930	51 944
Espagne...........	26 332	23 114	24 303	34 358	46 830
Portugal..........	2 385	518	1 322	1 870	3 198
Danemark-Suède..	107	612	291	639	69
Russie............	8 092	4 607	7 228	5 434	6 013
Balkans	»	64	254	1 298	2 678
Amérique du Nord.	284 530	259 999	362 106	460 360	531 399
Amérique Centrale.	583	647	1 584	1 480	1 345
Indes Occ.........	6 939	15 004	16 748	30 430	32 195
Amérique du Sud.	11 645	12 866	15 468	22 170	28 295
Afrique...........	7 897	9 264	13 396	24 622	36 096
Asie.	30 635	25 847	31 590	50 896	76 533
Australie..........	11 157	12 969	16 778	24 923	24 434
	562 534	547 511	705 775	932 084	1 101 226

	1907.	1908.	1909.	1910.	1911.
Sels calcinés pour engrais, en quintaux de 100 kilos.					
Allemagne....... .	3 601	5419	4 644	5 635	3 897
Autres pays	965	1265	819	1 901	3 255
	4 566	6 684	5 463	7 536	7 152
Sels en blocs.					
Grande-Bretagne..	232 071	209 499	177 252	184 404	214 422
Amérique-Nord ...	10 160	27 940	49 073	44 016	38 504
Autres pays......	22 978	17 886	44 713	70 117	48 843
	265 209	255 325	271 038	298 537	301 769

*Consommation des sels pour engrais à 20, 30 et 40 p. 100,
en quintaux de 100 kilos.*

	1907.	1908.	1909.	1910.	1911.
Allemagne........	1 391 469	1 710 159	2 125 023	2 651 014	3 293 469
Autriche.........	93 581	118 092	199 664	191 246	271 624
Suisse...........	19 735	39 290	48 838	55 196	46 372
Angleterre.......	13 344	14 609	23 636	21 499	21 855
Écosse...........	75 375	75 484	79 049	87 379	103 901
Irlande..........	18 350	12 850	18 550	22 250	20 150
France...........	900	2 500	2 849	1 800	2 100
Belgique.........	600	4 480	9 827	3 899	6 500
Hollande.........	351	1 950	400	104 748	198 522
Italie	»	»	100	»	»
Espagne..........	4 900	4 520	4 310	3 960	7 700
Danemark-Suède.	84 940	240 050	238 716	250 132	265 449
	à 90 pCt.	à 90 pCt.	à 90 pCt.	à 90 pCt.	à 90 pCt.
Provinces de l'Asie.	22 315	39 441	68 000	100 311	115 757
Russie...........	7 610	15 264	22 368	39 205	47 347
Pologne Russe...	19 136	38 136	73 360	161 877	193 575
Balkans.	»	»	»	550	1 750
Luxembourg......	130	455	461	394	1 171
Amérique du Nord.	602 521	527 309	597 923	1 200 356	1 464 320
Indes Occ........	»	»	»	»	102
Amérique du Sud..	»	170	»	»	10
Afrique..........	160	270	1 192	361	339
Asie...........	100	390	100	310	700
Australie.........	2 580	4 470	4 216	5 893	8 331
	2 558 097	2 849 895	3 518 582	4 902 380	6 071 044

	1907.	1908.	1909.	1910.	1911.
Kaïnite et sylvinite en quintaux de 100 kilos.					
Allemagne .	14 568 24[?]	16 135 562	17 493 8[?]9	18 845 584	21 321 264
Amérique-Nord.	3 799 43[?]	3 613 218	4 502 811	7 305 253	5 878 106
Autres pays.	»	»	»	»	»
	2 072 25[?]	3 883 811	26 276 100	30 519 29[?]	32 126 316
Carnallite et kiésérite.					
Allemagne....	695 739	714 025	696 875	783 156	797 985
Autres pays.	24 075	29 828	21 515	33 008	8 618
	719 814	74 3853	718 390	816 164	806 603

LE COMMERCE DES SELS POTASSIQUES DE STASSFURT

Le cartell de la potasse a créé des agents dans chaque pays importateur de sels de potasse. En France, notamment les maisons Lambert,-Rivière, Origet et Destrecher et la manufacture d'Auby sont chargées de la vente. Les prix des divers sels sont fixés au début de chaque saison en ce qui concerne chaque sel. Les prix s'entendent départ Stassfurt ou franco une certaine région.

Les usines allemandes fournissent :

1º Chlorure de potassium à 70-75 p. 100, contenant en moyenne 45 p. 100 de potasse pure, 21 p. 100 de chlorure de sodium, 1,7 de sulfate de potasse, 0,8 de sulfate de magnésie et 2,5 d'eau ;

2º Chlorure de potassium à 80-85 p. 100 contenant en moyenne 50 p. 100 de potasse pure, 14 p. 100 de chlorure de sodium et 1,1 d'eau ;

3º Chlorure de potassium à 90-95 p. 100, contenant 56,9 p. 100 de potasse pure, 7 p. 100 de chlorure de sodium et 0,6 p. 100 d'eau ;

4º Chlorure de potassium à 97-98 p. 100, qui est le produit le plus concentré.

Les prix de vente sont basés sur les 100 kilogrammes à 80 p. 100, sacs compris, les produits à teneur plus élevée étant ramenés par le calcul à 80 p. 100.

5º Sulfate de potasse à 90 p. 100 ou au-dessus, la base étant 90. Le sulfate d'une teneur garantie de 96 p. 100 vaut 0 fr.50 de plus par 100 kilogrammes, sur le prix établi sur la base de 90 ;

6º Sulfate double de potasse et de magnésie à 48 p. 100 de sulfate de potasse ;

7º La kaïnite hartsalz à 12,40 de potasse pure sous forme de chlorure ou sulfate, au choix du vendeur;

8º La kaïnite hartsalz à 16 p. 100 de potasse minimum;

9º La kiésérite à 70 p. 100 de sulfate de magnésie.

LA POTASSE EN ALSACE

Le gisement de potasse alsacien. — *Sa découverte.* —

C'est en 1904 que fut découvert le gisement de potasse alsacien par la Société de forage *Bonne Espérance*, de Niederbruck.

Cette Société entreprit, le 13 juin 1904, un sondage non loin du village de Wittelsheim, au nord-ouest de Mulhouse, au milieu de la riche plaine alsacienne. Le sondage rencontra, à la profondeur de 474 mètres, une couche de potasse de $3^m,55$, située entre deux bancs très épais de sel, aux profondeurs respectives de 358 mètres et 620 mètres. Le sondage fut poussé jusqu'à 1.119 mètres.

La potasse était découverte à la surprise générale.

Son étendue. — Continuant ses recherches, la Société *Bonne Espérance*, dans le but d'obtenir un maximum de concessions avant la transformation de la loi minière allemande, et à l'effet de déterminer l'allure et l'étendue du gisement, entreprit toute une série de sondages, 103, dit-on, dont 19 seulement furent poussés jusqu'à la couche de potasse, les autres étant arrêtés à la première couche de sel, puisque, d'après la législation allemande, cela suffit pour obtenir une concession. A la suite de ces sondages, 95 concessions de 200 hectares chacune furent accordées. Elles représentent 19.000 hectares et constituent toute la partie connue du gisement alsacien. Il est situé à quelques kilomètres au nord-ouest de Mulhouse entre le pied des Vosges et le Rhin.

Son allure. — Voici ce qu'ont révélé les 19 sondages poussés jusqu'à la potasse. Il a été rencontré, en général, dans une zone salifère d'une épaisseur de 120 à 490 mètres, deux couches de potasse séparées par une zone de 17 à 22 mètres. La première couche, d'une épaisseur de $0^m,58$ à $1^m,80$, à une profondeur variant de 433 à 848 mètres, fut rencontrée par 11 sondages ; la seconde couche, d'une épaisseur de $2^m,52$ à $5^m,30$, à une profondeur variant de 368 mètres à 868 mètres, fut rencontrée dans les 19 sondages.

La régularité semble être la caractéristique du gisement.

Du côté nord, il va s'approfondissant suivant une ligne Reguisheim-Soultz. C'est de ce côté qu'il est susceptible d'extension (1). Au sondage de Reguisheim, les deux couches sont

(1) On verra plus loin la création de la mine *Kali-Sainte-Thérèse*.

à des profondeurs de 848 et 868 mètres ; vers le sud, le gisement va s'appauvrissant, et, dans tous les sondages de cette bordure, on ne rencontre que la seconde couche de potasse, qui va en s'appauvrissant, comme puissance et comme teneur. Le sondage de Lutterbach, dans cette région, n'a rencontré que $2^m,60$ de potasse à 646 mètres; quant au nord-ouest, le gisement paraît être limité par une faille parallèle aux Vosges.

Sa qualité. — Quant à la qualité de la potasse, on n'y trouve que de la sylvine (chlorure de potassium) qui se présente, soit mélangée en masse avec le sel gemme (sylvinite), soit presque pure, en petits lits distincts. La teneur moyenne de chlorure de potassium va de 30 à 44 p. 100 pour la première couche, et de 23 à 39 p. 100 pour la seconde. On ne rencontre absolument aucunes traces de carnallite (chlorure double de potassium et de magnésie), avantage très important, car ce sel est d'un traitement bien plus compliqué, par suite de l'obligation d'en séparer les sels de magnésie.

Au point de vue qualité et régularité, le gisement alsacien se présente donc d'une façon remarquable et peut être comparé aux meilleurs gisements du Hanovre. Autre avantage précieux, les morts-terrains qui le recouvrent sont peu aquifères et le fonçage des puits se fait sans grandes difficultés.

Mise en valeur du gisement. — *Gewerkschaft-Amélie.* — C'est la Société mère, fondée par la Société de forage *Bonne Espérance* et M. Vogt, détenteur de toutes les concessions. Elle fut créée avec le concours financier de la Deutsche Bank. Son capital est divisé en 1.000 kuxe sans désignation de valeur, comme c'est l'usage pour les sociétés analogues.

L'organisation du marché de la potasse (loi d'empire) qui attribue un quantum au syndicat, par Société, et non par siège d'extraction, entraîne la création du plus grand nombre possible de sociétés d'exploitation.

Aussi le Gewerkschaft Amélie, divisant son domaine en portions de 1.800 hectares — qui est la contenance correspondant à un siège double d'extraction, — a fondé onze filiales, dont elle conserve le contrôle au moyen d'actions et qui portent les noms suivants : Amélie, Marie, Théodore, Marie-Louise, Alex, Rudolf, Joseph, Else, Max, Anna et Fernand. Les six premières, qui se trouvent au nord, constituent la zone la plus riche.

Le fonçage du premier puits, entrepris par la Gewerkschaft Amélie, sur sa concession propre, fut commencé le 22 avril 1908 et terminé le 21 août 1909, à la profondeur de 668 mètres. Il a rencontré la couche supérieure à 627 mètres et la couche inférieure à 649 mètres. La couche supérieure a une épaisseur de 1^m,30 et une teneur de 21 p. 100; la couche inférieure, une épaisseur de 5^m,60 et une teneur de 27,5 à 31 p. 100.

L'extraction a pu commencer en 1910 dans d'excellentes conditions, et la production de l'année 1910 s'est élevée à 38.482 tonnes.

La Société érige en même temps une fabrique de chlorure de potassium qui sera mise en marche très prochainement.

Le quantum, obtenu par la Société Amélie dans le syndicat allemand de la potasse, est de 14,63 millièmes, ce qui la met d'emblée sur le même pied que les anciennes mines du bassin de Stassfurt.

En décembre 1910, la Société Amélie a passé entre les mains des « Deutsche Kaliwerke », le groupe le plus puissant de la région de Stassfurt, qui a payé les Kuxe Amélie, sur le pied de 30.200 Marks. Ces Kuxe revenaient à leurs souscripteurs primitifs à 6.000 Marks. C'est dire l'importance que les milieux compétents attribuent à la Société Amélie.

Société Kali Sainte-Thérèse. — Ainsi que nous l'avons dit plus haut, le seul point sur lequel le prolongement du gisement de potasse alsacien pouvait être recherché, se trouvait à son angle nord-est, vers Ensisheim. Un groupe français entreprit de ce côté des recherches qui l'amenèrent à prendre une concession, et à constituer une société d'exploitation. Comme on va le voir, cette société, tout en gardant son indépendance, entra dans le système des exploitations de la Société Amélie.

Filiales de la Société Amélie. — En 1911, la Société Kali Sainte-Thérèse acheta, en effet, la majorité des titres Rudolf et Alex, et entreprit, pour la mise en valeur de ce domaine, un siège double à Bollwiller.

En mai 1911, ce fut au tour de la Société Max de foncer un puits qui sera en communication avec celui de Wittelsheim.

La concession Fernand a été vendue à un groupe appelé

Société Reichsland, qui a immédiatement commencé le fonçage d'un puits.

Enfin, les concessions Marie et Marie-Louise ont été constituées, en juillet dernier, en Sociétés indépendantes et pourvues chacune d'un conseil d'administration, ce qui indique que leur mise en valeur n'est pas éloignée.

Les concessions Else, Joseph, Marie, Théodore et Anna restent actuellement sans emploi.

En résumé, **six** concessions sont actuellement mises en valeur ou sur le point de l'être, et cinq restent inactives.

Telle est la genèse et le développement du gisement alsacien de la potasse qui, par sa puissance, sa richesse et sa situation géographique, est appelé à jouer un rôle considérable dans l'industrie allemande de la potasse.

LES GISEMENTS DE POTASSE DE LA GALICIE

En Autriche, ou plus expressément en Galicie, on trouve des dépôts de sels tout à fait comparables aux sels allemands. Jusqu'à présent, les exploitations de potasse, qui se trouvent à Kalusz, étaient demeurées sous l'administration de l'État. Mais, dans le courant de 1910, une compagnie privée s'est organisée pour offrir au gouvernement de reprendre les mines existantes, d'étendre l'exploitation dans les territoires adjacents, et de monter des usines pour la production de sels potassiques à haute teneur, chlorure et sulfate de potassium.

Jusqu'ici les gisements de Kalusz ont produit de la kaïnite et de la sylvinite qui se rencontrent également à Stassfurt et en Alsace. A l'heure actuelle, on peut estimer que l'extraction se tient aux environs de 10 millions de kilogrammes. Pendant la période 1904 et 1908, la quantité de potasse expédiée de Kalusz a été de 55 millions de kilogrammes. On espère pousser beaucoup à la production, de manière à rendre l'Autriche exportatrice de sels de potasse, alors que ce pays importe maintenant des sels allemands en très forte quantité. Des experts affirment que, même avec les quatre puits existant actuellement, on pourrait facilement produire chaque année, pendant une centaine d'années, au moins 15 millions de kilogrammes de sels de potasse. Les puits sont de 270 et 300 mètres et, en descendant plus bas, on pense pouvoir compter sur une extraction plus importante encore.

LA POTASSE INSOLUBLE

Leucite et phonolithe. — La transformation des silicates de potasse en sels solubles n'est pas résolue pratiquement. Cette opération présente cependant la plus grande importance, et l'industrie qui pourrait l'opérer serait assurée du plus brillant avenir. Actuellement, en effet, la consommation dans les différents pays atteint plus de 5 millions de quintaux de potasse pure K^2O, et les progrès de l'Agriculture augmenteront encore rapidement ce chiffre. Or, jusqu'à ce jour, les découvertes de mines de potasse exploitables n'ont eu de succès qu'en Allemagne, alors que la plupart des pays renferment des régions à roches éruptives potassiques dont la mise en valeur présenterait le plus grand intérêt pour l'Agriculture.

La transformation des roches n'étant pas faite, on peut essayer l'emploi agricole direct des minéraux potassiques. Cette question, à la vérité, n'est pas neuve, et, il y a plus de vingt ans, des expériences furent faites avec la leucite et autres silicates par divers agronomes, et, en particulier, par Wagner. La proposition fut abandonnée à la suite de ces essais ; elle vient d'être reprise avec la phonolithe.

La leucite ou amphigène dose, quand elle est pure, 55 p. 100 de silice et 15 à 22 p. 100 de potasse. Les roches leucitophyres renferment de la sanidine : on les trouve en Europe, dans les laves de l'Eifel, des monts Albains, du Campo di Bove.

Les roches leucotéphrites à néphéline, augite et plagioclase s'observent en abondance dans les laves du Vésuve. C'est à Rocca-Monfina, près de Naples, que l'on rencontre d'ailleurs les plus gros cristaux de leucite.

La phonolithe est développée dans les monts Dore, aux roches Tuilière et Sanadoire. Elle se présente sous forme de roches feuilletées, se séparant en ardoises, et émettant un son plus ou moins clair sous le choc : c'est de cette particularité que lui vient son nom. Cette roche renferme de la sanidine, de la néphéline, de l'augite, etc., et a une teinte grise plus ou moins verdâtre. Quand la sanidine domine, la roche est jau-

nâtre, sans éclat vitreux. On la trouve sous cet aspect à Grion-
naux et au Pas-de-Compains.

La phonolithe à leucite est formée de sanidine et de leucite ;
on la rencontre surtout dans la Campagne Romaine. Des phonolithes vitreuses se trouvent en abondance dans l'Erzgebirge
allemand.

Les leucites ou phonolithes, qui doivent être employées directement en agriculture, doivent être *a priori* finement moulues:
le silicate de potasse étant insoluble dans l'eau, il est évident
que son action sur le sol, sa transformation sous l'influence des
agents météorologiques et minéraux, et par suite son assimilation par les plantes, seront fonction de sa finesse. Les industriels, qui s'occupent de l'exploitation de ces roches, ont d'ailleurs résolu facilement cette question, et la phonolithe offerte
actuellement à l'agriculture se présente sous forme d'une poudre grisâtre, très fine. Nous en donnons ci-après une analyse:

Argile...................	2,4	p. 100
Oxyde de fer............	2.3	—
Chaux	1,2	—
Manganèse	0,3	—
Potasse.................	9,5	—
Soude	8.1	
Acide silicique...........	50,3	—
Acide sulfurique.........	0,8	—
Acide carbonique........	0.2	—
Acide phosphorique......	0,1	—
Humidité..............	3,2	—

Quelques agronomes se sont élevés contre l'emploi des
engrais à silicates, et en particulier de la phonolithe en raison
de son insolubilité.

Broemme cependant ne considère pas la poudre de phonolithe comme complètement insoluble, car, employée en couverture sur des betteraves à sucre, il a remarqué que les feuilles
des betteraves se ressentaient immédiatement de l'action de
l'engrais, ce qui prouverait tout au moins qu'une partie de ce
dernier se solubilise.

Il semble que le silicate de potasse renfermé dans la phonolithe ne devienne soluble que sous l'action des agents atmosphériques; il convient en général dans tous les essais de faire

l'application des silicates à l'avance. Il n'y a à redouter aucune perte par entraînement dans le sous-sol, et même Broemme pense que le sel agit pendant trois ans. Il serait d'ailleurs préférable, d'après le même auteur, de mélanger la phonolithe dans l'écurie même avec le fumier. Dans l'emploi direct sur le sol, on a conseillé d'épandre 1.000 kilogrammes par hectare avant l'hiver.

Weiss a fait avec la phonolithe différents essais qui, d'après l'auteur, auraient prouvé que l'engrais se décompose facilement sous l'influence des agents atmosphériques. L'auteur pense également qu'on doit employer la phonolithe en tête d'assolement et avant l'hiver pour permettre à l'engrais une transformation chimique au fur et à mesure des besoins des plantes en potasse.

Popp, par des expériences faites en 1909 et 1910, a montré que l'action de la phonolithe ne peut être comparée aux sels solubles, chlorure, sulfate ou kaïnite. Les résultats obtenus en 1910 sont de même nature que ceux indiqués en 1909, et les conclusions de l'auteur sont que la valeur fertilisante de la phonolithe est d'environ 50 p. 100 moins élevée que celle des engrais potassiques de Stassfurt. *A priori*, d'ailleurs, la moindre solubilité de la potasse phonolithe indique que cet engrais doit être moins efficace que les sels de Stassfurt.

Dans le sol, le silicate de potasse peut être solubilisé de différentes manières : l'eau et l'acide carbonique peuvent exercer une certaine action ; les acides sécrétés par les radicelles des plantes peuvent aussi solubiliser la potasse, et transformer sous une forme assimilable par les plantes le silicate de la phonolithe.

Comme on le voit, la valeur de la phonolithe comme engrais potassique, pour emploi direct en agriculture, est très intéressante, non pas que l'on puisse attribuer à la potasse du silicate une valeur égale à la potasse du chlorure, mais lui donner une valeur moindre voisinant autour de 50 p. 100 de la valeur de cette dernière.

La phonolithe est actuellement offerte à 40 francs la tonne environ franco gare par expédition de 10.000 kilogrammes. Étant donné que cet engrais peut renfermer environ 10

p. 100 de potasse et qu'à l'heure actuelle on ne peut guère se baser sur une action immédiate supérieure à celle donnée par une quantité moitié moindre de potasse, du chlorure ou du sulfate, les conditions de vente précédentes paraissent trop élevées. La potasse contenue dans la kaïnite, par exemple, est offerte, à l'heure actuelle, à un prix très légèrement supérieur.

Quoi qu'il en soit, les essais de phonolithe et de leucite sont à encourager, en premier lieu pour se rendre un compte exact de la valeur culturale de la potasse contenue dans ces minéraux, et en second lieu pour provoquer la mise en exploitation des gisements considérables qui se trouvent dans les terrains d'origine éruptive sans grande valeur jusqu'ici, exploitation qui peut faire découvrir un procédé de solubilisation pratique.

LES SELS DE MANGANÈSE

Depuis quelques années, les recherches des agronomes ont été orientées vers l'emploi, comme engrais, de quelques composés métalliques, les sels de manganèse en particulier, qui paraissent jouir de la propriété de stimuler la végétation sans être pour cela des éléments indispensables aux plantes.

La présence du manganèse dans les cendres des végétaux et dans la terre arable avait déjà été signalée vers le milieu du siècle dernier et, en 1865, Sachs avait même essayé de substituer le manganèse au fer que les plantes utilisent pour faire leur chlorophylle. Mais on n'avait guère songé à faire entrer les sels de ce métal dans la composition des matières fertilisantes.

En 1903, G. Bertrand présenta au Congrès International de Chimie appliquée de Berlin un travail sur les oxydases, dans lequel il étudiait la présence du manganèse dans quelques diastases et notamment dans la laccase ; il montrait que le manganèse n'agit que comme intermédiaire en fixant d'abord sur lui-même l'oxygène de l'air pour le transporter ensuite sur les corps oxydables des cellules végétales. En 1906, au Congrès de Rome, le même auteur fit part des résultats qu'il avait obtenus par l'emploi du manganèse en grande culture ; les essais faits chez M. Thomassin en Seine-et-Marne montraient que, dans certains cas, le sulfate de manganèse à la dose de 50 kilogrammes à l'hectare avait produit une augmentation de rendement de l'avoine de 17,4 p. 100 pour le grain et de 26 p. 100 pour la paille.

L'attention des savants avait été attirée par la première communication de G. Bertrand ; des expériences furent faites un peu partout, et notamment au Japon, où, en 1903, Nagaoka, en employant le sulfate de manganèse, obtint sur riz une augmentation moyenne de rendement d'un tiers avec 10 à 50 kilogrammes de manganèse compté sous forme de sesquioxyde. En 1905, Nagaoka refit des essais sur les mêmes bases et dans les mêmes parcelles avec du chlorure, du sulfate et du carbonate de manganèse : les deux premiers sels ne semblèrent pas donner de résultats, alors que le carbonate se montra très efficace. D'autres Japonais, Aso, Seiroku-Honda et Ushiyama portèrent leurs recherches sur un grand nombre de cultures et obtinrent dans certains cas des excédents de récolte.

Si Hjalmar de Feilitzen n'obtenait aucun effet probant en Suède, sur tourbières acides ; de Molinari et Ligot en Belgique, Vœlcker en Angleterre observèrent une action sensible sur les céréales, blé, orge et avoine, en terres arables.

En France, Garola obtint des résultats très nets sur lin et sur betteraves ; mais, par contre, Malpeaux n'observa aucune action sensible sur avoine et sur orge.

Tous les essais précédents, dont les résultats sont en définitive contradictoires, furent entrepris avec le sulfate et le chlorure de manganèse, seuls sels qu'on pouvait alors facilement se procurer.

Dans ces trois dernières années, de nombreux essais ont été entrepris en France et à l'étranger avec des engrais mis dans le commerce par les mines de manganèse de Las Cabesses (Ariège). Ces engrais, au nombre de deux, sont le manganose et la chaux manganésée, renfermant tous deux 15 p. 100 de manganèse métal.

La manganose est un composé de carbonate de manganèse et de chaux ; la chaux manganésée est formée de chaux et de sous-oxydes de manganèse. Ces produits sont obtenus par la calcination et le broyage de minerais des Pyrénées.

Brioux, directeur de la Station agronomique de Rouen, croit que l'on peut conclure, d'un ensemble d'essais qu'il fit en 1909, que le manganèse a une action réelle sur la végétation et qu'il agit à petites doses à la façon d'un stimulant qui favorise la formation des réserves alimentaires.

L'effet des sels de manganèse est surtout marqué pendant le jeune âge de la plante, et les espèces végétales à développement rapide paraissent être celles qui en profitent le plus. Ce fait serait d'accord avec la théorie de l'intervention du manganèse dans l'action des diastases oxydantes, car ces dernières sont surtout présentes dans les tissus jeunes, et l'on a pu démontrer expérimentalement que les oxydases sont plus abondantes chez les plantes qui ont reçu des engrais manganésés que chez celles qui ont été soumises à la fumure ordinaire.

Des essais furent également faits à la Station agronomique de Nantes, en 1910. D'après A. et P. Andouard, l'incorporation de carbonate de manganèse à la fumure ordinaire, dans une terre légère, a provoqué un excédent de récolte de 14 p. 000 sur la paille du blé, le grain devant être mis hors de cause par suite d'un accident d'expérience, et de 6,7 p. 100 sur le haricot. L'action du manganèse a été sans effet sur la pomme de terre et sur la carotte.

Les intempéries de 1910 ayant troublé la végétation, il n'a pas semblé utile aux auteurs de vérifier complètement la valeur nutritive des produits récoltés : cependant un essai grossier a montré que la proportion des principes azotés variait peu entre les deux blés, comme entre les deux haricots cultivés les uns sans maganèse, les autres avec ce stimulant.

Des nombreux essais, dont nous avons connaissance, les uns indiquent une action plus ou moins marquée du sel de manganèse ; les autres, au contraire, ne paraissent nullement montrer une valeur fertilisante ou catalysante.

Il convient de signaler que, d'après certains auteurs, le bioxyde de manganèse n'aurait aucune action sur la nutrition des plantes. La chose est, en somme, difficile à expliquer scientifiquement.

Si, avec quelques agronomes, on admet l'action catalysante des sels de manganèse, à l'inverse des autres engrais, les composés métalliques doivent être employés à faible dose pour produire tout leur effet utile. Ils paraissent agir à la façon des stimulants employés en médecine, qui de toniques deviennent vénéneux lorsqu'on en abuse.

D'après Vœlcker, il est inutile de dépasser la dose de 25 kilogrammes de sulfate de manganèse pur par hectare ; au Japon, par contre, la dose optima s'est montrée voisine de 50 kilogrammes par hectare. En employant des doses supérieures, les rendements diminuent. On peut donc expérimenter sur des quantités intermédiaires entre celles que nous venons de citer.

D'après Brioux, il est encore impossible, à l'heure actuelle, de donner des règles précises pour l'emploi des engrais stimulants manganésés, qui sont économiques en ce sens qu'ils ne doivent être incorporés au sol qu'à petite dose, ne dépassant pas 20 à 25 kilogrammes d'oxyde de manganèse par hectare. De nombreux essais sont encore nécessaires pour déterminer d'une façon à peu près exacte leur effet sur les diverses cultures.

Si, d'après d'autres agronomes, on range l'action des sels de manganèse dans la catégorie des actions fertilisantes, il est certain que la plupart des sols renferment une quantité suffisante de manganèse pour suffire aux besoins des plantes. N'est-ce pas à ce fait qu'il y aurait lieu d'attribuer les échecs de fumure au manganèse, constatés dans de nombreux cas ?

Ajoutons encore que quelques agriculteurs attribuent une bonne part des effets des carbonates et oxydes de manganèse à l'action de la chaux que ces produits renferment. Il se peut que, dans certains cas, cette action intervienne, et que cette opinion soit fondée.

En résumé, l'action des sels de manganèse sur les plantes cultivées paraît avoir été très nette pour certaines espèces et dans certains sols, sans qu'on ait pu donner une raison plausible des différences constatées et sans qu'on ait pu fixer des règles bien exactes d'application. L'agriculteur devra, dans chaque cas particulier, avant de s'engager dans des dépenses qu'il pourrait faire en pure perte, poursuivre un essai des sels dans le cas qui l'intéresse. Il lui sera facile de généraliser l'expérience, s'il a obtenu satisfaction.

LES ENGRAIS ORGANIQUES

LES GADOUES ET BOUES DE VILLE

Composition des gadoues. — On donne le nom de gadoues, ou boues de ville, aux résidus de la vie quotidienne, déchets de légumes, de poissons et de viandes, plumes, poils, papiers, mêlés au produit du nettoyage des chaussées. La gadoue brute renferme de nombreux détritus inutilisables comme engrais ; une fois retirés, ils constituent un combustible doué d'un pouvoir calorifique qui atteint presque celui du bois et qui est le tiers de celui d'une bonne houille.

La teneur moyenne en principes fertilisants de la gadoue broyée est par tonne de :

```
Azote ...........................   6 à  10 kilogrammes.
Acide phosphorique..........   5 à   8      —
Potasse.......................   4 à   6      —
Chaux........................  40 à  50
Matières organiques..........  250 à 400      —
```

Mais la composition des gadoues est très variable suivant les saisons, et pour une même saison et une même ville, suivant les quartiers.

Du reste, voici deux analyses faites sur des gadoues de Paris, la première série en juillet, la seconde en février :

	PERTE A 100°.	CENDRES.	AZOTE.	POTASSE.	ACIDE PHOSPHORIQUE.
	P. 100	P. 100	P. 100	P. 100	P. 100
ANALYSE FAITE LE 9 JUILLET 1908.					
Usine de Vitry, poudre...............	4,12	67,8	0,55	0,47	0,48
— Saint-Ouen, gadoues broyées....	6,60	51,5	0,90	0,55	1,10
— Vitry, gadoues broyées, rejetées par les tamis	7,43	46,2	0,70	1,03	0,73
— Romainville, gadoues broyées...	5,73	57,2	1,05	0,62	0,67
- d'Issy, gadoues broyées	4,24	59,0	0,93	0,42	0,65
ANALYSE FAITE LE 21 FÉVRIER 1909.					
Gadoues broyées, Issy...............	6,2	47,0	0,7	0,6	0,6
Poudre, Vitry...................	3,5	49,5	0,7	0,75	0,7
Gadoues broyées, Vitry...............	6,1	40,0	0,8	0,5	0,8
— — Saint-Ouen...........	3,9	51,5	0,8	0,8	0,7
— - Romainville........	5,9	45,5	0,6	0,7	0,7

Les gadoues renferment une grande quantité de matières organiques : quand elles sont broyées, elles peuvent renfermer jusque 70 p. 100 de leur poids d'humus.

Travail des gadoues. — La question des ordures ménagères, de leur écoulement, de leur destruction ou de leur transformation est une de celles qui préoccupent les municipalités des villes de quelque importance. L'hygiène, les finances municipales et l'agriculture ont des intérêts souvent contradictoires, qu'il n'est pas facile de concilier.

Dans les villes de moyenne importance, les résidus de la vie quotidienne, déchets de légumes, de poissons, de viandes, plumes, poils, papiers, mêlés au produit du balayage des chaussées, sont ramassées chaque matin par des tombereaux qui les déversent dans un terrain vague plus ou moins éloigné de toute agglomération. Après une fermentation plus ou moins longue, ces gadoues sont prises par les cultivateurs. On désigne parfois sous le nom de gadoue verte ou brute, la gadoue avant fermentation, et sous le nom de gadoue noire, la gadoue, qui est restée plus ou moins longtemps en tas.

Dans les grandes villes, il est impossible de faire des tas de détritus fermentescibles à la périphérie des agglomérations en raison des odeurs dégagées ; d'un autre côté, la quantité de matière à traiter est telle qu'il serait difficile de l'évacuer immédiatement à une grande distance. Nous allons examiner les systèmes de traitement employé par la Ville de Paris : ils permettent de décrire tous les moyens de traitement.

Fig. 250. — La combustion des gadoues. Les générateurs.

La gadoue de Paris. Ramassage. — Le ramassage et l'enlèvement des gadoues se fait de trois manières :

Dans les Ier, VIIIe, XIIIe et XVIe arrondissements, il est payé aux entrepreneurs chargés de l'enlèvement un prix indépendant du nombre des tombereaux enlevés. Les entrepreneurs sont propriétaires de la gadoue enlevée. C'est le système forfaitaire, et l'on a estimé qu'il revenait à la ville à un prix moyen de trois francs le mètre cube.

Dans les seize autres arrondissements de Paris, il est payé un prix unitaire par voiture. Les détritus appartiennent également aux entrepreneurs. On a estimé que l'enlèvement du mètre cube de gadoue valait 2 fr.50.

L'exécution de l'enlèvement en régie a été essayé depuis peu de temps dans les IIIe, X^e, XIXe et XXe arrondissements. Les résultats économiques de ce système sont mal déterminés.

Il est enlevé journellement environ 3.900 mètres cubes de

Fig. 251. — Tamisage et triage des gadoues.

gadoue, soit 200 tonnes environ. Les gadoues des Ier, VIIIe, XIIIe et XVIe arrondissements sont transportées directement et dans la mesure de la demande par attelages chez l'employeur de banlieue ; une partie est expédiée par chemin de fer, et enfin l'excédent est envoyé aux usines de transformation que nous allons indiquer.

Les usines de traitement et le triage des gadoues. — Il existe à Paris quatre usines de traitement des gadoues :

L'usine d'Issy les-Moulineaux reçoit les gadoues des VIe, VIIe, XIVe et XVe arrondissements et traite annuellement 360.000 mètres cubes environ ;

L'usine de Saint-Ouen les-Docks reçoit les gadoues des IIe, IXe, XVIIe et XVIIIe arrondissements et traite annuellement 340.000 mètres cubes environ ;

L'usine de Romainville reçoit les gadoues des IIIe, X^e, XIXe et XXe arrondissements. et traite annuellement 270. 000 mètres cubes ;

L'usine de Vitry-sur-Seine reçoit les gadoues des IVe, V^e,

Fig. 252. — L'arrivée des gadoues aux broyeurs.

IXe et XIIIe arrondissements et traite annuellement 185.000 mètres cubes.

Les gadoues qui arrivent à l'usine ont déjà été soumises a un triage de la part des chiffonniers. Le chiffonnier-placier, qui enlève la poubelle le matin avec l'autorisation du concierge de la maison, procède à un premier tri. Le chiffonnier-coureur fouille les boîtes à ordure à la suite du placier. Le troisième tri est fait par le chiffonnier du tombereau, qui, monté sur la voiture de ramassage, aide à vider les poubelles. Un quatrième tri est opéré à l'usine par les chiffonniers ayant un droit d'entrée leur permettant d'opérer avant le triage des ouvriers proprement dits.

Ces ouvriers trieurs enlèvent les verres, pierres, fers, débris de porcelaine et de chiffons qui pourraient encore rester : ils sont placés le long d'une toile sans fin portant les gadoues des tas d'arrivée aux trémies d'alimentation des broyeurs.

Broyage des gadoues. — Le broyeur Robert est formé de deux plateaux circulaires armés de dents, l'un fixe et l'autre animé d'un mouvement de rotation rapide, entre lesquels la gadoue est réduite par écrasement et étirement.

Fig. 253. — Le broyage des gadoues.

Ce traitement n'empêche pas les fermentations de se déclarer dans la masse, et les produits traités doivent être évacués rapidement sur les lieux de consommation.

Le broyeur Schoeller, utilisé à la fabrication du poudro, est formé de marteaux mobiles articulés, fixés sur un arbre tournant à la vitesse de 1.600 tours à la minute, au centre d'un coffre en fonte doublé d'un blindage d'acier. Les marteaux frappent la matière à la façon de fléaux. La gadoue qui sort du broyeur est à l'état de poudre fine, noirâtre, bien homogène, atteignant un poids de 1.200 kilogrammes au mètre cube, alors que la gadoue

avant traitement pèse 600 kilogrammes au mètre cube. Cette
poudre ou poudro est séparée à la sortie par tamisage des papiers ou chiffons qui seront utilisés comme combustibles. Elle
peut être mise en tas, sans être pour cela en putréfaction : la

Fig. 254. — Sécheur à gadoues, type Huillard.

fermentation qui se déclare et élève la température à 50° ne
dégage aucune odeur, tant par suite de l'oxydation des matières organiques dans le broyage que par suite de leur mélange intime avec des matières inertes. Le poudro peut être mis
en tas au voisinage des agglomérations : cette faculté est de la
plus haute importance.

Incinération des gadoues. — Les gadoues fraîches
constituent un combustible très imparfait. Elles renferment,

en effet, surtout en été et par les temps de pluie, une quantité
d'eau pouvant atteindre 50 p. 100 de leur poids, et une quantité
de matières inertes telles que cendres, sable, etc., pouvant
atteindre 33 p. 100. Ces matières ne sauraient brûler : elles se
retrouvent sous forme de scories après l'incinération.

La chaleur produite par la combustion de la gadoue est utilisée à produire la vapeur nécessaire à la marche des appareils

Fig. 255. — L'expédition du poudro.

de broyage, et au fonctionnement de machines à vapeur commandant des groupes électrogènes. Des installations de ce
genre existent dans de nombreuses villes : Paris, Hambourg,
Bruxelles, Zurich, Londres, Edimbourg, Berlin, New-York,
Buenos-Ayres, etc. Le procédé est en général onéreux, malgré
la récupération de la chaleur des gaz de combustion. Le prix de
la tonne incinérée est de 1 fr. 80 au minimum ; il peut atteindre
et dépasser 5 francs.

Les fours employés à l'incinération des gadoues ont une forme
spéciale permettant la distillation, puis la combustion et l'incinération de la matière. Le foyer Meldrum comprend une série

de quatre grilles : sur la première est chargée la gadoue brute ; les gaz de distillation vont se brûler au-dessus des autres grilles dont le chargement est en pleine combustion. La matière passe d'une grille sur l'autre et tombe finalement dans le cendrier. Avant de passer sous les chaudières, les gaz de la combustion traversent une chambre de combustion dont les parois sont en briques réfractaires, et où se complète l'oxydation des gaz et se fait le dépôt des poussières entraînées. Un foyer peut traiter 75 tonnes par vingt-quatre heures.

Transport et commerce des gadoues. — Les tarifs spéciaux concédés par les Compagnies de chemin de fer permettent de transporter les gadoues parisiennes dans un rayon de 100 à 200 kilomètres autour de la capitale. Les expéditions se font par wagons de 10 tonnes minimum. A Paris, le commerce des gadoues est fait par les sociétés de ramassage qui vendent directement à la culture. Les prix varient suivant la saison et le tonnage demandé par le cultivateur : ils s'entendent à la tonne, sur wagon gare Paris.

Dans les petites villes, l'entrepreneur de ramassage s'entend dans chaque cas particulier avec le cultivateur. Les prix demandés dépendent souvent du tonnage et de la saison.

LES TOURTEAUX

Les tourteaux sont les résidus du traitement des graines ou des fruits oléagineux pour l'extraction de l'huile. Parmi les cinquante espèces de graines traitées par l'industrie, on n'en compte guère plus de 30 qui soient l'objet de transactions importantes.

Tous les tourteaux, qui pour une raison quelconque sont impropres à l'alimentation du bétail, peuvent être utilisés comme engrais. Toutefois les tourteaux-engrais, employés dans notre pays d'une manière courante, sont assez peu nombreux. Nous citerons :

Tourteaux d'arachide décortiqué ;
   — de sésame noir et sésame sulfuré ;
   — de colza jaune ;
   — de colza ravison ;

Tourteaux de colza guzerat des Indes, etc. :
>   —   de cameline ;
>   —   de pavot blanc ;
>   —   de ricin ;
>   —   de ravison de Russie ;
>   —   de coton ;
>   —   de Moura ;
>   —   de niger.

FABRICATION DES TOURTEAUX

Les graines oléagineuses sont d'origine indigène ou d'origine exotique. Le nombre des petites huileries agricoles où se fait le traitement des premières va en diminuant de jour en jour. Les grandes huileries tendent à recevoir, non seulement les graines étrangères, mais encore la production indigène.

En France, les huiles de graine, se préparent à Marseille, Bordeaux, Nantes, Le Havre, Caen, Fécamp, Dieppe, Arras, Lille, Douai, Dunkerque, ainsi que dans la banlieue parisienne, à Saint-Denis, Pantin, Ivry, Issy et Vincennes.

Le nettoyage des graines se fait au moyens de tarares, trieurs, ou dans des cribles aspirateurs spéciaux.

Les graines, dont l'amande est revêtue d'une enveloppe dure, telles que celles d'arachides et de ricins, sont soumises à la décortication. Quand cette dernière opération n'est pas faite, on obtient des tourteaux non décortiqués, ou bruts ou en coques. Dans le cas contraire, on obtient des tourteaux décortiqués.

L'extraction de l'huile se fait de trois manières différentes : par coction, par pression et par dissolution.

Extraction par coction. — Ce procédé est parfois encore utilisé en Asie et en Afrique pour les huiles de palme et de coprah. Il consiste à faire bouillir dans l'eau la graine plus ou moins broyée. L'huile est mise en liberté par déchirement des cellules et monte à la surface du liquide. La pulpe est utilisée sur place et parfois mise à sécher pour en faire des tourteaux.

Extraction par pression. — Les graines décortiquées sont d'abord concassées dans des moulins à cylindre, puis aplaties entre des cylindres en fonte, ou au moyen de broyeurs centrifuges. Les meules verticales en pierre tournant dans une auge sont encore employées.

La masse broyée ou froissée est mise dans des scourtins, sacs de laine ou de crin, solides, enfermés dans des pièces de cuir appelées étreindelles. Le pressurage de la masse à froid donne des huiles vierges. Ce pressurage s'opère dans des presses à vis, des presses hydrauliques, ou au moyen de systèmes mécaniques spéciaux. Il permet d'extraire la moitié de l'huile contenue dans la graine.

Les tourteaux sont retirés des scourtins, additionnés de 5 p. 100 d'eau et broyés. La masse est soumise à un second broyage : c'est le rebat. Les tourteaux sont réchauffés à 60° après un nouveau broyage et soumis à une troisième pression.

Pour les huiles industrielles, on chauffe la masse dès la première pression. Ce chauffage est, d'ailleurs, nécessaire pour les huiles se solidifiant vers 20-30°.

Les tourteaux retirés des presses sont rognés et portés au séchoir. Ils y restent quelques jours avant d'être livrés au commerce. Ils renferment encore 7 à 10 p. 100 d'huile.

Extraction par dissolution. — Les graines décortiquées sont broyées et soumises immédiatement à l'action des dissolvants ou sont pressées une première fois, et les tourteaux obtenus sont réduits en poudre, qui est soumise à l'action des dissolvants.

La dissolution se fait dans des autoclaves ou digesteurs : la poudre, soumise à l'action du sulfure de carbone ou des éthers de pétrole, est épuisée ; la masse est ensuite distillée de manière à séparer l'huile du sulfure de carbone ou des essences de pétrole. Le résidu est une masse pâteuse que l'on dessèche et que l'on réduit en poudre granuleuse, contenant encore 1 à 3 p. 100 de matières grasses.

ASPECT PHYSIQUE DES TOURTEAUX

Les tourteaux se présentent sous forme de gâteaux carrés, rectangulaires, trapézoïdaux ou circulaires ; ils sont rognés aux angles et sur les côtés. L'extraction de l'huile par dissolution ne donne que des tourteaux en poudre plus ou moins grossière.

Le poids et les dimensions des tourteaux sont très variables. Dans le nord de la France ils pèsent 1 kilogramme à 1^{kg},500 et ont une épaisseur de 1^{cm},5. A Marseille, le poids moyen atteint 2 à 3 kilogrammes.

Les tourteaux ont une teinte différente suivant les graines dont ils proviennent et suivant leur mode de fabrication. La couleur fonce par le chauffage ; elle s'éclaircit, au contraire, par le traitement aux dissolvants.

Les tourteaux-engrais sont livrés, en général, broyés en poudre plus ou moins grossière.

TOURTEAUX D'ARACHIDE

L'arachide est produite sur la côte occidentale d'Afrique, au Sénégal, dans le Mozambique, l'Inde, la Cochinchine, les Antilles. Le nord de l'Afrique, l'Espagne, les États-Unis et la République Argentine en produisent une certaine quantité.

Les arachides du Sénégal sont estimées. Elles nous arrivent en coques bien conservées. Les arachides de l'Inde sont souvent expédiées décortiquées ; elles sont moins estimées.

Les huileries françaises travaillent, chaque année, plus de 100.000 tonnes d'arachides, dont on tire 40 à 50 p. 100 d'huile. Les tourteaux obtenus sont ordinairement employés pour l'alimentation du bétail, en raison même de leur richesse en matières nutritives. Quand, à la dernière pression, pour faciliter la sortie de l'huile, on ajoute des coques broyées à la masse pour la diviser, on obtient le tourteau d'arachides brutes, que la forte proportion de cellulose qu'il contient fait réserver ordinairement à la fumure des terres.

Le tourteau d'arachide renferme 4 à 5 p. 100 d'azote et 0,6 p. 100 environ d'acide phosphorique.

Le tourteau d'arachides décortiquées est blanc crème, avec de fines particules rougeâtres. Des fragments de coques aisément reconnaissables caractérisent le tourteau d'arachides brutes, de coloration plus foncée et de grain moins fin que le tourteau d'arachides décortiquées.

TOURTEAUX DE SÉSAME

La culture du sésame, qui croît dans l'Inde à l'état spontané, s'est répandue au Japon, en Chine, en Perse, en Turquie, et aussi dans les contrées subtropicales de l'Afrique, de l'Amérique et de l'Océanie.

La graine pèse 55 à 60 kilogrammes par hectolitre. On en extrait par trois pressions 45 à 55 p. 100 d'huile. Marseille est le principal centre de fabrication.

Le tourteau de sésame, obtenu par pression, peut être employé pour l'alimentation des animaux. Le tourteau de sésame sulfuré est employé comme engrais. Il contient en moyenne 6 p. 100 d'azote, 1,9 d'acide phosphorique et 1,4 de potasse.

Suivant les graines, dont sont formés les tourteaux, la couleur de ces derniers est blanche, grise, brune, noire ou bigarrée.

Le tourteau de sésame sulfuré se présente sous forme de fragments durs, irréguliers, plus ou moins volumineux.

TOURTEAUX DE COLZA

Il convient de distinguer le colza indigène des colzas des Indes qui appartiennent à des espèces différentes.

TOURTEAUX DE COLZA INDIGÈNE

Le colza indigène, type sauvage du chou cultivé, a perdu beaucoup de son importance industrielle à la suite de l'application des huiles minérales. On le cultive cependant encore dans une grande partie de l'Europe.

Les graines de colza rendent de 38 à 45 p. 100 d'huile, et laissent après traitement un tourteau estimé pour l'alimentation des animaux et pour la fumure des terres, et renfermant 4,5 à 5,5 p. 100 d'azote, 2 à 4 p. 100 d'acide phosphorique, 1 à 2 p. 100 de potasse.

La coloration du tourteau de colza est brun verdâtre, chiné de jaune et de noir. La désagrégation est facile.

TOURTEAUX DE COLZA DE GUZERAT

Le colza de Guzerat est originaire de la province de l'Inde de ce nom. Il est formé d'une seule espèce *Sinapis* présentant deux variétés, l'une à graines jaunes, l'autre à graines brunâtres.

Le tourteau est de coloration jaune avec quelques téguments brunâtres. La texture est friable. Il renferme en moyenne 5,4 d'azote, 1, 9 d'acide phosphorique et 1,2 de potasse.

TOURTEAUX DE COLZA DE CAWNPORE

Dans les tourteaux Cawnpore jaunes, les graines brunes sont un peu plus nombreuses que dans les tourteaux Guzerat. Les tourteaux bruns sont plus répandus : bruns de Calcutta, de Pondichéry.

Le tourteau de Cawnpore brun est brun noirâtre ou rougeâtre, à texture serrée, à cassure grenue.

TOURTEAUX DE COLZA DE FEROZEPORE

Ils sont formés de plusieurs variétés de graines, mais leur composition est analogue à celle des précédents.

TOURTEAUX DE COLZA DE JAMBA

Ces tourteaux sont obtenus avec les graines de roquette de Kurrachee.

TOURTEAUX DE RAVISON DE RUSSIE

La graine désignée sous le nom de ravison nous vient de Russie et des provinces danubiennes. Quelques auteurs considèrent le ravison comme un colza sauvage, d'autres comme une variété de navette, d'autres encore comme une variété de moutarde des champs.

Les graines de ravison sont souvent mélangées de graines étrangères nombreuses, de débris végétaux et de matières terreuses. Elles donnent 22 à 25 p. 100 d'huile, et un tourteau employé exclusivement pour la fumure des terres.

Le tourteau de ravison renferme 4,5 à 5 p. 100 d'azote et 1 à 2 p. 100 d'acide phosphorique. Il est tantôt brun verdâtre, assez foncé, ponctué de noir ou de rouge, tantôt plus ou moins grisâtre. Il est dur, à cassure granuleuse. De menus graviers, de la terre, des débris de coquillage y sont généralement mélangés.

TOURTEAUX DE CAMELINE

La cameline est cultivée dans le nord de l'Europe, en Belgique, en Hollande, en Allemagne et en Russie ; en France, on ne récolte guère plus de 3.000 hectolitres de graines, et la surface cultivée va en décroissant. Le rendement de la graine en huile est de 28 à 30 p. 100. Le tourteau renferme 5,5 p. 100 d'azote et 1,9 p. 100 d'acide phosphorique. Il est recherché comme engrais et il passe pour avoir quelques propriétés insecticides.

Le tourteau de cameline est rouge orangé, assez friable, à cassure grenue ou feuilletée.

TOURTEAUX DE PAVOT BLANC

Le pavot blanc à capsules volumineuses et fermées est cultivé aux Indes, en Perse, en Asie Mineure, dans le nord de l'Afrique, etc. La graine pèse 60 à 65 kilogrammes par hectolitre et donne 35 à 50 p. 100 d'huile.

Le tourteau de pavot renferme de 5,5 à 6 p. 100 d'azote et 2,75 à 3,50 p. 100 d'acide phosphorique. Il est de couleur blanc jaunâtre, légèrement verdâtre quand il est frais, à cassure grenue, d'un aspect homogène.

TOURTEAUX DE RICIN

Le ricin, originaire de l'Inde, est cultivé dans l'Inde (Calcutta, Bombay, Coromandel), dans le Levant, le Sénégal, l'Amérique, l'Italie. L'importation des graines se fait en France par Marseille. Les graines donnent 38 à 45 p. 100 d'huile et un tourteau employé exclusivement à la fumure des terres. Le tourteau de graines décortiquées est le plus riche en éléments fertilisants : il titre 3 à 5,5 p. 100 d'azote, 1,2 d'acide phosphorique et 1,3 environ de potasse. La poudre de ricin provoque des inflammations de muqueuses, lors de l'épandage ; mais on peut éviter cet inconvénient par l'emploi de lunettes ou de masques par exemple. Le tourteau de ricin brut se présente sous forme de galettes carrées de 2 à 3 kilogrammes. La couleur varie un peu avec celles des graines, dont il est formé, mais elle est le plus souvent blanc sale, grise ou brunâtre, avec des mouchetures plus foncés de fragments de test. La cassure est rugueuse, lamellaire, irrégulière.

Les tourteaux de ricin décortiqué sont formés d'une pâte compacte, plus homogène et plus foncée. On produit dans l'Inde, notamment à Ceylan, des tourteaux de ricin feuilletés, très friables. Le tourteau de ricin sulfuré se présente sous forme de fragments grossiers, durs, ou d'une poudre brun noirâtre.

TOURTEAUX DE COTON

L'Égypte, le Sénégal, le Soudan, la Perse, les Indes, l'Amérique sont les principaux pays de production du coton. Les graines de coton, nues ou vêtues, sont l'objet d'un commerce important en vue de la production de l'huile. Elle subissent sur place un égrenage mécanique destiné à en séparer les filaments. Elles sont ensuite traitées dans le pays même ou exportées en Europe. Soumises au nettoyage, puis broyées et pressées, elles donnent 18 à 20 p. 100 d'huile. Les tourteaux sont bruts ou décortiqués suivant qu'ils proviennent de graines entières ou de graines dépouillées de leurs enveloppes. Parmi les tourteaux bruts, on distingue les tourteaux cotonneux obtenus avec des graines vêtues, mal égrenées, incomplètement mûres ou avariées et les tourteaux non cotonneux. Les tourteaux de Catane, de Volo et de Smyrne, sont cotonneux ; ceux dits d'Alexandrie, fabriqués à Marseille, non cotonneux ; l'Angleterre et l'Amérique fournissent les tourteaux décortiqués.

Le tourteau cotonneux renferme, en moyenne, 3,5 d'azote et 1,6 d'acide phosphorique. Le tourteau de coton décortiqué est jaune safran ou jaune verdâtre, avec de rares débris noirâtres de téguments. Le tourteau de coton brut montre de nombreux débris de test plus ou moins volumineux ; il est à cassure irrégulière et à texture lamelleuse. Le tourteau de coton cotonneux se distingue par la plus forte proportion de filaments qu'il renferme et souvent par son mauvais état de conservation.

TOURTEAUX DE MOURA OU MOWRAH

Le mowrah croît à l'état spontané sur la côte occidentale de l'Inde. Les graines, débarrassées de la pulpe qui les entoure, puis séchées, sont utilisées sur place ou exportées. Marseille en reçoit d'importants chargements. Les graines, concassées, broyées et soumises à deux pressions, donnent 35 à 40 p. 100 d'huile et un tourteau, uniquement employé comme engrais, contenant 2,9 p. 100 d'azote, 0,8 d'acide phosphorique et 2,5 de potasse.

La coloration des tourteaux de mowrah est brun rougeâtre avec fragments souvent volumineux de coques jaunes et lisses. Le tourteau de mowrah sulfuré se présente sous forme d'une poudre fine brun noirâtre.

TOURTEAUX DE NIGER

La culture du niger, originaire de l'Abyssinie, se fait dans l'Inde, sur la côte du Coromandel. La graine donne 35 p. 100 d'huile et un tourteau employé pour la nourriture du bétail et comme engrais.

Le tourteau de niger renferme 5 p. 100 d'azote et 1,8 d'acide phosphorique. Il est noir, à cassure lamelleuse.

TOURTEAUX DE MOUTARDE

La moutarde blanche est cultivée en Italie, en Allemagne, et dans l'Inde. La graine donne 30 p. 100 d'huile et un tourteau renfermant 5,8 p. 100 d'azote et 2 p. 100 d'acide phosphorique, de couleur jaune ou faiblement verdâtre, friable, à cassure granuleuse.

TOURTEAUX DIVERS

Les tourteaux de madia, de tournesol, de soja, de navette, etc., sont employés comme engrais, mais sur une très faible échelle. Il convient d'ajouter que les tourteaux ordinairement employés à la nourriture du bétail servent comme engrais quand ils sont avariés. L'analyse chimique permet d'établir leur valeur fertilisante.

COMMERCE DES TOURTEAUX

Ordinairement, en raison de vieilles habitudes, les cours des tourteaux sont très élevés. On les paye sur la base de 2 francs à 2 fr. 20 l'unité d'azote, mais l'acide phosphorique et la potasse ne sont pas comptés. Ces deux derniers éléments sont d'ailleurs en minime proportion dans les tourteaux, et, tout compte fait, l'azote revient à 1 fr. 90 l'unité.

Nous produisons environ 65.000 tonnes de graines oléagineuses, et nous importons 650.000 tonnes environ.

Si l'on estime à 60 p. 100 environ le rendement des graines en tourteaux, la quantité de ceux-ci produites dans nos huileries est d'environ 400.000 à 450.000 tonnes.

D'autre part, nos importations de tourteaux divers s'élèvent environ à 120.000 tonnes, et nos exportations atteignent 150.000 tonnes.

Les chiffres précédents comprennent les tourteaux-engrais et les tourteaux-nourriture.

POUDRETTE. TRAVAIL DES VIDANGES

L'urine et les vidanges. — L'urine des mammifères est un produit d'excrétion renfermant des matières organiques et minérales en dissolution dans l'eau. On y rencontre en plus forte proportion l'urée, le sel marin et les phosphates terreux. L'urée est le terme ultime de l'oxydation des matières azotées de l'économie qui se dédoublent en produits exempts d'azote et en produits azotés tels que urée, acide urique, xanthine, créatinine, etc. L'urine, excrétée par l'homme en état de santé, est un liquide limpide, jaune, dont la densité varie de 1,010 à 1,030, et dont la réaction est acide, mais peut être neutre ou même alcaline. On trouve comme produits minéraux, outre le sel marin et les phosphates, des sulfates alcalins et des traces de silice.

Le tableau suivant donne la composition moyenne de l'urine normale d'un homme adulte du poids de 65 kilogrammes, prenant une alimentation normale et faisant un exercice modéré.

NOMS DES SUBSTANCES.	QUANTITÉS MOYENNES	
	sécrétées par jour.	par kilogr. d'urine.
	grammes.	grammes.
Eau : Par jour : 1 238gr,07 — Par kilogramme d'urine : 952gr,35 — Eau	1 238,07	952,360
Urée	31,550	24,270
Acide urique	0,520	0,400
— hippurique	1,300	1,000
Créatinine, créatine	1,300	1,000
Matières organiques : Par jour : 14gr,740 — Par kilogramme d'urine : 32gr,11 — Xanthine	0,006	0,004
Matières extractives et colorantes	7,065	5,410
Acides gras		
Glucose	Traces.	Traces.
Phénol		
Mucine		
Chlorure de sodium	13,300	10,231
Sulfates alcalins	4,030	3,100
Matières minérales : Par jour : 20gr,19 — Par kilogramme d'urine : 15gr,53 — Phosphates de calcium	0,408	0,313
— de magnésium	0,591	0,455
— alcalins	1,860	1,431
Silice, fer, ammoniaque		
Gaz........ { Oxygène — Azote, acide — Carbonique	Traces.	Traces.
	1 300,000	1 000,000

L'urine normale peut renfermer 20 à 35 grammes d'urée par litre. La quantité d'urée produite par un homme varie de 22 à 37 grammes par vingt-quatre heures, et la quantité d'acide urique varie de 1/30 à 1 60 du poids de l'urée. L'urine normale de l'homme fraîchement émise est limpide : abandonnée à elle-même, elle devient louche en se refroidissant, par suite de la précipitation de mucus et du dépôt de phosphates. Enfin, elle s'acidifie et laisse déposer des urates et de l'acide urique.

L'urine se maintient ainsi pendant quelque temps, puis elle devient neutre et enfin fortement alcaline. L'urée s'est transformée par la fermentation en carbonate d'ammoniaque en fixant les éléments de l'eau :

$$C^2H^4Az^2O^2 + 4H^2O = CO^3(AzH^4)^2.$$

en même temps, il y a un précipité de phosphates et d'oxalates terreux, de phosphate ammoniaco-magnésien et d'urate d'ammoniaque.

L'urine, mélangée aux matières d'excrétion solides, constitue les vidanges. Une grande partie des vidanges des villes est envoyée dans les égouts : quand, dans les habitations, il existe des fosses fixes ou des fosses mobiles, il est facile de recueillir les vidanges. L'enlèvement se fait au moyen de cylindres de 1 à 2 mètres cubes, montés sur roues : la vidange est introduite dans ces cylindres au moyen de pompes à bras ou à vapeur, ou plus généralement au moyen de pompes à air faisant un vide dans l'intérieur des récipients, dans lesquels monte le liquide. Avant l'enlèvement des vidanges des fosses, on jette dans celles-ci une certaine quantité des sels métalliques, sulfate de fer, chlorure ou sulfate de zinc, en vue de détruire le sulfhydrate d'ammoniaque.

Les matières extraites des fosses sont envoyées dans des bassins ou dépotoirs où s'effectue le dépôt des produits solides, qui formeront plus tard la poudrette, tandis que le liquide surnageant, désigné sous le nom d'eau vanne, est décanté dans d'autres bassins, où doit se terminer la fermentation. Au bout de trois ou quatre semaines, ces eaux, qui sont essentiellement formées d'urine putréfiée, servent à la fabrication des produits ammoniacaux. Dans les petites villes, le produit tout-venant est souvent mené dans les fosses des cultivateurs des environs, qui l'utilisent directement par un épandage au moyen de tonneaux à purin. A Paris, l'enlèvement des vidanges a lieu la nuit au moyen de cylindres qui les déversent dans des bateaux-citernes, hermétiquement fermés, qui sont ensuite remorqués jusqu'aux usines de traitement. Des pompes à vapeur aspirent les matières dans les bateaux et les refoulent par des conduites souterraines dans de vastes bassins, creusés dans le sol, rendus imperméables et recouverts d'une toiture en tuiles.

La vidange, amenée dans les dépotoirs ou tout-venant, contient de 85 à 95 p. 100 de liquide. Abandonnée à elle-même, elle laisse bientôt déposer une boue noire, et l'eau vanne plus ou moins trouble peut être décantée pour être abandonnée à la fermentation. Il se produit du carbonate d'ammoniaque, du sulfhydrate, du sulfate, du chlorhydrate d'ammoniaque, et du phosphate ammoniaco-magnésien. En même temps, une série de produits complexes prennent naissance, notamment des ammoniaques composées et des produits neutres, qui rendent très désagréables les émanations des dépotoirs.

Pendant la fermentation, il y a une certaine perte d'azote à l'état élémentaire et à l'état ammoniacal. Au bout de trois ou quatre semaines, la fermentation est terminée, et on peut envoyer l'eau vanne aux colonnes à distiller. Le dépôt, qui se trouve au fond des bassins, retient une forte proportion de liquide ; il doit être desséché pour fournir la poudrette.

En raison des pertes en azote qui se produisent au cours du traitement que nous venons d'indiquer, on adopte dans la plupart des villes un système plus rapide qui consiste à distiller le tout-venant en vue de la récupération de l'ammoniaque, après avoir fait subir à la vidange une première décantation qui donne la poudrette.

Premier procédé Lencauchez. — Il consistait à décanter les matières de vidanges, et à prendre le dépôt boueux à la drague pour le faire sécher dans des exsiccateurs mécaniques, traversés par un courant d'air chaud, mêlé à la fumée des foyers. Les eaux vannes étaient distillées. Malheureusement ce procédé laissait dégager des émanations insalubres, et laissait des eaux troubles.

Deuxième procédé Lencauchez. — On fait la décantation quand la fermentation est arrêtée. La cuisson et l'addition de chaux coagulent les matières albuminoïdes, détruisent les ferments et permettent une décantation rapide. Les matières de vidange peuvent être décantées après traitement par la chaux et distillation des produits ammoniacaux sans autre perte que 1 à 2 p. 100 de leur azote. Cette remarque est appliquée dans le procédé suivant.

Troisième procédé Lencauchez. — Les matières sont malaxées dès leur entrée dans le dépotoir, dans des appareils fermés traversés par un courant d'air se rendant dans une colonne à acide sulfurique qui absorbe l'ammoniaque. Les gaz incondensables sont envoyés dans le foyer. La masse sortant des malaxeurs est criblée et envoyée dans les colonnes. Les produits épuisés ayant bouilli avec un excès de chaux sont extraits par une pompe, passent dans un échangeur de température et se rendent dans des bassins où on les additionne de 50 grammes d'alumine environ au mètre cube, pour obtenir une décantation rapide. Les dépôts rassemblés au fond des bassins sont refoulés dans des filtres-presses. Les tourteaux obtenus sont séchés, puis broyés pour donner de la poudrette. La température des exsiccateurs ne dépasse pas 110°, afin de ne pas altérer la matière organique des tourteaux.

Procédé Bilange. — Ce procédé permet de traiter le tout-venant et d'obtenir la presque totalité de l'eau vanne dont on extrait ensuite les produits ammoniacaux ; les matières solides sont recueillies à l'état de tourteaux faciles à dessécher.

Les matières sont reçues dans des malaxeurs actionnés mécaniquement, dans lesquels on introduit en même temps et en quantité rigoureusement dosée des réactifs formés principalement de chaux éteinte. Le mélange se déverse ensuite dans un bassin de décantation recouvert d'un plancher en bois. Le dépôt se forme pendant une heure environ : on décante la partie claire au moyen d'une pompe, et on l'envoie à la distillation de l'ammoniaque. Lorsque les eaux claires sont décantées, on les remplace par un égal volume de matière sortant des malaxeurs. On recommence cette opération plusieurs fois jusqu'à ce que le bassin soit rempli. On fait écouler alors la matière épaisse dans

un bac d'attente, et de là on la fait passer dans un filtre-presse,
après l'avoir portée à une température convenable, qui donne
des tourteaux consistants et un liquide clair et jaunâtre. Les
vapeurs dégagées sont recueillies dans des tours à acide sulfurique. Le procédé permet d'obtenir pour 100 mètres cubes
d'eaux vannes brutes : 75 mètres cubes d'eaux claires décantées,
25 mètres cubes de boues de dépôt, qui produisent 6 à 7.000 kilogrammes de tourteaux à 50 p. 100 d'eau. Les tourteaux ont
une valeur minime, en raison de leur faible teneur en principes
fertilisants. Les liquides clairs sont traités pour la fabrication
du sulfate d'ammoniaque.

Procédé Kuentz. — Ce procédé évite le stock des matières dans
les dépotoirs en séparant immédiatement à l'arrivage la vidange en liquides clairs et en tourteaux livrables à l'agriculture.

Les vidanges sont reçues directement dans un grand bac
fermé, muni de chicanes verticales où s'effectue une première
décantation. Les liquides clairs, qui viennent à la partie supérieure des derniers compartiments, vont dans des bacs d'attente
des appareils à extraction de l'ammoniaque après avoir traversé
les réchauffeurs. Les dépôts épais; rassemblés à la partie inférieure des premiers compartiments, sont aspirés par un monte-
jus et refoulés dans un mélangeur fermé, où ils sont additionnés
de chlorure d'aluminium, de chlorure de fer et de phosphate
acide de chaux, afin de les désinfecter, de rendre possible leur
passage au filtre-presse et de les enrichir en éléments utiles.
Après vingt-quatre heures de repos, on peut faire écouler une
quantité importante de liquide clair de la surface, tandis que
l'on envoie au filtre-presse le dépôt rassemblé au fond. On
obtient en définitive des eaux vannes claires et des tourteaux
que l'on dessèche. Ceux-ci renferment à l'état de phosphate
bicalcique tout le phosphate soluble qu'on a ajouté et qui a été
décomposé avec le chlorure de calcium, par le carbonate d'ammoniaque. Le fer a absorbé les produits sulfurés et l'aluminium
a coagulé les substances colloïdales. Les tourteaux renferment
3 à 3,5 p. 100 d'azote et 10 à 12 p. 100 d'acide phosphorique
assimilable.

**Commerce des tourteaux de poudrette et des vi-
danges.** — La poudrette se vend suivant sa teneur en azote et

aux cent kilogrammes. Les vidanges sont vendues au mètre cube. Parfois on tient compte de la densité ou même de l'analyse, mais très souvent aussi la vente des fosses, dans les petites villes, se fait, de gré à gré, aux cultivateurs qui en font la vidange, ou se règle à l'entrepreneur au volume ou au nombre de tonneaux.

SANG ET VIANDE. TRAVAIL DES ABATTOIRS

A l'abattoir, les bœufs et les vaches, qui ont été assommés à coup de massues ou tués d'autres manières, sont saignés aussitôt abattus ; les moutons sont égorgés. Les porcs sont également saignés, mais leur sang est utilisé dans l'alimentation. Le sang est recueilli dans des récipients métalliques où il se coagule. Une certaine quantité se répand toujours sur le sol; elle est balayée dans un trou rectangulaire et cimenté que possède chaque échaudoir et où l'adjudicataire vient le recueillir.

SANG DESSÉCHÉ

Composition. — Le sang frais est un liquide rouge, épais, de densité 1,06 environ, se séparant au contact de l'air en deux parties : l'une solide, constituant le caillot; l'autre liquide, formant le sérum. Le caillot renferme de la fibrine et le sérum de l'albumine (7 à 8 p. 100).

La composition du sang varie avec chaque animal; mais, en moyenne, on peut prendre la composition suivante :

Eau 79,6
Matières sèches .... 20,4 dont : Azote................ 3   p. 100
                                 Acide phosphorique. 0,05 —
                                 Potasse............. 0,08 —

Dans la coagulation, le sérum entraîne 0,4 p. 100 d'azote sous forme d'albumine.

Le sang desséché du commerce renferme 10 à 13 p. 100 d'azote. Les centres de fabrication sont les grandes villes, où se trouvent des abattoirs importants : Paris, Lille, Bordeaux, Lyon, Marseille.

L'industrie du sang desséché se fait en deux parties : la coagulation, et la dessiccation.

Coagulation du sang. — Le sang peut être coagulé de diverses manières :

1° *Par la chaleur.* — A la chaudière, la vapeur par barbotage forme des flocons qui se précipitent dans un liquide presque dépouillé d'azote. Le précipité est recueilli et desséché. Malheureusement ce procédé laisse dégager de mauvaises odeurs.

Le système de l'autoclave est préférable. Dans un autoclave à agitateur, on maintient une température de 115°, soit

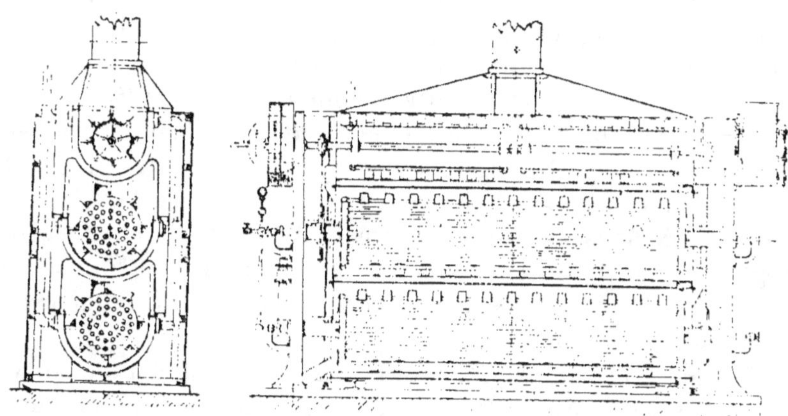

Fig. 256. — Sécheur Otto.

1 atm. 1/2 de pression pendant deux heures environ en agitant la masse. Le caillé séparé est recueilli, placé dans des toiles soumises à une pression de 3 atmosphères. Le tourteau obtenu est noir et contient encore la moitié de son poids d'eau.

2° *Par les acides.* — Ce procédé n'est guère employé.

3° *Par la chaux.* — La coagulation par l'addition de 3 p. 100 de chaux peut donner de bons résultats. Le précipité obtenu peut être employé directement dans les exploitations agricoles.

4° *Par les sels de fer.* — On emploie 3 à 7 p. 100 de sulfate de peroxyde de fer ou plutôt d'un mélange de sulfate de protoxyde de fer, de nitrate de soude et d'acide sulfurique.

Le précipité est formé rapidement ; il est mis à égoutter douze à vingt-quatre heures avant d'être desséché. Le sang coagulé au moyen des sels de fer sera vérifié avant d'être employé en agriculture. On neutralisera l'excès d'acide au moyen d'une quantité bien dosée de chaux.

Dessiccation du sang. — Le coagulum ou caillé formé est desséché dans des torréfacteurs parcourus par un courant d'air chaud.

Torréfacteur. — Cet appareil est formé d'un cylindre de tôle atteignant jusque $1^m,50$ de diamètre et 4 mètres de longueur, faisant 8 à 10 tours par minute.

L'axe du cylindre est incliné et tend à faire descendre la matière. Des petites plaques ou des augets en hélice sur la surface intérieure contraignent au contraire le sang à cheminer en sens inverse. Il en résulte un mouvement continu de la matière. Sur une face du cylindre, débouche un tuyau de calorifère amenant l'air chaud soufflé. Sur l'autre face est disposé un tuyau amenant les gaz chauds, soit à l'extérieur, soit mieux sous les foyers de générateurs. L'air chaud sera réglé en quantité et en température pour ne pas entraîner de poussières, et pour ne pas altérer la matière. Le rendement varie de 20 à 30 p. 100.

Dessiccateur Otto. — Cet appareil est formé d'auges dans lesquelles se trouve la matière. La dessiccation est obtenue par des faisceaux tubulaires à vapeur animés de mouvement de rotation à l'intérieur de chaque auge.

Dessiccateur Donard et Boulet. — Ce dessiccateur est formé d'un cylindre de 12 mètres cubes environ de capacité à axe horizontal animé d'un mouvement lent de rotation. Dans l'intérieur, près de la surface et parallèlement à l'axe sont disposés des tubes de chauffe à vapeur. On peut faire le vide dans le cylindre et activer ainsi la dessiccation, qui peut avoir lieu à température plus basse. Le sang est séché à 15 p. 100 d'eau. Le rendement en sang sec atteint 35 à 45 p. 100.

La coagulation et la dessiccation peuvent se faire dans le même appareil. Quand on dispose de deux appareils, on place avec avantage quelques tuyaux de vapeur perforés dans le cuiseur, qui serviront à faire un bon barbotage. Le magma formé est sorti de l'appareil, pressé et replacé dans le même appareil ou un appareil identique qui joue le rôle de sécheur.

Après la dessiccation on reprend les grumeaux de sang desséché, on les fait passer dans un broyeur ou un moulin et on les blute pour obtenir une poudre bien homogène. Tous les appareils sont munis d'aspirateurs récupérateurs de poussières.

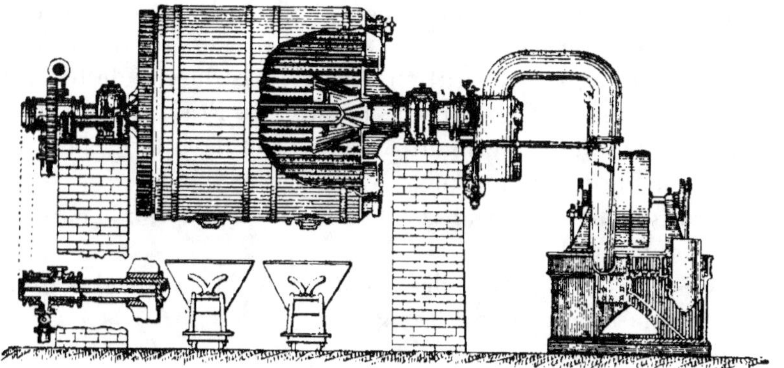

Fig. 257. — Appareil à vide Donard et Boulet.

1.000 litres de sang frais donnent environ 210 kilogrammes de sang sec et 100 kilogrammes de sang sec nécessitent une dépense de 8ᵏᵍ,3 de charbon.

Le commerce du sang desséché. — Le prix du litre de sang est d'environ un centime ; le prix de revient du sang desséché comme matière première est d'environ 15 francs aux 100 kilogrammes et le prix de vente atteint environ 22 à 24 francs (1,90 l'unité d'azote). La fabrication dans les cas les moins favorables peut demander une dépense d'un kilogramme de charbon par kilogramme de sang pour toutes dépenses, main-d'œuvre et chauffage.

POUDRE DE VIANDE

Les déchets de viande des abattoirs sont utilisés par les boyaudiers, tripiers, etc. Mais les viandes saisies comme im-

propres à la consommation par les services d'inspection constituent un déchet important qui est payé à raison de 2 francs
les 100 kilogrammes par les équarisseurs, un peu plus si elles
sont grasses, car c'est surtout la graisse qui fait la valeur de la
viande saisie.

La poudre de viande du commerce est un mélange de poudre
de viande et de poudre d'os ; elle est préparée dans les grandes
villes, où se trouve un important trafic d'animaux de boucherie, avec les cadavres d'animaux, les viandes d'équarissage,
déchets d'abattoirs, etc...

En Amérique, la préparation des extraits de viande fournit
au commerce, sous le nom de poudre de Fray Bentos, une
poudre de viande renfermant 6 à 7 p. 100 d'azote et 11 à 17
p. 100 d'acide phosphorique.

Le traitement des viandes se fait en deux phases : la cuisson
et l'essorage.

Cuisson. — Les viandes mauvaises ou suspectes sont
utilisées à la fabrication des engrais.

Cuisson à l'air libre. — Les nivets, débris de boucherie de
toutes sortes, les animaux avariés, dépouillés et découpés en
morceaux, sont cuits dans des cuves de bois doublées de plomb
dans lesquelles se trouve un serpentin ou un injecteur amenant
la vapeur à plus de 100°. On poursuit la cuisson jusqu'à ce que
les viandes se détachent facilement des os. On écume et on
décante les matières grasses, qui forment les 10 à 20 p. 100 de
la viande et qui sont utilisées en stéarinerie et savonnerie. Le
liquide est rejeté ou utilisé pour la fabrication de la gélatine.
Les viandes gorgées d'eau sont retirées pour être essorées.

Cuiseur fermé. — La cuisson peut se faire dans une cuve
à couvercle portant une cheminée d'appel aboutissant à une
tour en maçonnerie, renfermant un filtre à coke constamment
mouillé. Les vapeurs condensées s'écoulent à l'égout. La cuisson dure douze heures.

Le suif surnageant est recueilli : il a une valeur industrielle
d'autant plus grande qu'il est moins foncé. On le purifie par une
nouvelle ébullition.

Les eaux provenant de la cuisson sont rassemblées dans des
citernes. Le dépôt boueux qui se forme est égoutté et mélangé

avec la viande des cuiseurs, ou envoyé directement dans un séchoir.

Cuiseur à vapeur. — Appareil Venuleth et Ellenberger. — La coction des viandes se fait dans un cylindre percé de trous, placé à l'intérieur d'un autre cylindre, enveloppe dans laquelle on fait arriver de la vapeur.

Ce cuiseur peut être animé d'un mouvement de rotation : latéralement se trouve l'ouverture d'entrée des viandes ; un tube d'évacuation des gaz est disposé sur le grand côté de l'ouverture.

Les appareils cuiseurs peuvent être très considérables, jusqu'à pouvoir contenir 3 à 4 bœufs. Le chauffage du cuiseur se fait à la fois par injection ou par chauffage de la double enveloppe.

La vapeur injectée, en se liquéfiant, entraîne un bouillon gélatineux qui contient des graisses. Ce bouillon est recueilli dans un collecteur ; les graisses qui surnagent sont séparées : le liquide gélatineux est envoyé dans un évaporateur, où il est concentré.

Les vapeurs formées servent à la cuisson des viandes.

La vapeur directe des générateurs est envoyée dans le système de chauffe de l'évaporateur. Quand la cuisson est terminée, on ferme l'injection de vapeur et on conserve le chauffage de la double enveloppe.

Il en résulte une sorte de torréfaction ; les gaz dégagés sont envoyés dans la cheminée de l'usine ou envoyés sous le foyer des chaudières.

La viande se sèche et se réduit en poudre. On l'extrait et on sépare les os par un blutage. Les os sont utilisés après broyage à la fabrication de la poudre d'os ou de superphosphates.

Ce procédé donne des produits bien stérilisés et d'excellente fabrication.

Essorage. — Les viandes humides sont placées sur la maie d'une presse à vis. On donne une pression progressive jusqu'à éliminer 15 p. 100 d'eau. On démoule le gâteau de viande comprimée, mélange de chair cuite et d'os. Ceux-ci, suivant les fabricants, sont séparés ou laissés dans la masse. Le produit final obtenu contient donc seulement de la viande ou à la fois de la viande et de la poudre d'os.

On achève la dessiccation par un tournillage ou une torréfaction préalable suivie d'un passage à une étuve chauffée.

Torréfaction à feu nu. — L'appareil dans lequel se fait cette torréfaction est un brûloir à café à agitateur placé au-dessus d'un foyer en maçonnerie. Le séchage à feu consomme beaucoup de charbon.

Torréfaction à vapeur. — L'appareil Douard donne ici encore de bons résultats. Il donne une poudre de viande d'excellente fabrication.

La graisse, qui est restée dans la viande après la cuisson, fait agglutiner la masse et rend l'opération de la dessiccation de la viande un peu plus difficile que celle du sang. Les produits sortant du séchoir sont portés dans un tamiseur-trieur qui débite d'un côté les os, de l'autre la viande en poudre fine.

100 kilogrammes de matière première donnent 70 kilogrammes de matière pressée, et 20 à 25 p. 100 de poudre sèche, et une proportion d'acide phosphorique variable suivant la proportion d'os qui est restée dans le travail.

La viande en poudre est ensachée et vendue suivant son degré d'azote. Cet engrais contient 5 p. 100 d'azote environ et 8 p. 100 d'eau.

CORNE TORRÉFIÉE

Les résidus des cornes utilisées en tabletterie, les onglons, les parures de pied de cheval, les déchets de baleine sont d'une assimilation trop lente en culture. Il est nécessaire de les transformer par torréfaction. Celle-ci s'effectue à feu nu ou à la vapeur.

La teneur en azote des déchets cornés varie de 7 à 14 p. 100 d'azote.

Torréfaction à feu nu. — Elle a lieu dans des brûloirs tournants, chauffés par foyer séparé, au moyen d'air surchauffé, ou au moyen des gaz de la combustion ; les gaz qui se dégagent sont récupérés. La corne perd de l'eau, se boursoufle, devient friable et poreuse. Elle est alors facilement broyée.

Le grillage se fait encore parfois sur des plaques de tôle ou dans des chaudières peu profondes.

Traitement à la vapeur sous pression. — La cuisson à la vapeur peut se faire au moyen d'une chaudière horizontale ou verticale, à faux fonds, où l'on fait arriver de la vapeur à 2 ou 3 atmosphères. Un trou d'homme permet le chargement. La vapeur condensée forme un bouillon contenant 1 à 2 p. 100 d'azote, qui peut être utilisée. La corne cuite à point est molle, de la consistance du caoutchouc.

Elle est transportée sur un séchoir, où elle forme une masse noire, friable, vitreuse, qu'il reste à broyer.

Le traitement à la vapeur est relativement coûteux en charbon. Il est aussi incommode pour les ouvriers à cause des gaz qui se dégagent. Mais la poudre de corne solubilisée à la vapeur a une valeur agricole beaucoup plus grande que la poudre de corne brute. La solubilisation de la première et sa transformation en produits azotés assimilables sont beaucoup plus rapides.

La corne, mélangée à des déchets divers, laines, onglons, etc. traitée à la vapeur, donne un produit appelé parfois azotine contenant environ 8 à 12 p. 100 d'azote. Cette azotine est parfois mélangée à des phosphates et à des sels de potasse.

Traitement à l'acide. — On peut dissoudre la corne dans l'acide sulfurique, et employer ensuite ce dernier à la fabrication des superphosphates.

CUIR DESSÉCHÉ MOULU

Les résidus de tannerie, les déchets de cordonnerie, les vieilles chaussures renferment de l'azote et peuvent être utilisés, soit en vue de la fabrication des cyanures, soit en vue de la fabrication d'engrais. La teneur en azote est très variable de 4 à 11 p. 100 d'azote.

Grillage. — On peut opérer comme pour la corne sur une chaudière peu profonde et plate, ou dans un appareil fermé et tournant. Le cuir devient friable, mais conserve ses propriétés chimiques. Le cuir grillé est très lentement assimilable. Sa teneur en azote varie de 5 à 9 p. 100.

Cuisson à la vapeur. — Le traitement à la vapeur sous pression dissout en grande partie les matières constituantes du cuir. On obtient par le traitement un bouillon gélatineux très concentré. Ce procédé donne une quantité de poudre de cuir très réduite ; il n'est guère économique. Cette poudre n'a, d'ailleurs, qu'une faible valeur fertilisante ; le tanin que le cuir renferme n'est pas, en effet, complètement détruit par la vapeur.

Traitement à l'acide. -- Les cuirs sont placés dans une grande chaudière de plomb chauffée à la vapeur par double fond ou serpentin. On les arrose avec de l'acide sulfurique à 50-60° B, et on porte la masse progressivement à un point voisin de l'ébullition. Le cuir se dissout, forme un liquide brun foncé, que l'on emploie à la préparation des superphosphates d'os ou des superphosphates ordinaires. Le tanin qui joue un rôle antiseptique est détruit ; l'azote contenu dans le cuir est solubilisé sans perte.

Traitement à l'acide et saturation. --Les déchets de cuir sont chargés dans un cylindre horizontal, et arrosés goutte à goutte par l'acide sulfurique. Le chauffage a lieu par injection et air chaud, ou au moyen de vapeur par double enveloppe. La masse est ensuite additionnée d'eau salée et de phosphate de chaux finement broyé. Le produit final renferme de l'azote et de l'acide phosphorique soluble. Les vapeurs dégagées pendant le traitement sont dirigées dans une tour à coke arrosée d'eau.

ENGRAIS DE LAINE

On distingue trois engrais de laine principaux : les *tontisses* qui proviennent de la tonte des draps fabriqués ; les *poussières de laine*, qui proviennent de leur battage ; et les *chiffons de laine* qui proviennent du triage des chiffons.

Sous ce nom *suints de laine* on désigne un mélange de tontisses, de poussières et de chiffons : cet engrais dose 2,5 à 3 p. 100 d'azote. Il est utilisé dans toute la région du Nord de la France et provient des tissages de Lille, Roubaix et Tourcoing.

Déchets de laine. — Les déchets de laine sont composés de chiffons, poussières de peignage, tontisses, etc. Leur richesse est très variable, selon qu'ils sont mélangés à plus ou moins d'impuretés. En général, les produits que l'on trouve dans le commerce titrent 3 à 7 p. 100 d'azote.

GUANOS

On donne le nom de guanos à des engrais provenant de l'accumulation de matières organiques, excréments d'oiseaux. déchets animaux, corps et os de mammifères, d'oiseaux ou de poissons.

Ces engrais ont joué un rôle très important dans l'histoire de l'agriculture, et ils ont été le point de départ de l'emploi des engrais chimiques.

Les substances désignées sous le nom de guanos sont très nombreuses : comme elles présentent des compositions variables. une étude monographique de chacune d'elles doit être faite.

GUANO DU PÉROU

Le guano du Pérou provient de la décomposition des excréments des oiseaux de mer. Les matières organiques azotées ont été conservées à travers les siècles, grâce aux conditions climatériques qui règnent sur la côte Ouest de l'Amérique du Sud. Le guano des oiseaux de mer est particulièrement riche en azote, les déjections des oiseaux carnivores étant. en effet. de composition toute spéciale. La fiente sèche de l'aigle, à laquelle peuvent être comparés les excréments d'oiseaux de mer, contient 35,7 à 37,7 p. 100 d'azote et 1 à 3,9 d'acide phosphorique. Il faut enfin remarquer que l'urine des oiseaux est plus ou moins solide et ne pénètre pas dans le sol.

Le guano du Pérou, après avoir été importé en Europe en quantités considérables, est actuellement de moins en moins employé en raison de l'épuisement des gisements de l'Amérique du Sud. Toute la côte occidentale de cette partie du monde, les îles Chinchas, Guanapé, Vallestras, Macabi contenaient autrefois de vastes dépôts.

Le guano est une poudre sèche, jaune pâle ou café au lait, passant à une teinte plus foncée quand il est exposé à l'air, de saveur piquante et salée, exhalant une odeur forte, putride ou ammoniacale. Il présente dans sa masse des concrétions blanchâtres, qui se délitent facilement. Il absorbe facilement l'humidité et colle aux doigts, quand il est conservé à l'air. Il est toujours plus dense que l'eau. Il renferme 1 à 3 p. 100 de sable.

En 1853, Girardin a donné les analyses suivantes (voir p. 479) :

Il convient de remarquer que le guano renferme à côté de l'azote une notable quantité d'acide phosphorique, sous forme de phosphate de chaux le plus souvent insoluble à l'état brut.

Les premiers guanos des îles Chinchas avaient la composition moyenne suivante (voir p. 482) :

```
Azote.............................  14,3 p. 100
Acide phosphorique soluble..........   3,1    —
    —          —      insoluble........   8,9    —
```

La composition des chargements actuellement importés est plus variable :

Il faut remarquer que les guanos présentent une richesse différente suivant les gisements et, dans ceux-ci, suivant la hauteur à laquelle est faite l'extraction. On distingue, en effet, dans chaque dépôt, une couche supérieure jaunâtre, une couche médiane jaune et une couche inférieure brune. Le guano le plus riche est celui de la couche médiane. Les brouillards, les pluies, l'humidité en général diminuent la richesse de la couche superficielle par une dissolution des sels de potasse, d'ammoniaque, de chaux, etc., qui passent dans la seconde couche. La décomposition de la couche inférieure au contact du sol dégage de l'ammoniaque, qui gagne la couche médiane où elle se fixe.

La teneur en azote du guano du Pérou, offert actuellement au commerce, varie entre 3,76 et 9,34 p. 100. L'azote est combiné à divers sels organiques, comme le montrent les analyses suivantes (voir p. 481) :

Analyse de 13 échantillons de guano du Pérou.

DÉSIGNATION.	1	2	3	4	5	6
Eau	8,990	20,054	17,160	20,300	11,100	17,520
Sable et cailloux	1,2000	1,250	1,000	1,190	10,400	15,400
Phosphate de chaux	24,0000	24,000	24,500	28,000	25,500	57,000
Autres sels insolubles	2,6000	3,000	0,500	2,700	20,700	11,238
Potasse	0,9648	2,319	2,894	4,061	2,180	2,462
Autres sels solubles	5,0352	2,981	4,306	0,239	0,920	1,380
Matières organiques et sels ammoniacaux	57,2100	46,396	49,640	46,510	29,000	15,300
	100,0000	100,000	100,000	100,000	100,000	100,000
Azote p. 100	11,30	12,18	13,47	14,58	11,30	2,66
Ammoniaque p. 100	4,90	8,230	7,04	4,90	2,29	2,30

Analyse de 13 échantillons de guano du Pérou (suite).

DÉSIGNATION.	7	8	9	10	11	12	13
Eau.........................	18.800	12.740	15.025	19.740	21.500	15.300	18.000
Sable et cailloux.............	4.300	3.710	2.275	2.280	17.700	20.000	16.000
Phosphate de chaux...........	40.000	18.000	31.800	34.800	35.600	11.500	33.800
Autres sels insolubles.........	5.800	38.200	25.200	23.200	1.100	18.350	12.300
Potasse......................	2.026	0.771	0.578	1.824	2.500	0.676	0.4824
Autres sels solubles...........	10.974	14.329	13.622	8.576	0.300	2.874	8.8176
Matières organiques et sels ammoniacaux................	18.100	12.250	11.530	9.580	21.300	31.300	10.6000
	100.000	100.000	100.000	100.000	100.000	100.000	100.000
Azote p. 100.................	4.48	1.28	1.82	1.09	4.82	4.12	1.250
Ammoniaque p. 100...........	1.416	0.183	0.183	0.176	0.76	traces.	traces.

ANALYSES RÉCENTES.	GUANO JAUNE FONCÉ (OELLACHER).	GUANO DE LIVERPOOL (BARTEL).	GUANO DE LIMA (VOELKER).
Urate d'ammoniaque	12,20	3,444	1,0
Oxalate d'ammoniaque	17,73	13,351	10,6
— de chaux	1,70	16,360	7,0
Phosphate d'ammoniaque	6,90	6,250	6,0
— double d'ammoniaque et de magnésie	11,63	4,196	2,6
Sulfate de potasse	4,00	4,227	5,5
— de soude	4,92	1,119	3,8
Sel de cuisine	0,40	0,100	»
Chlorure d'ammonium	2,25	6,300	4,2
Phosphate de chaux	20,16	9,940	14,3
Carbonate d'ammoniaque	0,80	»	»
Humate d'ammoniaque	1,06	»	»
Phosphate de soude	»	5,291	»
Carbonate de chaux	1,65	0,600	»
Substance cireuse	0,75	5,904	»
Sable et argile	1,68		4,7
Eau	4,31	22,718	32,3
Matière organique indéterminée	8,26		
	100,00	100,000	100,0

	I p. 100.	II p. 100.	III p. 100.	IV p. 100.	V p. 100.	VI p. 100.
Acide phosphorique total	8,70	11,40	9,00	9,25	8,65	10,30
Acide phosphorique soluble dans l'eau. . .	2,65	4,25	2,15	2,40	2,55	5,25
Acide phosphorique soluble dans le citrate, d'après Petermann.	4,60	3,70	4,60	4,90	4,70	1,80
(somme)	7,25	7,95	6,75	7,30	7,25	7,05
Azote total	8,20	13,35	14,60	8,90	8,85	8,60
Azote ammoniacal.	1,95	3,05	1,85	2,40	2,65	7,20
Azote nitrique.	0,00	0,05	0,00	0,10	0,10	0,05
Azote organique.	6,25	10,25	12,75	6,40	6,10	1,35
Potasse.	2,40	3,05	2,45	1,95	2,30	4,25
Sur 100 parties d'acide phosphorique total, sont solubles dans l'eau et le citrate.	83.3	69.7	75.0	79.0	83.0	68.4

GUANOS DISSOUS

On désigne sous le nom de guanos dissous ou de guanos solubles le résultat du traitement des guanos naturels par l'acide sulfurique.

Le traitement à l'acide se fit au début sur les guanos avariés par suite de mouille au cours du transport. Il fut bientôt généralisé sur la plupart des guanos naturels dans le but de fournir un produit renfermant l'azote et l'acide phosphorique sous une forme soluble et ayant un titre régulier en éléments fertilisants.

Le guano dissous est livré actuellement par diverses compagnies au titre de 5 à 7 p. 100 d'azote et 10 p. 100 d'acide phosphorique.

La fabrication du guano dissous se fait en broyant en poudre fine la matière brute, en la mélangeant avec 20 à 25 p. 100 d'acide sulfurique à 60°, dans un malaxeur, et enfin en laissant reposer la masse en tas. On réduit la masse en poudre avant de la livrer au commerce.

Le guano dissous est vendu avec garantie de dosage, tandis que les guanos naturels sont vendus à l'analyse de chaque chargement. Le guano dissous renferme du sulfate d'ammoniaque et du phosphate mono et bicalcique ; il se présente sous forme d'une poudre brune, facilement épandable.

GUANO D'ICHABOE

L'île Ichaboé de la Côte occidentale d'Afrique a fourni, lors de sa découverte, un guano titrant 8 p. 100 d'azote et 20 p. 100 d'acide phosphorique ; mais bientôt les expéditions qui furent faites accusèrent une teneur de plus en plus faible. Il y a une dizaine d'années, on a trouvé des gisements non altérés par l'humidité et qui titraient 14 p. 100 d'azote et 17 p. 100 d'acide phosphorique.

Les gisements d'Ichaboé et les autres dépôts africains furent d'ailleurs rapidement épuisés, et actuellement ils sont sans importance.

GUANO DU CHILI

On a trouvé du guano de phoques sur différents points de l'Amérique du Sud : Lobos, Tortuga, Pabellon, etc. Le guano de ces îles est formé de cadavres d'animaux, d'os, de poils, de plumes, etc. Il renferme 4 à 9 p. 100 d'azote et 14 à 22 p. 100 d'acide phosphorique.

GUANO DE CHAUVE-SOURIS

Le guano de chauve-souris se compose d'excréments de chauve-souris mélangés de cadavres de ces animaux. Il se trouve dans certaines grottes de Cuba, de Sardaigne, d'Andalousie, d'Algérie, de France, d'Égypte, etc.

En Sardaigne, on a trouvé des guanos ayant la composition suivante :

Azote	2,25	p. 100
Phosphate de chaux	35,30	—
Sels alcalins	3,60	—

En Hongrie, on a trouvé des guanos à 1,88 p. 100 d'azote et 11,64 p. 100 d'acide phosphorique. Popp a indiqué la composition suivante pour les guanos d'Égypte :

Urée	77,800 p. 100		Moyenne de 37 analyses :	
Acide urique	1,250 —		Azote	37,00 p. 100
Créatine	2,550 —		Acide phosphorique soluble	7,18 —
Phosphate de soude mono-acide	13,450 —			
Insoluble	0,575 —			
Humidité	3,660 —			
	99,285 p. 100			

Les guanos français de la Haute-Saône ont accusé 8 à 9 p. 100 d'azote et 3 à 5 p. 100 d'acide phosphorique ; les guanos algériens ont donné 3 à 4 p. 100 d'azote et 5 p. 100 d'acide phosphorique.

GUANO DE POISSONS

Le guano ou engrais de poissons est obtenu en traitant à la vapeur, ou à l'acide, les débris de la préparation des sardines, harengs, morues et poissons divers.

En Bretagne, la préparation des sardines à l'huile donne des déchets considérables ; ces derniers, introduits dans des chaudières spéciales, sont traités à la vapeur ; l'huile se sépare et les parties solides, pressées dans des scourtins, sont ensuite desséchées à l'étuve, et pulvérisées. Ce procédé donne un engrais renfermant 5 p. 100 d'azote et 30 à 50 p. 100 de phosphate.

Procédé Loreau. — Les détritus de sardines, formées de têtes, cartilages et intestins, sont mis à égoutter. La partie liquide recueillie donne de l'huile et un engrais à 1,3 à p. 100 d'azote. Les parties solides sont cuites à feu nu, pressées, séchées à l'air et pulvérisées sous une meule. L'engrais obtenu a la composition suivante :

Matières volatiles.	Eau	5,00	
	Matières organiques	50,50	57,00
	Azote	6,50	
Cendres	Phosphate de chaux	28,00	
	Carbonate de chaux et sels.	5,50	38,00
	Silice	4,50	

ENGRAIS BRETON

L'engrais breton est un mélange de guano de poissons et de débris de végétaux marins, récoltés à marée basse.

La composition est très variable.

PHOSPHO-GUANO

Le guano de poisson traité par l'acide sulfurique donne le phospho-guano de poisson. La masse desséchée et réduite en poudre renferme 2 à 4 p. 100 d'azote.

GUANO NORVÉGIEN

Les têtes, les arètes et les intestins de morue fournissent à Terre-Neuve et en Norvège une matière première abondante pour la préparation des engrais de poisson. Les îles Loffoden sont un centre de fabrication important.

Les déchets de poisson sont cuits à la vapeur, séchés et moulus. La cuisson se fait dans des chaudières horizontales à double enveloppe, dont une perforée ; la solution gélatineuse obtenue est utilisée en industrie. La matière solide est ensuite pressée dans un appareil hydraulique ou dans une turbine, puis passée au séchoir.

Le guano de poisson renferme de l'azote sous une forme moins assimilable que celle des guanos ordinaires. Pour rendre les matières fertilisantes plus rapidement solubles, on traite la masse de déchets, préalablement déshuilée et dégélatinée par l'acide sulfurique, et on obtient ainsi un phospho-guano contenant 7 à 9 p. 100 d'azote et 12 à 16 p. 100 d'acide phosphorique.

Le guano de crabes, fabriqué en Portugal et dans les pays du Nord, est préparé d'une manière analogue au guano de poisson.

GUANOS PHOSPHATÉS

Dans les pays de grande humidité, les guanos perdent leur partie soluble et principalement leur matière azotée.

Les guanos phosphatés constituaient autrefois la matière première la plus estimée des fabricants de superphosphates. Mais leur épuisement ou leur exploitation coûteuse les placent actuellement au second plan.

Les guanos phosphatés se présentent à l'état pulvérulent, mélangés de grumeaux, ou sous forme de masses dures ; ils contiennent 65 à 80 p. 100 de phosphates de chaux, 1 p. 100 d'azote, 2 à 13 p. 100 de carbonate de chaux et 10 à 14 p. 100 d'eau. La matière organique les colore en brun plus ou moins clair. Ils se trouvent dans les îles de la mer des Antilles et dans les îles de l'océan Pacifique.

GUANO PHOSPHATÉ DE L'ILE AUX MOINES

Ce phosphate de l'île des Caraïbes contient 42 p. 100 d'acide phosphorique et 40 p. 100 de chaux. En voici, d'ailleurs, une analyse :

Matière organique azotée et eau de combinaison.   7,60 p. 100
Sulfate de chaux.................................   8.32   —
Phosphate de chaux et de magnésie...............   70,00   —
Sels alcalins...................................   1.88   —
Carbonate de chaux.. .... ⎰
    —   de magnésie............................ ⎱ 10.20 —
Résidu siliceux insoluble....   2,00   —
                                                  ―――――――――――
                                                  100.00 p. 100

GUANO DE L'ILE CHRISTMAS

Le phosphate de Christmas Island des Straits Settlements au sud de Java dans l'océan Indien renferme 60 à 90 p. 100 de phosphate et 1,5 p. 100 de sesquioxydes. Le phosphate naturel contient 5 p. 100 d'humidité. Quand il est séché, il est facile à broyer.

GUANO DE L'ILE BAKER

Le guano de l'île Baker du Pacifique est amassé sous forme de couche de $0^m,30$ à 2 mètres d'épaisseur : il se présente sous forme de poudre fine plus ou moins foncée, mélangée de grains blancs de phosphate d'ammoniaque ou de magnésie. Il renferme quelques centièmes de carbonate de chaux et 75 p. 100 environ de phosphate de chaux basique. Le guano de l'île Baker est actuellement presque complètement épuisé. Une analyse de Liebig avait donné les résultats suivants :

Phosphate de chaux basique........   78.79 p. 100
Phosphate de magnésie basique.....   6.12   —
Phosphate d'oxyde de fer.......... .   0.12   —
Sulfate de chaux..................   0.13   —
Alcalis...........................   0.85   —
Chlore............................   0.13   —
Ammoniaque........................   0,07   —
Acide azotique....................   0.45   —
Eau, sable, etc...................   13,34   —

GUANO DE L'ILE JARVIS

Le guano de Jarvis est formé de parties dures, de parties pulvérulentes et de fragments stratifiés assez friables. Ces derniers sont formés de phosphate de chaux hydraté et précipité lentement par la mise en liberté de l'ammoniaque du guano.

Les gisements des îles Jarvis, Lacépède, Fanning, Brown ne présentent qu'un intérêt secondaire, par suite du prix de revient de l'exploitation.

Nous donnons ci-après des analyses empruntées à Gilbert :

Guano Jarvis.

Phosphate de chaux	$\begin{cases} 3\,CaO,P^2O^5 = 17,397\dots \\ 2\,CaO,P^2O^5 = 16,026\dots \end{cases}$	33,43
Phosphate de magnésie		1,241
Phosphate de fer		0,160
Sulfate de chaux		44,549
Acide sulfurique, potasse, soude, chlore, matière organique et eau		20,886
		100,259

Guano de Fanning-Island.

I

Eau	8,00 p. 100
Acide carbonique	1,30 —
Acide sulfurique	0,19 —
Acide phosphorique	34,16 —
Chaux	42,84 —
Magnésie	0,61 —
Fluor	1,01 —
Matières organiques	12,32 —
	100,43 p. 100
En retranchant oxygène pour le fluor.	0,43 p. 100
Il reste	100,00 p. 100

II

Eau	8,00 p. 100
Carbonate de chaux	2,97 —
Sulfate de chaux	0,32 —
Phosphate de chaux basique	73,00 —
Phosphate de magnésie basique	1,33
Fluorure de calcium	2,06 —
Matières organiques	13,32 —
	100,00 p. 100

Guano de Brown-Island.

I

Eau.....	15,00	p. 100
Acide carbonique..................	1,48	—
Acide sulfurique..............	1,01	—
Acide phosphorique	31,40	—
Chaux........................	39,94	—
Magnésie	0,21	—
Oxyde de fer..............	0,32	—
Soude..................	0,06	—
Chlore....................	0,08	—
Fluor..................	0,34	—
Matières organiques.............	10,30	—
	100,14	p. 100
En défalquant pour le fluor, oxygène.	0,14	—
Il reste.....................	100,00	p. 100

II

Eau.....	15,00	—
Carbonate de chaux.............	3,36	—
Sulfate de chaux	1,72	—
Phosphate de chaux basique........	68,00	—
Phosphate de magnésie basique.....	0,46	—
Oxyde de fer..................	0,32	—
Chlorure de sodium	0,14	—
Fluorure de calcium	0,70	—
Matières organiques..............	10,30	—
	100,00	p. 100

Guano de Lacépède-Island.

I

Eau..............	12,40	p. 100
Acide carbonique..................	0,86	—
Acide sulfurique.................	0,10	—
Acide phosphorique	33,64	—
Chaux.	40,80	—
Magnésie...................	0,93	—
Oxyde de fer..................	0,75	—
Sodium.....................	0,06	—
Chlore......................	0,10	—
Fluor......................	0,77	—
Matières organiques.............	9,92	—
	100,33	p. 100
Déduction de l'oxygène du fluor....	0,33	—
Il reste......................	100,00	p. 100

II

Eau..........................	12.40 p. 100
Carbonate de chaux............	1,93 —
Sulfate de chaux....................	0.17 —
Phosphate de chaux basique........	71.04 —
Phosphate de magnésie basique.....	2,03 —
Oxyde de fer....................	0,73 —
Chlorure de sodium..............	0,16 —
Fluorure de calcium..............	1,58 —
Matières organiques.............	9,92 —
	100,00 p. 100

GUANO DE LA BAIE DE MEJILLONES

La côte inhospitalière de la Bolivie porte sur quelques points des gisements de guanos. Le dépôt, situé sur le Morro de Mejillones, atteindrait en certains endroits 14 mètres d'épaisseur. L'eau de la mer a transformé et éliminé l'azote qui se trouvait dans la matière primitive et donné une poudre brune à grumeaux, plus ou moins gros de phosphates d'ammoniaque et de magnésie.

Voici deux analyses de ces gisements :

Phosphate de chaux basique......	60,364
\ avec ensemble 38,404 p. 100 d'acide phosphorique anhydre....................	
Phosphate de chaux monoacide...........	17,960
Sulfate de chaux,....................	1,069
Acide carbonique....................	2,032
Phosphate d'oxyde de fer, etc............	0,072
Eau et matières organiques..............	10,161
ensemble 0,729 d'azote.	
Oxyde d'ammonium.................	0,018
Sulfate de magnésie..................	1,528
Nitrate de magnésie................	0,034
Sel de cuisine....................	3,739

II

Eau..........................	9,14 p. 100
Carbonate de chaux..............	0,32 —
Sulfate de chaux....................	3,26 —
Phosphate de chaux basique.......	33,64 —
Phosphate de chaux monoacide....	26,44 —
Phosphate de magnésie monoacide.	10,35 —
Oxyde de fer et d'alumine.........	1,35 —
Acide silicique....................	0,89 —
Chlorure de sodium..............	7,32 —
Matières organiques.............	7,29 —

GUANO DE CLIPPERTON

L'île de Clipperton, située au large de la côte du Brésil, renferme une couche de guano phosphaté de 1 à 2 mètres d'épaisseur contenant 83 à 86 p. 100 de phosphate tribasique et 0,03 d'oxyde de fer et d'alumine. Gilbert a donné l'analyse suivante :

Eau	3,80	p. 100
Phosphate tricalcique	78,09	—
Phosphate de magnésie	0,55	—
Carbonate de chaux	6,73	—
CaO	2,84	—
Sulfate de chaux	0,78	—
NaCl	0,15	—
SiO^4	0,28	—
Matières organiques	4,83	—
$Fe^2O^3 + Al^2O^3$	0,04	—
Indéterminé	1,91	—

GUANO DE L'ILE NAURU

L'île de Nauru du groupe des Marchall renferme de riches gisements de guano phosphaté, contenant 86 à 87 p. 100 de phosphate de chaux. L'exploitation du banc de phosphate se poursuit actuellement d'une manière active.

LES ENGRAIS HUMIQUES

On désigne sous le nom d'engrais humiques des substances fertilisantes diverses à base d'humus, qui donnent toujours une quantité abondante de matière noire, comparable à celle du fumier de ferme quand on les traite par l'eau chaude ou par les solutions étendues de carbonates alcalins.

Les engrais humiques complets et les engrais humophosphatés contiennent toujours, quand il ont été bien fabriqués, des combinaisons spéciales d'acide phosphorique et d'humus, des composés phospho-humiques ou des humophosphates divers. D'après Dumont, un engrais à base d'humus n'est pas *a priori* un engrais humique vrai. Un engrais humique complet possède toujours les propriétés de la matière noire du fumier.

Les engrais humiques se partagent en deux groupes : les engrais humiques de ferme et les engrais humiques industriels. Les premiers comprennent les fumiers et les terreaux, engrais complets contenant azote, acide phosphorique, potasse, chaux, etc. Les seconds sont complets ou incomplets :

Engrais humopotassiques, à base d'azote et de potasse ;

Engrais humophosphatés, à base d'azote et d'acide phosphorique ;

Engrais humo-azotés, à base de tourbe et de débris animaux;

Engrais humique complet, analogue au fumier par sa richesse et sa composition.

La fabrication des engrais humiques se fait au moyen des acides ou au moyen des bases alcalines.

Procédé Serrant. — Il consiste à traiter la tourbe par l'acide sulfurique et à neutraliser la masse au moyen de chaux ou de potasse, ou encore au moyen de phosphate naturel.

Procédé Gautreau et Charbonnier. — On arrose la tourbe et tous débris végétaux ou ligneux par une solution renfermant 5 à 25 p. 100 d'acide sulfurique; on neutralise les acides humique et sulfurique par la chaux, et on ajoute du sulfate de potasse.

Procédé Nansen. — L'auteur conseille le mélange de tourbe additionnée d'acide phosphorique aux matières fécales, dans le but de retenir les matières ammoniacales.

Procédé Bourgeois de Mercey. — La tourbe désagrégée est malaxée avec de l'eau froide : on y ajoute un lait de chaux, contenant 10 parties de chaux contre 100 parties de tourbe, de manière à précipiter toute la matière humique. La masse est ensuite pressée et séchée.

Les procédés précédents ne donnent pas à la matière organique, à la tourbe, son maximum d'efficacité. L'humus n'est qu'en partie solubilisé, quand il est solubilisé.

LES PROCÉDÉS DUMONT

I. Engrais humiques complets. — La substance active du fumier ou matière noire, consiste en une solution d'humates alcalins contenant, avec les éléments essentiels des corps organiques, une proportion appréciable de composés minéraux, liés aux substances humiques, et se précipitant avec elles.

La préparation des engrais humiques complets, à base de tourbe, doit reposer sur la formation des humates et des combinaisons phospho-humiques solubles. Dumont emploie l'action dissolvante qu'exercent les carbonates alcalins sur les matières organiques naturelles du sol, et, d'autre part, utilise le pouvoir absorbant que l'humus possède à l'égard de l'acide phosphorique ou des phosphates dissous. On soumet les matières tourbeuses à l'action directe des alcalis ou des carbonates correspondants. La potasse et la soude libres ou carbonatées dissolvent les substances humiques à chaud surtout. On peut préparer les réactifs alcalins par voie chimique ou par voie électrolytique. Dans le premier cas, on traite les sulfates alcalins en solution concentrée avec de la chaux caustique ; il se forme un précipité de plâtre et les alcalis restent dissous. Dans le second, on décompose le chlorure ou le sulfate alcalin par un courant électrique en présence des substances humiques, qui fixent les alcalis.

Pour fabriquer les engrais phospho-humiques, on prépare une solution phosphatée alcaline, si on vise la production d'un engrais riche en humates solubles, et acide, si l'on veut obtenir un engrais riche en acide phosphorique. Une solution alcalino-phosphatée, préparée en traitant à chaud, par une lessive alcaline très concentrée faite avec des potasses brutes de commerce, une quantité donnée de scories ou de phosphates d'alumine, de fer ou de chaux, et incorporée à la tourbe, donne une pâte fluide, que l'on peut sécher et pulvériser. Mais l'attaque des phosphates alcalino-terreux est trop lente.

L'attaque par les acides minéraux permet de conserver un titre élevé en azote : on peut employer l'acide phosphorique qui réagit sur la tourbe légèrement calcaire. L'engrais humophosphaté peut être traité ensuite par la potasse.

II. Engrais humiques incomplets. — Les engrais humopotassiques renferment de l'humate de potasse. Ils se préparent en traitant la tourbe par des solutions alcalines, à froid ou à chaud, dans de grandes cuves à agitateurs. La masse obtenue est séchée et broyée.

On peut aussi ajouter à la tourbe des déchets d'origine animale, riches en azote, sang, débris de laine, râpure de corne, etc.

Les engrais humo-azotés peuvent être obtenus en traitant des débris de cuir par l'acide, en les liquéfiant ensuite à l'autoclave à 120°, et en mélangeant la masse à la tourbe. L'engrais ainsi obtenu dose 6 à 7 p. 100 d'azote et 33 p. 100 d'humus.

Les engrais humo-phosphatés contiennent de l'acide phosphorique soluble et une forte proportion d'humus lentement utilisable. Ils se préparent en incorporant à la tourbe calcaire des solutions riches en acide phosphorique libre, ou, si la tourbe est trop pauvre en chaux, des solutions de phosphate monocalcique. L'acide phosphorique se retrouve à l'état soluble phosphate monocalcique et composés phosphohumiques. Dans le traitement avec phosphate monocalcique, on trouve une certaine quantité de phosphate bicalcique dans la masse séchée.

Les composés phospho-humiques s'obtiennent en précipitant l'humate de potasse par le phosphate monocalcique. Ils sont particulièrement riches, comme le montre l'analyse suivante :

Matières organiques	60,80
Matières minérales	39,20
Azote organique	2,82
Acide phosphorique P^2O^5	7,52
Chaux CaO	19,52
Potasse K^2O	1,75

Ce sont des humophosphates riches en acide phosphorique.

LES ENGRAIS COMPOSÉS

Les engrais composés renferment suivant leur nature deux, trois, ou les quatre éléments fertilisants : azote, acide phosphorique, potasse et chaux.

Les matières les plus employées pour les engrais composés sont les superphosphates minéraux et d'os, les guanos, les poudres d'os, les sels de potasse, le sulfate d'ammoniaque et le nitrate de soude, les substances organiques, sang, viande, etc.

MÉLANGE DES MATIÈRES PREMIÈRES

Dans les petites usines ou pour de petites quantités de produits, le mélange se fait à la main. Les matières à mélanger, pesées et blutées, sont mises en tas, et retournées à la pelle, une ou plusieurs fois. La masse est tamisée avant d'être ensachée.

Pour éviter le mélange à la main, qui est coûteux et présente de multiples inconvénients, on se sert de plus en plus de mélangeurs mécaniques.

Le mélangeur Baas est formée de deux cylindres à alvéoles recevant les matières à mélanger de deux trémies. Un cylindre à alvéoles inférieur reçoit la masse tombant des deux cylindres supérieurs. On peut, en faisant varier les vitesses de rotation des arbres des cylindres, mélanger deux matières en toute proportion.

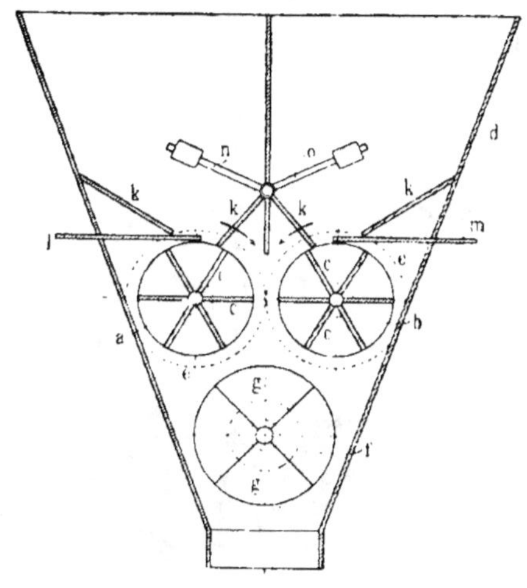

Fig. 258. — Coupe d'un mélangeur type Baas.

La machine Dankworth est formée de deux cylindres à alvéoles qui déversent la matière dans une hélice horizontale où se fait le mélange. La vitesse de rotation des cylindres permet encore d'obtenir un mélange en toute proportion.

Le mélangeur Rother est formé d'un cylindre tournant sur galets. Dans le cylindre, décentré sur l'axe, tourne un arbre muni de palettes. La masse introduite dans le cylindre est mélangée à la fois par la rotation de ce dernier et par la rotation de l'arbre à palettes. Le type courant de cette machine de 1.200 litres permet de traiter 60 tonnes par jour. Le travail est particulièrement rapide.

Pour obtenir un mélange homogène et à teneur constante de matières diverses et surtout de matières de densités différentes, on était obligé jusqu'ici de recourir à des mélangeurs discontinus, c'est-à-dire à des appareils recevant des charges pesées ou mesurées de différentes matières, les mélangeant, puis expulsant le mélange.

Le nouveau mélangeur Raps tient de ces deux systèmes et constitue un mélangeur intermittent opérant par charges et par conséquent donnant des produits aussi homogènes que les

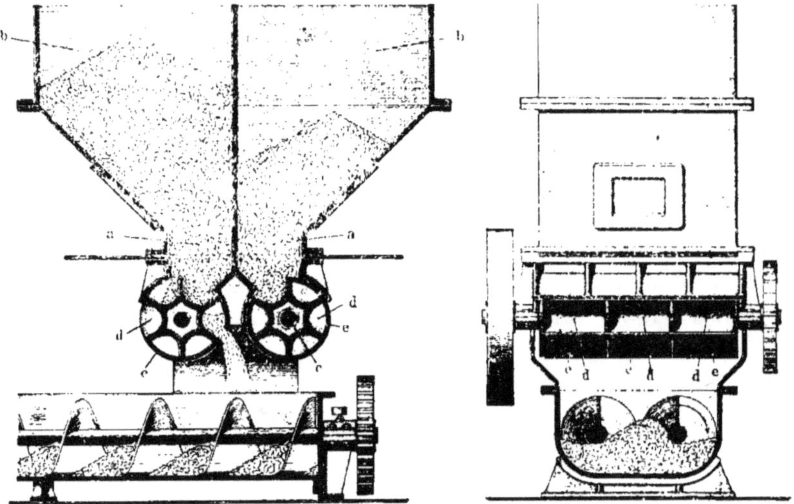

Fig. 259. — Mélangeur Dankworth.

mélangeurs discontinus, mais se vidant automatiquement, par la simple manœuvre d'une fourchette de débrayage et par suite offrant les mêmes avantages de rapidité et de simplicité qu'un mélangeur continu.

Le mélangeur Raps est composé d'un tambour tronconique à axe horizontal dans lequel sont fixées des spires hélicoïdales ; la grande base du tambour est entièrement fermée ; la petite base n'est que partiellement fermée par un anneau destiné à régler la vitesse d'évacuation.

Le tambour est supporté en avant et en arrière par des galets ; les galets d'avant, reliés par des pignons d'angle à une transmission munie de poulies fixes et folles permettant d'imprimer à volonté au tambour un mouvement de rotation dans un sens ou dans l'autre.

L'appareil étant embrayé de manière à ce que le tambour

Fig. 260. — Mélangeur Raps.

tourne dans le sens des spires hélicoïdales, on introduit, par la coulotte placée au centre de la petite base, les différentes ma-

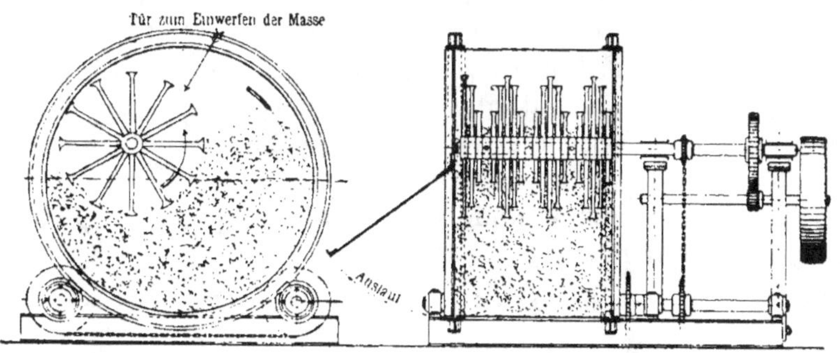

Fig. 261. — Broyeur Rother.

tières à mélanger, dans un ordre quelconque ; les spires refoulent la masse vers le fond et un brassage énergique s'effectue.

28.

Au bout d'un temps variable suivant les produits à mélanger, mais très court dans tous les cas, le mélange est terminé ; il suffit, pour procéder à l'évacuation, d'embrayer par la marche arrière : les spires ramènent alors le mélange en avant et le font tomber par l'intermédiaire d'une coulotte inférieure dans les wagonnets ou les transporteurs destinés à l'enlèvement.

L'appareil vide et embrayé pour la marche avant est prêt pour une nouvelle opération.

LE NITRATE SUPERPHOSPHATE

On donne parfois le nom de nitrate superphosphate au mélange de nitrate de soude et de superphosphate de chaux. Ce mélange doit être fait avec des substances aussi sèches que possible. Le superphosphate, en particulier, ne devra pas contenir un excès d'acide. Il devra être parfaitement travaillé afin de ne pas réagir sur le nitrate, ce qui occasionnerait des pertes d'azote. En général, le mélange de superphosphate et de nitrate de soude est rarement fait; les deux engrais se sèment séparément et à des époques souvent différentes.

LE SUPERPHOSPHATE D'AMMONIAQUE

Le superphosphate d'ammoniaque est un mélange de sulfate d'ammoniaque et de superphosphate de chaux. Ce mélange est très répandu et très estimé, depuis que Lawes et Liebig l'ont indiqué vers 1850. L'acide phosphorique de ce composé rétrograde moins facilement que l'acide phosphorique du superphosphate pur, à cause de la présence de l'acide sulfurique du sulfate.

Le sulfate d'ammoniaque et le superphosphate réagissent quand on les mélange :

$$P^2O^8CaH^4 . H^2O + SO^4(AzH^4)^2 = SO^4Ca + 2 PO^4(AzH^4)H^2 + H^2O$$

La masse se dessèche bientôt :

$$SO^4Ca + 2 H^2O = SO^4Ca, 2 H^2O.$$

et la formation de gypse la rend de plus en plus dure.

La durée des réactions dépend de la nature des superphosphates et du mode de fabrication ; elle est toujours terminée au bout de quinze jours. Outre les réactions précédemment indiquées, il faut citer les suivantes :

$$SO^4Ca + SO^4(AzH^4)^2 + H^2O = SO^4Ca, SO^4(AzH^4)^2, H^2O$$
$$2(PO^4)^3 FeH^6 + 3 SO^4(AzH^4)^2 = 6 PO^4(AzH^4)H^2 + (SO^4)^3 Fe^2$$
$$2(PO^4)^3 AlH^6 + 3 SO^4(AzH^4)^2 = 6 PO^4(AzH^4)H^2 + (SO^4)^3 Al^2.$$

Les mélanges de sulfate d'ammoniaque et de superphosphate se font en proportion très variable. Généralement le produit obtenu contient :

ou :	9 d'azote et 9 d'acide phosphorique	9 × 9	
ou :	5 — 10 — —	5 × 10	
	6 — 12 — —	6 × 12	

etc., avec une teneur en humidité variant de 6 à 10 p. 100.

Le sulfate d'ammoniaque employé est finement moulu. Il est mélangé au superphosphate, soit à la pelle, soit au moyen de mélangeurs spéciaux, vus précédemment. Le mélange étant effectué est passé au broyeur Carr, puis mis en tas, ou ensaché. Bien fabriqué, il ne se solidifie pas. Pour éviter le durcissement, ou sature parfois le plâtre par un peu d'eau, ou on ajoute au mélange du sable, de la poussière de tourbe, des poussières de laine, de la sciure de bois, etc.

LE SUPERPHOSPHATE AMMONIACO-NITRIQUE.

Le mélange de nitrate de soude, de sulfate d'ammoniaque, de superphosphate, est parfois employé. Un mélange assez courant renferme 2 p. 100 d'azote nitrique, 4 d'azote ammoniacale et de 10 d'acide phosphorique soluble. Il y a lieu, pour ces composés, d'employer des matières premières bien préparées et sèches.

LE SUPERPHOSPHATE AMMONIACO-POTASSIQUE

Les mélanges de superphosphates et de sels de potasse deviennent facilement humides en magasin : on les conservera dans des endroits secs. Il faut remarquer que l'action du chlorure de magnésium sur le superphosphate se traduit par une rétrogradation de l'acide phosphorique :

$$(PO^4)^2 CaH^4 + MgO = (PO^4)^2 CaMgH^2 + H^2O.$$

Mais la magnésie n'exerce pas toute son action, à cause de sa faible solubilité, et aussi à cause de la combinaison partielle des sels de potasse avec le précipité formé, de telle sorte qu'une partie de l'acide phosphorique de ce dernier reste dans la solution.

Le mélange de sulfate d'ammoniaque, de superphosphate et de sels de potasse, chlorure ou sulfate, est très répandu.

MÉLANGES DIVERS

Les mélanges les plus divers peuvent être faits au choix de l'acheteur par les fabricants d'engrais. En règle générale, pour faire ces engrais composés, on emploiera des matières premières ne réagissant pas les unes sur les autres, ou ne donnant lieu qu'à des composés de fertilisation égale ou supérieure.

CALCULS DES MÉLANGES

1° Cas du mélange de deux engrais ayant une teneur centésimale en éléments fertilisants a et b. L'engrais formé doit contenir une teneur en éléments fertilisants égale à p.

Les quantités des engrais à mélanger étant x et y :

$$\frac{a \times x}{100} + \frac{b \times y}{100} = p$$
$$x + y = 100$$

D'où

$$x = \frac{100(p - b)}{a - b} \quad \text{et} \quad y = \frac{100(a - p)}{a - b}.$$

2° Cas du mélange de trois engrais ayant une teneur centésimale en éléments fertilisants a, b, et c. L'engrais à obtenir doit renfermer p de substance active.

Si x, y, z désignent les quantités d'engrais à mélanger, on a :

$$\frac{ax}{100} + \frac{by}{100} + \frac{cz}{100} = p$$

et :

$$x + y + z = 100.$$

Si on pose $x = C$ constante fixée à l'avance :

$$y = \frac{100(c - p) + C(a - c)}{c - b} \qquad \text{et} \qquad z = \frac{100(p - b) + C(b - c)}{c - b}.$$

Si on pose $z = m \cdot x$, multiple de l'engrais 1 par exemple. on a :

$$x = \frac{100(p - b)}{a - b + m(c - b)}$$

$$y = \frac{100(a + cm - p(1 + m))}{a - b + m(c - b)}$$

$$z = \frac{100(p - b)m}{a - b + m(c - b)}.$$

3° Cas où l'engrais à obtenir doit renfermer p^1 en un élément et p^2 en un autre élément ; soit à mélanger :

x kilogrammes d'engrais azoté.......... n p. 100
y —   de superphosphate..... a —
z —   de superphosphate..... b —

On a :

$$\frac{n \cdot x}{100} = p_1$$

$$\frac{a \cdot y}{100} + \frac{b \cdot z}{100} = p_2$$

et :

$$x + y + z = 100.$$

Ce qui donne :

$$x = \frac{100 \cdot p_1}{n}$$

$$y = \frac{100(n(b - p^2) - bp_1)}{n(b - a)}$$

$$z = \frac{100(n(p_2 - a) + ap_1)}{n(b - a)}.$$

4° Cas où l'on mélange une substance inerte. Il suffit dans les équations précédentes de faire $b = 0$. On obtient :

$$x = \frac{100 \, p_1}{n}$$

$$y = \frac{100 \cdot p_2}{a}$$

$$z = 100\left[1 - \frac{p_1}{n} - \frac{p_2}{a}\right].$$

5° Cas d'un engrais composé renfermant trois substances différentes ; soit à mélanger :

x kilogr. d'une substance   I avec a p. 100 P^2O^5 et b p. 100 Az
y —   —   II — c — P^2O^5
z —   —   III — d — Azote

pour obtenir un produit à m p. 100 P^2O^5 et n p. 100 azote, on a :

$$x = \frac{100\,[\,d\,(c - m) - c\,.\,n\,]}{d\,(c - a) - c\,.\,b}$$

$$y = 100\left(m - \frac{a.x}{100}\right)$$

$$z = 100 - (x + y).$$

Les calculs précédents peuvent être généralisés et appliqués aux mélanges de toutes matières.

ANTICRYPTOGAMIQUES, INSECTICIDES.
ETC.

LE SULFATE DE CUIVRE

Le sulfate de cuivre, connu depuis très longtemps, et dont Van Helmont et Glauber décrivaient la préparation vers 1644, est désigné sous les noms vulgaires de couperose bleue, vitriol bleu, ou vitriol de Chypre. Le sulfate de cuivre cristallise dans les conditions ordinaires avec cinq molécules d'eau en cristaux bleu saphir foncé, $SO^4Cu, 5H^2O$.

Généralités. — 1º On obtient industriellement le sulfate de cuivre en grillant les pyrites de cuivre, les lessivant par l'eau, faisant cristalliser et séparant des sulfates de fer et de zinc ;

2º On obtient une quantité importante de sulfate de cuivre dans l'affinage de l'argent ;

3º On attaque à chaud le cuivre au contact de l'air par de l'acide sulfurique un peu étendu d'eau ;

4º On chauffe le cuivre avec un mélange d'acide sulfurique, d'acide nitrique et d'eau. Après dissolution, on décante et on laisse refroidir.

Les cristaux obtenus ne retiennent pas l'acide nitrique. Les meilleures proportions sont, pour 100 parties de cuivre, 150 parties d'acide sulfurique, 168 parties d'acide nitrique de densité 1,26, et 1 350 parties d'eau, d'après Anthon.

5º On dissout dans l'acide sulfurique l'oxyde de grillage, les carbonates cuivriques, ou l'oxychlorure cuivrique qui donne un sel très pur, d'après Baubigny.

Les solutions aqueuses de sulfate de cuivre sont évaporées

à chaud ou à froid et laissent abandonner des cristaux de sel,
du système parallélipipédique triclinique. La densité des cristaux est de 2,274 ; elle peut varier de 2,24 à 2,29. Ils s'effleurissent à l'air, surtout quand ils proviennent d'une liqueur acide
et se transforment en hydrates à $3H^2O$. Le sulfate ordinaire se
dissout dans 3 parties d'eau froide et dans une demi-partie
d'eau bouillante. A 15°, un litre d'eau peut dissoudre 294^{gr},94

Fig. 262. — Atelier de préparation de sulfate de cuivre par l'attaque
du cuivre à l'acide sulfurique.

de sel cristallisé, et la solution a une densité de 1,1859. D'après
Étard, la dose de sel anhydre contenu dans 100 parties de la
dissolution est :

$$\text{De } 2° \text{ à } 55° \qquad y = 11,6 + 0,2514\, t.$$
$$55° \text{ à } 105° \qquad y = 26,5 + 0,370\, t.$$

La solubilité est diminuée par la présence d'acide sulfurique.

D'après Poggiale, 100 parties d'eau dissolvent :

A   0°.............   31,81 parties de sel cristallisé.
     20°.............   42,21   —
     40°....   56,9   —
     60°.............   77,39   —
     80°.............   118,00   —
    100°.............   203,32   —

Le sulfate de cuivre à $5H^2O$ se dissout dans l'acide chlorhydrique concentré avec un abaissement de température ; la liqueur évaporée abandonne des cristaux de chlorure cuivrique et elle contient de l'acide sulfurique libre. Le gaz ammoniac enlève toute l'eau au vitriol bleu et donne le sulfate ammoniacal anhydre $SO^4Cu. 5AzH^3$.

La solution aqueuse de sulfate de cuivre possède la coloration bleue de la plupart des sels cuivriques dilués. L'addition d'acide acétique cristallisable précipite le sulfate de cuivre de ses dissolutions. Les solutions de sulfate de cuivre sont des antiseptiques puissants, notamment contre les bactéries. On s'en sert pour l'injection des bois pour le chaulage des grains de semence ; elles forment la base des préparations cupriques destinées à combattre le mildew de la vigne.

LA FABRICATION DU SULFATE DE CUIVRE

1° Traitement des minerais sulfurés. — Le traitement de minerais de cuivre sulfurés se fait à Oker, dans le Harz allemand, près de Goslar.

Le minerai sulfuré du Rammelsberg contient du fer, du cuivre, du plomb, de l'arsenic, de l'antimoine, et de l'argent avec un peu d'or. Bien qu'ils contiennent 50 p. 100 de soufre, ils sont difficiles à brûler. On les grille par la combustion du bois dans des fours. L'anhydride sulfureux qui se dégage est utilisé dans les chambres de plomb ; la combustion abandonne 15 p. 100 de soufre. Le résidu est additionné de schistes argileux, de scories et de minerais pauvres, puis calciné. Il donne le cuivre régule qui contient l'arsenic, l'antimoine et l'argent et une masse de sulfures métalliques, sulfure de fer, sulfure de cuivre, que l'on traite pour la production du cuivre.

Le cuivre régule qui contient :

Cuivre	81,87
Plomb	10,26
Fer	2,75
Argent	0,22
Antimoine	2,55
Arsenic	1,01
Soufre	0,60

est chauffé dans un four à réverbère à flamme oxydante. Les métalloïdes sont oxydés. Le plomb est enlevé par raffinage et le cuivre avec l'argent est coulé sous forme de grenailles dans une cuve remplie d'eau.

La grenaille est ensuite mise dans des cuves doublées de plomb. à faux fonds, et disposées en batterie. Elle est arrosée par de l'acide sulfurique à 30-35° Baumé, et porté à 70°, par un serpentin de vapeur. La masse mouillée d'acide s'oxyde rapidement, et les arrosages qui ont lieu plusieurs fois par heure enlèvent le sulfate formé. La liqueur passe dans des rigoles pour y abandonner les cristaux. L'argent et les autres métaux restent dans les cuves sous forme de boue.

Les cristaux déposés sont recueillis, lavés pour être débarrassés de l'eau mère acide, redissous et recristallisés. Les eaux ne sont ni trop concentrées ni trop acides. On a soin de décanter la dissolution des opérations précédentes pour séparer la boue argentifère. Les cristallisoirs contiennent bientôt des cristaux durs que l'on lave, égoutte et sèche à 40° et que l'on emballe. Ces cristaux ont la composition suivante, d'après Sorel :

Oxyde de cuivre	32	p. 100
Anhydride sulfurique	32	—
Eau	36	—

Le traitement de la galène ou sulfure de plomb associée avec des minerais de cuivre et de fer, d'arsenic, d'antimoine, d'argent et d'or, se fait à Freiberg, en Saxe. Le grillage et la calcination donne le plomb argentifère et une matte de plomb, d'argent et de cuivre. Un affinage donne du cuivre argentifère, avec du soufre, un peu de fer, d'arsenic, d'antimoine, d'argent et de plomb. L'extraction de l'argent se fait par la dissolution, du cuivre de la manière suivante : on la soumet dans un four à réverbère à un grillage avec flamme oxydante. Le soufre est brûlé et les sulfates sont transformés en oxydes. Le fer et l'antimoine sont devenus difficilement attaquables ; il en est de même de l'or et de l'argent. Au contraire, l'oxyde de cuivre est facilement dissous par l'acide sulfurique. La solution sulfurique employée est un mélange d'acide à 45° Baumé et d'eau mère acide : on la porte à l'ébullition par injection de vapeur

Fig. 263. — La préparation du sulfate de cuivre par réaction de l'acide sur le cuivre.

et on y projette la masse grillée en agitant constamment, et en continuant de chauffer.

On laisse le liquide s'éclaircir, les boues se déposent et on décante dans la cuve de clarification. On peut, après dépôt, charger les cristallisoirs. Les cristaux obtenus ont une teinte verdâtre due au fer, qui oblige à opérer une seconde cristallisation. L'eau mère concentrée fournit des cristaux de plus en plus impurs, que l'on soumet à des cristallisations successives. Quand la vente se fait au titre et que le produit est destiné à l'agriculture, les impuretés présentent peu d'inconvénients. Il faut remarquer, d'ailleurs, que la forme cristalline n'indique pas la pureté du vitriol.

2° Traitement des pyrites cuivreuses. — Le résidu de la combustion des pyrites cuivreuses dans les fabriques d'acide sulfurique contient beaucoup d'oxyde ferrique, devenu très difficilement soluble dans les acides à la suite de la forte élévation de température de la calcination, et du cuivre sous forme de sulfate ou sous forme d'oxyde facilement attaquable. Le traitement des cendres de pyrites se fait au moyen de liqueurs acides étendues et à chaud. Les lessives fournissent au début des cristaux assez purs; mais, comme à chaque opération le taux du fer augmente dans les solutions, il arrive un moment où il est préférable de précipiter des eaux mères tout le cuivre à l'état métallique par de la ferraille et d'utiliser ces eaux à la production du sulfate de fer. Le cuivre précipité est séché, puis soumis à un grillage oxydant dans un four à réverbère ; la masse très oxydée est projetée dans une chaudière à acide dilué portée à l'ébullition. Quand la réaction est terminée, il reste une fine poudre de cuivre rouge, que l'on grille de nouveau ou que l'on sulfure. La masse oxydée contient du bioxyde de cuivre. du sous-oxyde qui se décompose par l'acide chaud en bioxyde et cuivre métallique.

3° Traitement du cuivre métallique. — Le traitement du cuivre métallique est très répandu. On emploie pour cela des mitrailles de cuivre ou des saumons de métal argentifère. Le procédé donne du sulfate de cuivre et de l'argent.

a. *Traitement par voie sèche.* — Le traitement le plus ancien consiste à sulfurer le cuivre par voie sèche. Les mitrailles sont chauffées jusqu'au rouge dans un four à réverbère. Quand la température est suffisante, le soufre est projeté dans le four. Une réaction violente se produit et le cuivre brûle dans la vapeur de soufre. Quand l'attaque est terminée, on ouvre les arrivées d'air, qui avaient été fermées, et on fait subir à la masse un grillage oxydant, puis on laisse refroidir lentement Le soufre et le cuivre n'est pas détruit. On épuise la masse refroidie par l'eau. Le résidu est sulfuré et grillé une seconde fois. Le sulfate cuivreux qui passe dans la lessive, à l'état de dissolution ou de suspension, n'est pas stable et se transforme lentement en sulfate cuivrique et en cuivre métallique. La végétation de cuivre métallique, qui se produit, doit être enlevée à temps, sinon elle augmente rapidement par suite d'actions voltaïques.

b. *Traitement par voie humide.* — Le cuivre métallique est soumis à l'action de l'acide sulfurique et de l'air. L'opération est intermittente ou continue, suivant que l'on opère avec des liqueurs acides ou que l'on arrose le cuivre avec une solution acide de vitriol bleu. Sorel a montré que l'on peut augmenter notablement la vitesse de l'attaque en ajoutant dans la liqueur une petite quantité de matières neutres comme la glycérine, ou un acide organique fixe comme l'acide tartrique. Il convient d'employer l'acide sulfurique à 48° à 50° Baumé additionné d'une solution de sulfate fournie par les eaux mères. La solution est portée à la température de 75°-80°. Après avoir arrosé le cuivre disposé dans une tour, elle laisse déposer des cristaux dans une rigole, avant de retourner aux cuves de chauffage.

LE COMMERCE DU SULFATE DE CUIVRE

Les prix du sulfate de cuivre dépendent essentiellement des prix du cuivre. Ce dernier métal jouissant d'un marché particulièrement spéculatif, les cours du sulfate sont sujets à des variations assez larges.

La production du sulfate, autrefois limitée aux usines d'acide ou aux mines, s'est développée avec la demande de la viticulture, et il existe actuellement de nombreux centres de fabrication. La teneur du sulfate employé en agriculture est de 89 à 99 p. 100. L'emballage consiste en des fûts généralement de bonne qualité et parfois en des sacs de tissu serré.

On cote le sulfate de cuivre en France à Paris, Bordeaux, Nantes, Rouen, Cette, Amiens et Lille. Ces villes sont des centres de production ou d'importation. Cette dernière consiste surtout actuellement en produits anglais.

SULFATE DE FER

Le sulfate de fer, sulfate ferreux, couperose verte ou vitriol vert, était connu au moyen âge. Il existe à l'état naturel dans la mélantérite qui provient de l'altération de la sperkise. On le prépare par différents procédés :

1° Neutralisation de l'acide sulfurique par du fer ou de l'oxyde ferreux ;

2° Oxydation à l'air des pyrites efflorescentes ou des pyrites jaunes préalablement grillées ou chauffées en vase clos ; on obtient ainsi un sulfure magnétique très oxydable.

Les schistes pyriteux se sulfatisent à l'air et par lessivage donnent une dissolution qu'il suffit de faire cristalliser.

Le sulfate de fer industriel renferme, en général, des sulfates de cuivre, de zinc, de magnésium et de calcium. On élimine le cuivre par le fer métallique qui réduit en même temps le sulfate ferrique.

Le sulfate ferreux $SO^4Fe = 151,96$ forme, en présence de l'eau, des hydrates à 7, 6. 5, 3, 2 et 1 molécules d'eau. Le sulfate à 7 molécules d'eau $SO^4Fe + 7\,H^2O$ est le sulfate ordinaire. On obtient un sel anhydre par dessiccation à l'abri de l'air à 300° : le sel anhydre est de plus en plus employé en agriculture pour la destruction des sanves. On peut encore produire la déshydratation en dissolvant une molécule de sulfate ferreux dans 9 molécules d'acide sulfurique ; il se sépare alors sous forme de prismes microscopiques. Sa densité est 2,84 et il donne au rouge sombre :

$$2\,SO^4Fe = Fe^2O^3 + SO^3 + SO^2$$

Il se forme parfois $(SO^4)Fe^2O$ si l'on opère à l'abri de l'air, ou $SO^4Fe^2O^3$ si l'on opère au contact de l'air.

Le sulfate de fer ordinaire est le sulfate à 7 molécules d'eau $SO^4Fe, 7H^2O$; il est dimorphe, car, habituellement monoclinique, on peut l'obtenir orthorhombique, au moyen d'un cristal de zinc ; on peut aussi désursaturer une solution de sulfate ferreux par un cristal triclinique de sulfate de cuivre. La densité du sulfate ferreux varie de 1,88 à 1,90. Le composé naturel a pour densité 1,83.

La dissolution aqueuse est d'un vert légèrement bleuâtre. 100 parties de sel exigent, pour se dissoudre aux différentes températures, les quantités d'eau suivantes :

10°	15°	24°	43°	60°	90°	100°
164	143	87	66	38	27	30

Il est insoluble dans l'alcool et dans l'acide acétique. Les oxydants le transforment en sel ferrique : c'est un réducteur. La dissolution aqueuse absorbe l'oxyde azotique en devenant brune.

Le sulfate obtenu au moyen de dissolutions acides par les usines suédoises et anglaises est d'un vert bleu : il contient peu de sulfate ferrique. Les cristaux obtenus dans une dissolution neutre, ont une apparence un peu trouble. Les cristaux riches en sulfate ferrique sont vert foncé et attirent l'humidité. Le sulfate du commerce porte parfois des précipités ocreux et une légère couche blanche de sulfate de chaux. Il renferme une faible proportion d'aluminium, de magnésium, de zinc, de cuivre, etc., que l'on peut facilement éliminer.

Pour que le sulfate de fer se conserve dans de bonnes conditions sans altération, on doit le faire cristalliser dans une liqueur légèrement acide, le laver, le sécher et le conserver dans un endroit sec. Dans une atmosphère sèche, les cristaux s'effleurissent, deviennent blancs, puis jaunes, par suite de la formation d'un seul basique de sesquioxyde.

PRÉPARATION DU SULFATE DE FER

1º Traitement des minerais d'alun. — Par grillage ou par suite de l'efflorescence naturelle, le sulfure de fer contenu dans le minerai d'alun se transforme en sulfate ferreux dont une partie est décomposée et donne l'acide sulfurique nécessaire à la production du sulfate d'aluminium, tandis qu'une autre partie passe dans la lessive brute et s'obtient à l'état de cristaux.

Il existe une fabrication de sulfate de fer dans quelques fabriques d'alun.

2º Traitement des pyrites. — Certaines pyrites s'oxydent au contact de l'air humide et donnent du sulfate ferreux et de l'acide sulfurique :

$$FeS^2 + H^2O + 7O = SO^4Fe + SO^4H^2$$

Les pyrites rayonnées, les pyrites blanches, les pyrites hépatiques sont dans ce cas.

Les pyrites jaunes, qui renferment trop de soufre, sont grillées incomplètement ou sont soumises à une distillation pour enlever l'excédent de soufre.

Les pyrites sont laissées sur un sol incliné, pendant un laps de temps plus ou moins long, à l'action des agents atmosphériques. Il se forme du sulfate ferreux, qui est dissous par l'eau de pluie et qui se réunit dans des réservoirs en une dissolution que l'on fait repasser sur les tas pour la concentrer. La solution est évaporée dans des cristallisoirs à fond plat. Le sel n'est jamais très pur : il contient souvent du sulfate d'aluminium.

Les pyrites, soumises à la distillation, dégagent un tiers de soufre. Les vapeurs de soufre, au sortir des cornues, passent dans une caisse où elles se condensent en partie à l'état de soufre liquide et vont de là dans des caniveaux où elles se déposent à l'état de fleur. Une opération dure une demi-journée environ et l'on obtient 19 p. 100 de soufre, dont la moitié à l'état de soufre en fleur. Le minerai distillé est mélangé avec les résidus des opérations de lessivage antérieures, et on en forme des tas que l'on grille. Les résidus de lessivage, consistant en sesquioxyde de fer et sulfate ferrique basique, absorbent l'anhydride sulfureux qui se dégage et donnent du sulfate ferrique soluble, qui peut être réduit par le fer métallique.

La solution saline brute amenée à 20° Baumé est concentrée, puis clarifiée et concentrée de nouveau jusqu'à marquer 41° Baumé. Elle passe dans des cristallisoirs en plomb. Des matières étrangères souillent les cristaux ; on concasse ceux-ci, on les lave et on les sèche.

3° **Traitement des pyrites par le procédé Spence.** — Le procédé Spence permet d'utiliser les résidus du traitement des pyrites en vue de la fabrication de l'acide sulfurique. On verse de l'acide sulfurique concentré sur les résidus de pyrites pulvérisées et en excès. La masse s'échauffe et durcit fortement. Le protosulfure de fer est attaqué et donne de l'hydrogène sulfuré dont une partie se dégage et une autre partie réduit le sulfate de sesquioxyde. La masse lessivée donne du sulfate ferreux et un peu de sulfate ferrique. Quand le grillage a été bien fait, on obtient du sulfate ferrique. Mais, on arrive à une saturation complète et à la saturation de l'acide en excès en faisant réagir sur le sulfate ferrique du sulfure de fer provenant de la distillation des pyrites en vase clos.

4° Traitement des pyrites cuivreuses et des minerais de cuivre. — Le sulfate de fer est obtenu en grande quantité dans la métallurgie comme produit accessoire, soit de la fabrication du sulfate de cuivre, soit au moyen de résidus de pyrites cuivreuses, soit encore dans la préparation du cuivre de cémentation.

5° Traitement du fer métallique. — La dissolution du fer dans l'acide sulfurique donne du sulfate assez pur. On utilise dans ce procédé la vieille ferraille, les copeaux provenant du découpage des machines-outils, les déchets de fer-blanc préalablement grillés pour oxyder l'étain et de l'acide à 60° provenant du Glover. L'attaque se fait dans des cuviers doublés de plomb, à faux fond et à tuyau de vapeur de chauffage. La température ne doit pas atteindre 80° pour éviter la précipitation du sulfate ferreux peu hydraté et peu soluble. Le carbone contenu dans le fer est mis en liberté sous forme d'une poudre noire très fine. On clarifie la liqueur dans des bacs intertermédiaires et on la dirige dans des cristallisoirs. On lave une dernière fois les cristaux pour les débarrasser du carbone.

Sorel a constaté qu'en insufflant de l'air dans les cristallisoirs on obtient des cristaux très fins et propres ; le carbone est brûlé en réduisant le sulfate ferrique formé avec l'oxygène.

6° Traitement des minerais de fer naturels. — Les minerais, consistant en carbonate ferreux, associé à des quantités variables de carbonate de calcium, de magnésium, de manganèse, d'argile et de sable, sont attaqués par une solution d'acide sulfurique à 40° Baumé. Quand les carbonates de calcium et de magnésium sont abondants, on les dissout préalablement par de l'acide chlorhydrique à 4° Baumé qui n'attaque pas le carbonate de fer. L'attaque se fait dans des cuviers doublés de plomb ; on décante, on clarifie et on concentre. Le résidu de matières charbonneuses, de sulfate de chaux, de sable, d'argile, est sans valeur.

PRÉPARATION DU SULFATE DE FER DÉSHYDRATÉ

Le sulfate de fer hydraté ordinaire, desséché à l'abri de l'air à 300°, donne le sel anhydre. On peut encore produire la déshydratation en dissolvant une molécule de sulfate ferreux dans 9 molécules d'acide sulfurique. Il se sépare alors sous forme de prismes microscopiques.

Le sulfate de fer anhydre est une poudre blanche très hygroscopique. Il ne doit pas être confondu avec le sulfate de fer ordinaire broyé, ou finement cristallisé, dit encore sulfate neige.

LE COMMERCE DU SULFATE DE FER

Les centres de production français de sulfate de fer sont : Lille, Paris, Chailvet, Eurville, Saint-Dizier. Le sulfate de fer se vend en sacs de 100 kilogrammes sous forme de menus sels, sous forme de sulfate neige ou sous forme de sulfate déshydraté.

SOUFRE

Le soufre est très répandu dans la nature, soit à l'état libre, soit sous forme de combinaisons. A l'état libre, on le trouve dans les terrains volcaniques ; il est souvent mélangé de gypse, de célestine, de sel gemme et d'argile ; il provient, dans ce cas, de l'hydrogène sulfuré des fumerolles, qui s'oxyde à l'air en présence de la vapeur d'eau et fournit du soufre et de l'acide sulfureux qui, à son tour, réagit sur l'hydrogène sulfuré pour donner du soufre et sur les roches pour donner des sulfates. Les sulfures métalliques sont très abondants dans la nature ; les principaux sont les sulfures de fer (pyrites et marcassite), de cuivre (chalcopyrite), de plomb (galène), de zinc (blende), de mercure (cinabre), d'antimoine (stibine), d'arsenic (réalgar, orpiment).

Le soufre a été connu de toute antiquité. Il est généralement retiré par fusion et distillation de son minerai, ou des charrées de soude par la méthode Chance Claus, ou des pyrites de fer par distillation.

LE COMMERCE DU SOUFRE

On trouve, dans le commerce, le soufre sous quatre formes :
1º le soufre brut, tantôt compact, tantôt caverneux; 2º le soufre en canons moulés en forme de cônes allongés ; 3º le soufre en fleur, amené par sublimation à l'état de poudre légère ; 4º le soufre trituré.

C'est la Sicile qui fournit actuellement les 9/10 de la production mondiale du soufre. On l'exploite surtout dans la province de Caltanisetta. On en exploite aussi en Italie, dans les Romagnes, la Marche, la Toscane et à Avellino, près du Vésuve. L'Espagne en produit à Teruel, Valencia, Laorca, Gardos, Arcos. La Grèce en produit à Corfou, Mylos, Nyssinos, et les États-Unis, à Lake Charles City.

En France, le soufre se cote à Marseille par 100 kilogrammes.

EXTRACTION DU SOUFRE

Les procédés employés en Sicile pour l'extraction du soufre se divisent en deux classes : la première, le procédé des Calcaroni

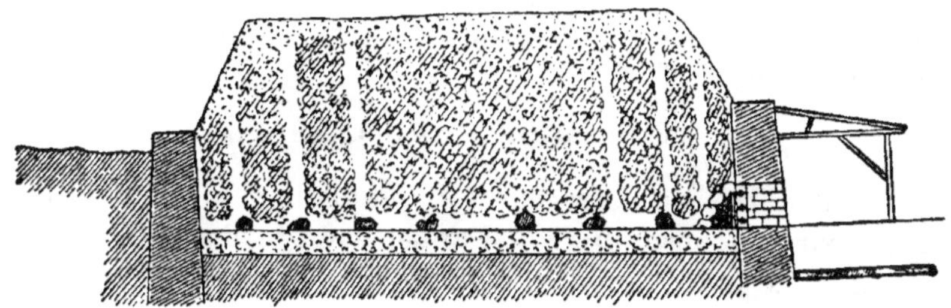

Fig. 264. — Coupe verticale d'un calcarone.

dans lesquels le soufre sert de combustible ; la seconde, le procédé d'extraction par la vapeur.

Le procédé des Calcavelli a été employé jusque 1830. Les calcarelli étaient des meules de 3 à 7 tonnes établies dans une fosse dont le sol convergeait vers un puits unique. On allumait par le haut. Mais l'air affluant de tous côtés, une grande quantité de soufre brûlait, et seule la partie centrale donnait du soufre.

Le procédé d'extraction au sulfure de carbone et celui de la Tour du Breil par fusion en présence d'une dissolution de chlorure de calcium à 66 p. 100 sont abandonnés.

1° *Méthode des Calcaroni.* — On peut traiter par ce procédé des minerais contenant de 15 à 40 p. 100 de soufre.

Les minerais à 70 p. 100 sont considérés comme exceptionnels; ceux de 30 à 40 p. 100, comme riches; ceux de 25 à 30 p. 100, comme bons ; ceux de 20 à 25 p. 100, comme moyens. Au-dessous de 8 p. 100, on les considère comme inutilisables.

La méthode des calcaroni consiste à former une meule avec des fragments de minerais, à l'allumer et à régler la combustion de façon à provoquer la fusion du soufre par la chaleur produite dans la combustion d'une partie du minerai. Ces meules sont généralement adossées à une colline et à demi enfoncées dans la terre. La sole est très inclinée pour faciliter l'écoulement du soufre fondu. Leur contenance varie de 250 à 700 mètres cubes et la combustion dure de 30 à 60 jours. Avec un minerai à 25 p. 100, on n'obtient guère comme rendement que 60 p. 100 du soufre qui y est contenu. Les pertes proviennent de la combustion du soufre et de la formation de gaz sulfureux par réduction du gypse contenu souvent dans le minerai suivant l'équation :

$$SO^4Ca + 2S = 2SO^2 + CaS$$

Quand le bas du calcarone est rempli de soufre, on le fait couler par les trous d'une porte appelée morte, dans des moules pyramidaux, qui donnent des pains de 50 à 60 kilogrammes, et l'on continue jusqu'à l'arrivée du feu.

On peut obtenir un meilleur rendement en réunissant les calcaroni en une batterie de cinq à six chambres que traversent successivement les gaz.

2° *Méthode Gill.* — Ce procédé consiste dans l'emploi de quatre à six chambres cylindriques en maçonnerie, à sole très inclinée, disposées en couronne et communiquant les unes avec les autres. Elles fonctionnent comme autant de calcaroni avec cet avantage que les gaz passent de haut en bas dans chaque chambre, ce qui diminue de beaucoup la dépense de minerai comme combustible. Lorsque le contenu d'une chambre est épuisé, on isole celle-ci des autres et on la recharge à nouveau. Chaque four est muni d'une cheminée haute de 2 à 3 mètres et les gaz de la combustion s'échappent par la cheminée du four qui fonctionne en fin de série. Par suite de l'abondance de l'acide sulfureux dégagé, la fabrication est interdite à certaines époques de l'année.

3° *Procédé par fusion à la vapeur.* — Le principe de cette méthode consiste à chauffer le minerai vers 130° avec de la vapeur sous une pression de 4 atmosphères environ. Le soufre fondu coule et on le recueille à la partie inférieure des appareils.

L'appareil Gill est formé d'un réservoir tronconique perforé, contenant le minerai au-dessous duquel se trouve une cuve mobile destinée à recueillir le soufre Le tout est renfermé dans une enveloppe de tôle forte dans laquelle on introduit la vapeur. L'appareil contient 3.500 kilogrammes de minerais et permet de faire huit fusions par vingt-quatre heures.

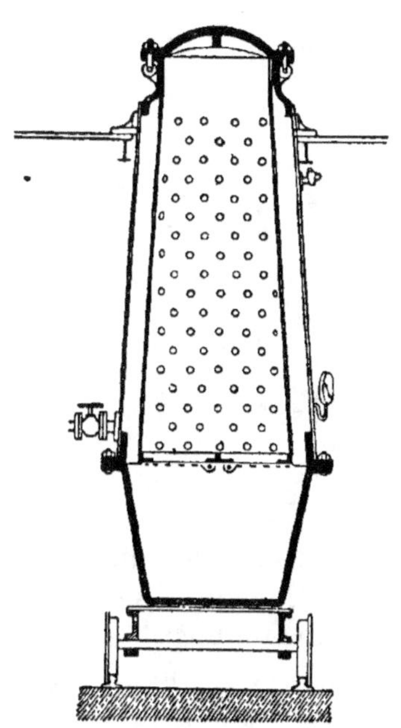

Fig. 265. — Traitement du minerai de soufre à la vapeur sous pression.

L'appareil Gritti, de la Société Lombarde, est formé d'un cylindre de 4 mètres cubes de capacité, mobile sur deux tourillons. L'extrémité inférieure est fermée et porte une petite tubulure conique obturée par un tampon de bois mobile vers l'intérieur. L'extrémité supérieure reçoit le minerai. Le long d'une génératrice, on isole au moyen d'une tôle perforée un espace d'un demi-mètre cube environ pour permettre au soufre de s'y rassembler. L'appareil est chargé de minerai en position verticale, puis très incliné de façon à mettre l'espace libre en bas ; après introduction de la vapeur, on repousse le tampon de bois vers l'intérieur du cylindre, et le soufre fondu jaillit au dehors, où il est reçu dans des moules de 60 kilogrammes environ.

L'appareil Orlando est formé d'un cylindre horizontal fixe dans lequel peuvent pénétrer quatre wagonnets en tôle perforée.

Le mode de traitement à la vapeur convient bien pour les minerais compacts, où il ne laisse guère que 2 p. 100 de

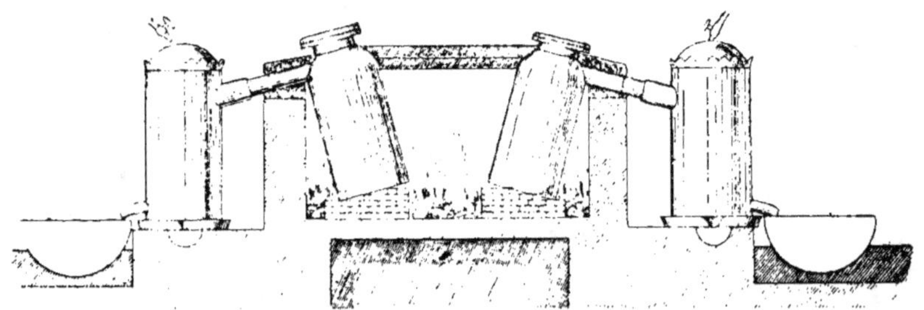

Fig. 266. — Doppione des Romagnes.

soufre ; mais lorsque la gangue est argileuse et le minerai menu, la masse s'empâte et le soufre ne se sépare pas. Le prix du combustible, qui est fort élevé à cause du mauvais état des voies de communication, empêche de généraliser l'emploi de ces appareils.

4° *Procédé par distillation.* — Dans les Romagnes, le soufre, mélangé à 2 ou 3 p. 100 de matières bitumineuses, devient noir après fusion : on le purifie par distillation. Les minerais pauvres sont aussi distillés.

L'appareil de distillation ou doppione est formé de cornues réunies par six dans un fourneau, placées sur deux rangs et chauffées par un foyer commun. Le chargement et le déchargement a lieu par le couvercle. Chaque cornue communique par une allonge avec un récipient refroidi par un courant d'eau.

Le soufre, ramené à 150°, est recueilli dans un bassin, d'où il est puisé pour être versé dans des moules. Les pertes par distillation varient de 6 à 9 p. 100.

Soufre brut trituré. — Le soufre brut trituré remplace souvent en agriculture le soufre en fleur, d'un prix beaucoup plus élevé. Il adhère moins, il est vrai, aux feuilles.

La trituration se fait au moyen de meules verticales légères, et le tamisage au moyen de bluteries. On choisit généralement pour cela les belles secondes, variété de soufre valant 14 francs environ.

Fig. 267. — Atelier de préparation du soufre sublimé.

Les soufres d'Italie se distinguent en sept qualités :
1re qualité soufre, presque pur ;
2e vantée, premier choix ;
2e bonne, couleur jaune, mais contenant 4 à 5 p. 100 d'impuretés ;
2e courante, jaune sale, moins homogène et plus impure ;
3e vantée, jaune brun, contenant des matières bitumineuses ;
3e bonne, brun clair, homogène ;
3e courante, brun, grossier, peu homogène.

Soufre en fleur et sublimé. — Le soufre brut a un[e]
pureté de 88 à 96 p. 100. Les impuretés sont des matières bitu[-]
mineuses et des matières fines.

Les matières bitumineuses s'échappent quand on porte l[a]
matière pendant quelque temps à 120 et 130°. Les impureté[s]
fixes sont séparées par distillation du soufre qui bout à 450°.

Si la vapeur de soufre se répand dans un condenseur énorm[e]
vis-à-vis de la cornue, il se formera sur les parois une poussièr[e]
jaunâtre de soufre solide. La vapeur passe brusquement à l'éta[t]
solide sans donner un produit liquide.

Si le condenseur est petit et si la distillation est poussé[e]
rapidement, le soufre se liquéfie.

Les raffineries de soufre existent à Marseille, Paris et Rouen[.]
La Silice et la Belgique en possèdent quelques-unes.

La cornue à distiller, large, évasée, peu profonde, à extré[-]
mités relevées, a une tubulure de chargement et une queu[e]
raccordée à la chambre de condensation, en maçonnerie, muni[e]
d'une porte latérale, à tôle inclinée. Le foyer latéral est chauff[é]
à la houille. Des carneaux forcent les gaz de la combustion [à]
chauffer toutes les parties de la cornue.

Les dimensions de la chambre de condensation varien[t]
suivant que l'on veut faire de la fleur ou du soufre en canon[s.]

Dans les grandes chambres pour soufre en fleur, on obtien[t]
une petite quantité de soufre liquéfié et solidifié, ou candi. L[e]
procédé est assez dispendieux ; la fabrication est intermittente[.]

La fabrication du soufre en canons est continue, les paroi[s]
du condenseur pouvant s'échauffer sans inconvénient (l[a]
sublimation n'est possible qu'avec des parois froides). Le soufr[e]
liquide, à 120° ou 130°, est reçu dans des moules qui donnen[t]
la forme de canons à la masse solidifiée.

**Extraction du soufre des matières épurantes d[u]
gaz d'éclairage**. — Les matières ayant servi à l'épuratio[n]
du gaz d'éclairage contiennent une quantité notable d[e]
soufre. Nous avons vu au chapitre concernant le crude am[-]
moniac le procédé industriel employé pour la récupération d[u]
soufre et des composés cyanés divers.

**Extraction du soufre des marcs de soude. Procéd[é]
Chance-Claus**. — La préparation du carbonate de soud[e]

donne des marcs ou charrées, résidus solides d'où l'on retire le soufre.

Dans le procédé Gossage, on traitait par l'acide carbonique : il se produisait de l'hydrogène sulfuré qu'on brûlait ; on avait du gaz sulfureux pour faire de l'acide sulfurique, mais l'acide sulfureux était trop dilué.

Dans le procédé Schaffner, on étend les marcs sur le sol et on les retourne souvent pendant trois semaines ; on les lessive par de l'eau froide, on oxyde le résidu par insufflation d'air et on lessive encore ; on traite les solutions de polysulfures et de sulfites par l'acide chlorhydrique pour obtenir le soufre.

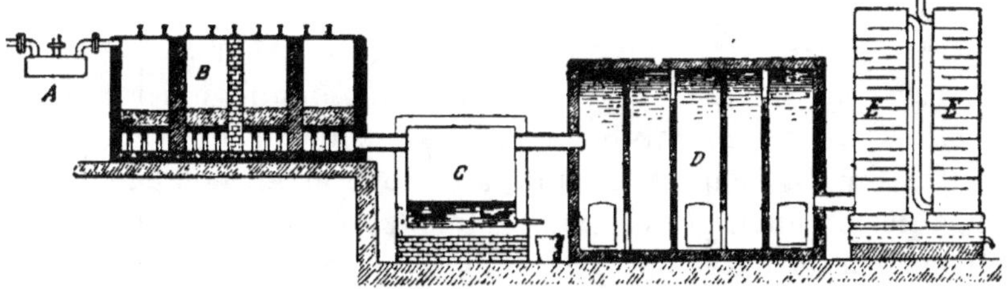

Fig. 268. — Appareil Chance-Claus. Coupe longitudinale.

A, purgeur; B, four; C, chambre à soufre liquide; D, chambre à soufre en fleur; E, tours de condensation.

Le procédé Schaffner et Helbig consiste à traiter les marcs par le chlorure de magnésium.

Dans le procédé Chance et Claus, on solubilise les marcs de soude par l'action de l'acide carbonique en présence de l'eau qui donne d'abord le composé soluble $Ca\,(SH)^2$; puis un excès de gaz carbonique réagissant sur ce sulfhydrate amène tout le soufre sous la forme d'hydrogène sulfuré qui se dégage :

$$2\,CaS + CO^2 + H^2O = CO^3Ca + Ca\,(SH)^2$$
$$CO^2 + Ca\,(SH)^2 + H^2O = CO^3Ca + 2\,H^2S.$$

Le gaz est alors envoyé sous la grille d'un four sur laquelle on a placé du sesquioxyde de fer. Si les proportions d'hydrogène sulfuré et d'air sont telles qu'il y ait une molécule du premier pour un atome d'oxygène contenu dans le second, tout le soufre est régénéré et il est volatilisé par la chaleur de la réaction. On le recueille dans des chambres annexées à l'appareil :

$$Fe^2O^3 + 3H^2S = Fe^2S^3 + 3H^2O$$
$$Fe^2S^3 + 3O = Fe^2O^3 + 3S.$$

La présence de Fe^2O^3 n'est pas indispensable. Le four est chargé de briques réfractaires concassées, surmontées d'un peu d'oxyde de fer pour assurer la fin de la réaction.

Une partie du soufre est obtenue à l'état liquide, et une autre partie à l'état de fleur. Le procédé ne demande pas de combustible, sauf pour actionner les appareils mécaniques.

LE SULFURE DE CARBONE

Généralités. — Le sulfure de carbone fut découvert en 1796 par Lampadius en distillant une houille pyriteuse.

On l'obtient en faisant passer un courant de vapeur de soufre sur du charbon chauffé au rouge et en condensant le produit obtenu. La formation commence au rouge sombre et est au maximum au rouge. Le composé est endothermique et se détruit partiellement à la température de formation. La chaleur de formation est de 21,1 calories.

Le sulfure de carbone est un liquide mobile, réfringent et très volatil. Brut, il renferme un certain nombre de composés sulfurés à odeur fétide. Pur, c'est un liquide incolore, et d'une odeur aromatique. Sa densité est élevée : 1,27 à l'état liquide et à 15°, et 3,40 à l'état de vapeur. Son point d'ébullition est de 46°. La formule chimique du sulfure de carbone est CS^2 (c'est donc un bisulfure), et son poids moléculaire est de 76,12.

A la lumière solaire, le sulfure de carbone se décompose en soufre et protosulfure de carbone, poudre rouge marron. L'eau à la température ordinaire forme des hydrates :

$$CS^2, H^2O \,;\; 2\,CS^3.3\,H^2O \,;\; 2\,CS^2, H^2O.$$

Le sulfure de carbone, agité avec un lait de chaux de baryte ou de strontiane, produit des sulfocarbonates basiques.

Le sulfure de carbone est un toxique puissant faisant périr rapidement les animaux inférieurs et déterminant chez l'homme des vertiges et un affaiblissement général. Comme, d'autre part, il s'enflamme avec la plus grande facilité, lorsqu'on le porte à 150° par exemple, ou qu'on en approche un corps en ignition, son maniement exige de grandes précautions.

Dans les usines, les vapeurs très denses seront éliminées par faux planchers et par des trappes d'aération, et tout corps en ignition sera écarté.

Sa conservation se fera dans des récipients clos ou sous une couche d'eau pour éviter la diffusion des vapeurs.

Caractères et analyse. — La réaction des hydrates alcalino-terreux avec le sulfate de carbone permet de déceler des quantités très minimes (jusqu'un dix-millième en solution).

Le dosage se fait en transformant le sulfure de carbone au moyen de la potasse alcoolique en xanthate de potassium, qu'on titre au moyen d'une solution normale de sulfate de cuivre au 50°.

Fabrication du sulfure de carbone. — Le sulfure de carbone s'obtient industriellement par l'action des vapeurs de soufre sur le charbon de bois, chauffé au rouge dans des cornues à l'abri de l'air. Il se produit des vapeurs de sulfure de carbone accompagnées d'hydrogène sulfuré. On emploie des charbons de hêtre, de préférence aux charbons tendres, et du soufre pur fondu, soit en poudre, soit en petits fragments.

Procédé Deiss et Lombard. — Ce procédé, employé dans les usines de la Société marseillaise de sulfure de carbone, utilise l'hydrogène sulfuré formé en même temps que le sulfure. Le gaz H^2S est brûlé dans les fours en même temps que du soufre, et l'acide sulfureux produit sert à l'alimentation des chambres à acide sulfurique. On obtient de l'acide sulfurique au soufre exempt d'arsenic.

Les cornues employées sont des cylindres verticaux en fonte elliptiques : une grille à 20 centimètres du fond supporte le charbon. Le couvercle de chaque cornue porte des ouvertures pour le chargement du charbon et le dégagement des gaz et des vapeurs. Des ouvertures, ménagées en dessous de la grille, permettent de charger des cartouches de soufre. Le soufre de la qualité 3e belle est concassé et introduit dans chaque cornue par 800 grammes à la fois toutes les cinq minutes. Une porte de nettoyage, lutée avec de l'argile, permet d'enlever les cendres

Les cornues en fonte sont garnies d'une revêtement intérieur de terre réfractaire. Le charbon introduit dans les cornues est en fragments de 6 à 8 centimètres de grosseur. On chauffe d'abord la cornue jusqu'au rouge clair, puis on commence à charger le soufre.

Les appareils de condensation se composent de caisses en tôle plongées dans l'eau. La première, plus petite, est vide et la seconde est cloisonnée à l'aide de plaques de tôle disposées en chicanes. On peut encore disposer quatre cloches en tôle à couverture hydraulique, plongées dans un bain d'eau constamment renouvelé. Le sulfure de carbone s'amasse au fond de l'eau, et les vapeurs non condensées traversent un cylindre horizontal en tôle, puis un serpentin incliné plongé dans un bac rempli d'eau froide. Le sulfure de carbone condensé s'écoule à l'extrémité du serpentin dans une bâche. On soutire tous les jours le sulfure de carbone et on l'embarille sous l'eau dans des réservoirs en fer. Les gaz non condensables, constitués par de l'hydrogène sulfuré, un peu d'oxyde de carbone et d'anhydride carbonique, sont aspirés par une pompe. Ils traversent une couche d'huile qui retient les vapeurs de sulfure de carbone entraînées, et on les brûle dans des fours en vue de la fabrication de l'acide sulfurique.

Le sulfure de carbone contenant théoriquement 15,8 parties de carbone pour 84,2 parties de soufre, il faudrait employer 1 partie de carbone pour 5,3 de soufre. Pratiquement on emploie 1 de carbone pour 4 de soufre.

Le charbon est chauffé par la chaleur perdue des fours avant son introduction. Les fours comprennent, en général, quatre cornues verticales.

Le sulfure de carbone brut recueilli a une couleur brune : il contient 8 à 10 p. 100 de soufre dissous et possède une odeur pénétrante. On le rectifie dans une chaudière à double fond, chauffée par la vapeur et pouvant recevoir 4.000 à 4.500 kilogrammes de sulfure de carbone. La distillation dure six heures. Lorsqu'elle est terminée, on envoie dans le double fond de la vapeur surchauffée pour fondre le soufre résidu et l'évacuer.

Le sulfure de carbone épuré est transparent, légèrement ambré et d'une odeur éthérée.

Procédé de la Taylor Chemical Cy. — La Taylor Chemical Company de Pen Yall emploie un four électrique pour chauffer le mélange de soufre et de charbon. La dépense d'énergie électrique est de 75 kilowatts-heure par tonne de sulfure produit.

Procédé Mauclaire. — Mauclaire emploie également le four électrique. Le mélange de soufre et de charbon pulvérisé est

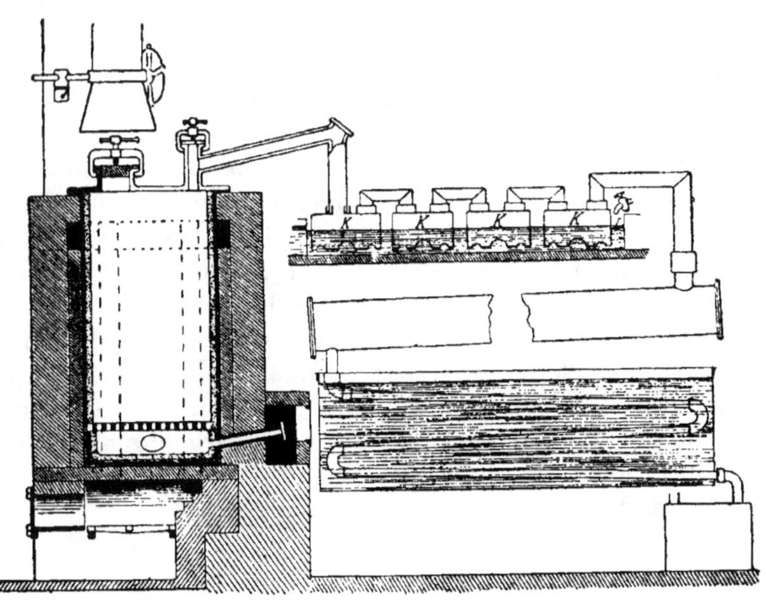

Fig. 269. — La préparation du sulfure de carbone, procédé Deiss.

introduit dans une trémie, puis passe par une conduite horizontale et est entraîné par une hélice entre deux électrodes de charbon. Sous l'influence de l'arc voltaïque, la combinaison du soufre s'opère avec le charbon, et les vapeurs de sulfure de carbone, souillées d'impuretés, se répandent dans une chambre d'épuration avant d'être recueillies sous une nappe d'eau. La consommation d'énergie du four Mauclaire est de 80 kilowatts-heure par tonne de sulfure produit.

LES SULFOCARBONATES

Les sulfocarbonates, employés en agriculture, sont les sels de l'acide sulfodithiocarbonique $CS\big\langle{}^{SH}_{SH}$. Les sulfocarbonates alcalins et alcalino-terreux sont solubles dans l'eau.

Le sulfocarbonate de potassium s'obtient en faisant réagir une solution de sulfure de potassium à 40° Baumé sur 16 à 20 p. 100 de son poids de sulfure de carbone. La combinaison est très vive, quand on mélange les deux corps. On obtient finalement un liquide rouge formé par la combinaison directe de K^2S avec CS^2. L'opération se fait dans des cylindres horizontaux à agitateurs, en communication avec un condenseur destiné à retenir et à faire refluer les vapeurs de sulfure de carbone. Les cylindres sont chargés de 250 à 400 kilogrammes de sulfure de potassium et de sulfure de carbone.

On obtient un produit liquide qui est une dissolution de $K^2S.CS^2$, marquant 40° à 42° Baumé. Ce composé est peu stable et les acides faibles le dédoublent en mettant en liberté le sulfure de carbone. Dans le sol, l'acide carbonique dédouble le sulfocarbonate et donne des vapeurs d'hydrogène sulfuré et de sulfure de carbone.

BIBLIOGRAPHIE

PÉRIODIQUES:

Le Phosphate, revue internationale des engrais et des produits chimiques, 14, rue Vivienne, Paris.
L'Engrais, 12, rue Lepelletier, Lille.
Der Saaten-, Dunger-, und Futtermarkt, Kaiserplatz 11, Berlin.
Die Futter-und Dungemittel-Industrie, Grossschönau i. Sa.
Zentral-Blatt für die Künsdunger-Industrie, Mannheim.
The Chemical Trade Journal and Chemical Engineer, Londres.
Fertilisers, Londres.
Mercuriales Agricoles, Anvers.
The American Fertilizer, Philadelphie.
Die Phosphatindustrie, Amsterdam.

TRAITÉS :

Industrie des Phosphates et superphosphates de D. LEVAT, *Dunod*, Paris.
Etude complète sur les phosphates de DECKERS, *Ramlot*, Bruxelles.
La transformation agricole par l'emploi des engrais chimiques de T. COLLOT, *Lamarre*, Paris.
La grande Industrie chimique minérale de SOREL, *Naud*, Paris.
Die Chemische Düngerindustrie de L. SCHUCHT, *Vieweg*, Braunschweig.
Die Fabrikation des superphosphats de L. SCHUCHT, *Vieweg*, Braunschweig.
Lehrbuch der Düngerfabrikation de WAGNER, Braunschweig.
Die Kaüfliche Lüngerstoffe de RUMPLER, Berlin.
Die deutsche chemische Düngerindustrie de ULLMANN, Berlin.
Die Superphosphatfabrikation de R. GRUEBER, *Knapp*, Halle a. S.
Die künstlichen Düngemittel de BARTH, Berlin.
The Phosphates of America de WYATT, New-York.
Thomasschlacke de WIESNER, *Hartleben*, Vienne.
Der Chilesalpeter de PLAGEMANN, Berlin.
Die Künstlichen Düngemittel de PICK, Berlin.
Annuaire Lambert, librairie agricole de la MAISON RUSTIQUE, Paris.
Die Industrie des Steinkohlentheers de G. LUNGE, *Vieweg*, Braunschweig.
La Chimie industrielle moderne de BELTZER, Paris.
Die technische Ausnutzung des atmosphärischen Stickstoffes de E. DONATH et K. FRENZEL, *Deuticke*, Leipzig.
L'Industrie de l'équarrissage de H. MARTEL, *Dunod*, Paris.
Tourteaux de graines oléagineuses de BUSSARD et FRON, *Amat*, Paris.
La fabrication de l'acide nitrique de ESCARD, *Dunod*, Paris.
Die Salpeterindustrie Chiles, de SEMPER et MICHELS, *W. Ernst*, Berlin.
Die deutsche Kaliindustrie de KUBIERSCHKY, *Knapp*, Halle a. S.
Die Verwertung des kalis. de KRISCHE, *Knapp*, Halle a. S.
Das Ammoniak de GROSSMANN, *Knapp*, Halle a. S.
Die Norddeutsche Kaliindustrie de PRECHT-ERHARDT, Stassfurt.
Der Chilesalpeter als Düngemittel de WEITZ, Berlin.

TABLE DES MATIÈRES

15966-12. — Corbeil. Imprimerie Crété.

ENGRAIS

Par C.-V. GAROLA
Professeur départemental d'Agriculture à Chartres.

4ᵉ édition revue et augmentée
1912, 1 vol. in-18, de 570 pages, avec 98 figures

Broché.................. **5 fr.** | Cartonné................ **6 fr.**

Couronné (Médaille d'or) par la Société nationale d'agriculture.

Les engrais se placent au premier rang des agents que l'agriculteur met en œuvre pour augmenter les rendements et abaisser les prix de revient. Il est donc nécessaire que tout praticien soit éclairé sur leur nature, leur valeur agricole, leur mode d'emploi judicieux et économique. Il faut aussi qu'il soit à même de se les procurer sur le marché aux meilleures conditions de prix et de qualité.

Après avoir jeté un coup d'œil sur *la physiologie de la nutrition des plantes*, et dégagé les principes fondamentaux de l'emploi des engrais, M. GAROLA étudie les moyens de corriger les défauts physiques et chimiques des terres arables, à l'aide des *amendements calcaires*. Puis il passe en revue le *fumier de ferme*, en mettant en relief son rôle fondamental comparativement à celui des *engrais de commerce*, les *engrais organiques divers*, les *engrais de commerce azotés*, les *engrais phosphatés* et les *engrais potassiques*, M. Garola donne de nombreuses preuves expérimentales de l'efficacité des divers engrais dans les sols et pour les cultures auxquelles ils conviennent.

Il aborde alors la *réglementation du commerce des engrais*. Il insiste sur l'utilité des *syndicats agricoles* pour l'achat des engrais en commun.

Enfin il aborde la partie technique de la question : *l'emploi des engrais pour les différentes cultures* (céréales, plantes sarclées, légumineuses, prairies, etc.), dans les diverses natures de sols et suivant la rotation, en s'appuyant sur ses recherches personnelles relatives aux besoins des plantes en éléments nutritifs, à la marche de l'absorption de ces principes alimentaires pendant la durée de la végétation et à l'énergie du travail radiculaire aux diverses phases de la vie des plantes. En partant de ces données physiologiques fondamentales, il a fait comprendre aux cultivateurs quelle doit être la nature des fumures à employer et leurs doses économiques, dans les cas si divers que présente la pratique agricole.

« Écrit avec la précision et la clarté qui distinguent les publications de M. GAROLA, ce livre porte la marque de l'homme d'action qui parle non seulement de ce qu'il a lu, mais surtout de ce qu'il a vu et de ce qu'il a fait. Il sera utilement étudié par tous ceux qui à un titre quelconque s'intéressent à la production agricole. »

SCHRIBAUX, professeur à l'Institut national agronomique.

ENVOI FRANCO CONTRE UN MANDAT POSTAL

Librairie J.-B. BAILLIÈRE et FILS, 19, rue Hautefeuille. Paris

LA VIE AGRICOLE

ET RURALE

Revue hebdomadaire illustrée

Paraissant tous les Samedis par numéros de 36 à 52 pages, in-4

COMITÉ DE DIRECTION :

VIGER
Ancien Ministre
de l'agriculture.
Sénateur du Loiret.

TISSERAND
Membre de l'Institut,
Directeur honoraire
de l'agriculture.

CARNOT
Membre de l'Institut,
Prof. honor.
à l'Inst. nat. agron.

MUNTZ
Membre de l'Institut.
Professeur
à l'Inst. nat. agron.

FERNAND DAVID
Ministre
du
Commerce.

MIR
M. du Cons. sup.
de l'agriculture
Sénateur de l'Aude.

DABAT
Directeur général
des
Eaux et Forêts.

DECKER-DAVID
M. du Cons. sup.
de l'agriculture
Sénateur du Gers.

REGNARD
Directeur
de l'Institut national agronomique.

TROUARD RIOLLE
Directeur de l'École nationale
d'agriculture de Grignon.

FERROUILLAT
Directeur de l'Éc. nat^{le}
d'agric. de Montpellier.

SEGUIN
Directeur de l'Éc. nat^{le}
d'agriculture de Rennes.

DE LAPPARENT
Inspecteur général
de l'agriculture.

GROSJEAN
Inspecteur général
de l'agriculture.

COMON
Inspecteur général
de l'agriculture.

COUANON
Inspecteur général
de la viticulture

SECRÉTAIRES DE LA RÉDACTION :

DIFFLOTH
Ingénieur agronome.
Professeur spécial d'agriculture·

GUÉNAUX
Chef de travaux à
l'Institut national agronomique.

Abonnement annuel : France, 12 fr., Étranger, 15 fr.

Le premier numéro de chaque mois est consacré à une branche spéciale de l'agriculture.

Le troisième numéro de chaque mois est consacré à l'étude d'une grande région agricole.

ORDRE DE PUBLICATION DES NUMÉROS SPÉCIAUX

(Prix de chaque : 35 cent. franco).

6 Janv. Laiterie.	**20 Janv** Algérie, Tunisie. Corse.
3 Févr. Engrais.	**24 Févr**. Bordelais, Charente.
2 Mars. Horticulture.	**16 Mars**. Normandie.
6 Avril. Machines agricoles. Génie rural.	**20 Avril**. Languedoc, Hérault.
4 Mai.. Aviculture, Apiculture.	**18 Mai**.. Nord et Belgique.
1^r Juin. Viticulture.	**15 Juin**. Vosges, Lorraine, Champagne.
6 Juil.. Cheval.	**20 Juill**.. Bretagne et Vendée.
3 Août. Sylviculture, Pisciculture, Chasse.	**17 Août**. Franche-Comté, Lyonnais, Suisse
7 Sept.. Œnologie. Industries agricoles.	**21 Sept**.. Pyrénées, Landes, Gascogne.
5 Oct... Hygiène et alimentation du bétail.	**19 Octob**. Bourgogne, Auvergne, Centre.
2 Nov.. Animaux et Plantes nuisibles.	**16 Nov**... Touraine et Anjou.
7 Déc.. Constructions rurales.	**21 Déc**... Provence, Dauphiné, Savoie.

❦ ❦ **L'ABONNEMENT** ❦ ❦ **50 Primes à choisir**
EST REMBOURSÉ 9 FOIS.

LA VIE AGRICOLE ET RURALE

COMITÉ DE RÉDACTION :

Bussard.. — Prof. à l'École d'hort. de Versailles.
Coupan ... — Chef des trav. à l'Inst. agron.
Danguy... — Maitre de Conf. à l'École de Grignon.
Ducloux .. — Prof. départ. d'agric. à Lille.
Fron...... — Insp. des Eaux et Forêts.
Garola .... — Prof. dép. d'agric. à Chartres.
Gobert .... — Vétérinaire en 1er des remontes de l'armée.

Hommell.. — Pr. d'ap. à Clermont-Ferrand.
Jouzier ... — Pr. à l'Éc. nat. d'agr. de Rennes.
Lindet (L.) — Prof. à l'Inst. nat. agron.
Marchal... — Prof. à l'Inst. nat. agron.
Passy (P.). — Prof. à l'Éc. d'agr. de Grignon.
Roule..... — Prof. au Muséum, (piscic.).
Saillard ... — Pr. à l'Éc. des ind. agr. à Douai.
Seltensperger. — Prof. sp. d'agric. à Bayeux.
Tardy (L.) — Maître de Conf. à l'Inst. agron.
Voitellier . — Maître de Conf. à l'Inst. agron.

PRINCIPAUX COLLABORATEURS :

Ammann (L.). — Prof. à l'Éc. de Grignon.
Bellair ... — Jardin. en chef des parcs nat.
Bocher... — Membre du Conseil sup. de l'Ag.
Brioux.... — Dir. de la Stat. agron. de Rouen.
Bruno..... — Chim. en chef du labor. du Min. de l'agr.
Carré..... — Prof. dép. d'agr. à Toulouse.
Cayeux ... — Prof. à l'Inst. nat. agr.
Choin (P. de). — Officier des Haras à Cluny.
Convert... — Prof. à l'Inst. nat. agron.
Coutte.... — Dir. de la bergerie nat. de Rambouillet.
Crochetelle — Dir. de la stat. agr. de la Somme.
Daire ..... — Prof. à l'Éc. de lait. de Surgères.
Demarty.. — Prof. dép. d'agr. de Tarn-et-Garonne.
Demolon... — Direct. de la Station agron. de l'Aisne.
De Vuyst . — Dir. gén. au Min. de l'Agr. de Belgique.
Dop....... — Vice-prés. de l'Inst. int. d'agr. de Rome.
Dufresse... — Direct. de l'Éc. nat. des ind. agr. à Douai.
Fallot..... — Dir. de la stat. œnol. à Blois.
Fasquelle.. — Prof. dép. d'agr. de la Corse.
Fron...... — Maître de Conf. à l'Inst. agron.
Gayon .... — Dir. de la stat. œnologique de Bordeaux.
Gérome ... — Jardin. en chef du Muséum.
Gervais (P.). — Membre de la Soc. nat. d'agr.
Gillin ..... — Prof. dép. d'agr. à Clermont-Ferrand.
Guicherd .. — Prof. dép. d'agr. de la Côte-d'Or.
Guillon ... — Inspecteur de la viticulture.
Guinier ... — Prof. à l'Éc. Fores. de Nancy.
Hédiard.. — Prof. dép. d'agr. du Calvados.
Hickel .... — Maître de Conf. à l'École de Grignon.
Kayser.... — Maître de Conf. à l'Inst. agron.
Kohler.... — Dir. de l'Éc. d'Ind. Lait. de Mamirolle.
Labounoux — Prof. dép. d'agr. de la Manche.
Lafforgue.. — Prof. dép. d'agr. à Bordeaux.
Laroque (de) — Prof. dép. d'agr. à Marseille.
Laurent (P.) — Prof. dép. d'agr. de la Seine-Inférieure.
Lavallée... — Dir. de l'Éc. sup. d'agr. d'Angers.
Lavauden. — Garde gén. des for. à Grenoble.
L'Écluse (de) — Prof. dép. d'agr. au Mans.
Lecomte .. — Prof. dép. d'agr. à Périgueux.
Lecq (H.).. — Insp. gén. de l'agr. à Alger.
Leroux.... — Prof. dép. d'agr. à Beauvais.
Leroux (Eug.). — Dir. de l'Éc. nat. vannerie.
Mallèvre.. — Prof. à l'Inst. nat. agron.

Malpeaux. — Dir. de l'Éc. prat. d'agr. de Berthonval.
Marcillac (de). — Prés. de l'Un. des Synd. agr. du Périgord.
Marès..... — Prof. dép. d'agr. à Alger.
Marre .... — Prof. dép. d'agr. à Rodez.
Martin (J.-B.). — Prof. dép. d'agr. d'Indre-et-Loire.
Mathieu (L.). — Dir. de la stat. œnol. de Beaune.
Morain.... — Prof. dép. d'agr. à Angers.
Monicault (de). — M. du C. de la Soc. des agr. de France.
Pacottet .. — Maître de Conf. à l'Inst. agron.
Pagès..... — Prof. à l'Éc. des ind. agr. Douai.
Paisant ... — Membre de la Soc. nat. d'ag.
Parisot ... — Prof. Éc. d'agr. de Rennes.
Pasquet... — Prof. dép. d'agr. à Montpellier.
Petit (E.). — Prof. dép. d'agr. du Morbihan.
Picard.... — Prof. à l'Éc. de Montpellier.
Ponsart... — Prof. dép. d'agr. de l'Yonne.
Prioton.... — Prof. dép. d'agr. à Angoulême.
Prudhomme. — Dir. du jard. colonial du Min. des colonies.
Ravaz..... — Prof. à l'Éc. d'agr. de Montpellier.
Rabaté.... — Prof. dép. d'agr. de Lot-et-Garonne.
Ricard .... — Dir. de la Mut. de la Soc. des agr. de France.
Rocquigny (Cte de). — Membre de la Soc. nat. d'agricult.
Rolland ... — Prof. dép. d'agr. de la Drôme.
Rolley .... — Ing. du serv. des amélior. agr. à Orléans.
Rougé (Vte de). — Prés. de la Soc. des éleveurs du Maine.
Rougier... — Prof. dép. d'agr. de la Loire.
Roy-Chevrier. — Prés. de la Soc. de vitic. de Lyon.
Tardy (Jules). — Pr. dép. d'agr. de la Lozère.
Thuasne.. — Prof. à l'Éc. prat. d'agr. du Neubourg.
Trabut.... — Prof. à l'Éc. d'agr. d'Alger.
Troude.... — Prof. à l'Éc. des ind. agr. de Douai.
Truelle.... — Membre de la Soc. nat. d'agr.
Vacher (M.). — Memb. de la Soc. nat. d'agr.
Verdié .... — Prof. dép. d'agr. du Gers.
Vignerot.. — Ing. du serv. des amél. agr. Bordeaux.
Vilcoq..... — Dir. de l'Éc. prat. d'agr. du Chesnoy.
Warcollier — Dir. de la st. pomol. de Caen.
Werv (G.). — Sous-Dir. de l'Inst. nat. agr.

LA VIE AGRICOLE.

La créat.on d'un nouveau journal d'Agriculture pourrait sembler inopportune : la Presse agricole compte des organes déjà nombreux qui s'appliquent à répandre dans le public les méthodes les plus rationnelles de culture et d'élevage. Jamais, cependant, le besoin ne s'est fait autant sentir, pour l'agriculteur, d'être renseigné sur l'admirable mouvement de rénovation qui caractérise notre époque; chaque jour, l'alliance féconde de la science et de la pratique fait réaliser à l'Agriculture un progrès nouveau : chaque jour, une connaissance acquise, un problème élucidé viennent donner au cultivateur les moyens de réduire la part, si considérable, de ses aléas professionnels. Absorbé par des préoccupations multiples, le praticien n'a malheureusement pas le loisir de parcourir les revues diverses d'où il pourrait extraire le bénéfice des progrès réalisés. Et il nous a paru qu'il y avait place pour un journal agricole, dont le but serait précisément de mettre l'agriculteur en rapport intime avec l'évolution actuelle des esprits, un journal documenté, averti de tout ce qui touche aux multiples manifestations de l'activité agricole, un journal dont la collaboration choisie autant que variée bannirait toute uniformité et assurerait l'attrait, un journal d'actualité, traduisant fidèlement la vie ardente, réfléchie et laborieuse de notre Agriculture.

La *Vie Agricole*, — nous ne saurions adopter pour notre journal un titre traduisant mieux notre but, — mettra tout en œuvre pour intéresser les lecteurs. Elle réalisera un équilibre heureux, entre le texte, chroniques et articles, et l'illustration, se tenant à distance des deux extrêmes, dont l'un consiste à donner à l'illustration une importance excessive, qui nuit au développement des questions traitées, et dont l'autre laisse des articles érudits sans le secours du dessin ou de la photographie, empêchant ainsi le texte de prendre toute sa valeur et une plus facile compréhension.

Le monde agricole accueillera avec plaisir un journal donnant une impression réelle de force et d'activité, suivant pas à pas la marche de notre Agriculture vers le progrès, et sans cesse préoccupé d'être pour ses lecteurs « l'utile et l'agréable ». Au surplus, ces lecteurs nous les connaissons bien : ce sont ces agriculteurs avisés, soucieux de toute amélioration, ces éleveurs possédant en juste partage la pratique et la théorie, qui, groupés autour de l'*Encyclopédie Agricole* des ingénieurs agronomes, en ont assuré le succès et ont permis la diffusion par la France et par le monde, à raison de plus de 300 000 volumes, de cette œuvre considérable, véritable bilan de l'agriculture scientifique française au début du XXᵉ siècle. Dans la *Vie Agricole*, ils retrouveront, sous une forme plus actuelle et plus vivante encore, les qualités qui impriment à cette belle collection son cachet particulier; ils y retrouveront cette pléiade de collaborateurs distingués, praticiens ou professeurs, qui les tiendront,

LA VIE AGRICOLE.

chaque semaine, au courant de tous les progrès, de toutes les découvertes, de toutes les tentatives susceptibles de les intéresser.

Chaque numéro comprend un ou plusieurs *Articles originaux*; plusieurs articles d'*Agriculture pratique* ; des articles d'*Actualités agricoles*, résumant les travaux publiés, en France et à l'Étranger ; des *comptes rendus de Sociétés* ; enfin, un *Bulletin* renseignant le lecteur sur les faits saillants de la semaine les jugeant en toute indépendance.

La première semaine du mois paraîtra un *Numéro spécial*, plus important que les autres, et consacré à une branche déterminée de l'Agriculture. Chaque numéro mensuel comprendra une série d'articles sur les points les plus importants de cette branche, ainsi qu'une Revue annuelle établissant le bilan des acquisitions nouvelles. Cette innovation permettra à l'Agriculture et à tous ceux qui s'intéressent aux choses de la terre, de se tenir au courant des progrès réalisés (chose si difficile aujourd'hui), et de jeter un regard d'ensemble sur le Mouvement agricole de l'année, successivement pour tous les domaines de la science.

On trouvera également dans la *Vie Agricole* une série de documents agricoles et para-agricoles capables d'intéresser tous ceux qui visitent la campagne. Des articles y tiendront le lecteur au courant de la *Vie sociale* (mutualités, syndicats, jurisprudence, etc.) ; de la *Vie sportive*, de la *Vie scientifique*, littéraire et artistique dans ses rapports avec l'Agriculture ; enfin de la *Vie familiale*. Nous chercherons, par la richesse de l'illustration, à rendre ces parties aussi vivantes que possible.

Pour remplir ce vaste cadre et donner à la *Vie Agricole* la tenue et la valeur scientifique nécessaires, un Comité de direction composé des plus éminents représentants de la science agronomique a bien voulu assumer la charge de définir et de régler le programme des études et des recherches poursuivies. Ce Comité, composé de professeurs de l'Institut agronomique, des Écoles nationales et des Écoles pratiques d'agriculture, de professeurs départementaux et spéciaux, de praticiens distingués, organisera méthodiquement les diverses rubriques du journal suivant les compétences et les affinités particulières.

Enfin les éditeurs de la *Vie Agricole*, MM. Baillière, apporteront à l'administration et à la publication du journal leurs précieuses qualités, qui ont déjà assuré le succès de l'*Encyclopédie Agricole*.

Ainsi rédigée, illustrée, assurée par un parfait service d'informations de suivre méthodiquement l'évolution scientifique de la culture française, la *Vie Agricole* se présente aux lecteurs avec les conditions les plus assurées d'intérêt, de vitalité et d'utilité générale.

LIBRAIRIE J.-B. BAILLIÈRE et FILS
10, RUE HAUTEFEUILLE, A PARIS

Encyclopédie
Agricole

Publiée sous la direction de G. WERY
SOUS-DIRECTEUR DE L'INSTITUT NATIONAL AGRONOMIQUE

Introduction par le Dr P. REGNARD
DIRECTEUR DE L'INSTITUT NATIONAL AGRONOMIQUE

**75 volumes in-18 de chacun 400 à 500 pages
Avec 12 000 figures intercalées dans le texte**

CHAQUE VOLUME SE VEND SÉPARÉMENT

Broché
5 fr.

Cartonné
6 fr.

Couronnée par l'Académie des Sciences morales et politiques et par la Société nationale d'Agriculture

Honorée de souscriptions des Ministères de l'Instruction publique et de l'Agriculture.

Recommandée par le Ministère de la Guerre pour les Bibliothèques des régiments.

35.000 pages. — 12.000 figures

Librairie J.-B. BAILLIÈRE et FILS, 19, rue Hautefeuille, Paris

Encyclopédie agricole

Publiée sous la direction de G. WERY

75 volumes in-18 de chacun 400 à 500 pages, illustrés de nombreuses figures

Chaque volume se vend séparément : broché, **5** fr. ; cartonné, **6** fr.

I. — SCIENCES APPLIQUÉES A L'AGRICULTURE

Précis d'Agriculture	M. Seltensperger, prof. sp. d'agriculture.
Botanique agricole	MM. Schribaux et Nanot, prof. à l'Inst. agron.
Chimie agricole........ (2 vol.).	M. André, professeur à l'Institut agronomique.
Géologie agricole	M. Coud, ingénieur agronome.
Hydrologie agricole	M. Diénert, ingénieur agronome.
Microbiologie agricole.........	M. Kayser, maître de conf. à l'Institut agronomique.
Zoologie agricole.............	M. G. Guénaux, chef de travaux à l'Institut agron.
Entomologie et Parasitologie agr.	

II. — PRODUCTION ET CULTURE DES PLANTES

Agriculture générale .....(2 vol.)	M. P. Difflorh, professeur d'agriculture.
Engrais.................	
Céréales.................	M. Garola, prof. départ. d'agricult. d'Eure-et-Loir.
Prairies et plantes fourragères	
Plantes industrielles..........	M. Hitier, maître de conférences à l'Institut agron.
Culture potagère............	M. Bussard, prof. à l'École d'horticult. de Versailles.
Arboriculture fruitière	MM. L. Bussard et G. Duval.
Sylviculture................	M. Fron, inspecteur des eaux et forêts.
Viticulture.................	M. Pacottet, chef de lab. à l'Institut agron.
Cultures de serres...........	
Cultures du midi.............	MM. Rivière et Lecq, insp. de l'agric., à Alger.
Mal. des plantes cultivées (2 vol.)	I. Delacroix. — H. Delacroix et Maublanc.

III. — PRODUCTION ET ÉLEVAGE DES ANIMAUX

Zootechnie générale...........	
Zootechnie spéciale..........	
Races bovines...........	
Races chevalines...........	M. P. Difflorh, professeur d'agriculture.
Moutons, chèvres, porcs	
Lapins, chiens, chats.........	
Aviculture................	M. Voitellier, maître de conf. à l'Inst. agr.
Apiculture................	M. Hommell, professeur d'apiculture.
Pisciculture................	M. G. Guénaux, chef de travaux à l'Institut agron.
Sériciculture...............	M. Vieil, insp. de la sériciculture de l'Indo-Chine.
Alimentation des animaux......	M. R. Gouin, ingénieur agronome.
Hygiène et maladies du bétail...	MM. Cagny, méd. vétér., et R. Gouin.
Hygiène de la ferme..........	M. P. Regnard, directeur de l'Institut agronomique. M. Porrier, répétiteur à l'Institut agronomique.
Élevage et dressage du cheval	M. Bonnefont, officier des haras.
Chasse, Élevage, Piégeage.....	M. A. de Lesse, ingénieur agronome.

Librairie J.-B. BAILLIÈRE et FILS, 19, rue Hautefeuille, Paris

Encyclopédie agricole

Publiée sous la direction de G. WERY

75 volumes in-18 de chacun 400 à 500 pages illustrés de nombreuses figures
Chaque volume se vend séparément : broché, **5** fr. ; cartonné, **6** fr.

IV. — GÉNIE RURAL

V. — TECHNOLOGIE AGRICOLE

VI. — ÉCONOMIE ET LÉGISLATION RURALES

Librairie J.-B. BAILLIÈRE et FILS, 19, rue Hautefeuille, Paris

DICTIONNAIRE D'AGRICULTURE
ET DE VITICULTURE

Illustré de 1721 figures nouvelles

Par Ch. SELTENSPERGER
Professeur d'agriculture à Bayeux.

1911, 1 volume in-8 de 1064 pages, à deux colonnes, Cartonné.. **12 fr.**

— 6709 MOTS —

Depuis un demi-siècle, le domaine de l'Agriculture et des sciences agricoles qui s'y rattachent s'est élargi considérablement. Il s'est enrichi de nombreuses notions nouvelles, appelant des mots nouveaux, dont le sens est souvent incomplètement connu du grand public, qui, en général, ne dispose pas de moyens suffisants de renseignements.

L'auteur, qui a pratiqué l'agriculture et a professé dans les principales régions de la France, dont il connaît ainsi toutes les ressources, était tout particulièrement désigné pour élaborer ce travail, que nous offrons avec confiance au public agricole. Et en effet, le *Dictionnaire d'agriculture et de viticulture* de M. SELTENSPERGER, recueil complet de mots, vient à son heure pour combler de façon heureuse cette lacune.

Évitant le double écueil du dictionnaire purement encyclopédique, dont le prix élevé est peu accessible, et du petit dictionnaire élémentaire, trop résumé et forcément incomplet, l'auteur a su condenser, sous un format commode et d'une lecture facile, tous les mots et renseignements qui peuvent intéresser l'agriculteur : Viticulture, horticulture, élevage, maladies du bétail et des plantes, aviculture, apiculture, industries agricoles, laiterie, alimentation, législation et économie rurales, etc., en faisant ressortir très judicieusement, au cours des mots, que la pratique et la théorie, basées sur les sciences et la saine observation, étaient faites pour se soutenir la main dans la main et s'éclairer mutuellement.

Dans un style simple et clair et en restant toujours essentiellement pratique, l'auteur a apporté des développements encyclopédiques en rapport avec l'importance de chaque mot et donné à l'ensemble de l'ouvrage, unique en son genre, un caractère d'originalité qu'apprécieront les lecteurs.

Enfin, le grand nombre de gravures, extraites de l'immense collection des 10 000 figures de l'*Encyclopédie agricole*, éditée par MM. J.-B. Baillère et fils, en fait un ouvrage du plus haut intérêt et sans précédent.

Envoi d'un spécimen de 16 pages contre 25 cent. en timbres-poste.

Librairie J.-B. BAILLIÈRE et FILS, 19, rue Hautefeuille, Paris

PRÉCIS D'AGRICULTURE

A l'usage des écoles d'agriculture
des instituteurs, des écoles normales, des lycées, des collèges
et des agriculteurs praticiens

Par Charles SELTENSPERGER

Ingénieur agronome
Professeur d'agriculture de l'arrondissement de Bayeux

Couronné (Médaille d'or) par la Société nationale d'agriculture
Honoré d'une souscription du Ministère de l'Instruction publique

1911, 1 volume in-18 de 520 pages, avec 250 figures

Broché . . . . **5** fr. | Cartonné . . . . **6** fr.

« L'auteur s'est rendu compte que son livre est destiné à donner des
connaissances agricoles à des hommes qui ne peuvent s'assimiler toutes
les questions de science pure qui sont à l'ordre du jour de l'agriculture, et
il a soigneusement écarté de son texte tout ce qui était de nature à nuire
à sa clarté.

« Après un exposé sommaire de l'agriculture générale, il traite successivement des cultures spéciales, de la sylviculture, de la viticulture, de la
vinification, de l'arboriculture et de l'horticulture. Puis, arrivant à la zootechnie, M. SELTENSPERGER passe en revue les divers procédés d'élevage. Il
consacre ensuite à la basse-cour et à l'apiculture un intéressant chapitre.
Enfin, il traite de l'économie agricole, de la législation rurale, et entre
dans de judicieuses considérations sur le rôle du crédit agricole, des associations et sur l'importance d'une bonne comptabilité agricole.

« Nous ne possédions que des ouvrages élémentaires, excellents pour les
élèves, sur toutes ces questions ; le livre de M. Seltensperger comble une
lacune et donne, au maître, le moyen de se mettre au courant des progrès
de la science agronomique.

« Je serais heureux de voir ce livre apprécié comme il le mérite par les
instituteurs, qui ont pour mission de développer chez leurs élèves le goût
de l'ordre et l'amour du progrès dans toutes les branches du travail national et dans la plus importante de toutes : le travail agricole.

« Ils retiendront ainsi à la campagne non seulement les enfants des cultivateurs, mais encore ceux des ouvriers ruraux et, par ce moyen, facili-
teront leur retour à la terre dont a parlé avec tant d'éloquence M. Méline.
Ils empêcheront surtout les fils de nos braves paysans d'aller chercher à
la ville la misère et les déceptions ».

VIGER,
ancien ministre de l'Agriculture,

ENVOI FRANCO CONTRE UN MANDAT POSTAL

Librairie J.-B. BAILLIÈRE et FILS, 19, rue Hautefeuille, à Paris

LECTURES AGRICOLES

Par Ch. SELTENSPERGER

Ingénieur agronome, Professeur spécial d'Agriculture.

1 volume in-18 de 576 pages, avec 200 photogravures

Broché.................... **5 fr.** | Cartonné.................... **6 fr.**

Édition de luxe pour distributions de prix.

Grand format, cartonnage rouge et or........................ **7 fr.**

On trouvera dans ce volume sous une forme méthodique un extrait de tous les auteurs de *l'Encyclopédie Agricole* et des Agronomes modernes les plus réputés.

Ce nouveau volume de l'*Encyclopédie agricole* sort complètement du cadre de ses devanciers : chacun de ceux-ci constitue une monographie spéciale, généralement fort bien faite, mais qui n'en reste pas moins une monographie. M. Seltensperger a suivi un tout autre plan. Ses lectures agricoles constituent une encyclopédie, où sont abordés tous les sujets qui intéressent l'agriculture : une telle tâche aurait dépassé les forces d'un seul homme, si instruit qu'il soit : l'auteur a tourné cette difficulté. Chacun de ses chapitres est un emprunt aux œuvres des agronomes connus, emprunts judicieusement choisis.

Il en résulte que son ouvrage, fort sérieux, est d'une lecture facile, à la portée de tous, hommes faits et enfants, et que son mérite littéraire ne laisse rien à désirer. C'est une lecture que nous recommandons à tous, non seulement à ceux qui vivent de l'agriculture et pour l'agriculture, mais à tous les Français, qui ne devraient pas se désintéresser de cette question. Ils seront étonnés de l'intérêt de cet ouvrage, intérêt plus vif que celui d'une œuvre d'imagination.

Une illustration considérable fait la part du goût moderne et ajoute, s'il est possible, au charme de la lecture. (*Cosmos.*)

Je viens de parcourir les *Lectures agricoles* et j'ai goûté les fragments de cet hymne à la terre.

Ce sont de nouvelles géorgiques où la prose et les vers, le texte et les images, la science et la poésie forment un ensemble harmonieux.

Paul HAREL.

Le volume de *Lectures agricoles* que M. Seltensperger vient de publier pourrait aussi prendre le titre de « *Retour à la terre !* » Nous ne saurions dire trop de bien de cet ouvrage : c'est un recueil de pages choisies parmi les auteurs contemporains formant l'élite de la littérature agricole.

Ne nous trompons pas sur le rare mérite du professeur, qui a su choisir sûrement parmi tant d'auteurs et d'œuvres si belles ce qui était bien fait pour instruire, charmer ou retenir, du premier coup, le lecteur.

En lisant le volume de M. Seltensperger, nous avons appris que volontiers on oubliait le temps en sa compagnie. Chacun trouvera à glaner quelque chose dans ce livre auquel nous donnions à l'instant le titre *Le Retour à la Terre*, parce que le charme qui s'en dégage est bien fait pour permettre d'apprécier mieux qu'on ne le fait souvent la sécurité, la noblesse, les jouissances infinies, l'indépendance d'une vie tout entière consacrée à la terre.

ENVOI FRANCO CONTRE UN MANDAT POSTAL

ENCYCLOPÉDIE AGRICOLE

COMMENT EXPLOITER

UN

DOMAINE AGRICOLE

Par R. VUIGNER

Ingénieur agronome.

1912, 1 volume in-18 de 600 pages

Broché.... .... 5 fr. | Cartonné...... ... . 6 fr.

Ouvrage couronné par la Société nationale d'Agriculture

Le titre de l'ouvrage de M. VUIGNER : *Comment exploiter un domaine agricole ?* en fait connaître le programme, programme développé en 600 pages de texte serré.

L'auteur suppose que l'agriculteur vient d'acheter ou d'affermer un domaine. Il nous le montre discutant, arrêtant le plan d'exploitation de ce domaine, puis l'organisant et l'appliquant jusque dans ses moindres détails. C'est sans nul doute la situation dans laquelle il s'est trouvé lui-même et dont il est sorti à son honneur. On le devine à l'aisance, à la maîtrise avec laquelle il traite cette matière difficile.

Comment, en prenant une ferme, le cultivateur se rendra-t-il compte de la qualité de ses terres, des amendements, des engrais qu'il convient d'y apporter, de sa situation économique et des débouchés qu'elle peut offrir ? Quels assolements, quelles spéculations végétales et animales faut-il adopter ? Quels sont les animaux de trait, les machines, les instruments ? Quelles sont enfin les conditions dans lesquelles on peut annexer, à la ferme, les industries du lait, de la distillerie, de la féculerie, leur prix d'établissement, leur rendement possible, etc., etc ? Problèmes à résoudre successivement, dont M. VUIGNER donne la solution. Et pour ne négliger aucun des rouages du fonctionnement de l'exploitation rurale, M. VUIGNER étudie son administration, le rôle, l'emploi de la main-d'œuvre, son recrutement, sa comptabilité. Enfin quand il décrit l'organisation du commerce des produits de l'agriculture, il n'oublie pas les associations agricoles qui se sont développées à l'envi durant ces dernières années.

Telle est la rapide analyse d'un ouvrage original, composé par un homme des champs. M. VUIGNER, ingénieur agronome, a été autrefois chargé d'une mission d'études à l'étranger comme ayant été classé le premier sur la liste de sortie des élèves de l'Institut national agronomique ; depuis cette époque déjà lointaine, il a fait ses preuves comme praticien en cultivant, notamment, pendant dix ans un domaine de 200 hectares, la belle ferme de Senneville, qu'il possède dans le Vexin normand.

En décernant à M. VUIGNER un *Prix Viellard de 500 francs*, la Société nationale d'Agriculture récompensera d'excellentes pages — sur un sujet qui vraisemblablement n'avait jamais été traité — que l'auteur a le rare mérite d'avoir puisées dans son propre fonds.

LIBRAIRIE J.-B. BAILLIÈRE ET FILS, 19, RUE HAUTEFEUILLE, A PARIS

LE COMMERCE
DES
PRODUITS AGRICOLES
FRUITS, LÉGUMES, FLEURS
EMBALLAGES ET EXPÉDITIONS — DÉBOUCHÉS
Par E. POHER
Ingénieur agronome. Inspecteur à la Compagnie du Chemin de fer d'Orléans

1912, 1 volume in-18 de 500 pages, avec 125 figures

Broché.................. 5 fr. | Cartonné................. 6 fr.

Le commerce des denrées agricoles a pris, dans ces dernières années, un remarquable développement dû non seulement aux efforts de l'agriculteur pour étendre et améliorer ses productions, mais aussi à l'extension considérable de la consommation favorisée par la rapidité des transports.

Ce commerce nouvellement né paraît susceptible de s'accroître encore, par suite des débouchés considérables qui s'offrent à son activité.

Mais les concurrences se font de plus en plus actives sur le marché international par suite du développement presque général des productions, mais aussi de l'entrée en lice de pays éloignés, à culture extensive, peu coûteuse, favorisée par les récentes applications du froid à la conservation et au transport des produits agricoles alimentaires périssables.

La France avec ses fruits exquis, ses beurres renommés, ses fromages excellents, ses volailles réputées peut cependant lutter avantageusement en développant sa production par des procédés de culture ou de fabrication plus *industriels*, en transformant les méthodes surannées de vente. Industrialiser la production, commercialiser les ventes, tels sont les moyens avec lesquels l'agriculture française pourra lutter efficacement avec ses concurrents, sur les marchés étrangers.

Mais, pour réussir sur les marchés étrangers, nos agriculteurs et expéditeurs de produits agricoles devront s'adapter aux nécessités modernes, et à l'instar de leurs concurrents étrangers, transformer leurs procédés commerciaux de vente, comme pour certains produits, tel le beurre, ils ont su d'ailleurs modifier leurs procédés de production.

A l'action individuelle souvent impuissante, il y a lieu, dans bien des cas, de substituer l'action collective.

L'éducation commerciale de nos producteurs a été à peu près négligée jusqu'ici, car on ne s'est pas rendu un compte suffisamment exact de son importance.

Dans le but de contribuer à la diffusion des connaissances commerciales indispensables aux agriculteurs M. POHER a pensé qu'il pouvait être utile de résumer à leur intention les diverses notions concernant l'organisation actuelle du commerce agricole, les débouchés, les questions relatives à l'emballage, aux transports et aux améliorations qui paraissent susceptibles d'être apportées dans le commerce des produits agricoles dans notre pays. Il a réuni dans une première partie les diverses notions d'ordre général sur l'organisation de la vente et le fonctionnement des coopératives, sur l'emballage des produits et leur expédition sur les marchés, sur leur conservation ; dans une seconde partie, il a étudié en détail le commerce de chacune des principales denrées agricoles.

LIBRAIRIE J.-B. BAILLIÈRE ET FILS. 19, RUE HAUTEFEUILLE, A PARIS

LIBRAIRIE J.-B. BAILLIÈRE ET FILS

Petite
Bibliothèque Agricole

à 1 fr. 50 *le volume cartonné*

L'Agriculture à l'École-primaire, par L. Rougier, professeur départemental d'agriculture de la Loire, C. Perret et A. Miaille, instituteurs, 2e édition, 1912, 252 p., 235 fig.... **1 fr. 50**

Comment Enseigner l'Agriculture à l'école primaire, (Organisation des expériences agricoles), par C. Perret........... **1 fr. 50**

L'Agriculture à l'École supérieure, par L. Rougier et C. Perret. *I. Agriculture générale. — II. Cultures spéciales et Zootechnie.* 2 vol. in-18. 432 p., 345 fig. Prix de chaque. **1 fr. 50**

Guide pratique de l'Enseignement ménager agricole, par L. Rougier, C. Perret et H. Astier, 228 p., 172 fig........ **1 fr. 50**

Agriculture générale. Amélioration du sol. Engrais, par M. Seltensperger, professeur d'agriculture à Bayeux..... **1 fr. 50**

Cultures spéciales. Céréales. Plantes fourragères et industrielles. Sylviculture, par M. Seltensperger............. **1 fr. 50**

Viticulture. Vinification. Arboriculture. Horticulture, par M. Seltensperger................................ **1 fr. 50**

Zootechnie. Élevage. Basse-cour. Apiculture, par M. Seltensperger....................................... **1 fr. 50**

Économie rurale. Législation rurale. Comptabilité agricole, par M. Seltensperger............................ **1 fr. 50**

Météorologie pratique de l'agriculteur, par L. M. Granderye. **1 fr. 50**

Économie ménagère, par M. Ducloux, professeur départemental d'agriculture du Nord.......................... **1 fr. 50**

La Vacherie et la Porcherie, par M. Ducloux.............. **1 fr. 50**

Laiterie, Beurrerie et Fromagerie, par M. Ducloux .... **1 fr. 50**

La Basse-cour, par M. Ducloux........................ **1 fr. 50**

Jardinage, par M. Ducloux........................... **1 fr. 50**

Méthode pratique de Comptabilité agricole, par Ducloux et Niquet.. **1 fr. 50**

Plantation et Greffage des arbres fruitiers, par P. Passy, professeur à l'École d'agriculture de Grignon............. **1 fr. 50**

Taille des Arbres fruitiers, par P. Passy................. **1 fr. 50**

Culture du Poirier, par P. Passy....................... **1 fr. 50**

Culture du Pommier, du Cognassier, du Néflier, du Figuier, du Noyer, du Châtaignier, du Noisetier, par P. Passy...... **1 fr. 50**

Culture du Pêcher, de l'Abricotier, du Prunier, du Cerisier, du Framboisier et du Groseillier, par P. Passy............ **1 fr. 50**

Culture des Raisins de table, par P. Passy............... **1 fr. 50**

Cultures coloniales : Plantes à fécules et Céréales, par H. Jumelle.. **1 fr. 50**

Les Maladies du Vin et le matériel de préservation des vins. **1 fr. 50**

Encyclopédie agricole. — 2.

Librairie J.-B. BAILLIÈRE et FILS, 19, rue Hautefeuille, Paris

DICTIONNAIRE D'AGRICULTURE

ET DE VITICULTURE

Illustré de 1721 figures nouvelles

Par Ch. SELTENSPERGER

Professeur d'agriculture à Bayeux.

1911, 1 volume in-8 de 1064 pages, à deux colonnes, Cartonné.. **12 fr.**

— 6709 MOTS —

Depuis un demi-siècle, le domaine de l'Agriculture et des sciences agricoles qui s'y rattachent s'est élargi considérablement. Il s'est enrichi de nombreuses notions nouvelles, appelant des mots nouveaux, dont le sens est souvent incomplètement connu du grand public, qui, en général, ne dispose pas de moyens suffisants de renseignements.

L'auteur, qui a pratiqué l'agriculture et a professé dans les principales régions de la France, dont il connaît ainsi toutes les ressources, était tout particulièrement désigné pour élaborer ce travail, que nous offrons avec confiance au public agricole. Et en effet, le *Dictionnaire d'agriculture et de viticulture* de M. SELTENSPERGER, recueil complet de mots, vient à son heure pour combler de façon heureuse cette lacune.

Evitant le double écueil du dictionnaire purement encyclopédique, dont le prix élevé est peu accessible, et du petit dictionnaire élémentaire, trop résumé et forcément incomplet, l'auteur a su condenser, sous un format commode et d'une lecture facile, tous les mots et renseignements qui peuvent intéresser l'agriculteur : Viticulture, horticulture, élevage, maladies du bétail et des plantes, aviculture, apiculture, industries agricoles, laiterie, alimentation, législation et économie rurales, etc., en faisant ressortir très judicieusement, au cours des mots, que la pratique et la théorie, basées sur les sciences et la saine observation, étaient faites pour se soutenir la main dans la main et s'éclairer mutuellement.

Dans un style simple et clair et en restant toujours essentiellement pratique, l'auteur a apporté des développements encyclopédiques en rapport avec l'importance de chaque mot et donné à l'ensemble de l'ouvrage, unique en son genre, un caractère d'originalité qu'apprécieront les lecteurs.

Enfin, le grand nombre de gravures, extraites de l'immense collection des 10 000 figures de l'*Encyclopédie agricole*, éditée par MM. J.-B. Baillière et fils, en fait un ouvrage du plus haut intérêt et sans précédent.

Envoi d'un spécimen de 16 pages contre 25 cent. en timbres-poste.

Librairie J.-B. BAILLIÈRE et FILS, 19, rue Hautefeuille, Paris

LA VIE AGRICOLE
ET RURALE
Revue hebdomadaire illustrée

Paraissant tous les Samedis par numéros de 36 à 52 pages, in-4

COMITÉ DE DIRECTION :

VIGER
Ancien Ministre
de l'agriculture.
Sénateur du Loiret.

TISSERAND
Membre de l'Institut,
Directeur honoraire
de l'agriculture.

CARNOT
Membre de l'Institut,
Prof. honor.
à l'Inst. nat. agron.

MUNTZ
Membre de l'Institut.
Professeur
à l'Inst. nat. agron.

FERNAND DAVID
Ministre
du
Commerce.

MIR
M. du Cons. sup.
de l'agriculture
Sénateur de l'Aude.

DABAT
Directeur général
des
Eaux et Forêts.

DECKER-DAVID
M. du Cons. sup.
de l'agriculture
Sénateur du Gers.

REGNARD
Directeur
de l'Institut national agronomique.

TROUARD RIOLLE
Directeur de l'École nationale
d'agriculture de Grignon.

FERROUILLAT
Directeur de l'Ec. nat^{le}
d'agric. de Montpellier.

SEGUIN
Directeur de l'Éc. nat^{le}
d'agriculture de Rennes.

DE LAPPARENT
Inspecteur général
de l'agriculture.

GROSJEAN
Inspecteur général
de l'agriculture.

COMON
Inspecteur général
de l'agriculture.

COUANON
Inspecteur général
de la viticulture.

SECRÉTAIRES DE LA RÉDACTION :

DIFFLOTH
Ingénieur agronome,
Professeur spécial d'agriculture·

GUÉNAUX
Chef de travaux à
l'Institut national agronomique.

Abonnement annuel : France, 12 fr., Étranger, 15 fr.

Le premier numéro de chaque mois est consacré à une branche spéciale de l'agriculture.

Le troisième numéro de chaque mois est consacré à l'étude d'une grande région agricole.

ORDRE DE PUBLICATION DES NUMÉROS SPÉCIAUX
(Prix de chaque : 35 cent. franco).

6 Janv. Laiterie.
3 Févr. Engrais.
2 Mars. Horticulture.
6 Avril. Machines agricoles. Génie rural.
4 Mai.. Aviculture, Apiculture.
1ᵉʳ Juin. Viticulture.
6 Ju l.. Cheval.
3 Août. Sylviculture, Pisciculture, Chasse.
7 Sept.. Œnologie. Industries agricoles.
5 Oct... Hygiène et alimentation du bétail.
2 Nov.. Animaux et Plantes nuisibles.
7 Déc... Constructions rurales.

20 Janv. Algérie, Tunisie, Corse.
24 Févr. Bordelais, Charente.
16 Mars. Normandie.
20 Avril. Languedoc, Hérault.
18 Mai.. Nord et Belgique.
15 Juin.. Vosges, Lorraine, Champagne.
20 Juill. Bretagne et Vendée.
17 Août. Franche-Comté, Lyonnais, Suisse
21 Sept.. Pyrénées, Landes, Gascogne.
19 Octob. Bourgogne, Auvergne, Centre.
16 Nov... Touraine et Anjou.
21 Déc... Provence, Dauphiné, Savoie.

❦ ❦ **L'ABONNEMENT** ❦ ❦
EST · REMBOURSÉ 9 FOIS. **50 Primes à choisir**

LIBRAIRIE J.-B. BAILLIÈRE ET FILS

ZOOTECHNIE

I. Zootechnie générale. — II. Zootechnie spéciale.
III. Races chevalines.
IV. Races bovines. — V. Moutons, Chèvres, Porcs.
VI. Lapins, Chiens, Chats.

Par P. DIFFLOTH

6 volumes in-18 ensemble 3000 pages avec 500 figures et planches.
Brochés : **30** fr. | Cartonnés : **36** fr.
Chaque volume se vend séparément. Broché : **5** fr. Cartonné : **6** fr.

La complexité et l'étendue des matières embrassées par la zootechnie ont déterminé M. Diffloth a réunir dans un premier volume
les MÉTHODES DE PRODUCTION ET D'ALIMENTATION DU BÉTAIL constituant la
ZOOTECHNIE GÉNÉRALE. Un second volume comprend la zootechnie spéciale (méthodes de reproduction et procédés d'exploitation). Le
3ᵉ volume est consacré aux RACES CHEVALINES, le 4ᵉ aux RACES BOVINES,
le 5ᵉ aux MOUTONS, CHÈVRES ET PORCS, le 6ᵉ aux LAPINS, CHIENS ET CHATS.
Le premier volume montre l'importance capitale de la production
animale et établit la progression constante de l'industrie zootechnique.
L'alimentation a été l'objet de toute la sollicitude de l'auteur.
L'étude des méthodes de sélection, croisement, métissage, consan-
guinité, conduit à l'exposé des règles pratiques de l'amelioration du
bétail.
Viennent ensuite les procédés de défense contre les maladies conta-
gieuses.
On trouvera dans la *Zootechnie spéciale* tout ce qui concerne l'élevage
et l'exploitation des animaux domestiques: production et élevage des
jeunes et méthode d'exploitation entre lesquelles le cultivateur aura
à choisir : production de la viande, du lait, du travail, etc.
Dans le volume consacré aux ÉQUIDÉS, on trouvera résumées les
données les plus courantes sur l'extérieur du cheval, les aplombs, les
allures, les robes, etc., et une étude détaillée des races.
Dans le volume consacré aux Bovidés, M. Diffloth passe successivement en revue la production de jeunes Bovidés et l'entretien des
sujets jusqu'à l'époque du sevrage, puis l'élevage des jeunes animaux
depuis le sevrage jusqu'à l'époque d'exploitation. Vient ensuite l'étude
de l'extérieur. L'étude des races bovines occupe naturellement la plus
grande partie de l'ouvrage.
Le cinquième volume de la *Zootechnie* de M. Diffloth est consacré
aux Moutons, Chèvres et Porcs, et le sixième et dernier aux Lapins,
Chiens et Chats.